“十三五”国家重点图书出版规划项目

中国蔬菜优良品种

（2004—2015）

国家蔬菜品种鉴定委员会　编

中国农业出版社

编辑委员会

FOREWORD 前言

为了贯彻《中华人民共和国种子法》《中华人民共和国农业技术推广法》，加快蔬菜产业发展，提升蔬菜优良品种推广能力，促进农业科技成果转化，服务于蔬菜生产，不断满足城乡“菜篮子”工程建设需要，国家蔬菜品种鉴定委员会组织编写了本书。

本书收录的是2004—2015年通过国家和2004—2013年通过省级鉴定（审定、认定、登记、备案）的蔬菜品种，包括73种蔬菜作物的3 192个品种。这些品种已经并将继续在我国蔬菜生产中发挥主导作用。

《中华人民共和国种子法》实施以来，在全国农业技术推广服务中心的大力支持和精心组织下，国家蔬菜品种鉴定委员会在方智远主任、孙日飞主任、廖琴副主任等的带领下，实践探索、开拓进取、辛勤工作，组织专家们在蔬菜品种测试、评价、管理等方面开展了卓有成效的开创性工作。依据《中华人民共和国农业技术推广法》，我们在大宗蔬菜等作物品种管理和技术服务上，采取了“不强制、不放松、不放弃”和“抓大助小、抓大带小、抓大促小”的原则，对完成试验程序的优良蔬菜品种组织自愿鉴定，应该说这项公益事业有效地弥补了我国大宗蔬菜作物乃至非审定作物品种在试验、鉴定、评价、利用等方面的法律空白，初步形成了非审定作物（非主要农作物）管理服务思路、模式、途径、方法和对策，受到业界的普遍认可、欢迎和支持，很多做法也相继被其他作物尤其是各省级种子管理机构在蔬菜类品种管理服务实践中借鉴、采纳和广泛应用。

本书资料由国家和省级种子管理部门或省级农作物（非审定作物、非主要农作物）品种鉴定（审定、认定、登记、备案）委员会提供，经编写人员整理加工而成。国家鉴定的按蔬菜种类（大白菜、甘蓝、花椰菜、番茄、辣椒）分品种介绍了品种名称、鉴定编号、选育单位、品种来源、特征特性、栽培技术要点以及适宜范围等信息。同时国家和各省鉴定（审定、认定、登记、备案）的蔬菜品种均按蔬菜种类、年度、省份、编号、品种名称、品种来源、选育（申报）单位和适宜范围等格式，给广大读者提供了简单明了的表格内容，方便查找。在这些品种的推广使用中，以公告（通报）发布的品种介绍和鉴定（审定、认定、登记、备案）意见为准。本书可供广大菜农和农业科研、推广人员参考。本书的出版，得到了中国农业科学院蔬菜花卉研究所、江苏省农业科学院蔬菜研究所和上海市农业科学院园艺研究所的大力支持，在此一并致以诚挚的感谢。

由于本书所介绍的蔬菜品种种类繁多，涉及面广，区域范围大，时间跨度长，以及个别品种资料不够完整等，同时限于水平和时间，不足之处甚至个别错误在所难免，敬请广大读者批评指正。

编　者

2015年12月

CONTENTS 目录

前言

2004—2015 年国家鉴定品种 …… 1

大白菜 …… 2
结球甘蓝 …… 35
青花菜 …… 71
番茄 …… 76
辣椒 …… 114

2004—2015 年国家鉴定品种名录 …… 159

2004—2013 年省级鉴定品种名录 …… 185

后记 …… 375

2004—2015年 国家鉴定品种

大白菜

豫新 50

鉴定编号：国品鉴菜 2004012

选育单位：河南省农业科学院生物技术研究所

品种来源：自交不亲和纯系 Y231-330×Y195-93

特征特性：生长期 61～64d。株型半直立，株高 30.3cm，开展度 51.7cm。外叶深绿色，倒卵形，无茸毛，叶柄白色，外叶数 8～9 片。叶球矮桩叠抱，近椭圆形，绿白色，一叶盖顶，球顶圆。球高 20.3cm，球横径 14.2cm，球形指数 1.43。单球重 1.0～1.4kg，净菜率 71.4%。抗病毒病、软腐病。

产量表现：2002—2003 年参加全国大白菜品种区域试验，2 年平均每 667m^2 产量 2 602.4kg，比对照小杂 60 减产 16.95%。2003 年参加生产试验，平均每 667m^2 产量 2 945.9kg，比对照小杂 60 减产 24.1%。

栽培技术要点：日平均气温 26℃时播种，河南省一般 7 月中旬至 8 月上旬高垄直播，每 667m^2 用种量 150g，定植 3 000～3 300 株。

鉴定意见：该品种于 2002—2003 年参加了全国农业技术推广服务中心组织的全国大白菜区域试验，2004 年 5 月经全国蔬菜品种鉴定委员会鉴定通过。建议在天津、浙江、河北作秋季大白菜种植。

天正秋白 19

鉴定编号：国品鉴菜 2004013

选育单位：山东省农业科学院蔬菜研究所

品种来源：1041×1039

特征特性：生长期 65～70d，植株高 38cm，开展度 62cm×62cm。叶球叠抱，叶球矮桩倒锥形，叶色绿。净菜率为 67.6%，单球重 2.5～3.0kg。抗病毒病、霜霉病。

产量表现：2002—2003 年参加全国大白菜品种区域试验，2 年平均每 667m^2 产量 4 025.9kg，比对照小杂 60 增产 28.35%。2003 年参加生产试验，平均每 667m^2 产量 4 000.5kg，比对照小杂 60 增产 3.1%。

栽培技术要点：在山东各地及相邻地区 7 月 28 日至 8 月 20 日均可播种，一般采用高垄直播方式。每 667m^2 种植 2 800～3 000 株。若苗期遇高温，则应适当控肥、控水，以减缓其生长速度，待高温过后，再加强水肥管理。进入团棵期后，大白菜生长迅速，要满足其对水分的要求。注意防治蚜虫、菜青虫及软腐病。

鉴定意见：该品种于2002—2003年参加了全国农业技术推广服务中心组织的全国大白菜区域试验，2004年5月经全国蔬菜品种鉴定委员会鉴定通过。建议在黑龙江、陕西、河北、辽宁、河南作秋季大白菜种植。

豫新60

鉴定编号：国品鉴菜2004014

选育单位：河南省农业科学院生物技术研究所

品种来源：Y66-9×ZY15-1

特征特性：生长期66～68d。株型较平展，株高39.3cm，开展度74.2cm。外叶绿色，倒阔卵形，有茸毛，叶柄白色，外叶数12片。叶球矮桩叠抱，绿白色，一叶盖顶，球顶平。球高27.8cm，球横径23.3cm，球形指数1.19。单球重1.5～2.0kg，净菜率67.6%。抗病毒病和软腐病。

产量表现：2002—2003年参加全国大白菜品种区域试验，2年平均每667m^{2}产量4 323.0kg，比对照小杂60增产37.8%。2003年参加生产试验，平均每667m^{2}产量4 312.0kg，比对照小杂60增产11.2%。

栽培技术要点：日平均气温26℃时播种，河南省一般在7月底至8月上旬高垄直播，其他地区参照当地播期，每667m^{2}用种量150g。定植株行距为50cm×50cm，每667m^{2}定植2 700株。

鉴定意见：该品种于2002—2003年参加了全国农业技术推广服务中心组织的全国大白菜区域试验，2004年5月经全国蔬菜品种鉴定委员会鉴定通过。建议在陕西、天津、浙江、河北、辽宁、河南秋季种植。

中白66

鉴定编号：国品鉴菜2004015

选育单位：中国农业科学院蔬菜花卉研究所

品种来源：ZY3×XY4A

特征特性：生长期66～68d，外叶深绿色，球叶绿色，叶球合抱，炮弹形，球顶叶略向外翻，单株毛重3.6kg，净球重2.5kg，球高32.5cm，球横径17.8cm。表现早中熟，结球快。净菜率67.1%。抗病毒病、霜霉病和软腐病。

产量表现：2002—2003年参加全国大白菜新品种区域试验，2年平均每667m^{2}产量3 887.5kg，比对照小杂60增产24.1%。2003年参加生产试验，平均每667m^{2}产量3 577.7kg，比对照小杂60减产7.8%。

栽培技术要点：北京地区立秋前后5d高垄直播，行株距53cm×43cm。施足基肥，及时中耕除草，于定苗后和结球初期追肥2次。注意防治蚜虫和菜青虫。其他栽培管理同一般中熟大白菜。9月下旬收获。

鉴定意见：该品种于2002—2003年参加了全国农业技术推广服务中心组织的全国大

白菜区域试验，2004 年 5 月经全国蔬菜品种鉴定委员会鉴定通过。建议在黑龙江、北京、陕西、浙江、河北、辽宁、河南秋季种植。

北京改良 67

鉴定编号： 国品鉴菜 2004016

选育单位： 北京市农林科学院蔬菜研究中心

品种来源： 944×832172

特征特性： 生长期 80～84d。株型半直立，株高 45cm，开展度 68cm。外叶绿，叶柄浅绿，叶球合抱，球高 29.6cm，球横径 15.5cm，球形指数 1.9，结球紧实，单株净菜重 1.9kg。抗病毒病、霜霉病和软腐病。

产量表现： 2002—2003 年参加全国大白菜品种区域试验，2 年平均每 667m^2 产量 5 126.8kg，比对照北京新 3 号增产 9%。2003 年参加生产试验，平均每 667m^2 产量 5 327.8kg，比对照北京新 3 号减产 5.0%。

栽培技术要点： 北京地区 7 月底至 8 月初直播，行株距 50cm×43cm。栽培管理同一般早中熟大白菜，除施足基肥外，要及时中耕除草，追肥于定苗时和结球初期进行 2 次，同时要注意防治蚜虫，减少病毒病传播。10 月初收获。

鉴定意见： 该品种于 2002—2003 年参加了全国农业技术推广服务中心组织的全国大白菜区域试验，2004 年 5 月经全国蔬菜品种鉴定委员会鉴定通过。建议在陕西、河北、河南秋季种植。

北京大牛心

鉴定编号： 国品鉴菜 2004017

选育单位： 北京市农林科学院蔬菜研究中心

品种来源： 9399×9392

特征特性： 生长期 80～85d。植株较直立，株高 46cm，开展度约 78cm。外叶绿，叶柄白，叶球合抱，中桩，二牛心，球高 26cm，球宽 18cm，球形指数 1.4，结球紧实，单株净菜重 2.8kg，净菜率 70.5%。抗病毒病、霜霉病和软腐病。

产量表现： 2002—2003 年参加全国大白菜品种区域试验，2 年平均每 667m^2 产量 4 961.5kg，比对照北京新 3 号增产 5.5%。2003 年参加生产试验，平均每 667m^2 产量 4 984.3kg，比对照北京新 3 号减产 11.1%。

栽培技术要点： 北京地区立秋前后 3d 直播，行株距 53cm×43cm。栽培管理同一般中熟大白菜，除施足基肥外，要及时中耕除草，追肥于定苗时和结球初期进行 2 次，同时要注意防治蚜虫和菜青虫。10 月中旬收获。

鉴定意见： 该品种于 2002—2003 年参加了全国农业技术推广服务中心组织的全国大白菜区域试验，2004 年 5 月经全国蔬菜品种鉴定委员会鉴定通过。建议在陕西、河北、河南秋季种植。

中白78

鉴定编号： 国品鉴菜2004018

选育单位： 中国农业科学院蔬菜花卉研究所

品种来源： G2B×XY4A

特征特性： 生长期83～86d。植株半直立，中桩合抱，炮弹形。株高42cm，最大叶长43cm，宽32cm，深绿色，叶柄浅绿，叶面稍皱，刺毛少，叶缘钝锯齿状，无波褶，外叶数10片。球高36cm，宽24cm，球色绿，单球重3.9kg，球叶数45片，软叶率为46%，净菜率为72.1%。抗病毒病、霜霉病和软腐病。

产量表现： 2002—2003年参加全国大白菜品种区域试验，2年平均每667m² 产量为4 904.0kg，比对照北京新3号增产5.4%。2003年参加生产试验，平均每667m² 产量为4 859.0kg，比对照北京新3号减产13.3%。

栽培技术要点： 北京地区在立秋前后播种，行距60cm，株距50cm。播种前应施足基肥，每667m² 施充分腐熟的优质有机肥5 000kg、复合肥20kg，起垄直播。

鉴定意见： 该品种于2002—2003年参加了全国农业技术推广服务中心组织的全国大白菜区域试验，2004年5月经全国蔬菜品种鉴定委员会鉴定通过。建议在黑龙江、陕西、北京、天津、河北、河南秋季种植。

中白85

鉴定编号： 国品鉴菜2004019

选育单位： 中国农业科学院蔬菜花卉研究所

品种来源： 安43×太NA

特征特性： 生长期87～90d。外叶绿色，中桩叠抱，抱球紧实。叶球倒卵圆形，球高35cm，球径28cm。株高54cm，株幅75cm，单株毛重7.2kg，净球重4.5kg，净菜率66.6%。抗病毒病、霜霉病和软腐病。

产量表现： 2002—2003年参加全国大白菜品种区域试验，2年平均每667m² 产量为5 351.9kg，比对照北京新3号增产13.6%。2003年参加生产试验，平均每667m² 产量为5 727.5kg，比对照北京新3号增产2.2%。

栽培技术要点： 北京地区在立秋前后播种，行距60cm，株距50cm。播种前应施足基肥，每667m² 施充分腐熟的优质有机肥5 000kg、复合肥20kg，起垄直播。

鉴定意见： 该品种于2002—2003年参加了全国农业技术推广服务中心组织的全国大白菜区域试验，2004年5月经全国蔬菜品种鉴定委员会鉴定通过。建议在陕西、北京、天津、河北秋季种植。

豫新6号

鉴定编号： 国品鉴菜2004020

选育单位：河南省农业科学院生物技术研究所

品种来源：Y66-9×63-5

特征特性：生长期 84～86d。生长势强，株型较平展，株高 47.2cm，开展度 74.2cm。外叶浅绿色，倒阔卵形，叶柄白色，外叶数 9 片。叶球矮桩叠抱，倒锥形，黄白色，一叶盖顶，球顶平。球高 27.8cm，球横径 23.3cm，球形指数 1.2。单球重 3.5kg，净菜率 70.4%。抗病毒病、软腐病。

产量表现：2002—2003 年参加全国大白菜品种区域试验，2 年平均每 $667m^2$ 产量 5 248.8kg，比对照北京新 3 号增产 11.6%。2003 年参加生产试验，平均每 $667m^2$ 产量 5 162.1kg，比对照北京新 3 号减产 7.9%。

栽培技术要点：日平均气温 25℃为适播期，河南省一般 8 月 12～20 日高垄或高畦直播，其他地区参照当地播期。每 $667m^2$ 用种量 150g。定植株行距为 60cm×60cm。高肥水管理。

鉴定意见：该品种于 2002—2003 年参加了全国农业技术推广服务中心组织的全国大白菜区域试验，2004 年 5 月经全国蔬菜品种鉴定委员会鉴定通过。建议在陕西、天津、河北秋季种植。

豫新 58

鉴定编号：国品鉴菜 2006005

选育单位：河南省农业科学院生物技术研究所

品种来源：Y66-9×Y195-93

特征特性：生长期 65d。株型较平展，株高 36cm，开展度 57cm。外叶绿色，茸毛少，叶柄白色，外叶数 7 片。叶球矮桩叠抱，球叶白色，一叶盖顶，顶较平。球高 25.0cm，球径 16.9cm，球形指数 1.48，单球重 1.5～2.0kg。田间病情指数：病毒病 1.0，霜霉病 9.3。软腐病发病率 4.3%。

产量表现：2004—2005 年参加全国大白菜品种区域试验，2 年平均每 $667m^2$ 产量 4 270.5kg，比对照中白 50 增产 33.9%。2005 年参加生产试验，平均每 $667m^2$ 产量 4 028.4kg，比对照中白 50 增产 34.5%。

栽培技术要点：日平均气温 26℃为适播期，河南省一般 7 月底至 8 月初播种。高垄或高畦直播，每 $667m^2$ 用种量 150g。定植株行距为 50cm×50cm，每 $667m^2$ 定植 2 700 株。早间苗，晚定苗。高肥水管理，及时排灌，保持土壤见干见湿，防止干旱和积水。及时防治病虫害。

鉴定意见：该品种于 2004—2005 年参加了全国农业技术推广服务中心组织的全国大白菜区域试验，2006 年 2 月经全国蔬菜品种鉴定委员会鉴定通过。建议在北京、河南、山东、陕西、浙江秋季种植。

秋早 55

鉴定编号：国品鉴菜 2006006

选育单位：西北农林科技大学园艺学院

品种来源：99-YS14×98-YS8

特征特性：生长期60～63d。株高30cm，开展度65cm。外叶翠绿，叶柄白色。叶球矮桩叠抱，倒卵圆形，结球紧实，球形指数1.1。单球净重2.1g左右。田间病情指数：病毒病4.71，霜霉病11.1。软腐病发病率11.5%。

产量表现：2004—2005年参加全国大白菜品种区域试验，2年平均每667m^{2}产量4 157.55kg，比对照中白50增产29.2%。2005年参加生产试验，平均每667m^{2}产量4 118.4kg，比对照中白50增产37.5%。

栽培技术要点：陕西地区的适宜播期为8月上旬至9月上旬。一般采用小高垄单行直播，垄高20cm，底宽30cm，垄距50cm，远郊地区可实行平畦双行定植或直播，育苗移栽时按各地适宜播期提早20d左右，小苗带土坨定植，行株距50cm×33～40cm，每667m^{2}留苗3 300株。浇水的原则是前多后少，小水勤灌，见干见湿，切忌大水漫灌。苗期和结球前期要预防蚜虫、菜青虫、小菜蛾等危害。

鉴定意见：该品种于2004—2005年参加了全国农业技术推广服务中心组织的全国大白菜区域试验，2006年2月经全国蔬菜品种鉴定委员会鉴定通过。建议在河南、山东、河北、陕西、浙江、天津、北京秋季种植。

豫新55

鉴定编号：国品鉴菜2006007

选育单位：河南省农业科学院生物技术研究所

品种来源：Y18-58×Y231-330

特征特性：生长期66d。株型半直立，株高35cm，开展度54cm。外叶深绿色，呈长倒卵形，茸毛少，叶柄白色，外叶数7～8片。叶球合抱，炮弹形，白绿色，顶稍尖。球高29cm，球径14cm，球形指数2.07，单球重1.5～2.0kg。田间病情指数：病毒病1.4，霜霉病9.6。软腐病发病率2.6%。

产量表现：2004—2005年参加全国大白菜品种区域试验，2年平均每667m^{2}产量3 375.3kg，比对照中白50增产5.4%。2005年参加生产试验，平均每667m^{2}产量3 070.1kg，比对照中白50增产2.5%。

栽培技术要点：日平均气温26℃为适播期，河南省一般7月底至8月初播种。高垄或高畦直播，每667m^{2}用种量150g。定植株行距为40～45cm×50cm，每667m^{2}定植3 000～3 300株。高肥水管理，及时防治蝼蛄、菜青虫、蚜虫和小菜蛾等害虫。

鉴定意见：该品种于2004—2005年参加了全国农业技术推广服务中心组织的全国大白菜区域试验，2006年2月经全国蔬菜品种鉴定委员会鉴定通过。建议在北京、天津、河南、山东、陕西、浙江作秋季大白菜种植。

郑早60

鉴定编号：国品鉴菜2006008

选育单位：郑州市蔬菜研究所

品种来源：9504-11×EP19-13-6-6

特征特性：生长期65d。株型半直立，株高32cm，开展度65cm。植株生长势强，结球紧实，外叶数14片，叶片倒卵圆形，叶面微皱无毛，绿白帮。叶球矮桩叠抱，球高26.9cm，球径17.0cm，球形指数1.53，单株净重2.5～3.0kg。田间病情指数：病毒病1.7，霜霉病11.3。软腐病发病率6.5%。

产量表现：2004—2005年参加全国大白菜品种区域试验，2年平均每667m^{2}产量3 970.0kg，比对照中白50增产24.4%。2005年参加生产试验，平均每667m^{2}产量3 498.3kg，比对照中白50增产16.8%。

栽培技术要点：早秋栽培于7月下旬至8月中旬播种，行距为50～60cm，株距45～50cm，每667m^{2}种植密度2 300～3 000株，用种量150g，育苗移栽每667m^{2}用种量30～50g。

鉴定意见：该品种于2004—2005年参加了全国农业技术推广服务中心组织的全国大白菜区域试验，2006年2月经全国蔬菜品种鉴定委员会鉴定通过。建议在北京、山东秋季种植。

津秋65

鉴定编号：国品鉴菜2006009

选育单位：天津科润农业科技股份有限公司蔬菜研究所

品种来源：H38×H218

特征特性：生长期68d。株型紧凑，株高45cm，开展度55cm。球高37cm，球径14cm，单株重2.5kg左右。叶色深绿，球叶浅绿，球顶叠抱，叶纹适中。田间病情指数：病毒病1.5，霜霉病8.5。软腐病发病率4.8%。

产量表现：2004—2005年参加全国大白菜品种区域试验，2年平均每667m^{2}产量4 054.6kg，比对照中白50增产26.7%。2005年参加生产试验，平均每667m^{2}产量3 751.9kg，比对照中白50增产25.3%。

栽培技术要点：天津地区在立秋至立秋后5d播种为宜，作为冬贮菜，适当晚播。直播每667m^{2}用种量150～200g。每667m^{2}定植密度为2 400株，整个生长期需供应充足的肥水，并注意防治病虫害。

鉴定意见：该品种于2004—2005年参加了全国农业技术推广服务中心组织的全国大白菜区域试验，2006年2月经全国蔬菜品种鉴定委员会鉴定通过。建议在辽宁、山东、河北、北京作秋季大白菜种植。

胶研夏星

鉴定编号：国品鉴菜2006010

选育单位：青岛胶研种苗研究所

品种来源： 235×5961

特征特性： 生长期约63d。植株半直立，株高35cm，开展度50cm，外叶浅绿，帮白色，叶脉细，叶面无刺毛。生长势强，结球紧实，单球重3.0kg，叠抱。叶球近倒锥形，球形指数1.42。田间病情指数：病毒病1.6，霜霉病8.9。软腐病发病率3.9%。

产量表现： 2004—2005年参加全国大白菜品种区域试验，2年平均每667m^{2}产量3 986.8kg，比对照中白50增产24.4%。2005年参加生产试验，平均每667m^{2}产量3 612.5kg，比对照中白50增产20.6%。

栽培技术要点： 8月份为适宜播种期，高垄栽培，行距50～55cm，株距40cm，每667m^{2}栽3 000～3 300株。施足基肥，肥水管理以促为主，足施一促到底，无须蹲苗。加强病虫害防治。

鉴定意见： 该品种于2004—2005年参加了全国农业技术推广服务中心组织的全国大白菜区域试验，2006年2月经全国蔬菜品种鉴定委员会鉴定通过。建议在北京、河南、山东、陕西、河北秋季种植。

琴萌8号

鉴定编号： 国品鉴菜2006011

选育单位： 青岛国际种苗有限公司

品种来源： ［（青杂3号×古青）SI×古青］SI×秦白2号SI

特征特性： 生长期65～70d。植株较披张，株高34.9cm，开展度80.8cm，外叶深绿，叶面稍皱，叶柄白绿色。叶球卵圆形，叠抱，球高23.5cm，球横径19.1cm，球叶浅黄色，单球重3.0kg左右。田间病情指数：病毒病2.1，霜霉病7.2。软腐病发病率5.0%。

产量表现： 2004—2005年参加全国大白菜品种区域试验，2年平均每667m^{2}产量4 428.5kg，比对照中白50增产37.85%。2005年参加生产试验，平均每667m^{2}产量4 162.6kg，比对照中白50增产39.0%。

栽培技术要点： 山东一般于7月中下旬直播，小高垄栽培，株距40cm，行距60cm，每667m^{2}种植2 400株左右。施足底肥，及时追肥，苗期加强水肥管理，并注意害虫（蚜虫、菜青虫、小菜蛾、夜蛾等）的防治。

鉴定意见： 该品种于2004—2005年参加了全国农业技术推广服务中心组织的全国大白菜区域试验，2006年2月经全国蔬菜品种鉴定委员会鉴定通过。建议在北京、山东、陕西、河北、河南秋季种植。

中白82

鉴定编号： 国品鉴菜2006012

选育单位： 中国农业科学院蔬菜花卉研究所

品种来源： 孢鲁八×孢红心-8

特征特性：生长期87～90d。中桩包头类型。植株半直立，叶色浅绿，株高41.0cm，开展度56.3cm，外叶数8片。单球重2.6kg。球高32.6cm，球径17.8cm。田间病情指数：病毒病1.8，霜霉病12.9。软腐病发病率4.9%。

产量表现：2004—2005年参加全国大白菜品种区域试验，2年平均每667m^{2}产量5 899kg，比对照北京新3号减产3.25%。2005年参加生产试验，平均每667m^{2}产量5 941.6kg，比对照北京新3号增产5.2%。

栽培技术要点：北京地区8月初播种，田间栽培株距50cm，行距60cm，种植密度每667m^2 2 300株。该品种喜肥水，应注意施足底肥，中后期加强水肥管理。

鉴定意见：该品种于2004—2005年参加了全国农业技术推广服务中心组织的全国大白菜区域试验，2006年2月经全国蔬菜品种鉴定委员会鉴定通过。建议在北京、山东、陕西、河北、河南秋季种植。

天正超白2号

鉴定编号：国品鉴菜2006013

选育单位：山东省农业科学院蔬菜研究所

品种来源：新福474×新福1042

特征特性：生长期约86d。植株生长势中强，株高34.0cm，叶球合抱，矮桩炮弹形，叶绿色，帮白色，叶面较平、多毛，单球重4.0kg左右。田间病情指数：病毒病1.3，霜霉病7.1。软腐病发病率2.3%。

产量表现：2004—2005年参加全国大白菜品种区域试验，2年平均每667m^{2}产量5 680.05kg，比对照北京新3号减产6.9%。2005年参加生产试验，平均每667m^{2}产量5 259.7kg，比对照北京新3号减产6.9%。

栽培技术要点：日均温度25℃为适宜播种期，立秋后可排开播种至8月16日，如需贮藏应适期晚播。田间栽培株距50cm，行距60cm，每667m^{2}栽2 300株左右。田间管理的原则是生长前期保湿促长，中后期控水防软腐病。

鉴定意见：该品种于2004—2005年参加了全国农业技术推广服务中心组织的全国大白菜区域试验，2006年2月经全国蔬菜品种鉴定委员会鉴定通过。建议在山东、陕西、河北、黑龙江秋季种植。

绿星70

鉴定编号：国品鉴菜2006014

选育单位：沈阳市绿星大白菜研究所

品种来源：701A×95-123

特征特性：生长期约88d。植株高46cm，开展度53cm，最大叶长52cm，最大叶宽28cm，青白帮，叶片深绿。叶球直筒类型，球高43cm，球径15cm，单株重3.0kg。田间病情指数：病毒病1.3，霜霉病10.5。软腐病发病率2.9%。

产量表现： 2004—2005 年参加全国大白菜品种区域试验，2 年平均每 667m^2 产量 6 320.2kg，比对照北京新 3 号增产 3.7%。2005 年参加生产试验，平均每 667m^2 产量 5 648.5kg，比对照北京新 3 号增产 0.1%。

栽培技术要点： 沈阳地区 7 月 25 日至 8 月 10 日播种。垄直播，每 667m^2 用种量 300～400g，行距 60cm，株距 40cm，每 667m^2 栽 2 800～3 000 株。

鉴定意见： 该品种于 2004—2005 年参加了全国农业技术推广服务中心组织的全国大白菜区域试验，2006 年 2 月经全国蔬菜品种鉴定委员会鉴定通过。建议在辽宁、河北、河南、山东、陕西秋季种植。

德高 16

鉴定编号： 国品鉴菜 2008016

选育单位： 山东省德州市德高蔬菜种苗研究所

品种来源： 秋冠 QG32578×夏 93

特征特性： 早熟品种，生长期 62.4d。植株半直立，叶球叠抱，结球紧实。抗霜霉病、黑腐病、病毒病。

产量表现： 2006—2007 年参加全国秋季大白菜品种区域试验，2 年平均每 667m^2 产量4 022.0kg，比对照小杂 60 增产 13.2%。2007 年参加生产试验，平均每 667m^2 产量 3 988.3kg，比对照小杂 60 增产 9.3%。

栽培要点： 适宜株行距 40cm×60cm，出苗后要及时防治病虫害，进入莲座期及时追肥浇水，收获前 7d 减少浇水量。

鉴定意见： 该品种于 2006—2007 年参加了全国农业技术推广服务中心组织的国家大白菜品种区域试验，2008 年 2 月经全国蔬菜品种鉴定委员会鉴定通过。建议在山东、河北、河南、天津、北京、辽宁、浙江适宜地区作秋早熟大白菜种植。

津秋 606

鉴定编号： 国品鉴菜 2008017

选育单位： 天津科润农业科技股份有限公司蔬菜研究所

品种来源： H79×J185

特征特性： 中早熟品种。生长期 68.8d 左右。株型紧凑，叶色深绿，帮色浅绿。直筒叠抱类型，结球紧实程度中等。高抗霜霉病，抗病毒病、黑腐病。

产量表现： 2006—2007 年参加全国秋季大白菜品种区域试验，2 年平均每 667m^2 产量3 875.3kg，比对照小杂 60 增产 8.9%。2007 年参加生产试验，平均每 667m^2 产量 4 085.7kg，比对照小杂 60 增产 11.9%。

栽培技术要点： 津京地区在立秋至立秋后 5d 播种为宜，山区及秋季凉爽地区可适当早播，以直播为宜，行株距 50cm×40cm，每 667m^2 定植密度 3 200 株。高盐碱地区以平畦栽培为宜，非盐碱地区以小高垄栽培为宜。整个生育期肥水管理以促为主，不蹲苗，进入结球期要肥水充足。

鉴定意见：该品种于2006—2007年参加全国农业技术推广服务中心组织的国家大白菜品种试验，2008年2月经全国蔬菜品种鉴定委员会鉴定通过。建议在天津、北京、山东、陕西适宜地区作秋早中熟大白菜种植。

新早58

鉴定编号：国品鉴菜2008018

选育单位：河南省新乡市农业科学院

品种来源：9688×255

特征特性：早熟叠抱品种，生长期62.8d。株型半直立，外叶深绿色，球叶白绿色，结球紧实。抗霜霉病、黑腐病、病毒病。

产量表现：2006—2007年参加全国秋季大白菜品种区域试验，2年平均每667m^{2}产量3 630.5kg，比对照小杂60增产1.2%。2007年参加生产试验，平均每667m^{2}产量3 576.2kg，比对照小杂60减产2.0%。

栽培技术要点：选择土壤肥沃，地势平坦，排灌方便，且不与十字花科蔬菜连作的地块种植。与河南气候相似地区，一般7月下旬至8月上旬高垄直播，行距45cm，株距40cm，每667m^{2}定苗3 700株。播种前每667m^{2}施腐熟农家肥5 000kg、三元复合肥50kg，莲座末期至结球初期追施尿素30kg，小水勤浇，一促到底。生长期间注意防治病虫害。叶球紧实后即可收获上市。

鉴定意见：该品种于2006—2007年参加全国农业技术推广服务中心组织的国家大白菜品种试验，2008年2月经全国蔬菜品种鉴定委员会鉴定通过。建议在北京、河南、河北、山东、陕西适宜地区作秋早熟大白菜种植。

中白62

鉴定编号：国品鉴菜2008019

选育单位：中国农业科学院蔬菜花卉研究所

品种来源：B60532×B60533

特征特性：早熟品种，生长期65.2d。植株直立，外叶深绿色，高桩拧抱。高抗霜霉病、黑腐病、病毒病。

产量表现：2006—2007年参加全国秋季大白菜品种区域试验，2年平均每667m^{2}产量3 933.8kg，比对照小杂60增产10.6%。2007年参加生产试验，平均每667m^{2}产量4 161.4kg，比对照小杂60增产14.0%。

栽培技术要点：北京地区7月下旬至8月下旬可陆续播种，行株距50cm×40cm。

鉴定意见：该品种于2006—2007年参加全国农业技术推广服务中心组织的国家大白菜品种区域试验，2008年2月经全国蔬菜品种鉴定委员会鉴定通过。建议在河北、河南、北京、天津、山东、陕西、辽宁、黑龙江的适宜地区作秋早熟大白菜种植。

天正秋白4号

鉴定编号： 国品鉴菜2008020

选育单位： 山东省农业科学院蔬菜研究所

品种来源： 04296×04371

特征特性： 中晚熟品种，生长期85d。高桩合抱，外叶绿。抗霜霉病、黑腐病、病毒病。

产量表现： 2006—2007年参加全国秋季大白菜品种区域试验，2年平均每667m^{2}产量5 593.3kg，比对照北京新3号减产5.5%。2007年参加生产试验，平均每667m^{2}产量5 669.6kg，比对照北京新3号增产2.3%。

栽培技术要点： 日均温度25℃为适宜播种期，在山东地区一般于8月10～15日播种，每667m^{2}栽2 400株左右。前茬尽量避免十字花科作物。

鉴定意见： 该品种于2006—2007年参加了全国农业技术推广服务中心组织的国家大白菜品种试验，2008年2月经全国蔬菜品种鉴定委员会鉴定通过。建议在北京、黑龙江、辽宁、山东、河南的适宜地区作秋中晚熟大白菜种植。

胶研5869

鉴定编号： 国品鉴菜2008021

选育单位： 青岛胶研种苗研究所

品种来源： 福36135×青5651

特征特性： 中晚熟品种，生长期85.7d。植株直立，叶球短圆筒形，结球紧实，外叶绿色。高抗霜霉病，抗黑腐病、病毒病。

产量表现： 2006—2007年参加全国秋季大白菜品种区域试验，2年平均每667m^{2}产量5 274.3kg，比对照北京新3号减产10.0%。2007年生产试验，平均每667m^{2}产量5 275.5kg，比对照北京新3号减产4.8%。

栽培技术要点： 青岛地区8月10日前后播种，采用高垄栽培，加地膜覆盖，垄距65cm，株距50～55cm，每667m^{2}留苗1 800～2 000株。基肥用量要足，田间管理前期控制好肥水，把好蹲苗关。

鉴定意见： 该品种于2006—2007年参加了全国农业技术推广服务中心组织的国家大白菜品种试验，2008年2月经全国蔬菜品种鉴定委员会鉴定通过。建议在黑龙江、辽宁、河北、山东、河南、陕西的适宜地区作中晚熟秋大白菜种植。

新绿2号

鉴定编号： 国品鉴菜2008022

选育单位： 河南省农业科学院园艺研究所

品种来源： Y152-3×Y72-49

特征特性：晚熟品种，生育期87.2d。叶球高桩直筒，结球紧实。高抗霜霉病、黑腐病，抗病毒病。

产量表现：2006—2007年参加全国秋季大白菜品种区域试验，2年平均每667m^{2}产量5 304.0kg，比对照津秋75增产5.0%。2007年参加生产试验，平均每667m^{2}产量5 024.4kg,比对照津秋75增产1.8%。

栽培技术要点：日平均气温25℃为适宜播期。高垄或高畦直播，行株距55～60cm×50cm，每667m^{2}定苗2 200～2 400株。该品种喜高肥水，应每667m^{2}施优质有机肥4 000～5 000kg、饼肥100～150kg、磷酸二铵30～40kg作底肥。早间苗、晚定苗，及时排灌，保持土壤见干见湿。及时防治蝼蛄、菜青虫、蚜虫和小菜蛾。

鉴定意见：该品种于2006—2007年参加了全国农业技术推广服务中心组织的国家大白菜品种试验，2008年2月经全国蔬菜品种鉴定委员会鉴定通过。建议在北京、河北、山东、辽宁、陕西、河南的适宜地区作中晚熟秋大白菜种植。

天正秋白5号

鉴定编号：国品鉴菜2008023

选育单位：山东省农业科学院蔬菜研究所

品种来源：新福474×99-683

特征特性：中熟品种，生长期82.7d。叶色绿，植株直立，叶球圆筒形，结球紧实。高抗霜霉病，抗病毒病和黑腐病。

产量表现：2006—2007年参加全国秋季大白菜品种区域试验，2年平均每667m^{2}产量5 261.6kg，比对照津秋75增产4.2%。2007年参加生产试验，平均每667m^{2}产量5 130.2kg，比对照津秋75增产4.0%。

栽培技术要点：日平均气温25℃为适宜播期，在山东地区一般8月10～15日播种，每667m^{2}栽2 400株左右。

鉴定意见：该品种于2006—2007年参加全国农业技术推广服务中心组织的国家大白菜品种试验，2008年2月经全国蔬菜品种鉴定委员会鉴定通过。建议在山东、河北、北京、陕西、辽宁的适宜地区作中晚熟秋大白菜种植。

津秋78

鉴定编号：国品鉴菜2008024

选育单位：天津科润农业科技股份有限公司蔬菜研究所

品种来源：J406×H229

特征特性：中晚熟品种，生长期86d。植株为高桩直筒青麻叶类型，株型直立，叶色深绿，结球紧实。高抗霜霉病、黑腐病，抗病毒病。

产量表现：2006—2007年参加全国秋季大白菜品种区域试验，2年平均每667m^{2}产量5 811.6kg，比对照津秋75增产14.9%。2007年参加生产试验，平均每667m^{2}产量

5 326.8kg，比对照津秋 75 增产 7.9%。

栽培技术要点： 京津地区 8 月 8～14 日播种，高温年份适当晚播，以直播为宜。定植行株距 60cm×45cm，每 667m² 约 2 400 株。高盐碱地区以平畦栽培为宜，非盐碱地区以小高垄栽培为宜。莲座期适当蹲苗，促进根部向下延伸便于肥水吸收。进入结球期要肥水充足，收获前 1 周停止浇水。

鉴定意见： 该品种于 2006—2007 年参加了全国农业技术推广服务中心组织的国家大白菜品种试验，2008 年 2 月经全国蔬菜品种鉴定委员会鉴定通过。建议在辽宁、山东、河北、河南、天津、陕西的适宜地区作中晚熟秋大白菜种植。

金秋 70

鉴定编号： 国品鉴菜 2008025

选育单位： 西北农林科技大学园艺学院、杨凌上科农业科技有限公司

品种来源： RC×$04S_{245}$

特征特性： 中晚熟品种，生长期 84.9d。高桩直筒形，结球紧实，外叶深色，球叶浅绿色。高抗霜霉病、黑腐病，抗病毒病。

产量表现： 2006—2007 年参加全国秋季大白菜品种区域试验，2 年平均每 667m² 产量 5 444.8kg，比对照津秋 75 增产 7.6%。2007 年参加生产试验，平均每 667m² 产量 5 060.3kg，比对照津秋 75 增产 2.5%。

栽培技术要点： 在日均温度 25℃以下、10℃以上均可生长良好。一般采用小高垄单行直播，也可平畦双行直播或移栽，移栽育苗期按各地适宜播期提前 5～7d，移栽苗龄为 18d 左右，小苗带土坨定植。行株距 60cm×50cm，每 667m² 留苗约 2 200 株。基肥每 667m² 施有机肥 4 000～5 000kg，生育期间追施提苗肥、发棵肥、攻心肥 3～4 次，肥料以速效性氮肥或腐熟人粪尿为主，生育后期用 1.5%磷酸二氢钾或 4%尿素水溶液喷施1～2 次。灌水要做到 3 水齐苗，5 水定苗，幼苗期小水勤浇，保持地面湿润，包心后 7～10d 浇水 1 次，防止大水漫灌。

鉴定意见： 该品种于 2006—2007 年参加了全国农业技术推广服务中心组织的国家大白菜品种试验，2008 年 2 月经全国蔬菜品种鉴定委员会鉴定通过。建议在辽宁、山东、河北、河南、北京、天津、陕西、黑龙江的适宜地区作中晚熟秋大白菜种植。

金秋 90

鉴定编号： 国品鉴菜 2008026

选育单位： 西北农林科技大学园艺学院、杨凌上科农业科技有限公司

品种来源： RC×$03S_{1207}$

特征特性： 晚熟品种，生长期 89.7d。外叶绿色，球叶淡绿色，高桩直筒形，结球紧实。高抗霜霉病，抗病毒病、黑腐病。

产量表现： 2006—2007 年参加全国秋季大白菜品种区域试验，2 年平均每 667m² 产

量 6 092.0kg，比对照津秋 75 增产 20.6%。2007 年参加生产试验，平均每 $667m^2$ 产量 6 182.0kg，比对照津秋 75 增产 25.3%。

栽培技术要点：在日均温度 25℃以下、10℃以上均可生长良好。一般采用小高垄单行直播，也可平畦双行直播或移栽，移栽育苗期为各地适宜播期提前 5～7d，移栽苗龄为 18d 左右，小苗带土坨定植。每 $667m^2$ 留苗 1 800～2 000 株。喜高肥水，基肥每 $667m^2$ 施有机肥 4 000～5 000kg，追肥为每 $667m^2$ 复合肥 25～30kg、尿素 25kg，重点在莲座期至结球期施入，生育后期用 1.5%磷酸二氢钾或 4%尿素水溶液喷施 1～2 次。收获前 10d 停止浇水，以免叶球含水量过高，不耐贮藏。

鉴定意见：该品种于 2006—2007 年参加了全国农业技术推广服务中心组织的国家大白菜品种试验，2008 年 2 月经全国蔬菜品种鉴定委员会鉴定通过。建议在北京、河北、辽宁、山东、河南的适宜地区作中晚熟秋大白菜种植。

青华 76

鉴定编号：国品鉴菜 2008027

选育单位：山东省德州市德高蔬菜种苗研究所

品种来源：津 36826×Q224575

特征特性：晚熟品种，生长期 87.2d。植株直立，叶球直筒锥形，结球紧实。高抗霜霉病、病毒病，抗黑腐病。

产量表现：2006—2007 年参加全国秋季大白菜品种区域试验，2 年平均每 $667m^2$ 产量 6 383.3kg，比对照津秋 75 增产 26.3%。2007 年参加生产试验，平均每 $667m^2$ 产量 6 413.6kg，比对照津秋 75 增产 30%。

栽培技术要点：在山东、北京、天津、河北等地于立秋前后 2d 播种，适宜株行距 50cm×70cm。要施足底肥，播种出苗后及时防治病虫害，进入莲座期及时追肥浇水。

鉴定意见：该品种于 2006—2007 年参加了全国农业技术推广服务中心组织的国家大白菜品种试验，2008 年 2 月经全国蔬菜品种鉴定委员会鉴定通过。建议在河北、辽宁、山东、河南、北京、天津、陕西的适宜地区作中晚熟秋大白菜种植。

金早 58

鉴定编号：国品鉴菜 2010031

选育单位：西北农林科技大学园艺学院

品种来源：RC_4×$07S_{132}$

特征特性：秋季早熟大白菜品种，平均生长期 64d。植株半直立，株高 35cm，开展度 52cm，外叶翠绿色，叶帮白色，外叶数 8 片。叶球头球形，矮桩叠抱，叶球高 25cm，叶球宽 15cm，球形指数 1.7，单球重 1.6kg 左右，叶球紧实。高抗黑腐病，抗病毒病和霜霉病。

产量表现：2008—2009 年参加国家秋季大白菜早熟组品种区域试验，2 年平均每

667m² 产量 4 258.4kg，比对照小杂 60 减产 1.0%。2009 年参加生产试验，平均每 667m² 产量 4 708.9kg，比对照小杂 60 增产 2.1%。

栽培技术要点：华北地区适宜播种期 7 月下旬至 8 月上旬。一般采用小高垄单行直播，亦可平畦双行直播或移栽。整地前每 667m² 施腐熟有机肥 4 000～5 000kg、复合肥 25kg。每 667m² 直播用种量 150g，育苗移栽用种量 50g。移栽育苗期为适宜直播期提早 5～7d，移栽苗龄 15～20d。株距 35～40cm，行距 45～50cm，每 667m² 种植 3 500～4 000株。田间注意防治病虫害和杂草。

鉴定意见：该品种于 2008—2009 年参加了全国农业技术推广服务中心组织的全国大白菜品种试验，2010 年 3 月经全国蔬菜品种鉴定委员会鉴定通过。建议在陕西、天津、河南、河北、辽宁的适宜地区作早熟秋大白菜种植。

西白 65

鉴定编号：国品鉴菜 2010032

选育单位：山东登海种业股份有限公司西由种子分公司

品种来源：99-30-2-3-1-2-3×F70H

特征特性：秋季中早熟大白菜品种，生长期 70d。外叶翠绿少毛，叶柄白色，叶球叠抱，倒卵圆形，球叶白绿色，株高 34cm，开展度 68cm，单株重 3.0kg 左右。高抗病毒病和黑腐病，抗霜霉病。

产量表现：2008—2009 年参加国家秋季大白菜早熟组品种区域试验，2 年平均每 667m² 产量 5 163.5kg，比对照小杂 60 增产 20.1%。2009 年参加生产试验，平均每 667m² 产量 5 260.2kg，比对照小杂 60 增产 14.1%。

栽培技术要点：山东及华北地区 7 月中、下旬至 8 月初起垄播种，每 667m² 种植 3 000株左右。肥水管理以促为主，及时防治病虫害，叶球紧实后即可上市。

鉴定意见：该品种于 2008—2009 年参加了全国农业技术推广服务中心组织的国家大白菜品种试验，2010 年 3 月经全国蔬菜品种鉴定委员会鉴定通过。建议在河北、天津、辽宁、黑龙江、山东、河南、陕西的适宜地区作秋季中早熟大白菜种植。

汴早 9 号

鉴定编号：国品鉴菜 2010033

选育单位：河南省开封市蔬菜科学研究所

品种来源：早 85×（345×东二）

特征特性：秋季早熟大白菜品种，生长期 63d。株高 35cm，开展度 54cm，外叶绿，叶球叠抱，倒卵圆形，单球重 1.6kg，叶球高 22cm，宽 18cm，球形指数 1.2，结球紧实。高抗病毒病，抗霜霉病和黑腐病。

产量表现：2008—2009 年参加国家秋季大白菜早熟组品种区域试验，2 年平均每 667m² 产量 4 287.5kg，比对照小杂 60 减产 0.3%。2009 年参加生产试验，平均每 667m²

产量 4 733.9kg，比对照小杂 60 增产 2.7%。

栽培技术要点：在河南开封地区 8 月 1～5 日播种，每 667m^2 适宜种植 2 600～2 800 株，行距 50cm，株距 45cm。播前每 667m^2 施优质农家肥 2 000kg，垄下每 667m^2 条施复合肥 50kg，在结球期追肥 1～2 次。注意防治病虫害。

鉴定意见：该品种于 2008—2009 年参加了全国农业技术推广服务中心组织的国家大白菜品种试验，2010 年 3 月经全国蔬菜品种鉴定委员会鉴定通过。建议在河北、河南、陕西、辽宁、黑龙江的适宜地区作秋季早熟大白菜种植。

新早 56

鉴定编号：国品鉴菜 2010034

选育单位：河南省新乡市农业科学院

品种来源：早 3039×杂 6210

特征特性：秋季早熟大白菜品种，生长期 60d。株型直立，外叶浅绿，株高 34cm，开展度 59cm。球顶合抱至轻叠，叶球高 25cm，叶球宽 15cm，球形指数 1.6，结球紧实。高抗病毒病和黑腐病，抗霜霉病。

产量表现：2008—2009 年参加国家秋季大白菜早熟组品种区域试验，2 年平均每 667m^2 产量 4 317.3kg，比对照北京小杂 60 增产 0.4%。2009 年参加生产试验，平均每 667m^2 产量 4 730.6kg，比对照北京小杂 60 增产 2.6%。

栽培技术要点：河南省 8 月 1 日前后播种。高垄栽培，行距 46～50cm，株距 40cm，每 667m^2 定苗 3 300 株左右。莲座末期至结球初期，每 667m^2 施尿素 25kg，水肥齐攻，一促到底。在苗期至结球初期严防蚜虫、菜青虫和小菜蛾等。适时采收。

鉴定意见：该品种于 2008—2009 年参加了全国农业技术推广服务中心组织的国家大白菜品种试验，2010 年 3 月经全国蔬菜品种鉴定委员会鉴定通过。建议在河北、辽宁、陕西、河南的适宜地区作秋季早熟大白菜种植。

秋白 80

鉴定编号：国品鉴菜 2010035

选育单位：西北农林科技大学

品种来源：07S780×05S1712

特征特性：秋季中晚熟大白菜品种，生长期 86d。植株半直立，叶色浅绿，帮白厚，株高 43cm，开展度 66cm。叶球叠抱、中桩，倒卵圆形，叶球高 29cm、宽 24cm，球形指数为 1.2，结球紧实。单株重 3.1kg。高抗病毒病和黑腐病，抗霜霉病。

产量表现：2008—2009 年参加国家秋季大白菜中晚熟叠抱组品种区域试验，2 年平均每 667m^2 产量 6 236.2kg，比对照丰抗 70 增产 4.3%。2009 年参加生产试验，平均每 667m^2 产量 6 090.4kg，比对照丰抗 70 增产 4.0%。

栽培技术要点：在陕西杨凌地区 8 月上旬播种，株距 45～50cm，行距 60cm，每

667m^2 种植 2 200～2 400 株。每 667m^2 施优质农家肥 3 000kg 作基肥。追肥分 2 次进行，缓苗后每667m^2 可追施尿素10kg，复合肥 15kg，撒施或开沟穴施。进入结球期后，每 667m^2 再随水追施尿素 15kg。要及时中耕除草，同时要注意防治蚜虫、小菜蛾、菜青虫。

鉴定意见：该品种于 2008—2009 年参加了全国农业技术推广服务中心组织的国家大白菜品种试验，2010 年 3 月经全国蔬菜品种鉴定委员会鉴定通过。建议在辽宁、黑龙江、天津、河北、浙江、河南、陕西的适宜地区作秋季中晚熟大白菜种植。

新中 78

鉴定编号：国品鉴菜 2010036

选育单位：河南省新乡市农业科学院

品种来源：陕 5201×丰 13936

特征特性：秋季中晚熟大白菜品种，生长期 84d。植株半直立，株高 43～48cm，株幅 64～73cm，叶球矮桩头球形，外叶浅绿色，叶球高 29cm、宽 23cm，球形指数 1.3，结球紧实，单株净菜重 4kg 左右。抗霜霉病、病毒病和黑腐病。

产量表现：2008—2009 年参加国家秋季大白菜中晚熟叠抱组品种区域试验，2 年平均每 667m^2 产量 6 331.8kg，比对照丰抗 70 增产 5.86%。2009 年生产试验，平均每 667m^2 产量 5 505.9kg，比对照丰抗 70 增产 6.0%。

栽培技术要点：河南省一般于 8 月 16～20 日播种，株距 54cm，行距 60cm，每 667m^2 种植 2 050 株。整地时施足底肥，封垄前结合培土、浇水，每 667m^2 追施尿素40～50kg。生育期间注意防治蚜虫、菜青虫、菜螟和小菜蛾等。

鉴定意见：该品种于 2008—2009 年参加了全国农业技术推广服务中心组织的国家大白菜品种试验，2010 年 3 月经全国蔬菜品种鉴定委员会鉴定通过。建议在辽宁、天津、河北、浙江、河南的适宜地区作秋季中晚熟大白菜种植。

西白 9 号

鉴定编号：国品鉴菜 2010037

选育单位：山东登海种业股份有限公司西由种子分公司

品种来源：山西玉青×早 3

特征特性：秋季中晚熟大白菜品种，生长期 86d。外叶深绿，叶柄绿白，球叶白绿色，株高 53cm，开展度 75cm，球形指数 2.7，叶球直筒舒心形，单株重 6.5kg 左右。高抗病毒病和黑腐病，抗霜霉病。

产量表现：2008—2009 年参加国家秋季中晚熟直筒组品种区域试验，2 年平均每 667m^2 产量 6 271.0kg，比对照津秋 75 增产 26.0%。2009 年参加生产试验，平均每 667m^2 产量 5 935.3kg，比对照津秋 75 增产 15.5%。

栽培技术要点：山东地区立秋后起垄播种，每 667m^2 种植 2 800～3 000 株。加大肥水管理，发挥其增产潜力，并适时防治病虫害。

鉴定意见： 该品种于2008—2009年参加了全国农业技术推广服务中心组织的国家大白菜品种试验，2010年3月经全国蔬菜品种鉴定委员会鉴定通过。建议在天津、河北、辽宁、黑龙江、陕西的适宜地区作秋季中晚熟大白菜种植。

秋白85

鉴定编号： 国品鉴菜2010038

选育单位： 西北农林科技大学

品种来源： 05S16570×5S137

特征特性： 秋季中晚熟大白菜品种，生育期85d。植株直立，叶色深绿，株高45cm，开展度64cm。叶球拧抱、中桩，帮厚白色，叶球高34cm、宽16cm，球形指数为2.1。高抗病毒病和黑腐病，中抗霜霉病。

产量表现： 2008—2009年参加国家秋季大白菜中晚熟直筒组品种区域试验，2年平均每667m^{2}产量5 128.8kg，比对照津秋75增产3.0%。2009年参加生产试验，平均每667m^{2}产量5 045.9kg，比对照津秋75减产1.8%。

栽培技术要点： 在陕西杨凌地区8月上旬（立秋前后）播种，行距55～60cm，株距45cm，每667m^{2}种植2 400～2 700株。喜肥水，每667m^{2}施优质农家肥3 000kg作基肥。追肥分两次进行，缓苗后每667m^{2}可追施尿素10kg、复合肥15kg。进入结球期后，每667m^{2}再随水追施尿素15kg。要及时中耕除草，同时要注意防治病虫害。

鉴定意见： 该品种于2008—2009年参加了全国农业技术推广服务中心组织的国家大白菜品种试验，2010年3月经全国蔬菜品种鉴定委员会鉴定通过。建议在天津、河北、辽宁、黑龙江的适宜地区作秋季中晚熟大白菜种植。

惠白88

鉴定编号： 国品鉴菜2010039

选育单位： 山西省农业科学院蔬菜研究所

品种来源： 0301-2-8-8×0419-10-4-4

特征特性： 秋季中晚熟大白菜品种，生育期89d。株高68～70cm，开展度65cm，外叶较直立，深绿色。高桩直筒，叶球高63～65cm，宽14～15cm，结球紧实，单株重3.0～3.5kg。高抗病毒病和黑腐病，抗霜霉病。

产量表现： 2008—2009年参加国家秋季大白菜中晚熟直筒组品种区域试验，2年平均每667m^{2}产量6 225.3kg，比对照津秋75增产25.0%。2009年参加生产试验，平均每667m^{2}产量5 783.0kg，比对照津秋75增产12.6%。

栽培技术要点： 在山西太原地区7月30日至8月2日播种，每667m^{2}种植2 200株，行距60cm，株距50cm。需高水肥栽培条件，施足底肥，在结球期追肥1～2次。注意防治蚜虫、小菜蛾、菜青虫。

鉴定意见： 该品种于2008—2009年参加了全国农业技术推广服务中心组织的国家大

白菜品种试验，2010 年 3 月经全国蔬菜品种鉴定委员会鉴定通过。建议在河北、天津、辽宁、浙江、黑龙江的适宜地区作秋季中晚熟大白菜种植。

石育秋宝

鉴定编号： 国品鉴菜 2010040

选育单位： 河北时丰农业科技开发有限公司

品种来源： 88-11-1×87-10-1

特征特性： 秋季中晚熟大白菜品种，生长期 89d。株高 59～61cm，开展度 63cm，外叶深绿色、有毛。叶球直筒舒心形（个别顶部尖），叶球高 52～54cm，宽 12～14cm，结球紧实，单株重 2.8～3.2kg。高抗病毒病和黑腐病，抗霜霉病。

产量表现： 2008—2009 年参加国家秋季大白菜中晚熟直筒组品种区域试验，2 年平均每 667m^2 产量 5 387.7kg，比对照津秋 75 增产 8.2%。2009 年参加生产试验，平均每 667m^2 产量 5 262.0kg，比对照津秋 75 增产 2.4%。

栽培技术要点： 河北中南地区在立秋前 3～5d 播种，每 667m^2 种植 2 000 株左右，株距 50cm，行距 60cm，半高垄栽培。需高水肥栽培条件，定植前施足底肥，一促到底。

鉴定意见： 该品种于 2008—2009 年参加了全国农业技术推广服务中心组织的国家大白菜品种试验，2010 年 3 月经全国蔬菜品种鉴定委员会鉴定通过。建议在天津、河北、辽宁、黑龙江的适宜地区作秋季中晚熟大白菜种植。

金秋 68

鉴定编号： 国品鉴菜 2012019

选育单位： 西北农林科技大学

品种来源： 08RC6×08S183

特征特性： 秋播中熟品种，平均生长期 80d。植株半直立，叶色绿，叶面稍皱，叶球叠抱，头球形。抗霜霉病、病毒病和黑腐病。

产量表现： 2010—2011 年参加国家大白菜品种区域试验，2 年平均每 667m^2 产量 5 272.5kg，比对照小杂 61 增产 1.2%。2011 年参加生产试验，平均每 667m^2 产量 5 009.0kg，比对照小杂 61 增产 4.5%。

栽培技术要点： 在华北地区适宜播种期为 8 月上旬。一般采用小高垄单行直播，亦可平畦双行直播或移栽，每 667m^2 种植 2 200～2 400 株。

鉴定意见： 该品种于 2010—2011 年参加了全国农业技术推广服务中心组织的国家大白菜品种试验，2012 年 4 月经全国蔬菜品种鉴定委员会鉴定通过。可在北京、辽宁、山东、河南、陕西的适宜地区作秋季大白菜种植。

油绿 3 号

鉴定编号： 国品鉴菜 2012020

选育单位：河北农业大学、河北国研种业有限公司

品种来源：Y-901-5×EL-902-1

特征特性：秋季中熟品种，平均生长期82d。植株较直立，叶色深，叶缘有浅、小波褶，叶球叠抱，直筒形。抗霜霉病、病毒病和黑腐病。

产量表现：2010—2011年参加国家大白菜品种区域试验，2年平均每667m² 产量5 982.0kg，比对照小杂61增产14.8%。2011年参加生产试验，平均每667m² 产量5 178.0kg，比对照小杂61增产8.2%。

栽培技术要点：立秋后3～5d播种为宜。高垄直播或育苗后定植，行株距55cm×40cm，每667m² 种植2 800～3 000株。

鉴定意见：该品种于2010—2011年参加了全国农业技术推广服务中心组织的国家大白菜品种试验，2012年4月经全国蔬菜品种鉴定委员会鉴定通过。可在北京、天津、河北、辽宁、山东的适宜地区作秋季大白菜种植。

锦秋1号

鉴定编号：国品鉴菜2012021

选育单位：中国农业科学院蔬菜花卉研究所

品种来源：A00713×A00714

特征特性：秋播中熟品种，平均生长期82d。植株半直立，叶色浅翠绿，叶球叠抱、头球形。抗霜霉病、病毒病和黑腐病。

产量表现：2010—2011年参加国家大白菜品种区域试验，2年平均每667m² 产量5 678.5kg，比对照小杂61增产8.9%。2011年参加生产试验，平均每667m² 产量5 302.0kg，比对照小杂61增产10.5%。

栽培技术要点：一般在立秋前后播种，行株距为60cm×50cm。根据该品种喜肥水的特点，增加农家腐熟有机肥及磷、钾肥的使用。

鉴定意见：该品种于2010—2011年参加了全国农业技术推广服务中心组织的国家大白菜品种试验，2012年4月经全国蔬菜品种鉴定委员会鉴定通过。可在北京、河北、辽宁、山东、陕西的适宜地区作秋季大白菜种植。

秀翠

鉴定编号：国品鉴菜2012022

选育单位：上海种都种业科技有限公司

品种来源：ZC03×SC08

特征特性：秋播中熟品种，平均生长期83d。植株较直立，叶色绿，叶面稍皱，叶球近合抱、中桩。抗霜霉病、病毒病和黑腐病。

产量表现：2010—2011年参加国家大白菜品种区域试验，2年平均每667m² 产量5 409.5kg，比对照小杂61增产3.8%。2011年参加生产试验，平均每667m² 产量

5 327.0kg，比对照小杂 61 增产 11.1%。

栽培技术要点：立秋前后播种，可采用直播或育苗的方式进行播种。高畦或高垄栽培，每 667m^2 种植密度 2 700～3 000 株。

鉴定意见：该品种于 2010—2011 年参加了全国农业技术推广服务中心组织的国家大白菜品种试验，2012 年 4 月经全国蔬菜品种鉴定委员会鉴定通过。可在北京、河北、山东、河南、陕西的适宜地区作秋季大白菜种植。

珍绿 55

鉴定编号：国品鉴菜 2012023

选育单位：天津科润农业科技股份有限公司蔬菜研究所

品种来源：J537×Q667

特征特性：秋季中熟品种，平均生长期 81d。植株直立，叶色深绿，叶面密皱，叶球拧抱、长筒舒心形。高抗病毒病，抗霜霉病和黑腐病。

产量表现：2010—2011 年参加国家大白菜品种区域试验，2 年平均每 667m^2 产量 4 818.0kg，比对照中白 62 增产 10.4%。2011 年参加生产试验，平均每 667m^2 产量 4 656.0kg，比对照中白 62 增产 7.5%。

栽培技术要点：京津地区 8 月 5～15 日播种，适当晚播利于生长，以直播为宜，每 667m^2 种植约 3 000 株，行株距 60cm×33cm。

鉴定意见：该品种于 2010—2011 年参加了全国农业技术推广服务中心组织的国家大白菜品种试验，2012 年 4 月经全国蔬菜品种鉴定委员会鉴定通过。可在北京、天津、河北、山东、河南的适宜地区作秋季大白菜种植。

西白 88

鉴定编号：国品鉴菜 2012024

选育单位：山东登海种业股份有限公司西由种子分公司

品种来源：XQ36-2×XF78-149

特征特性：秋季晚熟品种，生长期 91d。植株较直立，叶球长头球形。高抗病毒病，抗霜霉病和黑腐病。

产量表现：2010—2011 年参加国家大白菜品种区域试验，2 年平均每 667m^2 产量 6 777.5kg，比对照北京新 3 号增产 6.3%。2011 年参加生产试验，平均每 667m^2 产量 6 220.0kg，比对照北京新 3 号增产 16.6%。

栽培技术要点：山东地区可于 8 月 10 日前后起垄播种，行株距为 60cm×50cm。

鉴定意见：该品种于 2010—2011 年参加了全国农业技术推广服务中心组织的国家大白菜品种试验，2012 年 4 月经全国蔬菜品种鉴定委员会鉴定通过。可在北京、河北、山东、河南、陕西的适宜地区作秋季大白菜种植。

胶白7号

鉴定编号： 国品鉴菜2012025

选育单位： 青岛市胶州大白菜研究所有限公司

品种来源： 胶选98712×韩核2001236

特征特性： 秋季晚熟品种，生长期91d。植株较直立，叶球直筒、顶尖。经北京市农林科学院植物保护环境保护研究所苗期室内人工接种鉴定，抗霜霉病、病毒病和黑腐病。

产量表现： 2010—2011年参加国家大白菜品种区域试验，2年平均每667m^{2}产量6 301.5kg，比对照北京新3号增产1.2%。2011年参加生产试验，平均每667m^{2}产量6 304.0kg，比对照北京新3号增产18.1%。

栽培技术要点： 黄淮海地区8月上旬播种，每667m^{2}种植1 800株左右。

鉴定意见： 该品种于2010—2011年参加了全国农业技术推广服务中心组织的国家大白菜品种试验，2012年4月经全国蔬菜品种鉴定委员会鉴定通过。可在北京、河北、山东、陕西的适宜地区作秋季大白菜种植。

珍绿80

鉴定编号： 国品鉴菜2012026

选育单位： 天津科润农业科技股份有限公司蔬菜研究所

品种来源： J271×J401

特征特性： 秋播晚熟品种，生长期92d。植株直立，叶球直筒舒心形。经北京市农林科学院植物保护环境保护研究所苗期室内人工接种鉴定，高抗霜霉病和病毒病，抗黑腐病。

产量表现： 2010—2011年参加国家大白菜品种区域试验，2年平均每667m^{2}产量6 918.0kg，比对照津绿75增产27.3%。2011年参加生产试验，平均每667m^{2}产量6 465.0kg，比对照津绿75增产37.0%。

栽培技术要点： 京津地区8月8～12日播种，以直播为宜，行株距60cm×45cm，每667m^{2}种植2 400株左右。

鉴定意见： 该品种于2010—2011年参加了全国农业技术推广服务中心组织的国家大白菜品种试验，2012年4月经全国蔬菜品种鉴定委员会鉴定通过。可在北京、天津、河北、辽宁、黑龙江、山东、河南、浙江、陕西的适宜地区作秋季大白菜种植。

绿健85

鉴定编号： 国品鉴菜2012027

选育单位： 中国农业科学院蔬菜花卉研究所

品种来源： B70817×B70818

特征特性： 晚熟品种，生长期92d。植株直立，叶球直筒舒心形。经北京市农林科学院植物保护环境保护研究所苗期室内人工接种鉴定，高抗病毒病，抗霜霉病和黑腐病。

产量表现：2010—2011 年参加国家大白菜品种区域试验，2 年平均每 667m^2 产量 5 459.5kg，比对照津绿 75 增产 0.5%。2011 年参加生产试验，平均每 667m^2 产量 5 140.0kg，比对照津绿 75 增产 8.9%。

栽培技术要点：在立秋前后，当温度稳定在 26℃以下播种，行株距 55cm×50cm。

鉴定意见：该品种于 2010—2011 年参加了全国农业技术推广服务中心组织的国家大白菜品种试验，2012 年 4 月经全国蔬菜品种鉴定委员会鉴定通过。可在北京、天津、河北、辽宁、河南、山东、陕西的适宜地区作秋季大白菜种植。

青研春白 3 号

鉴定编号：国品鉴菜 2012028

选育单位：青岛市农业科学研究院

品种来源：P8-1×C-2-1-7-2-3

特征特性：春季大白菜品种，舒心近合抱类型。植株直立，叶色黄绿，翻黄心，定植后平均生长期 56d。田间表现高抗病毒病、软腐病、霜霉病；经北京市农林科学院植物保护环境保护研究所苗期室内人工接种鉴定，抗霜霉病、病毒病和黑腐病。

产量表现：2010—2011 年参加国家大白菜品种区域试验，2 年平均每 667m^2 产量 5 710.5kg，比对照强势减产 5.7%。2011 年参加生产试验，平均每 667m^2 产量 5 938.0kg，比对照强势减产 7.8%。

栽培技术要点：青岛地区 3 月下旬至 4 月初露地直播，平畦栽培，播种后覆盖地膜。行株距 50cm×40cm，每 667m^2 种植 3 000～3 300 株。当叶球达到六七成熟时，叶球顶部微露黄心，即可收获上市。

鉴定意见：该品种于 2010—2011 年参加了全国农业技术推广服务中心组织的国家大白菜品种试验，2012 年 4 月经全国蔬菜品种鉴定委员会鉴定通过。可在北京、辽宁、陕西、云南的适宜地区作春季大白菜种植。

津秀 1 号

鉴定编号：国品鉴菜 2012029

选育单位：天津科润农业科技股份有限公司蔬菜研究所

品种来源：C393×A320

特征特性：春播早熟品种，叠抱类型。叶色绿，心叶黄色，株型小、紧凑。早熟，定植后平均生长期 53d。田间表现高抗病毒病、软腐病和霜霉病；经北京市农林科学院植物保护环境保护研究所苗期室内人工接种鉴定，抗霜霉病、病毒病和黑腐病。

产量表现：2010—2011 年参加国家大白菜品种区域试验，2 年平均每 667m^2 产量 4 884.0kg，比对照强势减产 19.3%。2011 年参加生产试验，平均每 667m^2 产量 5 030.0kg，比对照强势减产 21.9%。

栽培技术要点：京津地区春大棚栽培，2月10～15日温室播种育苗，苗期温度保持在13℃以上，苗龄30d，5～6片叶时即可定植。行株距50cm×27cm，每667m^{2}种植3 500株左右。

鉴定意见：该品种于2010—2011年参加了全国农业技术推广服务中心组织的国家大白菜品种试验，2012年4月经全国蔬菜品种鉴定委员会鉴定通过。可在北京、天津、河北、辽宁、陕西、湖北和云南的适宜地区作春季早熟大白菜种植。适当晚播防止抽薹。

西星强春1号

鉴定编号：国品鉴菜2012030

选育单位：山东登海种业股份有限公司西由种子分公司

品种来源：XC08-12×XC08-14

特征特性：春季中桩合抱类型。心叶黄色，叶色绿，生长势强，定植后平均生长期58d。田间表现高抗病毒病、软腐病和霜霉病。经北京市农林科学院植物保护环境保护研究所苗期室内人工接种鉴定，抗霜霉病、病毒病和黑腐病。

产量表现：2010—2011年参加国家大白菜品种区域试验，2年平均每667m^{2}产量5 948.0kg，比对照强势减产1.5%。2011年参加生产试验，平均每667m^{2}产量5 763.0kg，比对照强势减产10.5%。

栽培技术要点：山东地区2月底温室育苗，3月底地膜小拱棚定植，每畦1m定植两行，株距40cm，5月下旬收获。

鉴定意见：该品种于2010—2011年参加了全国农业技术推广服务中心组织的国家大白菜品种试验，2012年4月经全国蔬菜品种鉴定委员会鉴定通过。可在北京、河北、黑龙江、湖北、云南的适宜地区作春季大白菜种植。适当晚播防止抽薹。

秦杂60

鉴定编号：国品鉴菜2015040

选育单位：西北农林科技大学

品种来源：11RC2×11S2

特征特性：秋播早熟品种，平均生长期68d。叶色翠绿，矮桩头球形。

产量表现：2012—2014年参加全国秋大白菜品种区域试验，平均每667m^{2}净菜产量4 579.3kg，比对照小杂60增产10.6%。2014年参加生产试验，平均每667m^{2}净菜产量为5 495.8kg，比对照小杂60增产11.0%。

栽培技术要点：华北地区适宜播种期为7月下旬至8月上旬。一般采用小高垄单行直播，亦可平畦双行直播或移栽。种植密度一般株距35～40cm，行距45～50cm，每667m^{2}栽培3 500～4 000株。

鉴定意见：该品种于2012—2014年参加全国农业技术推广服务中心组织的全国秋季大白菜品种试验，2015年3月经全国蔬菜品种鉴定委员会鉴定通过。建议在北京、辽宁、河北和山东的适宜地区作秋季早熟大白菜种植。

郑白 65

鉴定编号：国品鉴菜 2015041

选育单位：郑州市蔬菜研究所

品种来源：06z153-6-2-3×EP1-5-2-1

特征特性：秋播早熟品种，平均生长期 67d。叶色深绿，平展，叶球矮桩头球形。

产量表现：2012—2014 年参加全国秋大白菜品种区域试验，平均每 667m^2 净菜产量 4 112.5kg，比对照小杂 60 减产 0.7%。2014 年参加生产试验，平均每 667m^2 净菜产量 4 967.8kg，比对照小杂 60 增产 0.3%。

栽培技术要点：华北地区适宜播种期为 6 月底至 8 月初，行株距约为 55cm×50cm，种植密度每 667m^2 栽培 2 500～3 300 株，高垄直播。定植前施足底肥，整个生长期追肥 3～4 次，在结球中期以前追施完毕。管理以促为主，一促到底。

鉴定意见：该品种于 2012—2014 年参加全国农业技术推广服务中心组织的全国秋季大白菜品种试验，2015 年 3 月经全国蔬菜品种鉴定委员会鉴定通过。建议在北京、河北和山东的适宜地区作秋季早熟大白菜种植。

新早 59

鉴定编号：国品鉴菜 2015042

选育单位：河南省新乡市农业科学院

亲本来源：38527×38100

特征特性：秋播早熟品种，平均生长期 67d。叶色绿，叶球头球形，株型直立。

产量表现：2012—2014 年参加全国秋大白菜品种区域试验，平均每 667m^2 净菜产量 3 945.3kg，比对照小杂 60 减产 4.7%。2014 年参加生产试验，平均每 667m^2 净菜产量 4 719.1kg，比对照小杂 60 减产 4.7%。

栽培技术要点：河南地区一般于 7 月下旬至 8 月上旬高垄直播，行距 43cm，株距 40cm，种植密度为每 667m^2 约 3 800 株。定植前施足底肥，整个生长期追肥 3～4 次。管理以促为主，一促到底。

鉴定意见：该品种于 2012—2014 年参加全国农业技术推广服务中心组织的全国秋季大白菜品种试验，2015 年 3 月经全国蔬菜品种鉴定委员会鉴定通过。建议在北京和河北的适宜地区作秋季早熟大白菜种植。

天正橘红 65

鉴定编号：国品鉴菜 2015043

选育单位：山东省农业科学院蔬菜花卉研究所

亲本来源： 08428×08468

特征特性： 秋播中熟品种，平均生长期 74d。叶色浅绿，叶球头球形，中桩，球心叶橘红色。

产量表现： 2012—2014 年参加全国秋大白菜品种区域试验，平均每 667m^2 净菜产量 4 364.7kg，比对照北京橘红 2 号增产 10.6%。2014 年参加生产试验，平均每 667m^2 净菜产量 5 007.2kg，比对照北京橘红 2 号增产 0.1%。

栽培技术要点： 华北地区适宜播种期为 8 月上旬至 8 月中旬，每 667m^2 栽培 3 200～3 300 株。施足底肥，及时追肥，注意防治菜青虫、小菜蛾等害虫。

鉴定意见： 该品种于 2012—2014 年参加全国农业技术推广服务中心组织的全国秋季大白菜品种试验，2015 年 3 月经全国蔬菜品种鉴定委员会鉴定通过。建议在北京、天津、河北、辽宁、山东和浙江的适宜地区作秋季中熟大白菜种植。

吉红 308

鉴定编号： 国品鉴菜 2015044

选育单位： 中国农业科学院蔬菜花卉研究所

品种来源： A20861×A20862

特征特性： 秋播中熟品种，平均生长期 77d。叶色浅绿，叶球头球形，中桩，球心叶橘红色。

产量表现： 2012—2014 年参加全国秋大白菜品种区域试验，平均每 667m^2 净菜产量 4 356.2kg，比对照北京橘红 2 号增产 10.4%。2014 年参加生产试验，平均每 667m^2 净菜产量 5 240.9kg，比对照北京橘红 2 号增产 4.8%。

栽培技术要点： 华北地区适宜播种期为 8 月上旬至 8 月中旬，行株距为 55～60cm×40cm，种植密度为每667m^2 2 700株左右。喜肥水，应重视农家腐熟有机肥及磷、钾肥的使用。

鉴定意见： 该品种于 2012—2014 年参加全国农业技术推广服务中心组织的全国秋季大白菜品种试验，2015 年 3 月经全国蔬菜品种鉴定委员会鉴定通过。建议在北京、天津、河北、辽宁、黑龙江、山东、河南和浙江的适宜地区作秋季中熟大白菜种植。

青研秋白 1 号

鉴定编号： 国品鉴菜 2015045

选育单位： 青岛市农业科学研究院

品种来源： C15 混-2×02 韩-S 混-14

特征特性： 秋播中熟品种，平均生长期 78d。半直立，绿色，短筒形。

产量表现： 2012—2014 年参加全国秋大白菜品种区域试验，平均每 667m^2 净菜产量 4 997.2kg，比对照小杂 61 增产 11.0%。2014 年参加生产试验，平均每 667m^2 净菜产量为 5 877.1kg，比对照小杂 61 增产 12.6%。

栽培技术要点： 山东地区8月中旬至8月下旬播种，高垄栽培，行距60～65cm，株距40～45cm，种植密度为每667m² 2 500～2 800株，10月下旬至11月上、中旬收获。注意防治病虫害。

鉴定意见： 该品种于2012—2014年参加全国农业技术推广服务中心组织的全国秋季大白菜品种试验，2015年3月经全国蔬菜品种鉴定委员会鉴定通过。建议在北京、天津、河北、辽宁、黑龙江、山东、河南和陕西的适宜地区作秋季中熟大白菜种植。

西白57

鉴定编号： 国品鉴菜2015046

选育单位： 山东登海种业股份有限公司西由种子分公司

品种来源： S23-56×Tm75-1

特征特性： 秋播中熟品种，平均生长期79d。植株直立，翻心黄类型。

产量表现： 2012—2014年参加全国秋大白菜品种区域试验，平均每667m²净菜产量5 115.2kg，比对照小杂61增产13.6%。2014年参加生产试验，平均每667m²净菜产量5 508.0kg，比对照小杂61增产5.5%。

栽培技术要点： 山东地区可在7月底至8月初起垄播种，行株距为50cm×40cm，种植密度为每667m²约2 600株。施足底肥，肥水管理以促为主，防涝。

鉴定意见： 该品种于2012—2014年参加全国农业技术推广服务中心组织的全国秋季大白菜品种试验，2015年3月经全国蔬菜品种鉴定委员会鉴定通过。建议在北京、天津、河北、辽宁、黑龙江、山东、河南、浙江和陕西的适宜地区作秋季中熟大白菜种植。

利春

鉴定编号： 国品鉴菜2015047

选育单位： 中国农业科学院蔬菜花卉研究所

品种来源： A10615×A10616

特征特性： 秋播中熟品种，平均生长期80d。植株半直立，叶球卵圆形。

产量表现： 2012—2014年参加全国秋大白菜品种区域试验，平均每667m²净菜产量5 079.4kg，比对照小杂61增产12.8%。2014年参加生产试验，平均每667m²净菜产量为5 796.5kg，比对照小杂61增产11.1%。

栽培技术要点： 华北地区适宜播种期为8月上旬至8月中旬，行株距为55～60cm×50cm，种植密度为每667m² 2 400株左右。本品种喜肥水（特别是有机肥），应重视农家腐熟有机肥及磷、钾肥的使用。

鉴定意见： 该品种于2012—2014年参加全国农业技术推广服务中心组织的全国秋季大白菜品种试验，2015年3月经全国蔬菜品种鉴定委员会鉴定通过。建议在北京、天津、河北、山东、河南、浙江和陕西的适宜地区作秋季中熟大白菜种植。

德高 18

鉴定编号： 国品鉴菜 2015048

选育单位： 德州市德高蔬菜种苗研究所

品种来源： HT237132×FG832421

特征特性： 秋播晚熟品种，平均生长期 88d。高桩合抱直筒形。

产量表现： 2012—2014 年参加全国秋大白菜品种区域试验，平均每 667m^2 净菜产量 5 938.7kg，比对照中白 76 增产 11.4%。2014 年参加生产试验，平均每 667m^2 净菜产量为 6 367.7kg，比对照中白 76 减产 0.2%。

栽培技术要点： 山东地区适宜播种期为立秋后 5～10d，行株距为 70cm×50cm，种植密度为每 667m^2 约 1 900 株。多施有机肥，及时防治病虫害。

鉴定意见： 该品种于 2012—2014 年参加全国农业技术推广服务中心组织的全国秋季大白菜品种试验，2015 年 3 月经全国蔬菜品种鉴定委员会鉴定通过。建议在北京、天津、河北、山东、河南、浙江和陕西的适宜地区作秋季晚熟大白菜种植。

晋青 2 号

鉴定编号： 国品鉴菜 2015049

选育单位： 山西省农业科学院蔬菜研究所

品种来源： 92-14-6-2×88-13-8

特征特性： 秋播晚熟品种，平均生长期 91d。浅绿色，青麻叶类型。

产量表现： 2012—2014 年参加全国秋大白菜品种区域试验，平均每 667m^2 净菜产量 5 931.5kg，比对照中白 76 增产 11.3%。2014 年参加生产试验，平均每 667m^2 净菜产量 6 622.7kg，比对照中白 76 增产 3.8%。

栽培技术要点： 北京地区适宜播种期为 8 月 5～10 日，行株距 60cm×50cm，种植密度每667m^2 2 200～2 300 株。施足底肥，需高肥水，结球期追肥 1～2 次。

鉴定意见： 该品种于 2012—2014 年参加全国农业技术推广服务中心组织的全国秋季大白菜品种试验，2015 年 3 月经全国蔬菜品种鉴定委员会鉴定通过。建议在北京、天津、河北、山东、河南、浙江和陕西的适宜地区作秋季晚熟大白菜种植。

秦春 1 号

鉴定编号： 国品鉴菜 2016001

选育单位： 西北农林科技大学

品种来源： DS10-24×DS5-63

特征特性： 大白菜一代杂交种，矮桩合抱类型。外叶浅绿平展，球心色微黄，球高约 26cm，球径 18cm 左右，单株净重 2.2kg 左右。定植后 67d 左右收获。田间表现耐抽薹性良好，抗病毒病、霜霉病和软腐病。

产量表现： 2013—2015 年参加国家春季大白菜品种试验，平均每 667m² 净菜产量 6 879.8kg，比对照京春黄增产 9.5%。2015 年生产试验，平均每 667m² 净菜产量 6 743.4kg，比对照京春黄减产 2.8%；在河北张北坝上，北京昌平、怀柔，山东潍坊和湖北武汉试验点生产试验，平均每 667m² 净菜产量 6 859.9kg，比对照增产 15.8%。

栽培技术要点： 要求苗期温度稳定在 13℃以上。株距 35～40cm，行距 50cm，每 667m² 定植 4 000 株左右。整个生长期以促为主，加强肥水管理，及时采收。

鉴定意见： 该品种于 2013—2015 年参加全国农业技术推广服务中心组织的国家春季大白菜品种试验，2015 年 12 月经国家蔬菜品种鉴定委员会鉴定通过。建议在北京、河北、山东和湖北的适宜地区作春季大白菜种植。适当晚播防止抽薹。

晋春 3 号

鉴定编号： 国品鉴菜 2016002

选育单位： 山西省农业科学院蔬菜研究所

品种来源： 32S-201×22S

特征特性： 大白菜一代杂交种。定植后 67d 左右收获。叶色绿，心叶黄，叶球合抱、中桩、炮弹形，单株净重 2.5kg 左右。田间表现耐抽薹性中等，抗病毒病、霜霉病和软腐病。

产量表现： 2013—2015 年参加国家春季大白菜品种试验，平均每 667m² 净菜产量 6 595.5kg，比对照京春黄增产 5.0%。2015 年生产试验，平均每 667m² 净菜产量 7 202.8kg，比对照京春黄增产 3.8%。在北京怀柔、山东潍坊、云南昆明和辽宁沈阳试验点生产试验，平均每 667m² 净菜产量 8 830.9kg，比对照增产 20.8%。

栽培技术要点： 春季气温稳定在 12℃以上时播种，平畦或起垄栽培，株行距 40cm×45cm。莲座期后要及时追肥、浇水，促进植株生长和结球。叶球成熟后及时采收。

鉴定意见： 该品种于 2013—2015 年参加全国农业技术推广服务中心组织的国家春季大白菜品种试验，2015 年 12 月经国家蔬菜品种鉴定委员会鉴定通过。建议在北京、辽宁、山东和云南的适宜地区作春季大白菜种植，适当晚播防止抽薹。

胶研理想

鉴定编号： 国品鉴菜 2016003

选育单位： 青岛胶研种苗有限公司

品种来源： 福 13B251×B3521

特征特性： 大白菜一代杂交种。外叶绿色，叶球炮弹形，球高约 35cm，球径约 20cm，单株净重 2.8kg 左右，定植后 68d 左右收获。田间表现抗病毒病、霜霉病和软腐病。

产量表现： 2013—2015 年参加国家春季大白菜品种试验，平均每 667m² 净菜产量 7 026.6kg，比对照京春黄增产 11.8%。2015 年参加生产试验，平均每 667m² 净菜产量

7 235.8kg，比对照京春黄增产 4.3%。在北京怀柔、延庆，河北张北坝上，山东潍坊和湖北武汉试验点生产试验，平均每 667m² 净菜产量 6 555.4kg，比对照增产 14.1%。

栽培技术要点：最低温度在 13℃以上可播种。采用高垄栽培，加地膜覆盖，行距 60cm，株距 40cm，每 667m² 约定植 2 800 株。宜采取肥水齐攻、一促到底的管理措施。播种前后要注意地下害虫防治。

鉴定意见：该品种于 2013—2015 年参加全国农业技术推广服务中心组织的国家春季大白菜品种试验，2015 年 12 月经国家蔬菜品种鉴定委员会鉴定通过。建议在北京、河北、山东和湖北的适宜地区作春季大白菜种植，适当晚播防止抽薹。

潍春 22

鉴定编号：国品鉴菜 2016004

选育单位：山东省潍坊市农业科学院

品种来源：BZ07-09×VD05-272

特征特性：大白菜一代杂交种。长势强，叶色绿，叶面稍皱，心叶黄，叶球合抱，炮弹形，球高 32cm 左右，球径 23cm 左右，单株净重 2.5kg 左右。定植后 69d 左右收获。田间表现耐抽薹性中等，抗病毒病、霜霉病和软腐病。

产量表现：2013—2015 年参加国家春季大白菜品种试验，平均每 667m² 净菜产量 6 848.8kg，比对照京春黄增产 9.0%。2015 年参加生产试验，平均每 667m² 净菜产量 6 629.2kg，比对照京春黄减产 4.5%。在北京怀柔、山东潍坊和云南昆明试验点生产试验，平均每 667m² 净菜产量 7 252.8kg，比对照增产 23.2%。

栽培技术要点：山东地区温度在 13℃以上可露地直播，地膜覆盖。宜采用起垄栽培，行距 50cm，株距 40cm，每 667m² 种植 3 300 株左右。水肥早攻，一促到底。同时注意病虫害的防治。

鉴定意见：该品种于 2013—2015 年参加全国农业技术推广服务中心组织的国家春季大白菜品种试验，2015 年 12 月经国家蔬菜品种鉴定委员会鉴定通过。建议在北京、山东和云南的适宜地区作春季大白菜种植，适当晚播防止抽薹。

石育春宝

鉴定编号：国品鉴菜 2016005

选育单位：河北时丰农业科技开发有限公司

品种来源：C02-3-1×C02-5-11-3

特征特性：大白菜一代杂交种，长势强，外叶深绿，合抱黄心，球高约 30cm，球径 18cm 左右，单株净重 3.0kg 左右，定植后 69d 左右收获。田间表现耐抽薹性较好，叶球内部质量较好，抗病毒病、霜霉病和软腐病。

产量表现：2013—2015 年参加国家春季大白菜品种试验，平均净菜产量 6 061.3kg，比对照京春黄减产 3.5%。在北京通州、怀柔，云南昆明，黑龙江哈尔滨和陕西杨凌试验点区试，平均每 667m^2 净菜产量 5 399.3kg，比对照增产 10.9%。2015 年参加生产试验，平均每 667m^2 净菜产量 6 155.5kg，比对照京春黄减产 11.3%。在北京怀柔、云南昆明试验点生产试验，平均每 667m^2 净菜产量 6 464.4kg，比对照增产 7.0%。

栽培技术要点：气温稳定在 13℃以上育苗，室外夜间温度达到 10℃以上时即可露地定植，高垄或平畦地膜覆盖栽培，株行距为 30cm×50cm，每 667m^2 栽 4 000 株左右。

鉴定意见：该品种于 2013—2015 年参加全国农业技术推广服务中心组织的国家春季大白菜品种试验，2015 年 12 月经国家蔬菜品种鉴定委员会鉴定通过。建议在北京和云南的适宜地区作春季大白菜种植，适当晚播防止抽薹。

利春

鉴定编号：国品鉴菜 2016006

选育单位：中国农业科学院蔬菜花卉研究所

品种来源：A10615×A10616

特征特性：大白菜一代杂交种。长势强，外叶深绿，帮色绿。叶球合抱，卵圆形，心叶浅黄色，球高 29cm 左右，球径 18cm 左右，单株净重 2.5kg 左右。定植后 70d 左右收获，丰产性好。田间表现耐抽薹性较好，抗病毒病、霜霉病和软腐病，叶球内部质量较好。

产量表现：2013—2015 年参加国家春季大白菜品种试验，平均每 667m^2 净菜产量 6 933.0kg，比对照京春黄增产 10.3%。2015 年生产试验平均每 667m^2 净菜产量 7 419.5kg，比对照京春黄增产 6.9%。

栽培技术要点：采用营养钵或营养土块育苗，苗床温度控制在 13℃以上，并在旬平均气温稳定在 12℃以上时露地定植，地膜覆盖，采用单垄双行定植，行株距 50cm×40cm。该品种喜肥水，故应重视农家腐熟有机肥及磷、钾肥的使用。

鉴定意见：该品种于 2013—2015 年参加全国农业技术推广服务中心组织的国家春季大白菜品种试验，2015 年 12 月经国家蔬菜品种鉴定委员会鉴定通过。建议在北京、辽宁、黑龙江、山东和和湖北的适宜地区作春季大白菜种植，适当晚播防止抽薹。

翠竹

鉴定编号：国品鉴菜 2016007

选育单位：四川种都高科种业有限公司

品种来源：BP23×BP18

特征特性：大白菜一代杂交种。植株长势强，株型半直立，合抱黄心，球高 35cm 左右，球径 22cm 左右，单株净重 2.5kg 左右。定植后 69d 左右收获。田间表现耐抽薹性好，抗病毒病、霜霉病和软腐病，叶球内部质量较好。

产量表现：2013—2015 年参加国家春季大白菜品种试验，平均每 667m^2 净菜产量 6 270.4kg，比对照京春黄减产 0.2%。在河北张北坝上，北京顺义、怀柔，湖北武汉，云南昆明和陕西杨凌试验点区试，平均每 667m^2 净菜产量 5 885.6kg，比对照增产 13.3%。2015 年生产试验，平均每 667m^2 净菜产量 6 280.4kg，比对照京春黄减产 9.5%。在北京怀柔、山东潍坊、湖北武汉和黑龙江哈尔滨试验点生产试验，平均每 667m^2 净菜产量 5 486.7kg，比对照增产 12.8%。

栽培技术要点：育苗温度不低于 12℃，幼苗长至 5～6 叶时定植。定植前施足底肥，株距 40～45cm，行距 55～60cm，每 667m^2 定植 2 500～3 000 株。高畦或高垄栽培，适时采收。

鉴定意见：该品种于 2013—2015 年参加全国农业技术推广服务中心组织的国家春季大白菜品种试验，2015 年 12 月经国家蔬菜品种鉴定委员会鉴定通过。建议在北京、黑龙江、山东和湖北的适宜地区作春季大白菜种植，适当晚播防止抽薹。

结球甘蓝

中甘 21

鉴定编号：国品鉴菜 2006001

选育单位：中国农业科学院蔬菜花卉研究所

品种来源：DGMS01-216×87-534-2-3

特征特性：中早熟春甘蓝品种，从定植到收获 50～55d。株型半直立，株高 26cm，开展度 43.5～43.8cm。外叶 15.6 片，倒卵圆形，绿色，叶面蜡粉少，叶缘有轻波纹，无缺刻。叶球圆球形，球色绿，单球重约 1kg，叶球紧实，球内颜色浅黄，质地脆嫩，不易裂球，球高 14.8cm，宽 14.5cm，中心柱长 6.3cm。

产量表现：2004 年参加全国甘蓝品种区域试验，平均每 667m^2 产量3 975.5kg，比对照中甘 11 增产 21.9%；2005 年续试，平均每 667m^2 产量 3 731.6 kg，比对照增产 11.8%；2 年区试平均每 667m^2 产量3 846.4kg，比对照增产 16.5%。2005 年生产试验，平均每 667m^2 产量3 488.0kg，比对照增产 22.6%。

栽培技术要点：华北地区春季露地栽培，可于 1 月上中旬温室或改良阳畦播种育苗，2 月中下旬分苗，3 月下旬定植。定植前深翻土地，施足有机肥，定植密度为每667m^2 4 500株，5 月中下旬收获上市。东北、西北一季作地区 2 月播种，3 月分苗，4 月中下旬定植，6～7 月收获上市。

鉴定意见：该品种于 2004—2005 年参加全国农业技术推广服务中心组织的全国甘蓝品种区域试验，2006 年 2 月经全国蔬菜品种鉴定委员会鉴定通过。建议在北京、河北、辽宁、河南、山东、山西及云南作早熟春甘蓝种植。

中甘 23

鉴定编号：国品鉴菜 2006002

选育单位：中国农业科学院蔬菜花卉研究所

品种来源：DGMS01-216×88-62-1-1

特征特性：早熟春甘蓝品种，从定植到收获 55d 左右。株型半直立，植株生长势强，开展度 43～45cm。外叶深绿色，叶面蜡粉中等。叶球圆球形，球色绿，单球重 1kg 左右，叶球紧实，质地脆嫩，不易裂球，球高 14cm 左右，球宽约 14.5cm，中心柱长与球高的比值约为 0.4。

产量表现：2004 年参加全国甘蓝品种区域试验，平均每 667m^2 产量3 974.4kg，比对照中甘 11 增产 21.8%；2005 年续试，平均每 667m^2 产量 4 351.0 kg，比对照增产

30.3%；2年区试平均每667m² 产量4 200.4kg，比对照增产27.3%。2005年生产试验，平均每667m² 产量4 005.3kg，比对照增产34.7%。

栽培技术要点：主要适于我国北方地区春季种植，华北地区一般在1月中下旬于改良阳畦或温室内育苗，2月中下旬分苗。苗床应控制温度，防止幼苗生长过旺、过大。定植时间亦不可过早，一般在3月底至4月初定植露地，每667m² 定植密度以4 500株为宜。

鉴定意见：该品种于2004—2005年参加全国农业技术推广服务中心组织的全国甘蓝品种区域试验，2006年2月经全国蔬菜品种鉴定委员会鉴定通过。建议在北京、河北、辽宁、河南、湖北及山东作早熟春甘蓝种植。

冬甘2号

鉴定编号：国品鉴菜2006003

选育单位：天津科润农业科技股份有限公司蔬菜研究所

品种来源：93-2×80-8-7

特征特性：早熟春甘蓝品种，春保护地栽培生育期121～126d，春露地栽培从定植到收获56d左右。植株生长势较强，开展度40cm左右，株高24cm，株型紧凑。外叶少，叶色绿，蜡粉较少。叶球圆球形、紧实、中心柱较短，平均单球重0.85kg，叶质脆嫩、味甜、无异味，商品性状好。冬性强，耐抽薹，抗病性较强。

产量表现：2004年参加全国甘蓝品种区域试验，平均每667m² 产量3 484.5kg，比对照中甘11增产6.8%；2005年续试，平均每667m² 产量3 580.5kg，比对照增产7.2%；2年区试平均每667m² 产量3 535.4kg，比对照中甘11增产7.0%。2005年生产试验，平均每667m² 产量3 087.1kg，比对照增产8.5%。

栽培技术要点：华北地区春季保护地栽培，可于12月上中旬温室播种育苗，苗期夜间注意防寒，白天注意放风，温度不宜过高，2月中下旬定植于大棚，每667m² 施有机肥4 000kg、复合肥20～30kg，定植密度4 500株。缓苗后适当蹲苗，进入高温期，重施追肥1次，每667m² 施尿素20kg，要注意防治病虫害。华北地区春季露地栽培，可于12月下旬至翌年1月上旬阳畦育苗，3月中下旬定植，定植前深翻土地，施足有机肥，定植密度每667m² 4 500株。缓苗后适当控制水分，蹲苗2次，每次1周。开始包心时重施追肥1次，每667m² 施尿素20kg，生长期要注意病虫害防治。

鉴定意见：该品种于2004—2005年参加全国农业技术推广服务中心组织的全国甘蓝品种区域试验，2006年2月经全国蔬菜品种鉴定委员会鉴定通过。建议在北京、辽宁、山东、河南、湖北、云南及青海作早熟春甘蓝种植。

豫生早熟牛心

鉴定编号：国品鉴菜2006004

选育单位：河南省农业科学院生物技术研究所

品种来源：N113-3×C56-83

特征特性： 中早熟春甘蓝品种，从定植到收获60～66d。株型半直立，开展度50～55cm，株高28～30cm。外叶深绿色，叶面蜡粉中等，外叶数11片。叶球浅绿色，牛心形，紧实度0.47，中心柱长7.6cm，单球重1～1.5kg。食味脆嫩，略甜，商品性好。不易先期抽薹，耐裂球，抗病毒病、黑腐病、霜霉病等病害。适宜春季栽培，亦可秋播或越冬栽培。

产量表现： 2004年参加全国甘蓝品种区域试验，平均每667m^{2}产量4 364.5kg，比对照中甘11增产33.8%；2005年续试，平均每667m^{2}产量4 581.4kg，比对照增产37.2%；2年区试平均每667m^{2}产量4 473.0kg，比对照增产35.5%。2005年生产试验，平均每667m^{2}产量4 377.7kg，比对照增产53.9%。

栽培技术要点： 河南省一般12月中下旬阳畦育苗，苗期注意控制温度防徒长引起春化。2月底至3月上旬露地定植，覆盖地膜，或2月下旬拱棚定植，株行距为40～45cm×50cm，每667m^{2}定植3 000～3 300株。缓苗后适当蹲苗，控制水分，以提高地温。开始包心时，重施速效肥1次，每667m^{2}施尿素20kg左右，高水肥管理。植株生长中后期，气温较高，应加强病虫害防治。适时收获，防止高温裂球。

鉴定意见： 该品种于2004—2005年参加全国农业技术推广服务中心组织的全国甘蓝品种区域试验，2006年2月经全国蔬菜品种鉴定委员会鉴定通过。建议在河南、山西、湖北、云南作早熟春甘蓝种植。

中甘25

鉴定编号： 国品鉴菜2007009

选育单位： 中国农业科学院蔬菜花卉研究所

品种来源： 显性雄性不育系DGMS717×自交系91-276-3

特征特性： 早熟春甘蓝品种，从定植到收获55d左右。株型紧凑，开展度42.0cm×41.5cm。外叶12.1片，倒卵圆形，绿色，叶面蜡粉中等，叶缘波纹小，无缺刻。叶球近圆球形，球色绿，球高14.4cm，宽14.1cm，中心柱长5.5cm，单球重约1.0kg。叶球紧实，球内颜色浅黄色，质地脆嫩，品质优。不易裂球，耐未熟抽薹。

产量表现： 2005年参加全国春甘蓝品种区域试验，平均每667m^{2}产量3 743.1kg，比对照中甘11增产12.1%；2006年续试，平均每667m^{2}产量4 744.6kg，比对照增产15.0%；2年区试平均每667m^{2}产量4 243.9kg，比对照增产13.7%。2006年生产试验，平均每667m^{2}产量4 573.1kg，比对照增产22.5%。

栽培技术要点： 华北地区春季露地栽培，可于1月上中旬日光温室或改良阳畦播种育苗，2月中下旬分苗，3月下旬定植，定植前深翻土地，施足底肥，定植密度为每667m^2 4 500株，5月中下旬收获上市。东北、西北一季作地区可于2月播种，3月分苗，4月中下旬定植，6～7月收获上市。

鉴定意见： 该品种于2005—2006年参加全国农业技术推广服务中心组织的全国甘蓝品种区域试验，2007年2月经全国蔬菜品种鉴定委员会鉴定通过。建议在北京、山东、河南、陕西、河北、辽宁、云南作早熟春甘蓝种植。

春甘2号

鉴定编号：国品鉴菜2007010

选育单位：北京市农林科学院蔬菜研究中心

品种来源：CMS02×95019

特征特性：早熟春甘蓝品种，从定植到收获50d左右。株型半开展，开展度45cm×44.6cm。外叶数较少，约13片，绿色，叶面蜡粉少，叶缘有轻波纹，无缺刻。叶球色绿、紧实、圆球形，球高14.3cm，宽14.1cm，中心柱长5.3cm，球重1.0kg左右。质地脆嫩，不易裂球，冬性较强，不易未熟先期抽薹。

产量表现：2005年参加全国春甘蓝品种区域试验，平均每667m^{2}产量3 604.9kg，比对照中甘11增产8.0%；2006年续试，平均每667m^{2}产量4 196.0kg，比对照增产1.7%；2年区试平均每667m^{2}产量3 900.5kg，比对照增产5.0%。2006年生产试验，平均每667m^{2}产量3 988.5kg，比对照增产14.5%。

栽培技术要点：华北地区春季露地栽培，可于1月上中旬温室或改良阳畦播种育苗，2月中下旬分苗，3月下旬定植，定植前深翻土地，施足有机肥，定植密度为每667m^2 4 500株，5月中下旬收获上市。东北、西北一季作地区可于2月播种，3月分苗，4月中下旬定植，6～7月收获上市。

鉴定意见：该品种于2005—2006年参加全国农业技术推广服务中心组织的全国甘蓝品种区域试验，2007年2月经全国蔬菜品种鉴定委员会鉴定通过。建议在北京、河南、山东、辽宁、山西、云南作早熟春甘蓝种植。

秦甘50

鉴定编号：国品鉴菜2007011

选育单位：西北农林科技大学

品种来源：BMP01-88-561336×YCF51-99-835168

特征特性：早熟春甘蓝品种，从定植到收获50d。株型半直立，株高25.8cm，开展度39.5cm×40.8cm。外叶14.5片，倒卵圆形，绿色，叶面蜡粉少，叶缘有轻波纹，无缺刻。叶球圆球形，深绿色，单球重约0.85kg，叶球紧实，球内颜色浅黄，质地脆甜，品质优良。球纵径13.3cm，球横径15.1cm，中心柱长5.8cm。不易裂球，抗病性强。

产量表现：2004年参加全国春甘蓝品种区域试验，平均每667m^{2}产量3 463.6kg，比对照增产6.2%；2005年续试，平均每667m^{2}产量3 299.1kg，比对照减产1.2%；2年区试平均每667m^{2}产量3 381.4kg，比对照增产2.4%。2006年生产试验，平均每667m^{2}产量3 555.7kg，比对照增产2.1%。

栽培技术要点：西北地区春季露地栽培，可于12月下旬阳畦播种育苗，或1月上中旬温室或改良阳畦播种育苗，2月中下旬分苗，3月下旬定植，定植前深翻土地，施足有机肥，定植密度为每667m^2 4 500株，5月中下旬收获上市。东北或寒冷地区一年一季栽培，应于2月播种，3月分苗，4月中下旬定植，6～7月收获上市。

鉴定意见：该品种于2004—2006年参加全国农业技术推广服务中心组织的全国甘蓝品种区域试验，2007年2月经全国蔬菜品种鉴定委员会鉴定通过。建议在辽宁、云南作早熟春甘蓝种植。

中甘22

鉴定编号：国品鉴菜2007012

选育单位：中国农业科学院蔬菜花卉研究所

品种来源：胞质雄性不育系CMS8180×自交系7014

特征特性：早熟秋甘蓝品种，从定植到收获60～65d。植株开展度51.1cm×52.9cm。外叶10.6片，倒卵圆形，叶色绿，叶面蜡粉中等，叶缘波纹中等，无缺刻。叶球近圆形，球色绿，球高14.6cm，宽15.0cm，中心柱长5.6cm，单球重约1.33kg。叶球紧实，球内颜色浅黄色，质地脆嫩，品质好。耐热性和耐裂球性较强，田间抗TuMV及黑腐病，人工接种鉴定对TuMV表现为高抗。

产量表现：2004年参加全国秋甘蓝品种区域试验，平均每667m^2产量5 157.5kg，比对照希望增产37.1%；2005年续试，平均每667m^2产量3 374.7kg，比对照增产9.1%；2006年续试，平均每667m^2产量4 312.1kg，比对照增产18.0%；3年区试平均每667m^2产量4 281.4kg，比对照增产22.2%。2006年生产试验，平均每667m^2产量4 175.7kg，比对照增产13.6%。

栽培技术要点：华北地区秋季露地栽培，可于7月上旬整高畦、搭阴棚播种育苗，注意防雨、遮阴。8月上旬整小高畦定植或垄作，一般栽在垄的阴半坡。定植前深翻土地，施足底肥，定植密度每667m^2 3 000株。缓苗后追肥，并劈垄整埂，使苗子处在垄脊的正中，注意防治病虫害。10月上中旬收获上市。

鉴定意见：该品种于2004—2006年参加全国农业技术推广服务中心组织的全国甘蓝品种区域试验，2007年2月经全国蔬菜品种鉴定委员会鉴定通过。建议在北京、山西、湖北、河南、山东、河北、浙江、云南、陕西作早熟秋甘蓝种植。

中甘24

鉴定编号：国品鉴菜2007013

选育单位：中国农业科学院蔬菜花卉研究所

品种来源：胞质雄性不育系CMS7014×自交系84-98

特征特性：中熟秋甘蓝品种，从定植到收获70～75d。植株开展度58.1cm×57.4cm。外叶17.9片，叶色灰绿，叶面蜡粉较多，叶缘波纹较小，无缺刻，叶面较光滑。叶球扁圆形，球高12.5cm，宽21.0cm，中心柱长5.8cm，单球重约1.56kg。叶球紧实，球内颜色淡黄，质地脆，品质好。耐热性和耐裂球性强，不易裂球。田间抗TuMV及黑腐病，人工接种鉴定对TuMV的病情指数为3.3，表现为抗TuMV。

产量表现：2004年参加全国秋甘蓝品种区域试验，平均每667m^2产量6 205.0kg，比对照中甘 8 号增产 17.0%；2005 年续试，平均每 667m^2 产量4 202.0kg，比对照增产 8.3%；2006 年续试，平均每 667m^2 产量4 488.3kg，比对照增产 5.8%；3 年区试平均每 667m^2 产量4 965.1kg，比对照增产 10.9%。2006 年生产试验，平均每 667m^2 产量 4 462.2kg，比对照增产 15.3%。

栽培技术要点： 华北地区秋季露地栽培，可于 7 月上旬整高畦、搭阴棚播种育苗，注意防雨、遮阴。8 月上旬整小高畦定植或垄作，一般栽在垄的阴半坡。定植前深翻土地，施足底肥，定植密度为每667m^2 2 500株。缓苗后追肥，并劈垄整埂，使苗子处在垄脊的正中，注意防治病虫害。10 月中下旬可收获上市。

鉴定意见： 该品种于 2004—2006 年参加全国农业技术推广服务中心组织的全国甘蓝品种区域试验，2007 年 2 月经全国蔬菜品种鉴定委员会鉴定通过。建议在北京、河北、陕西、河南、浙江作中熟秋甘蓝种植。

秋甘 1 号

鉴定编号： 国品鉴菜 2007014

选育单位： 北京市农林科学院蔬菜研究中心

品种来源： CMS021×97025-B3

特征特性： 中熟秋甘蓝品种，从定植到收获 70d 左右。株型开展，开展度 73cm×74cm。外叶数 14 片，灰绿色，叶面蜡粉多，叶缘有轻波纹，无缺刻。叶球色绿、紧实，扁球形，球高 14.6cm，宽 23.6cm，中心柱长 6.8cm，球重约 1.5kg，质地脆嫩，不易裂球。耐热，田间抗病毒病，中抗黑腐病。

产量表现： 2004 年参加全国秋甘蓝品种区域试验，平均每 667m^2 产量5 182.0kg，比对照中甘 8 号减产 2.4%；2005 年续试，平均每 667m^2 产量4 117.5kg，比对照增产 6.1%；2006 年续试，平均每 667m^2 产量4 480.3kg，比对照增产 5.6%；3 年区试平均每 667m^2 产量4 593.3kg，比对照增产 5.9%。2006 年生产试验，平均每 667m^2 产量4 339.4kg，比对照增产 12.2%。

栽培技术要点： 华北地区秋季露地栽培，于 6 月下旬至 7 月上中旬播种育苗，7 月下旬至 8 月上旬定植，苗龄 30d，苗期注意防热、防雨及病虫害。定植前深翻土地，施足有机肥，定植密度为株行距 50cm×50cm，每667m^2 2 500株，10 月中下旬收获上市。

鉴定意见： 该品种于 2004—2006 年参加全国农业技术推广服务中心组织的全国甘蓝品种区域试验，2007 年 2 月经全国蔬菜品种鉴定委员会鉴定通过。建议在北京、河南、陕西作中熟秋甘蓝种植。

惠丰 4 号

鉴定编号： 国品鉴菜 2007015

选育单位： 山西省农业科学院蔬菜研究所

品种来源： 9203-4-3-11×9110-1-1

特征特性：早熟秋甘蓝品种，从定植到收获 65d。生长势较强，植株开展度约 52cm×55cm。外叶数 11 片左右，浅灰绿色，近圆形，蜡粉中。叶球近圆球形，结球紧实，球宽 16cm 左右，球高 15cm 左右，中心柱长 6.7cm，单球重 1.34kg。球叶脆嫩，风味品质较好。耐热性较强，抗病性较强。苗期人工接种抗病性鉴定结果：对病毒病（TuMV）的病情指数为 8.5，表现抗 TuMV。

产量表现：2004 年参加全国秋甘蓝品种区域试验，平均每 667m^2 产量5 571.3kg，比对照希望增产 48.1%；2005 年续试，平均每 667m^2 产量3 116.3kg，比对照增产 0.8%；2006 年续试，平均每 667m^2 产量4 379.1kg，比对照增产 19.8%；3 年区试平均每 667m^2 产量4 355.6kg，比对照增产 24.3%。2006 年生产试验，平均每 667m^2 产量4 101.6kg，比对照增产 11.6%。

栽培技术要点：在华北地区作秋甘蓝栽培，6 月下旬至 7 月中旬播种育苗，注意遮阴、防暴雨、防暴晒，苗龄 35d 左右定植。栽培地施足底肥，小高垄或平畦栽培，每 667m^2 栽苗3 000株。在结球初期追肥 1 次，注意防治虫害。在西南地区和东南地区作晚秋早熟甘蓝栽培，7 月中旬至 8 月上旬播种育苗，高畦育苗，注意遮阴、防暴雨、防暴晒，高垄栽培。

鉴定意见：该品种于 2004—2006 年参加全国农业技术推广服务中心组织的全国甘蓝品种区域试验，2007 年 2 月经全国蔬菜品种鉴定委员会鉴定通过。建议在北京、山西、山东、河北、湖北、浙江、云南、陕西作早熟秋甘蓝种植。

惠丰 5 号

鉴定编号：国品鉴菜 2007016

选育单位：山西省农业科学院蔬菜研究所

品种来源：9203-4-3-11×9108-11-2-14-11

特征特性：早熟秋甘蓝品种，从定植到收获约 64d。生长势中等，植株开展度 50cm×53cm。外叶数 12 片左右，叶绿色，近圆形，蜡粉少。叶球圆球形，结球紧实，球横径 16cm 左右，球高 15cm 左右，中心柱长 6.5cm，单球重 1.27kg。球叶脆嫩，品质较好。耐热性较强，抗病性较强。苗期人工接种抗病性鉴定结果：对病毒病（TuMV）的病情指数为 4.5，抗病。

产量表现：2004 年参加全国秋甘蓝品种区域试验，平均每 667m^2 产量4 983.0kg，比对照希望增产 32.5%；2005 年续试，平均每 667m^2 产量3 068.5kg，比对照减产 0.8%；2006 年续试，平均每 667m^2 产量4 015.9kg，比对照增产 9.9%。2006 年生产试验，平均每 667m^2 产量3 969.5kg，比对照增产 8.0%。

栽培技术要点：在华北地区作秋甘蓝栽培，6 月下旬至 7 月中旬播种育苗，注意遮阴及防暴雨、防暴晒，苗龄 35d 左右定植。栽培地施足底肥，小高垄或平畦栽培，每 667m^2 栽苗3 000株。在结球初期追肥 1 次，注意防治虫害。在西南地区和东南地区作晚秋早熟甘蓝栽培，7 月中旬至 8 月上旬播种育苗，高畦育苗，注意遮阴及防暴雨、防暴晒，高垄栽培。

鉴定意见：该品种于2004—2006年参加全国农业技术推广服务中心组织的全国甘蓝品种区域试验，2007年2月经全国蔬菜品种鉴定委员会鉴定通过。建议在北京、山西、山东、河北、湖北、浙江、云南、陕西作早熟秋甘蓝种植。

豫生4号

鉴定编号：国品鉴菜2007017

选育单位：河南省农业科学院园艺研究所

品种来源：CF-4×CH-81

特征特性：中熟秋甘蓝品种，从定植到收获70～75d。株型半直立，株高27cm，开展度58.9cm×58.2cm。外叶12片，深绿色，宽倒卵形，蜡粉中等，叶缘有轻波纹，无缺刻。叶球平头形，色绿，单球重1.52kg，球高14cm，球宽21cm，中心柱长6.9cm。抗病毒病、黑腐病和霜霉病，商品性好，品质、风味佳。2004年经中国农业科学院蔬菜花卉研究所人工接种鉴定，该品种抗TuMV、黑腐病，病情指数分别为11.1、12.9。

产量表现：2004年参加全国秋甘蓝品种区域试验，平均每667m^{2}产量5 761.4kg，比对照中甘8号增产8.6%；2005年续试，平均每667m^{2}产量3 996.7kg，比对照增产3.0%；2006年续试，平均每667m^{2}产量4 275.5kg，比对照增产0.7%；3年区试平均每667m^{2}产量4 677.9kg，比对照增产4.5%。2006年生产试验，平均每667m^{2}产量4 323.2kg，比对照增产11.8%。

栽培技术要点：秋季栽培，河南省一般6月底至7月上旬播种育苗，苗龄约30d。定植前深翻土地，施足有机肥，定植株行距50cm×50cm，每667m^{2}定植2 500株，10月下旬至11月收获。

鉴定意见：该品种于2004—2006年参加全国农业技术推广服务中心组织的全国甘蓝品种区域试验，2007年2月经全国蔬菜品种鉴定委员会鉴定通过。建议在河南、北京、山西、湖北、浙江作中熟秋甘蓝种植。

东甘60

鉴定编号：国品鉴菜2007018

选育单位：东北农业大学

品种来源：B3×W14

特征特性：中熟秋甘蓝品种，从定植到收获约70d。开展度为55cm×60cm。外叶数约15片，叶色灰绿，叶面蜡粉多。叶球扁圆，球高14cm，球宽20cm，中心柱长6cm，叶球较紧实，平均单球重1.4kg。田间抗病毒病和黑腐病。

产量表现：2004年参加全国秋甘蓝品种区域试验，平均每667m^{2}产量5 230.6kg，比对照中甘8号减产1.4%；2005年续试，平均每667m^{2}产量4 183.5kg，比对照增产7.8%；2006年续试，平均每667m^{2}产量4 288.2kg，比对照增产1.0%；3年区试平均每667m^{2}产量4 567.7kg，比对照增产2%。2006年生产试验，平均每667m^{2}产量4 161.1kg，比对照增产7.6%。

栽培技术要点： 东北地区秋季露地栽培，6月下旬播种，7月下旬定植，行距60cm，株距50cm，定植密度一般每667m^2 2 500株。每667m^{2}施腐熟有机肥5 000～7 000kg，生物菌肥60kg，磷酸二铵20kg，硫酸钾5kg做底肥。

鉴定意见： 该品种于2004—2006年参加全国农业技术推广服务中心组织的全国甘蓝品种区域试验，2007年2月经全国蔬菜品种鉴定委员会鉴定通过。建议在陕西、北京、山东、云南作中熟秋甘蓝种植。

豫甘1号

鉴定编号： 国品鉴菜2010012

选育单位： 河南省农业科学院园艺研究所

品种来源： C57-11×C56-8

特征特性： 早熟春甘蓝品种，春季露地栽培从定植到收获60d左右。植株生长势中等，叶色绿，平均单球重1.27kg，叶球近圆形、紧实。

产量表现： 2007—2009年参加国家春甘蓝品种区域试验，每667m^{2}平均产量4 993kg，比对照中甘11增产6.9%。2009年参加生产试验，每667m^{2}平均产量4 644.4kg，比对照中甘11增产11.2%。

栽培技术要点： 河南省一般12月中下旬阳畦育苗，3月中旬露地定植，加盖地膜，或2月下旬拱棚定植，苗期注意控制温度，以防徒长引起春化。定植株距40cm，行距50cm，每667m^{2}定植3 300株左右。适时收获，防止高温裂球。

鉴定意见： 该品种于2007—2009年参加全国农业技术推广服务中心组织的全国春甘蓝品种区域试验，2010年3月经全国蔬菜品种鉴定委员会鉴定通过。建议在北京、山西、陕西、山东适宜地区作露地春甘蓝种植。

绿球66

鉴定编号： 国品鉴菜2010013

选育单位： 西北农林科技大学

品种来源： CMSY03-12×MP01-68-5

特征特性： 早熟春甘蓝品种，春季露地栽培从定植到收获58～60d。植株较直立，外叶黄绿色，蜡粉中。叶球圆球形，绿色，叶球中心柱短，紧实，耐裂球。经西北农林科技大学植物保护学院抗病性鉴定，抗病毒病、黑腐病和霜霉病。

产量表现： 2007—2009年参加国家春甘蓝品种区域试验，每667m^{2}平均产量5 069.5kg，比对照中甘11增产8.5%。2009年参加生产试验，每667m^{2}平均产量4 626.6kg，比对照中甘11增产10.8%。

栽培技术要点： 北方地区春甘蓝栽培于12月中旬至翌年1月中旬阳畦播种育苗，土壤解冻、气温稳定、幼苗6～7片真叶时带土坨定植。南方地区可适当提早栽培。适宜株距 33cm，行距 45cm。春季栽培前期少灌水，后期多灌水，莲座中后期多施追肥，叶球成熟后及时收获。

鉴定意见：该品种于 2007—2009 年参加全国农业技术推广服务中心组织的全国春甘蓝品种区域试验，2010 年 3 月经全国蔬菜品种鉴定委员会鉴定通过。建议在陕西、北京、河北、山东、云南的适宜地区作露地春甘蓝种植。

惠丰 6 号

鉴定编号：国品鉴菜 2010014

选育单位：山西省农业科学院蔬菜研究所

品种来源：9203-4×0346-4

特征特性：早熟春甘蓝品种，春季露地栽培从定植到收获 63d 左右。植株开展度 50cm×50cm。外叶数 12～14 片，外叶深绿色，叶面稍皱，蜡粉中等。叶球近圆球形，绿色，球横径 16cm 左右，球高 15cm 左右，单球重 1.2～1.5kg，中心柱长约为球高的 1/2。

产量表现：2007—2009 年参加国家春甘蓝品种区域试验，每667m^2平均产量5 258.6kg，比对照中甘 11 增产 12.5%。2009 年参加生产试验，每 667m^2平均产量4 893kg，比对照中甘 11 增产 17.2%。

栽培技术要点：太原地区可于 1 月下旬至 2 月上旬在薄膜覆盖阳畦内播种育苗，4 月 10 日前后定植，每 667m^2适宜定植4 000～4 500株。施足底肥，在结球初期追肥 1 次。注意防治菜青虫、小菜蛾和蚜虫。其他地区可根据当地的气候条件，确定适宜的育苗期和定植期。

鉴定意见：该品种于 2007—2009 年参加全国农业技术推广服务中心组织的全国春甘蓝品种区域试验，2010 年 3 月经全国蔬菜品种鉴定委员会鉴定通过。建议在北京、山东、河北、陕西、青海、云南的适宜地区作露地早熟春甘蓝种植。

中甘 192

鉴定编号：国品鉴菜 2010015

选育单位：中国农业科学院蔬菜花卉研究所

品种来源：CMS87-534×88-62

特征特性：早熟春甘蓝品种，春季露地栽培从定植到收获 60d 左右。植株开展度 50cm。外叶 12 片左右，深绿色，叶面蜡粉中等。叶球圆球形，球色绿，紧实，不易裂球，球高 14.7cm，宽 16.6cm，中心柱长 6.7cm，平均单球重 1.28kg。

产量表现：2007—2009 年参加国家秋甘蓝品种区域试验，平均每 667m^2产量5 265.3kg，比对照中甘 11 增产 12.7%。2009 年参加生产试验，平均每 667m^2产量4 630.3kg，比对照中甘 11 增产 10.9%。

栽培技术要点：华北地区春季露地栽培，一般于 1 月中下旬在改良阳畦或日光温室内育苗，2 月中下旬分苗。苗床应控制温度，防止幼苗生长过旺、过大。定植时间亦不可过早，一般在3月底至4月初定植露地，每667m^{2}定植4 500株左右。

鉴定意见： 该品种于2007—2009年参加全国农业技术推广服务中心组织的全国春甘蓝品种区域试验，2010年3月经全国蔬菜品种鉴定委员会鉴定通过。建议在北京、山东、河北、陕西、青海和云南的适宜地区作早熟春甘蓝露地种植。

中甘196

鉴定编号： 国品鉴菜2010016

选育单位： 中国农业科学院蔬菜花卉研究所

品种来源： CMS87-534×91-276

特征特性： 早熟春甘蓝品种，春季露地栽培从定植到收获60d左右。植株开展度51cm，外叶14片，深绿色，叶面蜡粉中等。叶球圆球形，球色绿，紧实，质地脆嫩，不易裂球，球高14.6cm，宽15.3cm，中心柱长6.4cm，单球重1.19kg。

产量表现： 2007—2009年参加国家秋甘蓝品种区域试验，平均每667m^{2}产量5 484.7kg，比对照中甘11增产17.4%。2009年参加生产试验，平均每667m^{2}产量4 700.5kg，比对照中甘11增产12.6%。

栽培技术要点： 华北地区春季露地栽培，一般于1月中下旬在改良阳畦或日光温室内育苗，2月中下旬分苗。苗床应控制温度，防止幼苗生长过旺、过大。定植时间亦不可过早，一般在3月底至4月初定植露地，每667m^{2}定植4 500株。

鉴定意见： 该品种于2007—2009年参加全国农业技术推广服务中心组织的全国春甘蓝品种区域试验，2010年3月经全国蔬菜品种鉴定委员会鉴定通过。建议在北京、山东、河北、辽宁、青海和云南的适宜地区作春甘蓝露地种植。

豫甘3号

鉴定编号： 国品鉴菜2010017

选育单位： 河南省农业科学院园艺研究所

品种来源： C55-17×C80-2

特征特性： 早熟秋甘蓝品种，秋季露地栽培从定植到收获70～75d。植株开展度57cm，叶色绿，蜡粉中。叶球扁圆球形，紧实度0.64，球高13cm，中心柱长低于球高的1/2，单球重1.43kg。

产量表现： 2007—2009年参加国家秋甘蓝品种区域试验，平均每667m^{2}产量3 969kg，比对照希望增产18.5%，比对照夏强增产25.6%。2009年参加生产试验，平均每667m^{2}产量3 811kg，比对照希望增产18.9%，比对照夏强增产11.9%。

栽培技术要点： 河南省一般于6月底至7月初播种育苗，定植株距50cm，行距50cm，每667m^{2}定植2 700株左右。适时收获，防止裂球。

鉴定意见： 该品种于2007—2009年参加全国农业技术推广服务中心组织的全国春甘蓝品种区域试验，2010年3月经全国蔬菜品种鉴定委员会鉴定通过。建议在北京、河北、山西、湖北、浙江的适宜地区作秋甘蓝种植。

豫甘5号

鉴定编号： 国品鉴菜2010018

选育单位： 河南省农业科学院园艺研究所

品种来源： C28-23×C55-17

特征特性： 早熟秋甘蓝品种，秋季露地栽培从定植到收获65d左右。植株开展度49cm。叶色绿，蜡粉中等。叶球近圆形，球高13.2cm，中心柱长占球高的0.39，叶球紧实度0.67，单球重1.07kg。

产量表现： 2007—2009年参加国家秋甘蓝品种区域试验，平均每667m²产量3 574.6kg，比对照希望增产6.7%，比对照夏强增产13.1%。2009年参加生产试验，平均每667m²产量3 440.4kg，比对照希望增产7.3%，比对照夏强增产1%。

栽培技术要点： 河南省一般于6月底至7月初播种育苗，定植株距40cm，行距50cm，每667m²定植3 300株左右。

鉴定意见： 该品种于2007—2009年参加全国农业技术推广服务中心组织的全国春甘蓝品种区域试验，2010年3月经全国蔬菜品种鉴定委员会鉴定通过。建议在北京、河北、山西、山东、湖北的适宜地区作秋甘蓝种植

惠丰7号

鉴定编号： 国品鉴菜2010019

选育单位： 山西省农业科学院蔬菜研究所

品种来源： 9001-17×9106-2

特征特性： 早熟秋甘蓝品种，秋季露地栽培从定植到收获62～65d。植株开展度48cm。外叶数10～12片，外叶深绿色，叶面稍皱，蜡粉中。叶球近圆球形，球高15cm左右，球横径16cm，单球重1.1～1.3kg。

产量表现： 2007—2009年参加全国秋甘蓝品种区域试验，平均每667m²产量3 558.3kg，比对照品种希望增产6.2%，比对照夏强增产12.6%。2009年参加生产试验，平均每667m²产量3 158.2kg，比对照品种希望减产1.5%，比对照夏强减产7.3%。

栽培技术要点： 适宜北方地区作早熟秋甘蓝、南方地区作晚秋早熟甘蓝栽培。在北方地区于7月上旬播种育苗，育苗期间注意遮阴、防暴雨、防暴晒，苗龄30d左右定植。适宜增加定植密度来提高产量，降低裂球率。每667m²定植3 800～4 000株，行距40cm，株距38～40cm。施足底肥，在结球初期追肥1次，注意防治菜青虫、小菜蛾和蚜虫。南方地区可在8月上旬播种育苗，高垄栽培，每667m²定植4 000株。

鉴定意见： 该品种于2007—2009年参加全国农业技术推广服务中心组织的全国春甘蓝品种区域试验，2010年3月经全国蔬菜品种鉴定委员会鉴定通过。建议在北京、山西、河南、云南、湖北的适宜地区作早熟秋甘蓝种植。

秋甘4号

鉴定编号： 国品鉴菜2010020

选育单位： 北京市农林科学院蔬菜研究中心

品种来源： CMS95100×98017

特征特性： 中早熟秋甘蓝品种，秋季露地栽培从定植到收获73d左右。植株开展度56cm。外叶14片，灰绿色，叶面蜡粉多。叶球圆球形，色绿，紧实，不易裂球，球高15.7cm，宽14.1cm，中心柱长5.8cm，单球重1.32kg。

产量表现： 2008—2009年参加国家秋甘蓝品种区域试验，平均每667m^2产量3 355.3kg，比对照品种夏强增产6.1%。2009年参加生产试验，平均每667m^2产量3 584.7kg，分别比对照品种希望和夏强增产11.8%和5.3%。

栽培技术要点： 华北地区秋季露地栽培，可于6月底至7月上中旬播种育苗，苗期注意防热、防雨、防治病虫害。7月下旬至8月上中旬定植，定植前深翻土地，施足有机肥，定植株行距50cm×50cm，每667m^2定植3 000株左右，10月中下旬收获上市。东北、西北一季作地区3月播种，4月分苗，5月定植，7～8月收获上市。

鉴定意见： 该品种于2007—2009年参加全国农业技术推广服务中心组织的全国春甘蓝品种区域试验，2010年3月经全国蔬菜品种鉴定委员会鉴定通过。建议在北京、河南、江西、浙江的适宜地区作中早熟秋甘蓝种植。

怡春

鉴定编号： 国品鉴菜2010021

选育单位： 上海市农业科学院园艺研究所

品种来源： 2002-46×2002-49

特征特性： 早熟秋甘蓝品种，秋季露地栽培从定植到收获66d左右。植株开展度53cm。叶色绿，蜡粉较少。叶球近圆球形，叶球紧实度为0.65，中心柱长与球高的比值为0.4，单球重1.06kg。

产量表现： 2007—2009年参加国家秋甘蓝品种区域试验，平均每667m^2产量3 612.9kg，比对照希望增产7.8%，比对照夏强增产14.3%。2009年参加生产试验，平均每667m^2产量3 211.8kg，比对照希望增产0.2%，比对照夏强减产5.7%。

栽培技术要点： 7月下旬至8月上旬播种育苗。定植时株距35cm，行距45cm，每667m^2栽种3 000～3 500株。保持土壤含水量60%左右为宜。缓苗后，每667m^2在距根部7～10cm处穴施尿素5～10kg。酌情每667m^2追施磷酸氢二铵10～15kg。重点注意苗期及结球期的病虫害防治。收获期间应及时采收，以防裂球。

鉴定意见： 该品种于2007—2009年参加全国农业技术推广服务中心组织的全国春甘蓝品种区域试验，2010年3月经全国蔬菜品种鉴定委员会鉴定通过。建议在浙江、江西、云南的适宜地区作早熟秋甘蓝种植。

超美

鉴定编号： 国品鉴菜 2010022

选育单位： 上海市农业科学院园艺研究所

品种来源： CMS70-301×50-4-1

特征特性： 中早熟秋甘蓝品种，秋季露地栽培从定植到收获 80d 左右。叶色浅绿，叶面光滑，蜡粉中，叶球紧实，扁圆形，球叶绿色。中心柱长小于球高的 1/2，单球重 1.5kg 左右。

产量表现： 2007—2009 年参加国家甘蓝品种区域试验，平均每 667m^2 产量4 347.6kg，比对照品种中甘 8 号减产 3.2%。2009 年参加生产试验，平均每 667m^2 产量4 219.4kg，比对照品种中甘 8 号减产 3.1%。

栽培技术要点： 在上海、浙江、江苏、湖北等地于 7 月中旬至 8 月中旬播种，适宜株距 40cm，行距 40cm。整个生长期间，肥水管理以促为主，保持充足的水分，施足底肥，追肥 1～2 次。

鉴定意见： 该品种于 2007—2009 年参加全国农业技术推广服务中心组织的全国春甘蓝品种区域试验，2010 年 3 月经全国蔬菜品种鉴定委员会鉴定通过。建议在河南、陕西、江西、湖北的适宜地区作中早熟秋甘蓝种植。

中甘 96

鉴定编号： 国品鉴菜 2010023

选育单位： 中国农业科学院蔬菜花卉研究所

品种来源： CMS96-100×96-109

特征特性： 早熟秋甘蓝品种，从定植到收获 70d 左右。植株开展度 52cm。外叶 16 片，叶色绿，叶面蜡粉中等。叶球圆球形，球色绿，紧实，不易裂球，球高 14.0cm，宽 15.2cm，中心柱长 5.5cm，单球重 1.0～1.4kg。

产量表现： 2007—2009 年参加国家秋甘蓝品种区域试验，每 667m^2 产量3 384.6kg，比对照希望增产 1%。2009 年参加生产试验，每 667m^2 产量3 331.7kg，比对照希望增产 3.9%。

栽培技术要点： 华北地区秋季露地栽培，可于 7 月上旬播种，整高畦、搭阴棚育苗，注意防雨、遮阴。8 月上旬整小高畦定植或垄作，一般栽在垄的阴半坡，每 667m^2 定植 3 000株左右。定植前深翻土地，施足底肥，缓苗后追肥，并扶垄整埂，使植株处在垄脊的正中。注意防治病虫害。10 月中下旬收获上市。

鉴定意见： 该品种于 2007—2009 年参加全国农业技术推广服务中心组织的全国春甘蓝品种区域试验，2010 年 3 月经全国蔬菜品种鉴定委员会鉴定通过。建议在北京、山东、河南、江西、湖北和浙江的适宜地区作早熟秋甘蓝种植。

博春

鉴定编号：国品鉴菜 2010024

选育单位：江苏省农业科学院蔬菜研究所

品种来源：Y9805-5-2×Y5-3-14

特征特性：早熟露地越冬春甘蓝品种，成熟期 45d。植株开展度 50.6cm。叶色灰绿，蜡粉中等。牛心形，紧实度 0.51，单球重 1kg 左右。冬性强，抗寒性较好。

产量表现：2006—2008 年参加国家露地越冬春甘蓝品种区域试验，平均每 667m^2 产量3 176.0kg，比对照春丰增产 2.16%。2008—2009 年参加生产试验，平均每 667m^2 产量 2 979.6kg，比对照春丰增产 6.98%。

栽培技术要点：在我国长江流域，于 10 月上中旬播种，苗龄 30d 定植，定植株距 40cm，行距 35cm，每 667m^2 种植3 500～4 000株。每 667m^2 大田用种量 50g。大田施足基肥，深耕浅耙做高畦，幼苗带土移栽，浇足定根水。掌握冬控春促的原则，冬季控制幼苗生长，稍施缓苗肥，幼苗不宜生长过大过肥，防止先期抽薹。春季气温回升后，方可大肥大水，加快植株生长，整个生长期施肥 2～3 次。该品种熟性早，不需治虫，翌年 4 月上中旬上市。

鉴定意见：该品种于 2007—2009 年参加全国农业技术推广服务中心组织的全国春甘蓝品种区域试验，2010 年 3 月经全国蔬菜品种鉴定委员会鉴定通过。建议在江苏、河南、湖南、贵州、浙江的适宜地区作露地越冬甘蓝栽培。

苏甘 20

鉴定编号：国品鉴菜 2010025

选育单位：江苏省农业科学院蔬菜研究所

品种来源：Y9805-5-2×99132-3-5

特征特性：早熟露地越冬春甘蓝品种，成熟期 145d。植株开展度 50.3cm，生长势较强。叶色浅绿，蜡粉中等。叶球牛心形，整齐度好，单球重 1kg 左右。冬性强，抗寒性较好。

产量表现：2006—2008 年参加国家露地越冬春甘蓝品种区域试验，平均每 667m^2 产量3 386.4kg，比对照春丰增产 8.92%。2008—2009 年参加生产试验，平均每 667m^2 产量 3 512.5kg，比对照春丰增产 6.85%。

栽培技术要点：在我国长江流域，于 10 月上中旬播种，30d 苗龄定植，定植行株距 40cm×35cm，每 667m^2 种植3 500～4 000株。每 667m^2 大田用种量 50g。大田施足基肥，深耕浅耙做高畦，幼苗带土移栽，浇足定根水。冬控春促，冬季控制幼苗生长，稍施缓苗肥，幼苗不宜生长过大过肥，防止先期抽薹。春季气温回升后，方可大肥大水，加快植株生长，整个生长期施肥 2～3 次。熟性早，不需治虫，翌年 4 月上中旬上市。

鉴定意见：该品种于 2007—2009 年参加全国农业技术推广服务中心组织的全国春甘蓝品种区域试验，2010 年 3 月经全国蔬菜品种鉴定委员会鉴定通过。建议在江苏、上海、河南、湖南、江西、重庆的适宜地区作露地越冬甘蓝栽培。

苏甘 21

鉴定编号：国品鉴菜 2010026

选育单位：江苏省农业科学院蔬菜研究所

品种来源：9407-10-1×Y6-6-4

特征特性：早熟露地越冬春甘蓝品种，成熟期 138d，比对照春丰早熟 7d。植株开展度 49cm。叶色绿，蜡粉较少。叶球牛心形。冬性强，抗寒性较好。

产量表现：2006—2008 年参加国家露地越冬春甘蓝品种区域试验，平均每 667m^{2}产量3 007.0kg，比对照春丰减产 3.28%。2008—2009 年参加生产试验，平均每 667m^{2}产量 2 781.9kg，与对照春丰相当。

栽培技术要点：在我国长江流域，于 10 月中旬播种，11 月中下旬定植，定植株行距 35cm×35cm，每 667m^{2}种植3 500～4 500株。每 667m^{2}大田用种量 50g。冬季控制幼苗生长，稍施缓苗肥，只需幼苗安全越冬，不宜生长过大过肥，防止先期抽薹。春季气温回升后，方可大肥大水，加快植株生长，整个生长期施肥 2～3 次。熟性早，不需治虫，翌年 4 月中旬上市。

鉴定意见：该品种于 2007—2009 年参加全国农业技术推广服务中心组织的全国春甘蓝品种区域试验，2010 年 3 月经全国蔬菜品种鉴定委员会鉴定通过。建议在贵州、重庆、湖北的适宜地区作露地越冬甘蓝栽培。

春甘 2 号

鉴定编号：国品鉴菜 2010027

选育单位：江苏丘陵地区镇江农业科学研究所

品种来源：99-2-2×02-2-1

特征特性：中早熟露地越冬春甘蓝品种，成熟期 149d。植株生长势旺盛，株高 32cm，开展度 57cm 左右。外叶灰绿色，蜡粉中等。叶球近圆形，结球紧实，耐裂球，单球重 1.12kg，球高 16cm 左右，中心柱长约 6.8cm。球色鲜绿色。田间调查，抗病、抗寒性较强。

产量表现：2006—2008 年参加国家露地越冬春甘蓝品种区域试验，平均每 667m^{2}产量3 692.5kg，比对照春丰增产 18.77%，增产极显著。2007—2008 年参加生产试验，平均每 667m^{2}产量3 652.6kg，比对照春丰增产 11.11%。

栽培技术要点：长江流域 10 月上中旬播种，每 667m^{2}栽3 000～3 200株。肥水管理做到前控后促，即冬前不宜大肥大水，防止先期抽薹。开春回暖以后要大肥大水。

鉴定意见：该品种于 2007—2009 年参加全国农业技术推广服务中心组织的全国春甘蓝品种区域试验，2010 年 3 月经全国蔬菜品种鉴定委员会鉴定通过。建议在浙江、河南、安徽、重庆、湖北、湖南、江苏、江西的适宜地区作露地越冬春甘蓝种植。

商甘蓝1号

鉴定编号： 国品鉴菜 2010028

选育单位： 河南省商丘市农林科学研究所

品种来源： 商甘 9401×商甘 9408

特征特性： 中早熟露地越冬春甘蓝品种，区域试验平均成熟期 148d。开展度 56cm。外叶 8～9 片，叶色深绿，蜡粉中。叶球牛心形，单球重 1.22kg，紧实度 0.47，中心柱与球高比为 0.468。田间调查，耐寒、抗病、适应性强。

产量表现： 2006—2008 年参加国家露地越冬春甘蓝品种区域试验，2 年平均每 667m^2 产量3 785.5kg，比对照春丰增产 21.76%。2007—2008 年参加生产试验，平均每 667m^2 产量3 623.8kg，比对照春丰增产 10.24%。

栽培技术要点： 淮河流域 9 月底至 10 月上旬播种，长江流域 10 月上中旬育苗，幼苗 35～40d、4～5 片真叶时定植，行距 42～46cm，株距 40cm，每 667m^{2}栽3 600～4 000株。栽后不可促苗，以幼苗 6～7 片真叶、茎粗不超过 0.5cm 越冬为宜，防止先期抽薹。年前以控为主，年后一促到底。

鉴定意见： 该品种于 2007—2009 年参加全国农业技术推广服务中心组织的全国春甘蓝品种区域试验，2010 年 3 月经全国蔬菜品种鉴定委员会鉴定通过。建议在河南、浙江、江西、湖北、重庆、贵州的适宜地区作露地越冬春甘蓝种植。

皖甘8号

鉴定编号： 国品鉴菜 2010029

选育单位： 安徽省淮南市农业科学研究所

品种来源： 9802-6×9701-3

特征特性： 早熟露地越冬春甘蓝品种，成熟期 147d。生长势强，叶色绿，叶面蜡粉较少。开展度 56cm。叶球牛心形，叶球紧实，中心柱长与球高的比低于 1/2，单球重 1.2kg 左右。田间调查，抗寒性好，抗黑腐病。

产量表现： 2006—2008 年参加国家露地越冬春甘蓝品种区域试验，平均每 667m^2 产量3 761.7kg，比对照春丰增产 21.99%。2008 年参加生产试验，平均每 667m^2 产量 3 666.7kg，比对照春丰增产 11.54%。

栽培技术要点： 长江流域 10 月上旬播种，每 667m^{2}用种量 50g，幼苗 3～4 片叶时进行分苗，6～7 片叶时定植，株行距 40cm×40cm。定植前每 667m^{2}施有机肥4 000kg、复合肥 50kg，年前控制水、肥供应，防止幼苗营养体过大通过春化出现未熟抽薹，年后大水大肥猛攻，莲座期每 667m^{2}追施尿素 20kg，促进提早上市。结球期注意防治菜青虫。

鉴定意见： 该品种于 2007—2009 年参加全国农业技术推广服务中心组织的全国春甘蓝品种区域试验，2010 年 3 月经全国蔬菜品种鉴定委员会鉴定通过。建议在河南、安徽、上海、江苏、江西、重庆、浙江、湖南、湖北的适宜地区作早熟露地越冬春甘蓝种植。

春早

鉴定编号： 国品鉴菜 2010030

选育单位： 浙江大学蔬菜研究所

品种来源： 02-492×02-34

特征特性： 早熟露地越冬春甘蓝品种，成熟期 141d。植株开展度 60cm，株高 30cm，叶色深绿，叶球桃形，球形指数 1.7，单球重 1.2kg。冬性强，抗寒性较好。

产量表现： 2006—2008 年参加国家露地越冬春甘蓝品种区域试验，平均每 667m^2 产量3 250.5kg，比对照春丰增产 4.55%。2008—2009 年参加生产试验，平均每 667m^2 产量 3 108.9kg，比对照春丰增产 11.62%。

栽培技术要点： 长江流域露地越冬栽培，10 月中旬播种，11 月中下旬定植，每 667m^2 大田用种量 50g 左右，定植距离 40cm 左右，每 667m^2 种植3 500～4 000株。定植后要勤松土，莲座期及结球初期分别施 1 次追肥，追肥应以复合肥为主，特别要注意磷、钾肥的施用。年前控制水肥，防止幼苗营养体过大而出现未熟抽薹，结球紧实后及时采收。

鉴定意见： 该品种于 2007—2009 年参加全国农业技术推广服务中心组织的全国春甘蓝品种区域试验，2010 年 3 月经全国蔬菜品种鉴定委员会鉴定通过。建议在江苏、浙江、河南、江西、贵州、重庆、湖北的适宜地区作露地越冬春甘蓝栽培。

惠甘 68

鉴定编号： 国品鉴菜 2012011

选育单位： 山西省农业科学院蔬菜研究所

品种来源： 9001-17×0206-3

特征特性： 早熟秋甘蓝品种，秋季露地栽培从定植到收获 68～70d。植株开展度 48～50cm。外叶深绿色，蜡粉中等，外叶数 11～12 片。叶球近圆球形，球色绿，叶球紧实（紧实度 0.66），耐裂球，叶球宽 16～18cm，球高 15～17cm，中心柱长 6cm 左右，单球重 1.3kg 左右。田间表现耐热性较强，抗病毒病（TuMV）。

产量表现： 2010—2011 年参加国家秋甘蓝品种区域试验，2 年平均每 667m^2 产量为 4 187.8kg，比对照夏强增产 12.6%。2011 年参加全国秋甘蓝生产试验，平均每 667m^2 产量为4 355.6kg，比对照夏强增产 17.5%。

栽培技术要点： 在北方地区作早熟秋甘蓝栽培，6 月下旬至 7 月中旬播种育苗，注意遮阴、防暴雨和暴晒，苗龄 30d 左右定植。施足底肥，小高垄或平畦栽培，行距 43～45cm，株距 38～40cm，每 667m^2 定植3 800～4 000株。在结球初期追肥 1 次，注意防治小菜蛾、菜青虫和蚜虫。

鉴定意见： 该品种于 2010—2011 年参加了全国农业技术推广服务中心组织的国家秋甘蓝品种试验，2012 年 4 月经全国蔬菜品种鉴定委员会鉴定通过。建议在北京、山西和河南的适宜地区作早熟秋甘蓝种植。

达光

鉴定编号：国品鉴菜 2012012

选育单位：上海种都种业科技有限公司

品种来源：98-19×99-36

特征特性：早熟秋甘蓝品种，秋季露地栽培从定植到收获 70d 左右。植株开展度51～53cm。外叶 12～14 片，灰绿色，叶面蜡粉多。叶球扁圆形，紧实，不易裂球，叶球宽 19.8cm 左右，球高 11.3cm 左右，中心柱长 5.9cm 左右，单球重 1.5kg 左右。

产量表现：2010—2011 年参加国家秋甘蓝品种区域试验，平均每 667m^2 产量4 788.6kg，比对照夏强增产 28.7%。2011 年参加生产试验，平均每 667m^2 产量4 603.8kg，比对照夏强增产 24.2%。

栽培技术要点：秋季露地栽培，可于 6 月底至 7 月上旬播种育苗，苗期注意遮阴、防雨、防治病虫害，7 月下旬至 8 月上中旬定植。定植前深翻土壤，施足有机肥，株行距 45cm×50cm，每 667m^2 定植3 500株左右，10 月上中旬收获上市。

鉴定意见：该品种于 2010—2011 年参加了全国农业技术推广服务中心组织的国家秋甘蓝品种试验，2012 年 4 月经全国蔬菜品种鉴定委员会鉴定通过。建议在北京、湖北、云南的适宜地区作早熟秋甘蓝种植。

争美

鉴定编号：国品鉴菜 2012013

选育单位：上海市农业科学院园艺研究所

品种来源：CMS109×2008-137

特征特性：早熟秋甘蓝品种，秋季露地栽培从定植到收获 73d 左右。开展度约 65cm。外叶叶柄较长，叶色灰绿，蜡粉多。叶球近圆略尖、紧实（紧实度 0.61），中心柱长与球高的比值为 0.44，单球重 1.46kg，较耐裂球。

产量表现：2010—2011 年参加国家秋甘蓝品种早熟组区域试验，平均每 667m^2 产量 4 379.6kg，比对照夏强增产 17.7%。2011 年参加生产试验，平均每 667m^2 产量4 569.4kg，比对照夏强增产 23.3%。

栽培技术要点：7 月下旬至 8 月上旬播种，注意苗期及结球期的病虫害防治。每 667m^2 定植3 000～3 500株。田间管理保持一定墒情，做到不足时补水，雨时不积水。收获期间应及时采收，以防裂球，影响品质。

鉴定意见：该品种于 2010—2011 年参加了全国农业技术推广服务中心组织的国家秋甘蓝品种试验，2012 年 4 月经全国蔬菜品种鉴定委员会鉴定通过。建议在山西、湖北、云南的适宜地区作早熟秋甘蓝种植。

福兰

鉴定编号：国品鉴菜 2012014

选育单位： 北京华耐农业发展有限公司

品种来源： 7035×7193

特征特性： 早熟秋甘蓝品种，秋季露地栽培从定植到收获 71d 左右。植株生长势强，叶色绿，蜡粉中等。叶球圆球形、紧实（紧实度 0.66），中心柱低于球高的 1/2，单球重 1.4kg 左右。田间表现耐裂球，中抗黑腐病。

产量表现： 2010—2011 年参加国家秋甘蓝品种区域试验，平均每 667m^2 产量4 451.8kg，比对照夏强增产 19.7%。2011 年参加生产试验，平均每 667m^2 产量4 463.8kg，比对照夏强增产 20.4%。

栽培技术要点： 北京地区秋季露地栽培，可于 6 月底至 7 月上中旬播种育苗，苗期注意防热、防雨、防治病虫害。7 月下旬至 8 月上中旬定植，定植前深翻土地，施足有机肥。由于生长速度快，需要肥水供应充足。建议小高畦栽培，定植株行距 40cm×50cm，10 月中下旬收获上市。

鉴定意见： 该品种于 2010—2011 年参加了全国农业技术推广服务中心组织的国家秋甘蓝品种试验，2012 年 4 月经全国蔬菜品种鉴定委员会鉴定通过。建议在北京、河南、湖北的适宜地区作早熟秋甘蓝种植。

满月

鉴定编号： 国品鉴菜 2012015

选育单位： 北京华耐农业发展有限公司

品种来源： YF006×YF008

特征特性： 早熟秋甘蓝品种，秋季露地栽培从定植到收获 70d 左右。叶色绿，植株开展度小，蜡粉少。叶球圆球形，紧实（紧实度 0.68），中心柱短（约占球高的 1/3），单球重 1.3kg 左右。田间表现耐裂球，抗黑腐病。

产量表现： 2010—2011 年参加国家秋甘蓝品种区域试验，平均每 667m^2 产量4 197.2kg，比对照希望减产 0.88%。2011 年参加生产试验，平均每 667m^2 产量4 231.0kg，比对照希望减产 2.6%。

栽培技术要点： 湖北地区秋季露地栽培，可于 7 月底至 8 月上中旬播种育苗，苗期注意防热、防雨、防治病虫害。8 月下旬至 9 月上中旬定植，定植前深翻土地，施足有机肥。建议小高畦栽培，定植株行距 35cm×45cm，10 月中下旬收获上市。

鉴定意见： 该品种于 2010—2011 年参加了全国农业技术推广服务中心组织的国家秋甘蓝品种试验，2012 年 4 月经全国蔬菜品种鉴定委员会鉴定通过。建议在河南、湖北、浙江的适宜地区作早熟秋甘蓝种植。

玉锦

鉴定编号： 国品鉴菜 2012016

选育单位： 江苏省农业科学院蔬菜研究所

品种来源： CMS21-1×K01-1

特征特性： 中早熟秋甘蓝品种，秋季露地栽培从定植到收获80d左右。开展度58～60cm。外叶12片左右，叶色灰绿，蜡粉多。叶球扁圆球形，紧实（紧实度0.53），耐裂球，叶球宽18.1cm左右，高14.7cm左右，中心柱长6.4cm左右，单球重1.8kg左右。

产量表现： 2010—2011年参加国家秋甘蓝品种区域试验，平均每667m^{2}产量5 803kg，比对照中甘8号增产13.7%。2011年参加生产试验，平均每667m^{2}产量5 946.0kg，比对照中甘8号增产12.0%。

栽培技术要点： 秋季栽培于6月至8月中旬播种，苗龄30d左右，每667m^{2}定植3 500株左右。定植前深翻土地，施足有机肥，幼苗长至6～7片真叶时带土移栽。当植株缓苗后，进行追肥，结球膨大期水肥要供应充足。

鉴定意见： 该品种于2010—2011年参加了全国农业技术推广服务中心组织的国家秋甘蓝品种试验，2011年4月经全国蔬菜品种鉴定委员会鉴定通过。建议在北京、山西、辽宁、河南、陕西、湖北、云南的适宜地区作中早熟秋甘蓝种植。

秋甘5号

鉴定编号： 国品鉴菜2012017

选育单位： 北京市农林科学院蔬菜研究中心

品种来源： CMS021×95077

特征特性： 中早熟秋甘蓝品种，秋季露地栽培从定植到收获80d左右。植株开展度65～66cm。外叶14片左右，灰绿色，蜡粉中等。叶球色绿、紧实（紧实度0.57），扁圆球形，叶球宽23.6cm左右，高13.6cm左右，中心柱长6.1cm左右，单球重1.9kg左右。耐裂球，田间表现耐热，抗病毒病和黑腐病。

产量表现： 2010—2011年参加国家秋甘蓝品种区域试验，平均每667m^{2}产量5 137.5kg，比对照中甘8号增产0.5%。2011年参加生产试验，平均每667m^{2}产量5 463.7kg，比对照中甘8号增产2.9%。

栽培技术要点： 华北地区秋季露地栽培，可于6月底至7月上中旬播种育苗，苗期注意防热、防雨、防治病虫害。7月下旬至8月上中旬定植，定植前深翻土地，施足有机肥。株行距50cm×50cm，每667m^{2}定植3 000株左右，10月中下旬收获上市。

鉴定意见： 该品种于2010—2011年参加了全国农业技术推广服务中心组织的国家秋甘蓝品种试验，2012年4月经全国蔬菜品种鉴定委员会鉴定通过。建议在河南、陕西、湖北的适宜地区作中早熟秋甘蓝种植。

中甘101

鉴定编号： 国品鉴菜2012018

选育单位： 中国农业科学院蔬菜花卉研究所

品种来源： CMS21-3×99-140

特征特性：中早熟秋甘蓝品种，秋季露地栽培从定植到收获 80d 左右。植株开展度 62～64cm，生长势强。外叶灰绿，扁圆球形，球叶色绿，球形平整圆正，紧实（叶球紧实度为 0.56），叶球宽 22.8cm 左右，高 13.1cm 左右，中心柱长 6.5cm 左右，单球重 2.0kg 左右，球叶薄、脆嫩。田间表现耐热，抗病毒病和黑腐病。

产量表现：2010—2011 年参加国家秋甘蓝品种区域试验，平均每 667m^2 产量5 409.9kg，比对照中甘 8 号增产 5.6%。2011 年参加生产试验，平均每 667m^2 产量5 735.5kg，比对照中甘 8 号增产 8.0%。

栽培技术要点：华北地区秋季露地栽培，可于 7 月上旬播种，整高畦、搭阴棚育苗，注意防雨、遮阴。8 月上旬整小高畦定植或垄作，一般栽在垄的阴半坡。定植前深翻土地，施足底肥，每 667m^2 定植3 000株左右，缓苗后追肥，并劈垄整埂，使苗子处在垄脊的正中，注意防治病虫害，10 月中下旬收获上市。

鉴定意见：该品种于 2010—2011 年参加了全国农业技术推广服务中心组织的国家秋甘蓝品种试验，2012 年 4 月经全国蔬菜品种鉴定委员会鉴定通过。建议在北京、山西、河南、云南的适宜地区作中早熟秋甘蓝种植。

中甘 828

鉴定编号：国品鉴菜 2014001

选育单位：中国农业科学院蔬菜花卉研究所

品种来源：CMS87-534×96-100

特征特性：早熟春甘蓝品种，从定植到收获约 65d，比对照中甘 21 约晚熟 5d。植株开展度 46～51cm，外叶浅灰绿，蜡粉多。叶球圆球形，球色绿，紧实，耐裂球性好，球高约 14.8cm，球宽约 15.2cm，中心柱长占球高的 0.38，单球重 1.20kg。经人工接种鉴定抗枯萎病。

产量表现：2011—2012 年参加国家春甘蓝品种区域试验，平均每 667m^2 产量5 615.3kg，比对照中甘 21 增产 1.1%。2013 年参加生产试验，平均每 667m^2 产量5 154.9kg，比对照中甘 21 增产 3.9%。

栽培技术要点：华北地区春季露地栽培，一般 1 月中、下旬在改良阳畦或日光温室育苗，2 月中、下旬分苗。苗床应控制温度，防止幼苗生长过旺、过大。定植时间亦不可过早，一般在 3 月底至 4 月初定植露地，每 667m^2 密度约4 500株。

鉴定意见：该品种于 2011—2013 年参加全国农业技术推广服务中心组织的国家甘蓝品种试验，2014 年 4 月经全国蔬菜品种鉴定委员会鉴定通过。建议在北京、河北、山西、陕西的适宜地区作早熟春甘蓝露地种植。

西星甘蓝 1 号

鉴定编号：国品鉴菜 2014002

选育单位：山东登海种业股份有限公司西由种子分公司

品种来源： CMS 金早生 A×99-1

特征特性： 早熟春甘蓝品种，从定植到收获约 65d，比对照中甘 21 晚熟约 5d。植株开展度 50～55cm，叶色绿，蜡粉多。叶球圆球形，淡绿色，球高约 15.1cm，横径约 15.8cm，中心柱长占球高的 0.40，叶球紧实，单球重 1.30kg。耐裂球性强，适宜采收期长，耐运输。

产量表现： 2011—2012 年参加国家春甘蓝品种区域试验，平均每 667m^2 产量5990.4kg，比对照中甘 21 增产 7.8%。2013 年参加生产试验，平均每 667m^2 产量4 994.7kg，比对照中甘 21 增产 0.7%。

栽培技术要点： 华北地区春季露地栽培，一般 1 月中、下旬在改良阳畦或日光温室育苗，2 月中、下旬分苗。苗床应控制温度，防止幼苗生长过旺、过大。定植时间亦不可过早，一般在 3 月底至 4 月初定植露地，每 667m^2 密度约4 500株。

鉴定意见： 该品种于 2011—2013 年参加全国农业技术推广服务中心组织的国家甘蓝品种试验，2014 年 4 月经全国蔬菜品种鉴定委员会鉴定通过。建议在北京、山西、陕西、云南的适宜地区作早熟春甘蓝露地种植。

秦甘 58

鉴定编号： 国品鉴菜 2014003

选育单位： 西北农林科技大学园艺学院

品种来源： CMS451-G62-25843×MP01-36845

特征特性： 早熟春甘蓝品种，从定植到收获约 65d，比对照中甘 21 约晚熟 5d。植株开展度 48～53cm，外叶浅灰绿，蜡粉较多。叶球圆球形，球色绿，中心柱长占球高的 0.44，叶球较紧实，单球重 1.25kg。

产量表现： 2011—2012 年参加国家春甘蓝品种区域试验，平均每 667m^2 产量5 781.9kg，比对照中甘 21 增产 4.1%。2013 年参加生产试验，平均每 667m^2 产量4 932.1kg，比对照中甘 21 减产 0.6%。

栽培技术要点： 华北地区春季露地栽培，一般 1 月中、下旬在改良阳畦或日光温室播种育苗，2 月中、下旬分苗。苗床应控制温度，防止幼苗生长过旺、过大。定植时间亦不可过早，一般在 3 月底至 4 月初定植露地，每 667m^2 密度约4 500株。

鉴定意见： 该品种于 2011—2013 年参加全国农业技术推广服务中心组织的国家春甘蓝品种试验，2014 年 4 月经全国蔬菜品种鉴定委员会鉴定通过。建议在北京、河北、陕西、云南的适宜地区作早熟春甘蓝露地种植。

春喜

鉴定编号： 国品鉴菜 2014004

选育单位： 江苏省农业科学院蔬菜研究所

品种来源： 09C2112×09C1593

特征特性：早熟春甘蓝品种，从定植到收获约 60d，与对照中甘 21 熟性相当。外叶绿，叶球圆球形，球色绿，叶球紧实，耐裂球性好，球高约 14.0cm，球宽约 14.9cm，中心柱长占球高的 0.38，单球重 1.13kg。

产量表现：2011—2012 年参加国家春甘蓝品种区域试验，平均每 667m² 产量5 253.7kg，比对照中甘 21 减产 5.4%。2013 年参加生产试验，平均每 667m² 产量5 201.7kg，比对照中甘 21 增产 4.8%。

栽培技术要点：华北地区春季露地栽培，一般 1 月中、下旬在改良阳畦或日光温室育苗，2 月中、下旬分苗。苗床应控制温度，防止幼苗生长过旺、过大。定植时间亦不可过早，一般在 3 月底至 4 月初定植露地，每 667m² 密度约4 500株。

鉴定意见：该品种于 2011—2013 年参加全国农业技术推广服务中心组织的国家春甘蓝品种试验，2014 年 4 月经全国蔬菜品种鉴定委员会鉴定通过。建议在河北、山西、山东、云南的适宜地区作早熟春甘蓝露地种植。

争牛

鉴定编号：国品鉴菜 2014005

选育单位：上海市农业科学院园艺研究所

品种来源：CMS-101×2004-30

特征特性：早熟春甘蓝品种，从定植到收获约 65d，比对照中甘 21 约晚熟 5d。植株开展度 58～65cm，外叶浅灰绿，蜡粉多。叶球牛心形，球色绿，紧实度中等，球高约 17.5cm，球宽约 15.8cm，中心柱长占球高的 0.47，单球重 1.20kg。

产量表现：2011—2012 年参加国家春甘蓝品种区域试验，平均每 667m² 产量5 460.0kg，比对照中甘 21 减产 1.7%。2013 年参加生产试验，平均每 667m² 产量5 053.2kg，比对照中甘 21 增产 1.9%。

栽培技术要点：华北地区春季露地栽培，一般 1 月中、下旬在改良阳畦或日光温室育苗，2 月中、下旬分苗。苗床应控制温度，防止幼苗生长过旺、过大。定植时间亦不可过早，一般在 3 月底至 4 月初定植露地，每 667m² 密度约4 500株。成熟后应及时采收，以防裂球。

鉴定意见：该品种于 2011—2013 年参加了全国农业技术推广服务中心组织的国家春甘蓝品种试验，2014 年 4 月经全国蔬菜品种鉴定委员会鉴定通过。建议在北京、河北、山西和陕西的适宜地区作春甘蓝露地种植。

圆绿

鉴定编号：国品鉴菜 2015029

选育单位：上海市农业科学院园艺研究所

品种来源：0708-2-D-240-182×SHF-3-180-134

特征特性：早熟秋甘蓝品种，从定植到收获 59d 左右，比对照希望早熟 4d，早熟性突出。植株开展度约 46cm，叶色绿，蜡粉少。叶球近圆形，球色绿，叶球紧实度 0.65，球高约 15.4cm，中心柱长占球高的 0.48，单球重 1.13kg，耐裂球性中等。田间表现抗病毒病，病情指数为 1.11。

产量表现： 2012—2013 年参加国家秋甘蓝品种区域试验，平均每 667m^2 产量3 792.0kg。2014 年参加生产试验，平均每 667m^2 产量3 404.9kg。

栽培技术要点： 华北地区秋季露地栽培，可于 7 月上、中旬播种，整高畦、搭阴棚育苗，注意防雨、遮阴。8 月上、中旬定植，定植前深翻土地，施足底肥，定植密度每 667m^2 4 000株左右，可适当密植。缓苗后追肥，注意防治病虫害。10 月上、中旬可收获上市。成熟后应及时采收，以防裂球，影响品质。

鉴定意见： 该品种于 2012—2014 年参加全国农业技术推广服务中心组织的国家甘蓝品种试验，2015 年 3 月经全国蔬菜品种鉴定委员会鉴定通过。可在北京、河北、湖北的适宜地区作早熟秋甘蓝种植。

中甘 582

鉴定编号： 国品鉴菜 2015030

选育单位： 中国农业科学院蔬菜花卉研究所

品种来源： CMS96-100×10Q-795

特征特性： 早熟秋甘蓝品种，从定植到收获 64d 左右 ，比对照希望晚熟 2d。植株开展度约 48cm，外叶深绿，蜡粉较多。叶球圆球形，球形正，球色绿，紧实度 0.74，球高约 15.1cm，中心柱长占球高的 0.36。商品性好，单球重 1.25kg，较耐裂球。田间表现抗病毒病，病情指数为 1.47，人工接种鉴定高抗枯萎病。

产量表现： 2012—2013 年参加国家秋甘蓝品种区域试验，平均每 667m^2 产量4 238.4kg。2014 年参加生产试验，平均每 667m^2 产量4 430.5kg。

栽培技术要点： 华北地区秋季露地栽培，可于 7 月上、中旬播种，整高畦、搭阴棚育苗，注意防雨、遮阴。8 月上、中旬定植，定植前深翻土地，施足底肥，定植密度每 667m^2 4 000株左右。缓苗后追肥，注意防治病虫害。10 月上、中旬可收获上市。

鉴定意见： 该品种于 2012—2014 年参加全国农业技术推广服务中心组织的国家甘蓝品种试验，2015 年 3 月经全国蔬菜品种鉴定委员会鉴定通过。建议在北京、河北、湖北、浙江的适宜地区作早熟秋甘蓝种植。

苏甘 55

鉴定编号： 国品鉴菜 2015031

选育单位： 江苏省农业科学院蔬菜研究所

品种来源： 08C412×08C232

特征特性： 早熟秋甘蓝品种，从定植到收获 66d 左右，比对照希望晚熟 4d。植株开展度约 57cm，外叶深绿，蜡粉较多。叶球牛心形，球色绿，紧实度 0.57，耐裂球，球高约18.6cm，中心柱长占球高的0.43，单球重1.41kg。田间表现抗病毒病，病情指数为1.47。

产量表现： 2012—2013年参加国家秋甘蓝品种区域试验，平均每667m² 产量4 672.4kg。2014年参加生产试验，平均每667m² 产量4 064.1kg。

栽培技术要点： 华北地区秋季露地栽培，可于7月上、中旬播种，整高畦、搭阴棚育苗，注意防雨、遮阴。8月上、中旬定植，定植前深翻土地，施足底肥，定植密度每667m² 4 000株左右。缓苗后追肥，注意防治病虫害。10月上、中旬可收获上市。

鉴定意见： 该品种于2012—2014年参加全国农业技术推广服务中心组织的国家甘蓝品种试验，2015年3月经全国蔬菜品种鉴定委员会鉴定通过。建议在北京、山西、辽宁、山东和河南的适宜地区作早熟秋甘蓝种植。

嘉兰

鉴定编号： 国品鉴菜2015032

选育单位： 江苏省农业科学院蔬菜研究所

品种来源： CMS122-4×H201-3

特征特性： 中早熟秋甘蓝品种，从定植到收获76d左右，比对照中甘22晚熟4d。植株开展度约57cm，生长势较强，叶色绿，蜡粉中。叶球近圆形，紧实度0.67，球高约16.3cm，中心柱长占球高的0.43，单球重1.69 kg，耐裂球性好。田间表现抗病毒病，病情指数为0.99。

产量表现： 2012—2013年参加国家秋甘蓝品种区域试验，平均每667m² 产量5 216.0kg，比对照中甘22增产7.22%。2014年参加生产试验，平均每667m² 产量4 929.7kg，比对照中甘22减产1.9%。

栽培技术要点： 华北地区秋季露地栽培，可于7月上、中旬播种，整高畦、搭阴棚育苗，注意防雨、遮阴。8月上、中旬定植，定植前深翻土地，施足底肥，定植密度每667m² 3 200株左右。缓苗后追肥，注意防治病虫害。10月中、下旬收获上市。

鉴定意见： 该品种于2012—2014年参加全国农业技术推广服务中心组织的国家甘蓝品种试验，2015年3月经全国蔬菜品种鉴定委员会鉴定通过。建议在山西、山东、河南、浙江、湖北和云南的适宜地区作秋甘蓝种植。

秋甘7号

鉴定编号： 国品鉴菜2015033

选育单位： 北京市农林科学院蔬菜研究中心

品种来源： CMS95100×95085

特征特性： 中早熟秋甘蓝品种，从定植到收获76d左右，比对照中甘22晚熟5d。植株开展度约58cm，生长势较强，叶色深绿，蜡粉多。叶球圆球形，紧实度0.59，球高16.6cm，中心柱长占球高的0.37，单球重1.49kg，耐裂球性好。田间表现抗病毒病，病情指数为 0.44，经人工接种鉴定抗枯萎病。

产量表现：2012—2013 年参加国家秋甘蓝品种区域试验，平均每 667m² 产量4 659.3kg，比对照中甘 22 减产 4.2%。2014 年参加生产试验，平均每 667m² 产量4 611.6kg，比对照中甘 22 减产 8.2%。

栽培技术要点：华北地区秋季露地栽培，可于 7 月上、中旬播种，整高畦、搭阴棚育苗，注意防雨、遮阴。8 月上、中旬定植，定植前深翻土地，施足底肥，定植密度每 667m² 3 000株左右。缓苗后追肥，注意防治病虫害。10 月中、下旬可收获上市。

鉴定意见：该品种于 2012—2014 年参加全国农业技术推广服务中心组织的国家甘蓝品种试验，2015 年 3 月经全国蔬菜品种鉴定委员会鉴定通过。建议在山东、河南、浙江、湖北和云南的适宜地区作秋甘蓝种植。

伽菲

鉴定编号：国品鉴菜 2015034

选育单位：上海种都种业科技有限公司

品种来源：401×04-398

特征特性：中早熟秋甘蓝品种，从定植到收获 72d 左右，比对照中甘 22 晚熟 1d。植株开展度约 57cm，生长势较强，叶色灰绿，蜡粉多。叶球近圆形，球色绿，紧实度 0.72，球高 15.9cm，中心柱长占球高的 0.41，单球重 1.68kg，耐裂球性较好。田间表现抗病毒病，病情指数为 0.41。

产量表现：2012—2013 年参加国家秋甘蓝品种区域试验，平均每 667m² 产量5 098.7kg，比对照中甘 22 增产 4.8%。2014 年参加生产试验，平均每 667m² 产量4 941.3kg，比对照中甘 22 减产 1.6%。

栽培技术要点：华北地区秋季露地栽培，可于 7 月上、中旬播种，整高畦、搭阴棚育苗，注意防雨、遮阴。8 月上、中旬定植，定植前深翻土地，施足底肥，定植密度每 667m² 3 200株左右。缓苗后追肥，注意防治病虫害。10 月中、下旬可收获上市。

鉴定意见：该品种于 2012—2014 年参加全国农业技术推广服务中心组织的国家甘蓝品种试验，2015 年 3 月经全国蔬菜品种鉴定委员会鉴定通过。建议在山西、山东、河南、浙江、湖北和云南的适宜地区作秋甘蓝种植。

铁头 102

鉴定编号：国品鉴菜 2015035

选育单位：北京华耐农业发展有限公司

品种来源：1005×1053

特征特性：中早熟秋甘蓝品种，从定植到收获 73d 左右，比对照中甘 22 晚熟 1d。植株开展度约 56cm，生长势强，叶色灰绿，蜡粉较多。叶球圆形，紧实度 0.73，球高约 15.8cm，中心柱长占球高的 0.41，单球重 1.59kg，耐裂性好。田间表现抗病毒病，病情指数为 1.49。

产量表现：2012—2013 年参加国家秋甘蓝品种区域试验，平均每 667m^2 产量4 977.8kg，比对照中甘 22 增产 2.3%。2014 年参加生产试验，平均每 667m^2 产量4 548.3kg，比对照中甘 22 减产 9.5%。

栽培技术要点：华北地区秋季露地栽培，可于 7 月上、中旬播种，整高畦、搭阴棚育苗，注意防雨、遮阴。8 月上、中旬定植，定植前深翻土地，施足底肥，定植密度每 667m^2 3 200株左右。缓苗后追肥，注意防治病虫害。10 月中、下旬可收获上市。

鉴定意见：该品种于 2012—2014 年参加全国农业技术推广服务中心组织的国家甘蓝品种试验，2015 年 3 月经全国蔬菜品种鉴定委员会鉴定通过。建议在辽宁、山东、河南、浙江和云南的适宜地区作中早熟秋甘蓝种植。

秦甘 68

鉴定编号：国品鉴菜 2015036

选育单位：西北农林科技大学

品种来源：XF05CMS×DH09-21-3

特征特性：中早熟秋甘蓝品种，从定植到收获约 79d，比对照中甘 22 约晚熟 7d。植株开展度约 60cm，生长势强，外叶灰绿，蜡粉多。叶球扁圆形，球色绿，紧实度为 0.58，球高 15.5cm，中心柱长占叶球高 0.40，单球重 1.69kg，耐裂球性好。田间表现抗病毒病，病情指数为 0.80。

产量表现：2012—2013 年参加国家秋甘蓝品种区域试验，平均每 667m^2 产量5 429.3kg，比对照中甘 22 增产 11.6%。2014 年参加生产试验，平均每 667m^2 产量5 500.7kg，比对照中甘 22 增产 9.5%。

栽培技术要点：华北地区秋季露地栽培，可于 7 月上、中旬播种，整高畦、搭阴棚育苗，注意防雨、遮阴。8 月上、中旬定植，定植前深翻土地，施足底肥，定植密度每 667m^2 3 000株左右。缓苗后追肥，注意防治病虫害。10 月下旬至 11 月上旬可收获上市。

鉴定意见：该品种于 2012—2014 年参加全国农业技术推广服务中心组织的国家甘蓝品种试验，2015 年 3 月经全国蔬菜品种鉴定委员会鉴定通过。建议在河北、山西、山东、河南、浙江、湖北、云南和陕西的适宜地区作中早熟秋甘蓝种植。

中甘 102

鉴定编号：国品鉴菜 2015037

选育单位：中国农业科学院蔬菜花卉研究所

品种来源：CMS21-3×10Q-260

特征特性：中熟秋甘蓝品种，从定植到收获 85d 左右，比对照中甘 8 号约晚熟 1d。植株开展度约 60cm，生长势强，叶色绿，蜡粉中等。叶球扁圆形，球形圆正，球色绿，紧实度 0.66。球高 12.8cm，中心柱长占球高的 0.47，单球重 1.83kg，耐裂球。田间表现抗病毒病，病情指数为 0.46。适应性较强。

产量表现： 2012—2013 年参加国家秋甘蓝品种区域试验，平均每 667m^2 产量5 047.3kg，比对照中甘 8 号增产 5.4%。2014 年参加生产试验，平均每 667m^2 产量5 122.9kg，比对照中甘 8 号增产 13.7%。

栽培技术要点： 华北地区秋季露地栽培，可于 7 月上旬播种，整高畦、搭阴棚育苗，注意防雨、遮阴。8 月上旬整小高畦定植或垄作，一般栽在垄的阴坡。定植前深翻土地，施足底肥，定植密度每667m^2 2 500株左右。缓苗后追肥，注意防治病虫害。10 月中旬至 11 月上旬可收获上市。

鉴定意见： 该品种于 2012—2014 年参加全国农业技术推广服务中心组织的国家甘蓝品种试验，2015 年 3 月经全国蔬菜品种鉴定委员会鉴定通过。建议在北京、山西、辽宁、河南、浙江、湖北和云南的适宜地区作中熟秋甘蓝种植。

瑞甘 16

鉴定编号： 国品鉴菜 2015038

选育单位： 江苏丘陵地区镇江农业科学研究所

品种来源： 03-7-1-1-4-2×04-2-6-2-1-2

特征特性： 中熟秋甘蓝品种，定植到收获 85d 左右 ，比中熟对照中甘 8 号约晚熟 1d。植株开展度约 63cm，生长势强，叶色灰绿，蜡粉多。叶球扁圆形，紧实度 0.72，球高约 13.9cm，中心柱长占球高的 0.48，单球重约 1.9kg，耐裂球性强。田间表现抗病毒病，病情指数为 0.70。

产量表现： 2012—2013 年参加国家秋甘蓝品种区域试验，平均每 667m^2 产量4 925.6kg，比对照中甘 8 号增产 2.8%。2014 年参加生产试验，平均每 667m^2 产量4 727.7kg，比对照中甘 8 号增产 4.9%。

栽培技术要点： 华北地区秋季露地栽培，可于 7 月上旬播种，整高畦、搭阴棚育苗，注意防雨、遮阴。8 月上旬整小高畦定植或垄作，一般栽在垄的阴坡。定植前深翻土地，施足底肥，定植密度每667m^2 2 500株左右，注意防治病虫害。10 月中旬至 11 月上旬可收获上市。

鉴定意见： 该品种于 2012—2013 年参加全国农业技术推广服务中心组织的国家甘蓝品种试验，2015 年 3 月经全国蔬菜品种鉴定委员会鉴定通过。建议在北京、山西、山东、河南、湖北、云南和陕西的适宜地区作中熟秋甘蓝种植。

瑞甘 17

鉴定编号： 国品鉴菜 2015039

选育单位： 江苏丘陵地区镇江农业科学研究所

品种来源： CMS04-13×03-8-1-2-4-1

特征特性： 中熟秋甘蓝品种，定植至收获 87d 左右，比中熟对照中甘 8 号约晚熟 3d。

植株开展度约 66cm，叶色灰绿，蜡粉多。叶球扁圆形，叶球紧实度为 0.67。球高 13.0cm，中心柱长占球高的 0.49，单球重 2.03kg，耐裂性强。田间表现抗病毒病，病情指数为 0.39。

产量表现：2012—2013 年参加国家秋甘蓝品种区域试验，平均每 667m² 产量5 322.7kg，比中甘 8 号增产 11.1%。2014 年参加生产试验，平均每 667m² 产量4 997.1kg，比对照中甘 8 号增产 10.9%。

栽培技术要点：华北地区秋季露地栽培，可于 7 月上旬播种，整高畦、搭阴棚育苗，注意防雨、遮阴。8 月上旬整小高畦定植或垄作，一般栽在垄的阴坡。定植前深翻土地，施足底肥，定植密度为每667m² 2 500株左右。缓苗后追肥，注意防治病虫害。10 月中旬至 11 月上旬可收获上市。

鉴定意见：该品种于 2012—2014 年参加全国农业技术推广服务中心组织的国家甘蓝品种试验，2015 年 3 月经全国蔬菜品种鉴定委员会鉴定通过。建议在山西、河南、浙江、湖北和云南的适宜地区作中熟秋甘蓝种植。

中甘 165

鉴定编号：国品鉴菜 2016008

选育单位：中国农业科学院蔬菜花卉研究所

品种来源：DGMS01-216×10-795

特征特性：早熟春甘蓝品种，从定植到收获约 63d，与对照中甘 21 相当。植株开展度 46cm 左右，生长势强，外叶绿，蜡粉中等。叶球圆球形，球色绿，结球紧实，叶球紧实度 0.72，中心柱长占球高的 0.45，单球重 1.3kg 左右，商品性好。

产量表现：2014—2015 年参加国家春甘蓝品种区域试验，平均每 667m² 产量 5 150.8kg，比对照中甘 21 增产 4.5%。

栽培技术要点：华北地区春季露地栽培，一般 1 月中、下旬在改良阳畦或日光温室育苗，2 月中、下旬分苗。苗床应控制温度，防止幼苗生长过旺、过大。定植时间亦不可过早，一般在 3 月底至 4 月初定植露地，每 667m² 定植密度4 500株左右。成熟后应及时收获，防止裂球。

鉴定意见：该品种于 2014—2015 年参加全国农业技术推广服务中心组织的国家甘蓝品种试验，2015 年 12 月经国家蔬菜品种鉴定委员会鉴定通过。建议在北京、浙江和云南的适宜地区作早熟春甘蓝种植。

春甘 11

鉴定编号：国品鉴菜 2016009

选育单位：京研益农（北京）种业科技有限公司、北京市农林科学院蔬菜研究中心

品种来源：CMS99012×98014

特征特性：早熟春甘蓝品种，从定植到收获约 63d，与对照中甘 21 相当。植株开展

度 48cm 左右，生长势较强，叶色深绿，蜡粉中等。叶球圆球形，球色绿，结球紧实，叶球紧实度 0.67，中心柱长占球高的 0.52，单球重 1.39kg。田间表现耐裂球。

产量表现：2014—2015 年参加国家春甘蓝品种区域试验，平均每 667m² 产量5 199.5kg，比对照中甘 21 增产 5.5%。

栽培技术要点：华北地区春季露地栽培，一般 1 月中、下旬在改良阳畦或日光温室育苗，2 月中、下旬分苗。苗床应控制温度，防止幼苗生长过旺、过大。定植时间亦不可过早，一般在 3 月底至 4 月初定植露地，每 667m² 密度约4 500株。

鉴定意见：该品种于 2014—2015 年参加全国农业技术推广服务中心组织的国家甘蓝品种试验，2015 年 12 月经国家蔬菜品种鉴定委员会鉴定通过。建议在山西、浙江、云南和陕西的适宜地区作春甘蓝种植。

春甘 14

鉴定编号：国品鉴菜 2016010

选育单位：京研益农（北京）种业科技有限公司、北京市农林科学院蔬菜研究中心

品种来源：CMS99012×461

特征特性：早熟春甘蓝品种，从定植到收获约 68d，比对照中甘 21 晚熟 5d。植株开展度 54cm 左右，生长势较强，外叶绿，蜡粉中等。叶球圆球形，球色绿，叶球紧实度 0.64，中心柱长占球高的 0.53，单球重 1.38kg。田间表现耐裂球。

产量表现：2014—2015 年参加国家春甘蓝品种区域试验，平均每 667m² 产量5 000.9kg，比对照中甘 21 增产 1.5%。

栽培技术要点：华北地区春季露地栽培，一般 1 月中、下旬在改良阳畦或日光温室育苗，2 月中、下旬分苗。苗床应控制温度，防止幼苗生长过旺、过大。定植时间亦不可过早，一般在 3 月底至 4 月初定植露地，每 667m² 密度约4 500株。

鉴定意见：该品种于 2014—2015 年参加全国农业技术推广服务中心组织的国家甘蓝品种试验，2015 年 12 月经国家蔬菜品种鉴定委员会鉴定通过。建议在山西、浙江和云南的适宜地区作春甘蓝种植。

苏甘 37

鉴定编号：国品鉴菜 2016011

选育单位：江苏省农业科学院蔬菜研究所

品种来源：B121-1×1-15

特征特性：中熟春甘蓝品种，从定植到收获 67d 左右，比对照中甘 21 晚熟 4d。植株开展度 50cm 左右，生长势较强，外叶绿，蜡粉略少。叶球圆球形，叶球紧实度 0.71，中心柱长占球高的 0.51，单球重 1.28kg。田间表现耐裂球性好。

产量表现：2014—2015 年参加国家春甘蓝品种区域试验，平均每 667m² 产量4 689.1kg，比对照中甘 21 减产 4.8%。但在山西、浙江两个点，平均每 667m² 产量4 827.6kg，比对

照中甘 21 增产 7.5%。

栽培技术要点： 华北地区春季露地栽培，一般 1 月中、下旬在改良阳畦或日光温室育苗，2 月中、下旬分苗。苗床应控制温度，防止幼苗生长过旺、过大。定植时间亦不可过早，一般在 3 月底至 4 月初定植露地，每 667m^2 密度约4 500株。

鉴定意见： 该品种于 2014—2015 年参加全国农业技术推广服务中心组织的国家甘蓝品种试验，2015 年 12 月经国家蔬菜品种鉴定委员会鉴定通过。建议在山西和浙江的适宜地区作春甘蓝种植。

秦甘 62

鉴定编号： 国品鉴菜 2016012

选育单位： 西北农林科技大学

品种来源： YZ34CMS451×DH10-2-3

特征特性： 早熟春甘蓝品种，从定植到收获 67d 左右，比对照中甘 21 晚熟 4d。植株开展度约 49cm，外叶灰绿，蜡粉较多。叶球圆球形，球色绿，叶球紧实度为 0.40，中心柱长占球高的 0.40，单球重 1.27kg，田间表现较耐裂球。

产量表现： 2014—2015 年参加国家春甘蓝品种区域试验，平均每 667m^2 产量4 870.4kg，比对照品种中甘 21 减产 1.2%。但在浙江、云南 2 个试验点，平均每 667m^2 产量5 363.5 kg，比对照中甘 21 增产 15.9%。

栽培技术要点： 华北地区春季露地栽培，一般 1 月中、下旬在改良阳畦或日光温室育苗，2 月中、下旬分苗。苗床应控制温度，防止幼苗生长过旺、过大。定植时间亦不可过早，一般在 3 月底至 4 月初定植露地，每 667m^2 密度约4 500株。

鉴定意见： 该品种于 2014—2015 年参加全国农业技术推广服务中心组织的国家甘蓝品种试验，2015 年 12 月经国家蔬菜品种鉴定委员会鉴定通过。建议在浙江和云南的适宜地区作春甘蓝种植。

中甘 1280

鉴定编号： 国品鉴菜 2016013

选育单位： 中国农业科学院蔬菜花卉研究所

品种来源： CMS11-500×14-651

特征特性： 晚熟露地越冬甘蓝品种，从定植到收获 140d 左右，比对照 M-3 熟性早 2d。植株开展度 57cm 左右，生长势较强，叶色深绿，蜡粉中等。叶球扁圆，紧实度为 0.60，中心柱长约占球高的 0.55，单球重为 1.74kg。耐裂球，抗寒性好，田间黑腐病抗性较强。

产量表现： 2013—2014 年参加国家越冬甘蓝品种区域试验，平均每 667m^2 产量 5 404.5kg，比对照 M-3 增产 3.6%。2015 年参加生产试验，平均每 667m^2 产量4 176.2kg，比对照 M-3 增产 5.6%。

栽培技术要点：在我国长江流域及其以南地区作露地越冬甘蓝种植，一般于 8 月上、中旬播种，苗龄 30d 左右，定植株行距约 35cm，每 667m^2 定植4 000株左右。大田管理要求肥水充足，掌握早促早发的原则，充分促进植株快速生长，在入冬前形成叶球。翌年 1 月以后，可根据市场行情酌情采收上市。

鉴定意见：该品种于 2013—2015 年参加全国农业技术推广服务中心组织的国家越冬甘蓝品种区域试验，2015 年 12 月经国家蔬菜品种鉴定委员会鉴定通过。建议在安徽、湖南、湖北和贵州的适宜地区作越冬甘蓝种植。

中甘 1198

鉴定编号：国品鉴菜 2016014

选育单位：中国农业科学院蔬菜花卉研究所

品种来源：CMS308-14-445×14-651

特征特性：晚熟露地越冬甘蓝品种，从定植到收获 140d 左右，比对照 M-3 熟性早 2d。植株开展度 56cm 左右，生长势较强，叶色灰绿，蜡粉较多。叶球扁圆，紧实度为 0.67，中心柱长约占球高的 0.52，单球重为 1.59kg。耐裂球，抗寒性好，田间黑腐病抗性较强。经人工接种鉴定，高抗枯萎病。

产量表现：2013—2014 年参加国家越冬甘蓝品种区域试验，平均每 667m^2 产量 4 955.6kg，比对照 M-3 减产 5.0%。2015 年参加生产试验，平均每 667m^2 产量4 431.8kg，比对照 M-3 增产 12.1%。

栽培技术要点：在我国长江流域及其以南地区作露地越冬甘蓝种植，一般于 8 月上、中旬播种，苗龄 30d 左右，定植株行距约 35cm，每 667m^2 定植4 000株左右。大田管理要求肥水充足，掌握早促早发的原则，充分促进植株快速生长，在入冬前形成叶球。翌年 1 月以后，可根据市场行情酌情采收上市。

鉴定意见：该品种于 2013—2015 年参加全国农业技术推广服务中心组织的国家越冬甘蓝品种区域试验，2015 年 12 月经国家蔬菜品种鉴定委员会鉴定通过。建议在江苏、湖南和湖北的适宜地区作越冬甘蓝种植。

苏甘 902

鉴定编号：国品鉴菜 2016015

选育单位：江苏省农业科学院蔬菜研究所

品种来源：07C404×08C400

特征特性：晚熟露地越冬甘蓝品种，从定植到收获 139d 左右，比对照 M-3 早 3d。植株开展度 59cm 左右，生长势较强，叶色灰绿，蜡粉较多。叶球高扁圆，叶球紧实度为 0.71，中心柱长约占球高的 0.48，单球重 1.84kg。耐裂球，抗寒性好，田间黑腐病抗性较强。

产量表现：2013—2014 年参加国家越冬甘蓝品种区域试验，平均每 667m^2 产量

5 331.9kg，比对照 M-3 增产 2.2%。2015 年参加生产试验，平均每 667m² 产量4 417.6kg，比对照 M-3 增产 11.7%。

栽培技术要点：在我国长江流域及其以南地区作露地越冬甘蓝种植。一般于 8 月上、中旬播种，苗龄 30d 左右，定植株行距约 35cm，每 667m² 定植4 000株左右。大田管理要求肥水充足，掌握早促早发的原则，充分促进植株快速生长，在入冬前形成叶球。翌年 1 月以后，可根据市场行情酌情采收上市。

鉴定意见：该品种于 2013—2015 年参加全国农业技术推广服务中心组织的国家越冬甘蓝品种区域试验，2015 年 12 月经国家蔬菜品种鉴定委员会鉴定通过。建议在湖北、湖南和贵州的适宜地区作越冬甘蓝种植。

冬兰

鉴定编号：国品鉴菜 2016016

选育单位：江苏省农业科学院蔬菜研究所

品种来源：Y7-2-4×M383-2-2

特征特性：晚熟露地越冬甘蓝品种，从定植到收获 132d 左右，比对照 M-3 早熟 10d 左右。植株开展度 55cm 左右，生长势较强，叶色灰绿，蜡粉较多。叶球高扁圆形，紧实度为 0.69，中心柱长占球高的 0.56，单球重 2.01kg。较耐裂球，抗寒性较好，田间较抗黑腐病。

产量表现：2013—2014 年参加国家越冬甘蓝品种区域试验，平均每 667m² 产量为 5 858.7kg，比对照 M-3 增产 12.3%。2015 年参加生产试验，平均每 667m² 产量为 4 714.9kg，比对照 M-3 增产 19.2%。

栽培技术要点：在我国长江流域及其以南地区作露地越冬甘蓝种植。一般于 8 月上、中旬播种，苗龄 30d 左右，定植株行距约 35cm，每 667m² 定植4 000株左右。大田管理要求肥水充足，掌握早促早发的原则，充分促进植株快速生长，在入冬前形成叶球。翌年 1 月以后，可根据市场行情酌情采收上市。

鉴定意见：该品种于 2013—2015 年参加全国农业技术推广服务中心组织的国家越冬甘蓝品种区域试验，2015 年 12 月经国家蔬菜品种鉴定委员会鉴定通过。建议在江苏、浙江、江西、湖北、湖南和贵州的适宜地区作越冬甘蓝种植。

寒帅

鉴定编号：国品鉴菜 2016017

选育单位：江苏省江蔬种苗科技有限公司

品种来源：H15-7-2×M33-2-2

特征特性：晚熟露地越冬甘蓝品种，从定植到收获 139d 左右，比对照 M-3 早熟 3d。植株开展度 58cm 左右，生长势较强，叶色绿，蜡粉中等。叶球扁圆形，叶球紧实度 0.70，中心柱长占球高的 0.54，单球重为 1.83kg。耐裂球，抗寒性较好，田间较抗黑腐病。

产量表现：2013—2014 年参加国家越冬甘蓝品种区域试验，平均每 667m^2 产量为 5 730.2kg，比对照 M-3 增产 9.9%。2015 年参加生产试验，平均每 667m^2 产量为 4 171.1kg，比对照 M-3 增产 5.5%。

栽培技术要点：在我国长江流域及其以南地区作露地越冬甘蓝种植。一般于 8 月上、中旬播种，苗龄 30d 左右，定植株行距约 35cm，每 667m^2 定植4 000株左右。大田管理要求肥水充足，掌握早促早发的原则，充分促进植株快速生长，在入冬前形成叶球。翌年 1 月以后，可根据市场行情酌情采收上市。

鉴定意见：该品种于 2013—2015 年参加全国农业技术推广服务中心组织的国家越冬甘蓝品种区域试验，2015 年 12 月经国家蔬菜品种鉴定委员会鉴定通过。建议在江苏、安徽、江西、湖北和湖南的适宜地区作越冬甘蓝种植。

早春 7 号

鉴定编号：国品鉴菜 2016018

选育单位：上海市农业科学院园艺研究所

品种来源：CMS70-301×50-4-1

特征特性：晚熟露地越冬甘蓝品种，从定植到收获 141d 左右，比对照 M-3 早熟 1d。植株开展度 63cm 左右，叶色绿，叶面光滑，蜡粉中等。叶球扁圆形，球色绿，紧实度为 0.63，中心柱长占球高的 0.50，单球重 2.02kg，耐裂球性及抗寒性较好。田间表现对霜霉病和黑腐病的抗性较强。

产量表现：2013—2014 年参加国家越冬甘蓝品种区域试验，平均每 667m^2 产量 5 814.9kg，比对照 M-3 增产 11.5 %。2015 年参加生产试验，平均每 667m^2 产量4 573.6kg，比对照 M-3 增产 15.7%。

栽培技术要点：在我国长江流域及其以南地区作露地越冬甘蓝种植。一般于 8 月上、中旬播种，苗龄 30d 左右，定植株行距约 35cm，每 667m^2 种植4 000株左右。大田管理要求肥水充足，掌握早促早发的原则，充分促进植株快速生长，在入冬前形成叶球。翌年 1 月以后，可根据市场行情酌情采收上市。

鉴定意见：该品种于 2013—2015 年参加全国农业技术推广服务中心组织的国家越冬甘蓝品种区域试验，2015 年 12 月经国家蔬菜品种鉴定委员会鉴定通过。建议在江苏、浙江、安徽、江西、湖北、湖南和贵州的适宜地区作越冬甘蓝种植。

瑞甘 22

鉴定编号：国品鉴菜 2016019

选育单位：江苏丘陵地区镇江农业科学研究所

品种来源：05-8-5-3-1-2×04-11-8-6-1-2

特征特性：晚熟露地越冬甘蓝品种，从定植到收获 145d 左右，比对照 M-3 晚熟 3d。

植株开展度63cm左右，生长势强，叶色灰绿，蜡粉较多。叶球扁圆形，紧实度为0.57，中心柱长占球高的0.52，单球重1.58kg，耐裂球性好，抗寒性较好。田间黑腐病抗性强。

产量表现：2013—2014年参加国家越冬甘蓝品种区域试验，平均每667m^2产量4 852.0kg，比对照M-3减产7.0%。2015年参加生产试验，平均每667m^2产量3 682.6kg，比对照M-3减产6.88%。但在江苏、重庆2个试验点，2013—2014年区域试验平均每667m^2产量4 743.0kg，比对照M-3增产15.2%；2015年生产试验平均每667m^2产量5 205.8kg，比对照M-3增产17.7%。

栽培技术要点：在我国长江流域及其以南地区作露地越冬甘蓝种植。一般于8月上中旬播种，苗龄30d左右，定植株行距35cm左右，每667m^2种植4 000株左右。大田管理要求肥水充足，掌握早促早发的原则，充分促进植株快速生长，在入冬前形成叶球。翌年1月以后，可根据市场行情酌情采收上市。

鉴定意见：该品种于2013—2015年参加全国农业技术推广服务中心组织的国家越冬甘蓝品种区域试验，2015年12月经国家蔬菜品种鉴定委员会鉴定通过。建议在江苏和重庆的适宜地区作越冬甘蓝种植。

青花菜

碧绿1号

鉴定编号： 国品鉴菜2007001

选育单位： 北京市农林科学院蔬菜研究中心

品种来源： CMS9507×9355-10-1-5-1-8

特征特性： 晚熟，从定植到收获约86d。株型半开展，株高约63cm，开展度约86.9cm×85.4cm。外叶约20片，深绿色，叶面蜡粉多，叶缘波状，无缺刻，侧枝数4～6个。花球半圆形，花球绿色、紧实，蕾粒较小、均匀，球高约11.1cm，球径约15cm，无小叶，主茎不易空心，球重约0.4kg。3年全国多点区域试验和生产试验，田间表现高抗病毒病和黑腐病。

产量表现： 2004年参加全国青花菜品种区域试验，北方片平均每667m^{2}产量902.7kg，比对照马拉松增产6.7%；南方片平均每667m^{2}产量883.6kg，比对照减产14.6%；2005年续试，南方片、北方片平均每667m^{2}产量978.08kg，比对照马拉松增产6.4%。2006年生产试验，平均每667m^{2}产量769.30kg，比对照马拉松增产8.98%。

栽培技术要点： 华北地区秋季露地栽培，于6月下旬播种育苗，不可播种过晚，7月下旬至8月上旬定植，苗龄30d，苗期注意防热、防雨及病虫害。定植前深翻土地，施足有机肥，定植密度为株行距50cm×60cm，每667m^{2}定植2 500株。南方地区8～9月播种，9～10月定植，12月至翌年1月收获上市。

鉴定意见： 该品种于2004—2006年参加全国农业技术推广服务中心组织的全国秋青花菜品种区域试验，2007年2月经全国蔬菜品种鉴定委员会鉴定通过。建议在山东、山西、北京作秋晚熟青花菜种植。

沪绿2号

鉴定编号： 国品鉴菜2007002

选育单位： 上海市农业科学院园艺研究所

品种来源： 16-72×22

特征特性： 中早熟，从种植到收获约67d。株型较矮，平均株高约55cm，开展度约75.5cm×75.6cm。外叶约18片，绿色，蜡粉中等，叶缘有波纹，近叶柄处有缺刻。侧枝约7个。花球近半圆形，球色绿，花球紧密，蕾粒较细、较均匀。主球茎中空度较小，夹叶少。主花球平均高约12cm，宽约16cm，平均单球重约0.4kg。3年全国多点区域试验和生产试验，田间表现高抗病毒病和黑腐病。

产量表现：2004 年参加全国青花菜品种区域试验，南方片、北方片平均每 667m^2 产量 987.25kg，比早熟对照玉冠西兰花增产 20.51%；2005 年续试，平均每 667m^2 产量 877.96kg，比对照增产 20.96%；两年区试平均每 667m^2 产量 932.61kg，比对照玉冠西兰花增产 24.97%。2006 年生产试验，平均每 667m^2 产量 713.75kg，比对照增产 18.43%。

栽培技术要点：秋冬季栽培，播种适期为华东地区 7 月底至 8 月上、中旬，苗龄 30d，定植密度为每667m^2 2 200株，11 月中旬始收。东北地区 6 月底至 7 月初播种，华北地区 7 月上、中旬播种，华南地区 9～11 月播种。该品种需肥量较大，在施肥方案上以有机肥料为主，氮、磷、钾肥应平衡供应，避免偏施氮肥，适当增施硼、钼肥效果良好。前期要适当控制肥水供应以避免前期长势过旺，花球膨大期应及时追肥。遇 0℃以下持续低温时应注意灌水防寒。

鉴定意见：该品种于 2004—2006 年参加全国农业技术推广服务中心组织的全国秋青花菜品种区域试验，2007 年 2 月经全国蔬菜品种鉴定委员会鉴定通过。建议在陕西、山东、河南、云南、河北、湖北、北京作中早熟秋青花菜种植。

绿宝 3 号

鉴定编号：国品鉴菜 2007003

选育单位：厦门市农业科学研究与推广中心

品种来源：CMS97169×G98209

特征特性：晚熟，从定植到收获约 85d。株型较矮，平均株高约 57cm，开展度约 88cm×85cm。外叶数约 21 片，侧枝数 2～4 个，外叶灰绿，蜡粉中等偏多。花球近半圆形，球色绿、均匀，蕾粒细、均匀，主球茎不易空心，球高约 11 cm，球宽约 16cm，平均单球重 0.44kg。3 年全国多点区域试验和生产试验，田间表现高抗病毒病和黑腐病。

产量表现：2004 年参加全国秋青花菜品种区域试验，平均每 667m^2 产量 986.62kg，比对照马拉松增产 5.91%；2005 年续试，平均每 667m^2 产量 987.42kg，比对照增产 7.42%；两年区域试验平均每 667m^2 产量 986.70kg，比对照马拉松增产 6.59%。2006 年生产试验，平均每 667m^2 产量 767.96kg，比对照增产 8.78%。

栽培技术要点：播种期，华北地区为 7 月上旬，长江中下游地区为 7 月中旬至 8 月上旬，华南地区为 8 月中旬至 9 月下旬。育苗移栽，苗龄 25～30d。每 667m^2 可定植2 200～2 400株。栽培管理需高肥水。主花球横径达 15cm 左右时采收上市。

鉴定意见：该品种于 2004—2006 年参加全国农业技术推广服务中心组织的全国秋青花菜品种区域试验，2007 年 2 月经全国蔬菜品种鉴定委员会鉴定通过。建议在陕西、山东、甘肃、辽宁、北京、福建作晚熟秋青花菜种植。

青峰

鉴定编号：国品鉴菜 2007004

选育单位：江苏省农业科学院蔬菜研究所

品种来源：B242-1-19-10-2-1-9×B40-6-2-8-11-7-16

特征特性：中晚熟，从定植到收获约75d。株型直立，株高约53cm，开展度约86.6cm×85.5cm。外叶约20片，绿色，叶面蜡粉中等偏多，叶缘裂刻，基部叶耳明显。花球半圆形，球色绿，花球紧实，蕾粒中等、较匀，球高约12.3cm，宽约15.1cm，平均单球重约0.37kg。3年全国多点区域试验和生产试验，田间表现高抗病毒病和黑腐病。

产量表现：2004年参加全国青花菜品种区域试验，南方片、北方片平均每667m^{2}产量869.25kg，比晚熟对照马拉松减产6.64%，比早熟对照玉冠西兰花增产6.15%；北方片比晚熟对照马拉松增产4.42%；2005年续试，南方片、北方片平均每667m^{2}产量825.88kg，比晚熟对照马拉松减产10.15%，比早熟对照玉冠西兰花增产13.78%；2006年生产试验，南方片、北方片平均每667m^{2}产量751.92 kg，比对照马拉松增产6.51%。

栽培技术要点：长江中下游地区秋季露地栽培，在7月中、下旬至8月中、下旬播种育苗，15d后分苗1次，8月下旬至9月中旬定植。定植前深翻土地，施足有机肥，定植密度为每667m^2 2 300～2 500株，10月下旬至11月中旬收获上市。北方地区6月中、下旬播种，20d分苗，播种1个月后定植，10月中旬收获上市。

鉴定意见：该品种于2004—2006年参加全国农业技术推广服务中心组织的全国秋青花菜品种区域试验，2007年2月经全国蔬菜品种鉴定委员会鉴定通过。建议在辽宁、陕西、山东、河北、河南、湖北作中晚熟秋青花菜种植。

圳青3号

鉴定编号：国品鉴菜2007005

选育单位：深圳市农科中心蔬菜研究所

品种来源：99-39×99-41

特征特性：中早熟，从定植到收获约68d。株型中等，株高约58cm，开展度约85cm×88cm。外叶约18片，灰绿色，叶面蜡粉多。侧枝约11个。花球半圆形，花球紧实，球色绿，较均匀，蕾粒较细，大小较均匀。花球高约13cm，宽约15cm，平均单球重约0.36kg。3年全国多点区域试验和生产试验，田间表现高抗病毒病和黑腐病。

产量表现：2004年参加全国青花菜品种区域试验，南方片、北方片平均每667m^{2}产量857.4kg，比对照玉冠西兰花增产4.66%；2005年续试，平均每667m^{2}产量815.52kg，比对照增产12.36%；两年区试平均每667m^{2}产量836.46kg，比对照玉冠西兰花增产12.08%。2006年生产试验，平均每667m^{2}产量686.52kg，比对照增产13.91%。

栽培技术要点：在华北秋季露地栽培，于6月下旬至7月上、中旬播种育苗，播种后30～40d、有6～8片真叶时定植。定植前深翻土地，施足有机肥，定植密度为每667m^2 2 500株。从定植到收获约68d，采收主花球后追一次肥，留4～5个侧芽，可长成侧花球分批收获上市。

鉴定意见：该品种于2004—2006年参加全国农业技术推广服务中心组织的全国秋青

花菜品种区域试验，2007 年 2 月经全国蔬菜品种鉴定委员会鉴定通过。建议在云南、浙江、河南、湖北作中早熟秋青花菜种植。

中青 5 号

鉴定编号：国品鉴菜 2007006

选育单位：中国农业科学院蔬菜花卉研究所

品种来源：DGMS97B138×92B101

特征特性：早熟，从定植到收获 62d。株型较直立，株高约 56cm，开展度约 81.6cm×82.5cm。外叶数为 17 片，叶色灰绿，蜡粉中等。侧枝较少。花球半圆形，花球紧密，球色深绿、均匀，蕾粒较细且均匀，主球茎不易空心，球内无夹叶。主花球高约 12cm，宽约 16cm，平均单球重约 0.35kg。3 年全国多点区域试验和生产试验，田间表现高抗病毒病和黑腐病；苗期人工接种鉴定，高抗 TuMV（芜菁花叶病毒）和 CMV（黄瓜花叶病毒）。

产量表现：2004 年参加全国青花菜品种区域试验，南方片、北方片平均每 667m^2 产量 871.17kg，比对照玉冠西兰花增产 6.34%；2005 年续试，平均每 667m^2 产量 771.07kg，比对照玉冠西兰花增产 6.23%；两年区试平均每 667m^2 产量 821.12kg，比对照玉冠西兰花增产 10%。2006 年生产试验，平均每 667m^2 产量 672.35kg，比对照玉冠西兰花增产 11.56%。

栽培技术要点：华北地区秋季露地种植，一般于 6 月中、下旬至 7 月上旬播种，苗龄约 20d。2～3 片叶时分苗，7 月底至 8 月初定植，栽培密度约每667m^2 2 500株。9 月下旬至 10 月上旬收获。播种时处于高温多雨时期，要整高畦搭阴棚育苗，以防雨遮阴。定植时以垄作为好，一般栽在垄的阴面半坡，缓苗后追肥，并劈垄整埂，使苗子处在垄脊的正中，随即疏通垄沟，以利排灌。注意防治病虫害，成熟时注意及时收获。

鉴定意见：该品种于 2004—2006 年参加全国农业技术推广服务中心组织的全国秋青花菜品种区域试验，2007 年 2 月经全国蔬菜品种鉴定委员会鉴定通过。建议在北京、河北、山东、山西作秋早熟青花菜种植。

中青 7 号

鉴定编号：国品鉴菜 2007007

选育单位：中国农业科学院蔬菜花卉研究所

品种来源：DGMS97B139×92B93

特征特性：中早熟，从定植到收获约 67d。株型较矮、直立，株高约 56cm，开展度约 72.8cm×73.3cm。外叶约 17 片，叶色深灰绿，蜡粉较多，侧枝较少。花球近半圆形，紧密，球色绿、均匀度好，蕾粒较细且均匀，球内无夹叶，主花球高约 12cm，宽约 16cm，单球重约 0.39kg。3 年全国多点区域试验和生产试验，田间表现高抗病毒病和黑腐病；苗期人工接种鉴定，高抗 TuMV（芜菁花叶病毒）和 CMV（黄瓜花叶病毒）。

产量表现：2004 年参加全国青花菜品种区域试验，南方片、北方片平均每 667m^2 产量 903.10kg，比对照玉冠西兰花增产 10.23%；2005 年续试，平均每 667m^2 产量 887.16kg，比对照玉冠西兰花增产 22.22%；2 年区试平均每 667m^2 产量 895.13kg，比对照玉冠西兰花增产 15.87%。2006 年生产试验，平均每 667m^2 产量 633.95kg，比对照玉冠西兰花增产 5.19%。

栽培技术要点：华北地区秋季种植，一般于 6 月中、下旬至 7 月上旬播种，苗龄约 20d。2～3 片叶时分苗，7 月底至 8 月初定植，栽培密度约每667m^2 2 700株。9 月下旬至 10 月上、中旬收获。播种时处于高温多雨时期，要整高畦搭阴棚育苗，以防雨遮阴。定植时以垄作为好，一般栽在垄的阴面半坡，缓苗后追肥，并劈垄整埂，使苗子处在垄脊的正中，随即疏通垄沟，以利排灌。注意防治病虫害，成熟时注意及时收获。

鉴定意见：该品种于 2004—2006 年参加全国农业技术推广服务中心组织的全国秋青花菜品种区域试验，2007 年 2 月经全国蔬菜品种鉴定委员会鉴定通过。建议在北京、山东、河南、浙江、山西、河北、湖北作中早熟秋青花菜种植。

中青 8 号

鉴定编号：国品鉴菜 2007008

选育单位：中国农业科学院蔬菜花卉研究所

品种来源：CMS9800B137×99B74

特征特性：中早熟，从定植到收获平均约 71d。株型较直立，株高约 56cm，开展度约 79.2cm×80cm。外叶数约 17 片，叶色灰绿，蜡粉中等。侧枝较少。花球半圆形，紧密，外形美观，球色绿、均匀，蕾粒细且均匀，主球茎实心，球内无夹叶。主花球平均高约 13cm，平均宽约 16cm，单球重约 0.36kg。3 年全国多点区域试验和生产试验，田间表现高抗病毒病和黑腐病；苗期人工接种鉴定，高抗 TuMV（芜菁花叶病毒），抗 CMV（黄瓜花叶病毒）。

产量表现：2005 年参加全国青花菜品种区域试验，南方片、北方片平均每 667m^2 产量 875.25kg，比对照玉冠西兰花增产 20.58%；2006 年续试，平均每 667m^2 产量 775.71kg，比对照玉冠西兰花增产 11.82%；两年区试平均每 667m^2 产量 825.48kg，比对照玉冠西兰花增产 18.30%。2006 年生产试验，平均每 667m^2 产量 716.74kg，比对照玉冠西兰花增产 18.93%。

栽培技术要点：华北地区秋季种植，一般于 6 月中、下旬至 7 月上旬播种，苗龄约 20d，2～3 片叶时分苗，7 月底至 8 月初定植，每 667m^2 栽培约2 500株。10 月上、中旬收获。播种时处于高温多雨时期，要整高畦搭阴棚育苗，以防雨遮阴。定植时以垄作为好，一般栽在垄的阴面半坡，缓苗后追肥，并劈垄整埂，使苗子处在垄脊的正中，随即疏通垄沟，以利排灌。注意防治病虫害，成熟时注意及时收获。

鉴定意见：该品种于 2005—2006 年参加全国农业技术推广服务中心组织的全国秋青花菜品种区域试验，2007 年 2 月经全国蔬菜品种鉴定委员会鉴定通过。建议在浙江、云南、湖北、河南、河北、山东、北京、山西、陕西作中早熟秋青花菜种植。

番茄

星宇 201

鉴定编号： 国品鉴菜 2004001

选育单位： 内蒙古包头市农业科学研究所

品种来源： PS015×PS011

特征特性： 无限生长类型，生长势强，中熟，大果型、叶量中等。第 7～8 节着生第 1 花穗，坐果率高。果实圆正，幼果无绿色果肩，成熟果粉红色，平均单果重 200g 左右，果实紧实，果实硬度 0.60kg/cm^2。每 100g 鲜重可溶性固形物含量 5.2g，糖 3.16g，维生素 C 18.7g。高抗病毒病、叶霉病和枯萎病，抗果实筋腐病。

产量表现： 2001—2002 年参加第五轮全国鲜食番茄区域试验，平均每 667m^2 产量 5 051kg。

栽培技术要点： 按当地中熟品种适时播种、育苗，生理苗龄 7～8 叶壮苗。根据留果穗数及栽培方式，每 667m^2 栽 2 800～3 500 株。定植后适当蹲苗，及时打杈。坐果后及时追肥，少量多次，特别是磷、钾肥要充足。保持土壤水肥均匀。

鉴定意见： 该品种 2001—2002 年参加全国农业技术推广服务中心组织的全国番茄品种区域试验，2003 年 12 月经全国蔬菜品种鉴定委员会鉴定通过。建议在齐齐哈尔、沈阳、包头、北京、太原、郑州、兰州和广州地区作露地番茄种植。

星宇 202

鉴定编号： 国品鉴菜 2004002

选育单位： 内蒙古包头市农业科学研究所

品种来源： NV903-1×BT102

特征特性： 该品种为一代杂交种，中熟，无限生长类型，生长势强，叶量大，第 8～9 节着生第 1 花穗。每序花留果 3～4 个。果实高圆形，果形指数 0.93，幼果无绿色果肩，成熟果粉红色。果肉厚，果实硬度 0.58kg/cm^2，耐贮运。平均单果重 220g 左右，每 100g 鲜重可溶性固形物含量 5.2g，糖 3.8g，维生素 C19.1g。高抗叶霉病，抗病毒病。

产量表现： 2001—2002 年参加第五轮全国鲜食番茄区域试验，平均每 667m^2 产量 4 536kg。

栽培技术要点： 按当地中熟品种适时播种、育苗，生理苗龄 7～8 叶壮苗。小苗花芽分化期育苗温度不要过低，防止畸形花产生。根据留果穗数及栽培方式，每 667m^2 栽 2 800～3 500 株。定植后适当蹲苗，及时打杈。要求施足基肥，坐果后及时追肥，少量多次，特别是磷、钾肥要充足。保持土壤水肥均匀。

鉴定意见：该品种2001—2002年参加全国农业技术推广服务中心组织的全国番茄品种区域试验，2003年12月经全国蔬菜品种鉴定委员会鉴定通过。建议在齐齐哈尔、沈阳、包头、北京、太原、郑州、兰州和广州地区作露地番茄种植。

金丰1号

鉴定编号：国品鉴菜2004003

选育单位：广州市农业科学研究院

品种来源：82066×83-6

特征特性：无限生长类型，主蔓第9～10节着生第1花序。早中熟，播种至初收春植124d，秋植102d。坐果率高。幼果有绿色果肩，熟果鲜红而又光泽，熟色均匀，果圆形，果形指数0.95～1.03，果面光滑，柄痕及脐痕小，平均单果重100g左右。果肉厚7.5～8.4mm，肉质紧实，水分较少，风味好，甜酸适中，可溶性固形物含量4.43%～5.23%。耐寒，耐贮运，适合春、秋、冬三季种植。对病毒病和晚疫病的耐病性比益农101强，对青枯病抗性中等。

产量表现：2001—2002年参加第五轮全国鲜食番茄区域试验，前期产量平均每667m^2 2 063kg，总产量平均每667m^2 4 231kg。

栽培技术要点：广东春、秋、冬三季可种植。春种1～2月播种，采用薄膜小拱棚育苗，3月移植；秋种8～9月播种；冬种10～12月播种。选择前作为水稻或3年以上未种植茄科作物，土层深厚、肥沃、排灌良好的地块种植。采用双行种植，每667m^{2}种植3 000～3 500株。

鉴定意见：该品种2001—2002年参加全国农业技术推广服务中心组织的全国番茄品种区域试验，2003年12月经全国蔬菜品种鉴定委员会鉴定通过。建议在广州、长沙、陕西泾阳地区作露地番茄种植。

佳粉17

鉴定编号：国品鉴菜2004004

选育单位：北京市农林科学院蔬菜研究中心

品种来源：96秋26×96秋-10

特征特性：无限生长类型，叶片较稀疏，有利于通风透光，100%植株被有茸毛。主茎7～8节着生第1花序，熟性中早。果实稍扁圆或圆形，幼果有绿色果肩，成熟果粉红色，单果重180～200g，大者可达500g以上。畸形果、裂果少，品质优良。高抗ToMV及叶霉病，耐CMV、早疫病、晚疫病和灰霉病，对蚜虫、粉虱和斑潜蝇有较好的防效。适于保护地及露地栽培。

产量表现：2001—2002年参加第五轮全国鲜食番茄区域试验，平均每667m^{2}产量4 917kg；2002年续试，平均每667m^{2}产量5 103kg。

栽培技术要点：该品种叶片稀疏不易徒长，适合保护地栽培。北京地区早春日光温室栽培于12月上中旬播种，翌年2月上中旬定植；春大棚栽培于1月中旬播种，3月下旬定植；露地栽培于2月中旬播种，4月下旬定植；栽培密度可比普通番茄提高10%，早春保护地栽培注意花芽分化期避免低温，定植后不宜过分蹲苗，果实膨大期可比佳粉15提前5～6d浇水、追肥。

鉴定意见：该品种2001—2002年参加全国农业技术推广服务中心组织的全国番茄品种区域试验，2003年12月经全国蔬菜品种鉴定委员会鉴定通过。建议在齐齐哈尔、济南、沈阳、石家庄、南京、郑州和西安地区作保护地番茄种植。

晋番茄4号

鉴定编号：国品鉴菜2004005

选育单位：山西省农业科学院蔬菜研究所

品种来源：Z52-8×H88-2

特征特性：该品种属无限生长类型，一代杂交种，中熟，普通叶型，叶色深绿，节间短，第6～7节着生第1花序，花序间隔3片叶，单式总状花序，连续坐果性强。幼果有淡绿色果肩，成熟果大红色，果色鲜艳，果面光滑，畸形果、裂果率低，果肉厚，果脐小，果实近圆形，果形指数0.85，单果重150～250g。果实可溶性固形物含量5.62%，还原糖含量3.25%，有机酸0.53%，糖酸比6.13，每100g鲜重维生素C含量19.1g。耐病毒病和叶霉病，苗期人工接种病毒，表现高抗TMV，中抗CMV。

产量表现：2001—2002年参加第五轮全国鲜食番茄区域试验，前期产量平均每667m^2 1 746kg，总产量平均每667m^2 4 360kg。

栽培技术要点：因各地气候条件及栽培管理习惯不同，可按各地露地常规栽培进行。山西各地春露地栽培，2月下旬至4月下旬播种，苗龄50～60d，6～8片叶定植，每667m^{2}栽3 000株左右，单干整枝，前期注意蹲苗。夏秋季栽培，苗龄25～40d为宜，每667m^{2}栽3 500株，单干整枝，注意适期打顶。

鉴定意见：该品种2001—2002年参加全国农业技术推广服务中心组织的全国番茄品种区域试验，2003年12月经全国蔬菜品种鉴定委员会鉴定通过。建议在太原、齐齐哈尔和郑州地区作露地番茄种植。

江蔬1号

鉴定编号：国品鉴菜2004006

选育单位：江苏省农业科学院蔬菜研究所

品种来源：4170P×C94-3224

特征特性：有限生长类型，早中熟，生长势旺，高约75cm，叶色绿，主茎第7叶着生第1花序，2～3花序封顶。每序坐果3～5个，果实大，平均单果重185g，近圆形，果面光滑圆整，成熟果大红色，着色均匀。可溶性固形物含量5.0%～5.1%，口感佳，商品性强。高抗烟草花叶病毒病、枯萎病、叶霉病，抗黄瓜花叶病毒病。在产量、熟性、果实大小及综合抗病性方面明显优于对照品种霞粉，适于早春大棚栽培及露地地膜覆盖栽培。

产量表现：2001—2002年参加第五轮全国鲜食番茄区域试验，前期产量平均每667m^2 2 532kg，总产量平均每667m^2 4 532kg。

栽培技术要点：春季大棚早熟栽培一般每667m^{2}保苗3 500～4 000株，高垄地膜覆盖。整地作畦前施足基肥，一般每667m^{2}施腐熟农家肥5 000kg，硫酸钾15kg，硫酸二铵20kg。在第一穗果核桃大小时，结合浇水，施入催果肥，施用量要大于提苗肥。结果盛期开始重施肥，水分要充足，每667m^{2}追施尿素30～35kg，同时注意追施磷、钾肥和叶面喷肥。

鉴定意见：该品种2001—2002年参加全国农业技术推广服务中心组织的全国番茄品种区域试验，2003年12月经全国蔬菜品种鉴定委员会鉴定通过。建议在齐齐哈尔、北京、石家庄、南京和兰州地区作保护地番茄种植。

辽园多丽

鉴定编号：国品鉴菜2004007

选育单位：辽宁省农业科学院园艺研究所

品种来源：83-72-6-3×98-903

特征特性：生育期115d左右，中熟。无限生长类型，生长势强。叶色浓绿，叶面有光泽，茎粗壮节间较短，第7～9节位着生第1花序，一般每花序间隔3片叶，每花序4～6朵花。成熟果实粉红色，有绿果肩，扁圆形，果面光滑，果脐小，8～10个心室，单果重200g左右。果实可溶性固形物含量5.4%，可溶性总糖3.29%，可滴定酸0.23%，每100g鲜重含维生素C 20.20mg，风味酸甜适口，品质优。果实硬度高，耐贮运，商品性好，优果率90%以上。抗病毒病和叶霉病等病害。

产量表现：2001—2002年参加全国番茄品种（保护地）区域试验，平均每667m^{2}产量5 005kg。

栽培技术要点：周年均可播种，一般春日光温室种植应在1月中下旬播种，春大棚种植应在2月中下旬播种，春露地种植应在3月上中旬播种，秋保护地种植应在6月中下旬至7月上旬播种，冬春日光温室种植应在10月中下旬至11月上中旬播种。每667m^{2}种植3 300株左右。

鉴定意见：该品种2001—2002年参加全国农业技术推广服务中心组织的全国番茄品种区域试验，2003年12月经全国蔬菜品种鉴定委员会鉴定通过。建议在包头、沈阳和石家庄地区作保护地番茄种植。

合作905

鉴定编号：国品鉴菜2004008

选育单位： 抚顺市北方农业科学研究所

品种来源： 89-366×76-5-15

特征特性： 无限生长类型，中熟品种。幼果果肩绿色，成熟果红色，该品种果形圆正，畸形果、裂果率为 9.8%。果实可溶性固形物含量为 4.9%。果实较大，平均单果重 149g。田间表现抗病毒病，病情指数 6.0；耐叶霉病，病情指数 25.1。

产量表现： 前期产量平均每667m^2 2 226kg，比对照中杂 9 号减产 12.2%，在北京、石家庄和兰州超过对照品种。总产量一般每667m^2 4 858kg，比对照中杂 9 号减产 6.5%，在北京和乌鲁木齐超过对照品种。

栽培技术要点： 适宜春秋保护地栽培，苗龄 60～65d，保护地种植每667m^2 3 800 株。喜肥水，每 667m^2 施有机肥 5 000kg。及时疏花疏果，每序保果 2～3 个。果实膨大期和盛果期及时追肥，各期追施复合肥每667m^2 15kg，注意防治蚜虫、叶霉病。单干整枝，果穗留够后，在最后一穗上留 2～3 片叶摘心。花朵授粉后 30～40d 可采收上市。

鉴定意见： 该品种 2001—2002 年参加全国农业技术推广服务中心组织的全国番茄品种区域试验，2004 年 5 月经全国蔬菜品种鉴定委员会鉴定通过。建议在北京、兰州、乌鲁木齐地区作保护地番茄种植。

英石大红

鉴定编号： 国品鉴菜 2004009

选育单位： 抚顺市北方农业科学研究所

品种来源： 89-336×88-334

特征特性： 植株自封顶型，中熟。幼果无绿果肩，成熟果红色，果实大，平均单果重 165g，果形圆正，畸形果、裂果率为 13.8%，果实可溶性固形物含量 4.5%。田间表现抗病毒病，病情指数 12.9；耐叶霉病，病情指数 22.5。

产量表现： 前期产量较高，平均每667m^2 2 298kg，比对照毛粉 802 增产 6.5%，其中在齐齐哈尔、沈阳、北京、太原、郑州、南京、广州、包头和兰州超过对照品种。总产量 4 203kg，比对照毛粉 802 减产 7.1%，其中在齐齐哈尔、长沙、郑州和包头超过对照品种。

栽培技术要点： 苗龄 50～55d，带大蕾定植，露地种植每667m^2 3 500株。喜大水大肥，每 667m^2 施有机底肥 5 000kg，磷酸二铵 15kg，注意追肥，定植缓苗后施一次催苗肥，每 667m^2 穴施硫酸铵 10kg，第 1 穗果膨大时第 2 次追施攻秧肥，每 667m^2 追复合肥 20kg，第 1 穗果成熟时追施促果保秧肥，每 667m^2 施过磷酸钙 20kg。单干整枝，每株保果 8～10 个。

鉴定意见： 该品种 2001—2002 年参加全国农业技术推广服务中心组织的全国番茄品种区域试验，2004 年 5 月经全国蔬菜品种鉴定委员会鉴定通过。建议在齐齐哈尔、沈阳、北京、郑州、包头、广州作露地番茄种植。

毛粉 818

鉴定编号：国品鉴菜 2004010

选育单位：陕西省西安市园艺研究所

品种来源：CN3013×4439

特征特性：植株无限生长型，中熟。幼果果肩绿色，成熟果粉红色，该品种 50%植株具长密茸毛，有利于防蚜避病，田间表现抗病毒病，病情指数 2.7，抗番茄叶霉病，病情指数 9.3。果实较大，平均单果重 150g，可溶性固形物含量 4.9%，畸形果、裂果率为 9.5%。

产量表现：前期产量平均每667m^2 1 949kg，比对照中杂 9 号减产 23.1%，总产量平均每667m^2 4 765kg，比对照品种减产 8.3%。

栽培技术要点：秋冬茬 7 月底至 8 月上旬播种，春露茬在 12 月中旬至 1 月初播种（西安地区），分苗带土块。分苗时将有茸毛与普通苗分开。一般采用小高畦栽培，垄高 20cm，底宽 50～60cm，垄距 1.1～1.2m，栽培行距 55～60cm，株距 23～25cm，每 667m^2 栽 4 500～5 000 株。采用单干整枝，及时去掉多余侧枝小芽，每株留 4～5 层果。每 667m^2 施农家肥 7 500～10 000kg，磷酸二铵 40～50kg，腐熟饼肥 100～150kg，定植到开花期应控制肥水，防止徒长，在开花结果后加大肥水管理，栽培中注意疏花疏果以保证单果重。

鉴定意见：该品种 2001—2002 年参加全国农业技术推广服务中心组织的全国番茄品种区域试验，2004 年 5 月经全国蔬菜品种鉴定委员会鉴定通过。建议在西安、乌鲁木齐作保护地番茄种植。

毛粉 808

鉴定编号：国品鉴菜 2004011

选育单位：陕西省西安市园艺研究所

品种来源：CMV9037×4435

特征特性：植株自封顶型，中早熟。幼果果肩绿色，成熟果粉红色，平均单果重 133g。果形圆正，畸形果、裂果率 16.2%，可溶性固形物含量 4.7%。田间表现抗病毒病，病情指数为 9.5；耐番茄叶霉病，病情指数 23.7。

产量表现：前期产量较高，平均每667m^2 2 869kg，比对照毛粉 802 增产 33%，其中在齐齐哈尔、沈阳、北京、太原、郑州、长沙、广州、包头、泾阳和兰州超过对照品种；总产量高，平均每 667m^2 为 4 564kg，比对照毛粉 802 增产 0.9%，差异不显著，其中在沈阳、上海和泾阳超过对照品种。

栽培技术要点：秋冬茬 7 月底至 8 月上旬播种，春露茬在 12 月中旬至翌年 1 月初播种（西安地区），分苗带土块定植，分苗时将有茸毛与普通苗分开。一般采用小高畦栽培，垄高 20cm，底宽 50～60cm，垄距 1.10～1.2m，栽培行距 55～60cm，株距 23～25cm，每 667m^2 栽 4 500～5 000 株。每 667m^2 施农家肥 7 500～10 000kg，磷酸二铵 40～50kg，腐熟饼肥 100～150kg。

鉴定意见：该品种 2001—2002 年参加全国农业技术推广服务中心组织的全国番茄品种区域试验，2004 年 5 月经全国蔬菜品种鉴定委员会鉴定通过。建议在沈阳、南京、上海、广州、包头、泾阳、兰州、太原、郑州、长沙作露地番茄种植。

益丰

鉴定编号：国品鉴菜 2006015

选育单位：广州市农业科学研究院

品种来源：T52×J25

特征特性：无限生长类型，中熟。生长势中等，主茎第 8～9 节着生第 1 花序。果实圆形，果面光滑，幼果有绿色果肩，成熟果鲜红色，单果重 110g 左右，畸形果、裂果率 12.5%，可溶性固形物含量 4.5%。田间表现抗病毒病，病情指数 9.7；抗叶霉病，病情指数 13.2。

产量表现：2003—2004 年参加第七轮全国鲜食番茄区域试验，前期产量平均每 667m^2 2 046.4kg，比对照夏红 1 号减产 12.3%；总产量平均每 667m^2 4 366.0kg，比对照减产 2.7%。

栽培技术要点：适宜华南地区露地栽培，每 667m^2 施 2 000～3 000kg 腐熟有机肥，复合肥 25kg，花生麸 50kg，每 667m^2 栽 2 000～2 500 株，双行种植，行距 50cm，株距 40cm。双干整枝，注意保花保果，适时采收。

鉴定意见：该品种 2003—2004 年参加全国农业技术推广服务中心组织的全国番茄品种区域试验，2006 年 2 月经全国蔬菜品种鉴定委员会鉴定通过。建议在重庆、广东作春季露地番茄种植。

浦红 968

鉴定编号：国品鉴菜 2006016

选育单位：上海市农业科学院园艺研究所

品种来源：1478×546

特征特性：植株无限生长类型，中熟。幼果无绿色果肩，成熟果鲜红色，果实大小一般，平均单果重 128.4g，畸形果、裂果率 8.4%，可溶性固形物含量 4.6%。田间表现抗病毒病，病情指数 7.8；抗叶霉病，病情指数 16.3。

产量表现：2003—2004 年参加第七轮全国鲜食番茄区域试验，前期产量平均每 667m^2 1 628.7kg，比对照夏红 1 号减产 30.2%；总产量平均每 667m^2 4 470.7kg，与对照品种相当。

栽培技术要点：长江中下游地区早春栽培于 10 月中下旬育苗，60d 后定植，每 667m^2 栽 3 000 株。定植缓苗后要控制浇水，多次中耕，防止植株生长过旺。可采用吊蔓栽培，单干整枝。第 1 穗果核桃大小时随水冲施尿素 15kg，氮、磷、钾复合肥 20kg，15d

左右浇1次水，注意病害防治，适时采收。

鉴定意见： 该品种2003—2004年参加全国农业技术推广服务中心组织的全国番茄品种区域试验，2006年2月经全国蔬菜品种鉴定委员会鉴定通过。建议在内蒙古、陕西关中地区作露地番茄种植。

宝珠1号

鉴定编号： 国品鉴菜2006017

选育单位： 深圳市农业科技促进中心（原深圳市农作物良种引进中心）

品种来源： 16-6-1-1-1×17-35-1-1-1

特征特性： 植株有限生长，中早熟。幼果无绿色果肩，成熟果鲜红色，果实较小，平均单果重90.1g，畸形果、裂果率10.2%，可溶性固形物含量4.4%。田间表现抗病毒病，病情指数9.3；抗叶霉病，病情指数13.2。

产量表现： 2003—2004年参加第七轮全国鲜食番茄区域试验，前期产量平均每667m^2 2 397.3kg，比对照夏红1号增产2.7%；总产量平均每667m^2 4 418.1kg，比对照品种减产1.5%。

栽培技术要点： 华南地区可作春、秋两季栽培，春季栽培于12月至翌年1月播种，2月定植；秋季栽培于8月上旬播种，9月初定植，施足基肥，缺硼田块每667m^{2}撒施硼砂2kg和50kg石灰，以提高枯萎病抗性和防止裂果。一般行距70～80cm，株距40cm，双干整枝，前期控制氮肥，开花后用硝酸钾重施1次追肥，及时防治病虫害。

鉴定意见： 该品种2003—2004年参加全国农业技术推广服务中心组织的全国番茄品种区域试验，2006年2月经全国蔬菜品种鉴定委员会鉴定通过。建议在陕西、江西、重庆、广东、海南种植。

东粉2号

鉴定编号： 国品鉴菜2006018

选育单位： 辽宁东亚农业发展有限公司

品种来源： P2XP143×P160

特征特性： 植株无限生长，中晚熟。果实大小一般，幼果有绿色果肩，成熟果粉红色，平均单果重153.3g，可溶性固形物含量4.7%，畸形果、裂果率14.8%。田间表现抗病毒病，病情指数5.43；抗叶霉病，病情指数11.38。

产量表现： 2003—2004年参加第七轮全国鲜食番茄区域试验，前期产量平均每667m^2 2 471.7kg，比对照中杂9号增产0.51%；总产量平均每667m^2 6 366.0kg，比对照品种减产1.04%。

栽培技术要点： 沈阳地区1月底至3月中旬播种，苗期夜间温度不低于12℃，2～4片叶时夜间温度不低于14℃，苗龄不超过60d。底肥每667m^{2}施农家肥4 000kg，磷钾肥40～50kg，定植密度3 500株。每穗留果3～5个，3穗果封顶，一般每株不超过12个果。

果实转红期适当控水，防止湿度过大引起裂果。

鉴定意见：该品种 2003—2004 年参加全国农业技术推广服务中心组织的全国番茄品种区域试验，2006 年 2 月经全国蔬菜品种鉴定委员会鉴定通过。建议在辽宁、内蒙古作春季保护地番茄种植。

皖粉 5 号

鉴定编号：国品鉴菜 2006019

选育单位：安徽省农业科学院园艺研究所

品种来源：T681×T968

特征特性：植株无限生长，中熟。果实较大，幼果无绿色果肩，成熟果粉红色。平均单果重 165.8g，可溶性固形物含量 4.5%，畸形果、裂果率 14.4%。田间表现抗病毒病和叶霉病，病情指数分别为 6.9 和 7.52。

产量表现：2003—2004 年参加第七轮全国鲜食番茄区域试验，前期产量平均每667m^2 2 543.5kg，比对照中杂 9 号增产 3.4%；总产量平均每667m^2 6 158.6kg，比对照品种减产 4.27%。

栽培技术要点：适宜保护地栽培，每 667m^2 栽 3 000～3 500 株，单干整枝，每株留 3～4 穗果，每穗留果 3～4 个。生育期内白天温度保持在 25℃，夜间温度 15～17℃。施足基肥，少施氮肥，多施磷、钾肥，果实膨大期间追肥浇水，忌大水漫灌。

鉴定意见：该品种 2003—2004 年参加全国农业技术推广服务中心组织的全国番茄品种区域试验，2006 年 2 月经全国蔬菜品种鉴定委员会鉴定通过。建议在北京、江苏、甘肃、新疆、内蒙古种植。

星宇 203

鉴定编号：国品鉴菜 2006020

选育单位：内蒙古包头市农业科学研究所

品种来源：NV904×OG-906

特征特性：植株无限生长，中晚熟。幼果有绿色果肩，成熟果粉红色。平均单果重 181.8g，可溶性固形物含量 4.6%，畸形果、裂果率 22.9%。田间表现抗病毒病和叶霉病，病情指数分别为 6.43 和 7.21。

产量表现：2003—2004 年参加第七轮全国鲜食番茄区域试验，前期产量平均每667m^2 2 683.3kg，比对照中杂 9 号增产 9.1%；总产量平均每667m^2 6 911.2kg，比对照品种增产 7.4%。

栽培技术要点：育苗温度不宜过低，苗龄 60～70d。每 667m^2 定植 3 000～3 200 株，定植后适当蹲苗，采用单干整枝，每穗留果 3～4 个。要求施足基肥，即时追肥，特别是磷、钾肥要充足。坐果后保持土壤水分均匀，使用植物生长调节剂时浓度不宜过高。

鉴定意见：该品种2003—2004年参加全国农业技术推广服务中心组织的全国番茄品种区域试验，2006年2月经全国蔬菜品种鉴定委员会鉴定通过。建议在内蒙古、河南、山东、陕西、甘肃、新疆作春季保护地番茄种植。

中杂101

鉴定编号：国品鉴菜2006021

选育单位：中国农业科学院蔬菜花卉研究所

品种来源：002-64×002-69

特征特性：植株无限生长，节间长，生长势强，中早熟。果实圆形，幼果有绿色果肩，成熟果粉红色，平均单果重190g左右，果实圆正，畸形果、裂果率15.6%，可溶性固形物含量4.6%。田间表现抗病毒病和叶霉病，病情指数分别为7.30和7.12。

产量表现：2003—2004年参加第七轮全国鲜食番茄区域试验，前期产量平均每667m² 2 398.1kg，比对照中杂9号减产2.48%；总产量平均每667m² 6 913.8kg，比对照品种增产7.47%。

栽培技术要点：适宜保护地栽培，每667m²栽2 000～2 500株，苗龄不宜过长，以50～60d为宜，苗期不宜低于10℃。施足底肥，及早追肥，适当加大磷、钾肥比例，以防止出现畸形果。及时采收，以防止过熟裂果。

鉴定意见：该品种2003—2004年参加全国农业技术推广服务中心组织的全国番茄品种区域试验，2006年2月经全国蔬菜品种鉴定委员会鉴定通过。建议在北京、上海、江苏、河北、河南、内蒙古、陕西、甘肃作保护地番茄种植。

莎龙

鉴定编号：国品鉴菜2008001

选育单位：青岛市农业科学研究院

品种来源：S以2-4×P清1-3

特征特性：一代杂交种，中早熟，无限生长类型，生长势强。叶色灰绿，总状花序。坐果率高。果面光滑，耐贮藏，室温下货架期在20d左右，果实圆及扁圆，果形指数0.85，果色红艳，单果重132g。可溶性固形物含量4.7%，风味品质好。抗ToMV、CMV、枯萎病、青枯病，中抗叶霉病、南方根结线虫病。

产量表现：2005—2006年参加第七轮全国鲜食番茄区域试验，前期产量平均每667m² 1 943kg，总产量平均每667m² 6 416kg。2007年生产试验，前期产量平均每667m² 2 147kg，总产量平均每667m² 6 271kg。

栽培技术要点：春保护地栽培12月至翌年2月播种，春露地栽培2～4月播种，春露地和春保护地每667m²保苗3 000～3 500株，行距60cm，株距35～40cm。日光温室周年栽培7月底至8月底播种，每667m²保苗2 000株，大行距120cm，小行距50～60cm，株距35～40cm。花期用番茄坐果灵点花时及时疏花（疏花而不是疏果），留4花；下部果采收后疏掉老叶、病叶。

鉴定意见：该品种 2005—2007 年参加全国农业技术推广服务中心组织的全国番茄品种区域试验，2008 年 2 月经全国蔬菜品种鉴定委员会鉴定通过。建议在山东、北京、辽宁、内蒙古、江苏、浙江的适宜地区作保护地番茄栽培。

浙杂 205

鉴定编号：国品鉴菜 2008002

选育单位：浙江省农业科学院蔬菜研究所

品种来源：T9247-1-2-2-1×T01-198-1-2

特征特性：一代杂交种，中晚熟，无限生长类型，长势较强。茎秆健壮，植株开展度较小；叶色浓绿，叶片肥厚；花序间隔 3 叶，坐果性、耐低温和弱光能力好。果实高圆形，幼果淡绿色、无果肩，果表光滑，无棱沟；果洼小，果脐平，花痕极小，成熟果大红色，色泽鲜亮，单果重 124g。果皮韧性好，裂果和畸形果极少，耐贮运。可溶性固形物含量 4.4%。高抗番茄烟草花叶病毒（ToMV）、枯萎病，中抗叶霉病。

产量表现：2005—2006 年参加第七轮全国鲜食番茄区域试验，前期产量每 667m^2 平均 1 293kg，总产量每 667m^2 平均 6 123kg。2007 年生产试验，前期产量每 667m^2 平均 1 322kg，总产量每 667m^2 平均 6 369kg。

栽培技术要点：适合保护地栽培，冬春茬在 9 月中下旬育苗，10 月下旬定植；早春茬在 12 月上旬播种，2 月中旬定植；秋延后栽培于 7 月中下旬播种，8 月中下旬定植。单干整枝或一干半整枝，每 667m^2 栽培 2 500～2 800 株。每花序宜保留 3～4 果。打杈不可过早，如果采用单干整枝，第 1 花穗下部的侧枝应在长至 8～10cm 长时打去，其他所有侧枝应在腋芽长至 3～5cm 时打去。第 1 穗果充分膨大后，可逐步将植株基部的老叶打掉。

鉴定意见：该品种 2005—2007 年参加全国农业技术推广服务中心组织的全国番茄品种区域试验，2008 年 2 月经全国蔬菜品种鉴定委员会鉴定通过。建议在浙江、北京、辽宁、黑龙江、内蒙古、甘肃的适宜地区作保护地番茄栽培。

东农 712

鉴定编号：国品鉴菜 2008003

选育单位：东北农业大学

品种来源：01HN43×01HN37

特征特性：一代杂交种，中熟，无限生长类型，生长势强。每隔 3 片叶着生 1 个花序。幼果无绿肩，成熟果粉红色，颜色鲜艳。果实圆形，果脐小，果肉厚，光滑圆整，平均单果重 187g。硬度大，不裂果，耐贮运。高抗 ToMV、叶霉病、枯萎病和黄萎病。

产量表现：2005—2006 年参加第七轮全国鲜食番茄区域试验，前期产量平均每667m^2

2 078kg，总产量平均每667m^2 6 610kg。2007 年生产试验，前期产量平均每667m^2 2 232kg，总产量平均每667m^2 7 289kg。

栽培技术要点：哈尔滨地区大棚栽培于 1 月中下旬播种，日光温室栽培 12 月上中旬播种，苗龄为 70～75d。株行距 30～35cm×60～65cm，单干整枝，每667m^2 2 800～3 200株。每穗留果 4～5 个。保护地栽培用植物生长调节剂保花保果，使用植物生长调节剂时要注意浓度不能过高。育苗时温度不要过低，即不要低于 8℃。

鉴定意见：该品种 2005—2007 年参加全国农业技术推广服务中心组织的全国番茄品种区域试验，2008 年 2 月经全国蔬菜品种鉴定委员会鉴定通过。建议在黑龙江、辽宁、河北、内蒙古、陕西、河南、甘肃的适宜地区作保护地番茄栽培。

苏粉 8 号

鉴定编号：国品鉴菜 2008004

选育单位：江苏省农业科学院蔬菜研究所

品种来源：GB9736×TM9761

特征特性：一代杂交种，中晚熟，无限生长类型，生长势中等。叶片较稀。主茎 8～9 节着生第 1 花序，花穗间隔 3 叶，每花序坐果 4～5 个，坐果性好。果实近圆形，果皮厚而坚硬，幼果无绿果肩，成熟果粉红色，无棱沟，着色均匀一致，单果重 182g。可溶性固形物含量 4.6%，酸甜适中。高抗叶霉病、ToMV，抗枯萎病，灰霉病、晚疫病发病率低。

产量表现：2005—2006 年参加第七轮全国鲜食番茄区域试验，前期产量平均每667m^2 2 406kg，总产量平均每667m^2 6 590kg。2007 年生产试验，前期产量平均每667m^2 2 889 kg，总产量平均每667m^2 7 646kg。

栽培技术要点：春季苗龄 70d 左右。大棚 3 月上中旬定植，露地在断霜前后定植。春季大棚早熟栽培行距 70～80cm，株距 30～35cm，每 667m^2 栽 3 500～4 000 株。第 1 穗果长到核桃大小时，结合浇水，施入催果肥，施用量要大于提苗肥。结果盛期开始重施肥，水分要充足，每 667m^2 追施尿素 30～35kg，同时注意追施磷、钾肥和叶面喷肥。结果后期视植株生长情况及时补肥。浇水时切忌大水漫灌。

鉴定意见：该品种 2005—2007 年参加全国农业技术推广服务中心组织的全国番茄品种区域试验，2008 年 2 月经全国蔬菜品种鉴定委员会鉴定通过。建议在北京、甘肃、河北、黑龙江的适宜地区作保护地番茄栽培。

北研 2 号

鉴定编号：国品鉴菜 2008005

选育单位：抚顺市北方农业科学研究所

品种来源：05B-88×05B-87

特征特性：一代杂交种，早熟，无限生长类型，生长势中等。普通叶，叶色深绿。

6～7节着生第1花序，间隔3叶着生下一花序。成熟果粉红色，果实圆形，无果肩，果脐小，平均单果重179g，商品率87.7%。可溶性固形物含量4.8%，可溶性总糖2.7%，口感酸甜适中。耐低温、弱光能力强，抗病毒病、叶霉病。

产量表现： 2005—2006年参加第七轮全国鲜食番茄区域试验，前期产量平均每667m^2 2 064kg，总产量平均每667m^2 6 028kg。2007年生产试验，前期产量平均每667m^2 2 249kg，总产量平均每667m^2 6 842kg。

栽培技术要点： 春保护地和露地栽培，苗龄60～65d。单干整枝，保护地每667m^2 3 500株，露地每667m^2 3 300株。带蕾定植，每株保留8～10个果，在最后一穗果上留2～3片叶摘心。喜肥水，及时疏花疏果，整枝打杈。

鉴定意见： 该品种2005—2007年参加全国农业技术推广服务中心组织的全国番茄品种区域试验，2008年2月经全国蔬菜品种鉴定委员会鉴定通过。建议在北京、上海、河北、陕西、甘肃、江苏、辽宁的适宜地区作保护地番茄栽培。

中杂105

鉴定编号： 国品鉴菜2008006

选育单位： 中国农业科学院蔬菜花卉研究所

品种来源： 892-43×05g313

特征特性： 一代杂交种，中晚熟，无限生长类型。幼果无绿果肩，成熟果实粉红色，畸形果、裂果率低，平均单果重181g，可溶性固形物含量4.6%。抗病毒病、叶霉病、枯萎病。

产量表现： 2005—2006年参加第七轮全国鲜食番茄区域试验，前期产量平均每667m^2 2 370kg，总产量平均每667m^2 6 634kg。2007年生产试验，前期产量平均每667m^2 3 074kg，总产量平均每667m^2 7 385kg。

栽培技术要点： 春季保护地栽培苗龄不宜超过50d，秋季苗龄不宜超过30d。冬、春季节育苗，夜间温度要保持在11℃以上。平均每667m^2栽培2 500～3 000株。定植时要多施有机肥，生长的中、后期要加强水肥管理。开花期可用适宜浓度的生长素蘸花，保花保果。果实采收前1～2d不要大水漫灌，成熟后及时采收。

鉴定意见： 该品种2005—2007年参加全国农业技术推广服务中心组织的全国番茄品种区域试验，2008年2月经全国蔬菜品种鉴定委员会鉴定通过。建议在北京、上海、河北、辽宁、陕西、河南、江苏的适宜地区作保护地番茄栽培。

申粉998

鉴定编号： 国品鉴菜2008007

选育单位： 上海市农业科学院园艺研究所

品种来源： 98-4-8-23-2-4×96-3-7-5-4-2

特征特性： 一代杂交种，中晚熟，无限生长类型。果圆形，粉红色，果实硬度中等，平均单果重 194g。可溶性固形物含量 5.0%，口感微甜。果实商品率 86%。苗期接种鉴定表明，本品种抗 ToMV，耐 CMV，抗叶霉病生理小种 1.2.3。

产量表现：2005—2006 年参加第七轮全国鲜食番茄区域试验，前期产量平均每667m^2 1 772kg，总产量平均每667m^2 6 119kg。2007 年生产试验，前期产量平均每667m^2 1 817kg，总产量平均每667m^2 6 442kg。

栽培技术要点：适合保护地秋延后以及冬春长季节栽培，特别适合现代化温室长季节栽培。单干整枝，及时打杈、绑秧，摘除老叶。缓苗后坐果前，要促根控秧，防止植株旺长。第 1 花序坐果前后可用 30mg/kg 的防落素喷花促进坐果。生长期内注意适当均匀供应水分。果实及时采收，防止裂果。

鉴定意见：该品种 2005—2007 年参加全国农业技术推广服务中心组织的全国番茄品种区域试验，2008 年 2 月经全国蔬菜品种鉴定委员会鉴定通过。建议在上海、辽宁、陕西、河北、河南的适宜地区作保护地番茄栽培。

渝粉 109

鉴定编号：国品鉴菜 2008008

选育单位：重庆市农业科学院蔬菜花卉研究所

品种来源：ZS4-1-1-3-4×732-3-2-5-1

特征特性：一代杂交种，中熟，无限生长型，植株生长势强。叶色浓绿，普通叶，叶片肥大，不卷叶。第 1 花穗着生于第 7～9 节，花序间隔 2～3 片叶，每穗坐果 3～4 个。果实圆形或扁圆形，无绿色果肩，成熟果粉红色，平均单果重 188g。可溶性固形物含量 4.6%，可溶性糖含量 3.12%，可滴定酸含量 0.28%，每 100g 鲜果维生素 C 含量 18.10mg，酸甜适中。抗病毒病，中抗枯萎病。

产量表现：2005—2006 年参加第七轮全国鲜食番茄区域试验，前期产量平均每667m^2 2 582kg，总产量平均每667m^2 5 197kg。2007 年生产试验，前期产量平均每667m^2 2 460kg，总产量平均每667m^2 5 420kg。

栽培技术要点：长江流域可在 11 月上旬至 12 月上旬大棚冷床播种。翌年 3 月上旬用地膜加小拱棚保护定植。单株双干整枝，每 667m^2 栽培 2 400 株左右。北方可根据当地气候和生产习惯播种栽培。北方冬春茬在 9 月中下旬播种，10 中下旬地膜加小拱棚保护定植。大棚栽培可采用单株单干整枝，每 667m^2 栽培 3 000 株左右。早春露地栽培和大棚设施栽培时，用坐果灵或番茄灵稳花稳果，一般第 1～2 穗果保果 2～3 个，以后可适当多些。

鉴定意见：该品种 2005—2007 年参加全国农业技术推广服务中心组织的全国番茄品种区域试验，2008 年 2 月经全国蔬菜品种鉴定委员会鉴定通过。建议在北京、甘肃、辽宁、山东、河北、河南、重庆、四川的适宜地区作露地番茄栽培。

北研 1 号

鉴定编号：国品鉴菜 2008009

选育单位：抚顺市北方农业科学研究所

品种来源：05B-91×05B-93

特征特性：一代杂交种，早熟，无限生长类型，生长势强，普通叶。第6～7节着生第1花序，花序间隔3片叶。果实扁圆形，成熟前果实绿白，成熟果红色，表面光滑，有绿肩，8～11心室，平均单果重191g。可溶性固形物含量4.7%，每100g鲜果维生素C含量11.44mg，可溶性总糖含量2.7%。耐热性好，抗旱，较为耐涝，抗病毒病、青枯病和叶霉病。

产量表现：2005—2006年参加第七轮全国鲜食番茄区域试验，前期产量平均每667m^2 2 833kg，总产量平均每667m^2 5 409kg。2007年生产试验，前期产量平均每667m^2 2 538kg，总产量平均每667m^2 5 662kg。

栽培技术要点：苗龄60～65d。单干整枝，保护地栽培每667m^2 3 500株，露地栽培每667m^2 3 300株。带蕾定植，每株保留8～10个果，在最后一穗上留2～3片叶摘心。喜肥水，每667m^2施有机肥5 000kg以上，每667m^2追施硫酸铵10kg作催苗肥，每667m^2追复合肥20kg作攻秧肥，第1穗果实膨大期，每667m^2追施过磷酸钙20kg。及时疏花疏果，整枝打杈。

鉴定意见：该品种2005—2007年参加全国农业技术推广服务中心组织的全国番茄品种区域试验，2008年2月经全国蔬菜品种鉴定委员会鉴定通过。建议在北京、辽宁、河北、河南、甘肃、重庆、四川、广东的适宜地区作露地番茄栽培。

川科4号

鉴定编号：国品鉴菜2008010

选育单位：四川省农科院经济作物育种栽培研究所

品种来源：B-182×98-24

特征特性：一代杂交种，中熟，无限生长类型。叶色深绿。果实近圆形，红色，果实硬度中等，平均单果重8.40g。可溶性固形物含量7.02%，口感甜。果实商品果率86%。抗病毒病、青枯病、枯萎病及叶霉病。

产量表现：2005—2006年参加第七轮全国鲜食番茄区域试验，前期产量平均每667m^2 537kg，总产量平均每667m^2 2 367kg。2007年生产试验，前期产量平均每667m^2 876kg，总产量平均每667m^2 2 541kg。

栽培技术要点：适宜越冬茬、秋延迟、春早熟栽培。采用工厂化或营养土育苗，适时播种。育苗移栽，每667m^2栽培3 000～3 500株。单干整枝，及时摘除老叶、病黄叶及侧枝，增加株间通风透光。栽培管理中注意防虫、防病。

鉴定意见：该品种2005—2007年参加全国农业技术推广服务中心组织的全国番茄品种区域试验，2008年2月经全国蔬菜品种鉴定委员会鉴定通过。建议在重庆、上海、山东、河北、黑龙江、陕西的适宜地区作保护地番茄栽培。

天正红珠

鉴定编号： 国品鉴菜 2008011

选育单位： 山东省农业科学院蔬菜研究所

品种来源： 98-06S5（以色列红樱桃）×98-60S5（日本红玉）

特征特性： 一代杂交种，中早熟，植株无限生长，生长势强。茎秆粗壮，叶片较小，叶色浓绿。第 1 花序着生于 7～8 节，以后每隔 3 片叶一花序，花序大，复穗状。每穗平均坐果 30 个以上，果实圆形，成熟后红色，果皮薄，汁多，平均单果重 12g 左右，可溶性固形物 8%～9%。抗病毒病。

产量表现： 2005—2006 年参加第七轮全国鲜食番茄区域试验，前期产量平均每667m^2 782kg，总产量平均每667m^2 4 289kg。2007 年生产试验，前期产量平均每667m^2 993kg，总产量平均每667m^2 3 111kg。

栽培技术要点： 适宜越冬茬、秋延迟、春早熟栽培。采用工厂化或营养土育苗，苗龄 25～30d。采用大小行、小高畦方式定植，定植密度每667m^2 3 000株左右。越冬茬注意增加光照，利于果实颜色亮红鲜艳；秋延迟、春早熟注意浇水均匀，防止裂果。采用单干整枝，低温季节使用 30mg/kg 的防落素喷花，适当疏花疏果，每花序可留果 25～30 个。及时摘除老叶、病黄叶及弱的侧枝，增加株间通风透光，利于着色。果实完全成熟后及时采收，防止裂果，不需催熟，可成串采收。

鉴定意见： 该品种 2005—2007 年参加全国农业技术推广服务中心组织的全国番茄品种区域试验，2008 年 2 月经全国蔬菜品种鉴定委员会鉴定通过。建议在山东、河北、黑龙江、福建、重庆、陕西的适宜地区作保护地番茄栽培。

沪樱 5 号

鉴定编号： 国品鉴菜 2008012

选育单位： 上海市农业科学院园艺研究所

品种来源： 97-17-24×91-12-13

特征特性： 一代杂交种，中晚熟，无限生长类型。不规则花序，每穗结果 20 个左右，坐果性能好。果实圆形，成熟果红色，果实硬度中等，平均单果重 12～15g。可溶性固形物含量 6%～8%，口感酸甜适中至甜，果实商品率 74%。抗 ToMV，耐 CMV，抗叶霉病 1.2.3 生理小种。

产量表现： 2005—2006 年参加第七轮全国鲜食番茄区域试验，前期产量平均每667m^2 776kg，总产量平均每667m^2 3 374kg。2007 年生产试验，前期产量平均每667m^2 1 047 kg，总产量平均每667m^2 3 120kg。

栽培技术要点： 适合保护地春提早、秋延后以及冬春长周期栽培。每667m^2 2 500株。单干整枝，及时打杈、绑秧，摘除老叶。应采用振荡器辅助授粉，或采用点花处理，每果穗留果 20～25 个。采收时果实成熟度不宜过熟，成熟度过熟时，要连萼片一起采收。

鉴定意见： 该品种 2005—2007 年参加全国农业技术推广服务中心组织的全国番茄品

种区域试验，2008 年 2 月经全国蔬菜品种鉴定委员会鉴定通过。建议在山东、河北、陕西、上海的适宜地区作保护地番茄栽培。

抚顺大枣

鉴定编号：国品鉴菜 2008013

选育单位：抚顺市北方农业科学研究所

品种来源：99-17-28×501-2

特征特性：一代杂交种，有限生长类型，生长势强。果实长圆形，成熟果红色，平均单果重 12g，可溶性固形物含量 6.4%。坐果率高，硬度高，耐贮运，果实商品率 88%。抗病毒病、青枯病、叶霉病。

产量表现：2005—2006 年参加第七轮全国鲜食番茄区域试验，前期产量平均每667m^2 691kg，总产量平均每667m^2 3 139kg。2007 年生产试验，前期产量平均每667m^2 651kg，总产量平均每667m^2 2 608kg。

栽培技术要点：春保护地和露地栽培，苗龄 45～55d，培育壮苗带大蕾或初花定植。高架栽培，露地每667m^2 3 000株，保护地每667m^2 3 300株。每 667m^2 施有机肥3 000kg 以上，磷酸二铵 15kg 做底肥，注重追肥，定植缓苗后，施 1 次催苗肥，第 1 穗果成熟时，追施促果保秧肥。及时整枝、绑架，加强田间管理，及时采收成熟果。

鉴定意见：该品种 2005—2007 年参加全国农业技术推广服务中心组织的全国番茄品种区域试验，2008 年 2 月经全国蔬菜品种鉴定委员会鉴定通过。建议在山东、河北、黑龙江、陕西、江西的适宜地区作保护地番茄栽培。

红阳

鉴定编号：国品鉴菜 2008014

选育单位：北京市农业技术推广站

品种来源：R16×L149

特征特性：一代杂交种，中早熟，无限生长类型，植株生长势强。普通叶。植株结果性好，单株可结果 6～15 穗，每穗结果 22 个。果实圆形，红色，单果重 11.5g。可溶性固形物含量 6.3%，商品率 86%。抗叶霉病。

产量表现：2005—2006 年参加第七轮全国鲜食番茄区域试验，前期产量平均每667m^2 958kg，总产量平均每667m^2 3 111kg。2007 年生产试验，前期产量平均每667m^2 997kg，总产量平均每667m^2 2 831kg。

栽培技术要点：适合保护地春茬、秋延后及冬春茬栽培。单干整枝，栽培密度每667m^2 2 500株。可采用振荡器辅助授粉，或采用化学处理提高坐果率。生长速度较快，注意氮、磷、钾营养均衡供应，尤其是钾肥要充足。成熟后可成串采摘。

鉴定意见：该品种 2005—2007 年参加全国农业技术推广服务中心组织的全国番茄品种区域试验，2008 年 2 月经全国蔬菜品种鉴定委员会鉴定通过。建议在上海、山东、河北、辽宁、陕西、江西的适宜地区作保护地番茄栽培。

新星

鉴定编号： 国品鉴菜2008015

选育单位： 北京市农业技术推广站

品种来源： L134×L131

特征特性： 一代杂交种，早熟，有限生长类型。普通叶。每个花穗结果18个左右。果实粉红色，色泽亮丽，枣圆形，单果重15.5g。可溶性固形物含量6.2%，不易裂果，果实商品率85%。结果性好，可成串采收。抗ToMV。

产量表现： 2005—2006年参加第七轮全国鲜食番茄区域试验，前期产量平均每667m^2 951kg，总产量平均每667m^2 2 951kg。2007年生产试验，前期产量平均每667m^2 1 059 kg，总产量平均每667m^2 3 010kg。

栽培技术要点： 适合保护地春提早、秋延后及冬春茬栽培。双干整枝，栽培密度每667m^2 2 200株。应采用振荡器辅助授粉，或采用化学处理提高坐果率。生长速度较快，注意氮、磷、钾营养均衡供应，尤其是钾肥要充足。成熟后可单果采摘，也可成串采摘。

鉴定意见： 该品种2005—2007年参加全国农业技术推广服务中心组织的全国番茄品种区域试验，2008年2月经全国蔬菜品种鉴定委员会鉴定通过。建议在上海、山东、河北、辽宁、黑龙江、江西的适宜地区作保护地番茄栽培。

北研4号

鉴定编号： 国品鉴菜2013021

选育单位： 抚顺市北方农业科学研究所

品种来源： 母本05B-87是合作908的母本变异株，通过单株与加拿大引进的07L77抗源材料杂交后，分离系选而成；父本05B-92是从自选自交系L80提纯复壮选育而成。

特征特性： 无限生长类型，中熟。成熟果实粉红色，无绿果肩，果实圆形，平均单果重233.1g，果实整齐度中等，硬度中等，可溶性固形物含量4.6%。畸形果和裂果率21.5%，商品果率73.6%。田间表现抗病毒病和叶霉病。

产量表现： 2009—2010年参加国家番茄品种区域试验，商品果两年平均前期产量每667m^2 2 320kg，比对照中杂9号减产9.6%；总产量每667m^2 5 701kg，比对照减产0.5%。2011年参加生产试验，商品果前期产量每667m^2 2 794kg，比对照减产11.0%；总产量每667m^2 6 342kg，比对照减产0.2%。

栽培技术要点： 该品种适合保护地春季栽培，单干整枝，适宜栽培密度为每667m^2 3 000株。留3～4穗果实，开花期可用适宜浓度的生长素蘸花，成熟后及时采收。

鉴定意见： 该品种2009—2010年参加全国农业技术推广服务中心组织的全国番茄品种区域试验，2013年3月通过全国蔬菜品种鉴定委员会鉴定。可在北京、山西、内蒙古、黑龙江、江苏、上海、山东、河南的适宜地区春季保护地种植。

中杂 107

鉴定编号：国品鉴菜 2012001

选育单位：中国农业科学院蔬菜花卉研究所

品种来源：母本 052h33 是从以色列引进材料 TM1033 与课题组亲本材料 KCW 杂交，后经 12 代自交分离选择而成的优良自交系；父本 052313 是 2001 年利用从美国引进品种 B1F 经 6 代系谱选择而成的优良自交系。

特征特性：无限生长类型，中熟。成熟果实粉红色，无绿果肩，果实圆形，平均单果重为 199.1g，果实整齐度中等，硬度中等，可溶性固形物含量 4.7%。畸形果和裂果率 20.5%，商品果率 77.2 %。田间表现抗病毒病和叶霉病。

产量表现：2009—2010 年参加国家番茄品种区域试验，商品果两年平均前期产量每 $667m^2$ 2 518kg，比对照中杂 9 号减产 1.9%；总产量每 $667m^2$ 6 018kg，比对照增产 5.0%。2011 年参加生产试验，商品果前期产量每 $667m^2$ 3 008kg，比对照减产 4.2%；总产量每 $667m^2$ 6 760kg，比对照增产 6.4%。

栽培技术要点：该品种适合保护地春季栽培，单干整枝，适宜栽培密度每 $667m^2$ 2 500～3 000 株。春季保护地栽培苗龄不宜超过 50d，冬春季节育苗，夜间温度要保持在 11℃以上。北方春季栽培建议带大蕾定植；秋季栽培苗龄不宜超过 30d，宜小苗高垄定植。生长的中、后期要加强水肥管理，花期用适宜浓度的生长素蘸花，以保花保果。果实采收前 1～2d 不要大水漫灌，成熟后及时采收。

鉴定意见：该品种 2009—2010 年参加全国农业技术推广服务中心组织的全国鲜食番茄品种区域试验，2012 年 4 月经全国蔬菜品种鉴定委员会鉴定通过。可在北京、上海、河南、辽宁、江苏、山西的适宜地区春季保护地种植。

申粉 V-1

鉴定编号：国品鉴菜 2012002

选育单位：上海市农业科学院园艺研究所

品种来源：母本 06-2-4-8-11 由引进番茄品种 Clause 分离纯化单株选择而成；父本 Z09A39-3 是本课题组的高代稳定自交系 2583 与国外品种齐达利杂交后分离后代。

特征特性：无限生长类型，中熟。成熟果实粉红色，无绿果肩，果实圆形，平均单果重为 158.6g，果实整齐度中等，硬度较硬，可溶性固形物含量 4.7%。畸形果和裂果率 14.0%，商品果率 82.6 %。田间表现抗病毒病和叶霉病。

产量表现：2009—2010 年参加国家番茄品种区域试验，商品果两年平均前期产量每 $667m^2$ 2 218kg，比对照中杂 9 号减产 13.6%；总产量每 $667m^2$ 6 216kg，比对照增产 8.5%。2011 年参加生产试验，商品果前期产量每 $667m^2$ 2 688kg，比对照减产 14.4%；总产量每 $667m^2$ 6 534kg，比对照增产 2.8%。

栽培技术要点：该品种适合保护地春季栽培，单干整枝，适宜栽培密度每667m^2 3 000株左右。花期用适宜浓度的生长素蘸花，或者采用振荡器辅助授粉，适当疏花疏果，每穗留果3～4个。果实采收前1～2d不要大水漫灌，成熟后及时采收。

鉴定意见：该品种2009—2011年参加全国农业技术推广服务中心组织的全国鲜食番茄品种区域试验，2012年4月经全国蔬菜品种鉴定委员会鉴定通过。可在上海、北京、山西、内蒙古、辽宁、黑龙江、江苏、河南的适宜地区春季保护地种植。

东农719

鉴定编号：国品鉴菜2012003

选育单位：东北农业大学

品种来源：母本051394是以色列品种Graztella与东农708母本杂交，经自交分离的稳定品系；父本051162是以色列番茄Hazera189与宝冠1号番茄杂交，经自交分离的稳定品系。

特征特性：无限生长类型，中熟。成熟果实粉红色，无绿果肩，果实高圆形，平均单果重为201.8g，果实整齐度中等，硬度较硬，可溶性固形物含量5.3%。畸形果和裂果率13.8%，商品果率83.3%。田间表现抗病毒病和叶霉病。

产量表现：2009—2010年参加国家番茄品种区域试验，商品果两年平均前期产量每667m^2 2 536kg，比对照中杂9号减产1.2%；总产量每667m^2 6 140kg，比对照增产7.2%。2011年参加生产试验，商品果前期产量每667m^2 2 961kg，比对照减产5.7%；总产量每667m^2 6 717kg，比对照增产5.7%。

栽培技术要点：该品种适合保护地春季栽培，单干整枝，适宜栽培密度每667m^2 2 800～3 000株。花期用适宜浓度的生长素蘸花，或者采用振荡器辅助授粉，适当疏花疏果，每穗留果4～5个。果实采收前1～2d不要大水漫灌，成熟后及时采收。

鉴定意见：该品种2009—2011年参加全国农业技术推广服务中心组织的全国鲜食番茄品种区域试验，2012年4月经全国蔬菜品种鉴定委员会鉴定通过。可在黑龙江、北京、内蒙古、辽宁、河南、山东、上海、江苏的适宜地区春季保护地种植。

天骄806

鉴定编号：国品鉴菜2012004

选育单位：呼和浩特市广禾农业科技有限公司

品种来源：母本BP916是从美国引进的优良材料V03杂交后代中选出的高代稳定自交系；父本AP23是从美国引进材料M315与自育骨干系材料BT12杂交后选出的高代自交系。

特征特性：无限生长类型，中熟。成熟果实粉红色，无绿果肩，果实高圆形，平均单果重为195.7g，果实整齐度好，硬度较硬，可溶性固形物含量4.9%。畸形果和裂果率12.4%，商品果率84.3%。田间表现抗病毒病和叶霉病。

产量表现： 2009—2010 年参加国家番茄品种区域试验，商品果两年平均前期产量每 667m² 2 501kg，比对照中杂 9 号减产 2.6%；总产量每667m² 6 639kg，比对照增产 15.9%。2011 年参加生产试验，商品果前期产量每667m² 2 903kg，比对照减产 7.5%；总产量每667m² 7 098kg，比对照增产 11.7%。

栽培技术要点： 该品种适合保护地春季栽培，单干整枝，适宜栽培密度每667m² 2 800～3 000 株。每穗留果 3～4 个，花期用适宜浓度的生长素保花、保果，成熟后及时采收。

鉴定意见： 该品种 2009—2011 年参加全国农业技术推广服务中心组织的全国鲜食番茄品种区域试验，2012 年 4 月经全国蔬菜品种鉴定委员会鉴定通过。可在内蒙古、北京、山西、辽宁、黑龙江、上海、山东、河南、江苏、浙江的适宜地区春季保护地种植。

洛番 12

鉴定编号： 国品鉴菜 2012005

选育单位： 洛阳农林科学院

品种来源： 母本 992 是从荷兰引进的保护地材料与中杂 9 号杂交后，经多代系统选择而成；父本 978 是从引进的适宜保护地栽培的早熟粉红果耐贮材料 F_1 后代中分离系选而成。

特征特性： 无限生长类型，中熟。成熟果实粉红色，无绿果肩，果实圆形，平均单果重 198.5g，果实整齐度中等，硬度中等，可溶性固形物含量 4.8%。畸形果和裂果率 16.7%，商品果率 81.9%。田间表现抗病毒病和叶霉病。

产量表现： 2009—2010 年参加国家番茄品种区域试验，商品果两年平均前期产量每 667m² 3 076kg，比对照中杂 9 号增产 19.8%；总产量每667m² 6 735kg，比对照增产 17.5%。2011 年参加生产试验，商品果前期产量每667m² 3 289kg，比对照增产 4.8%；总产量每667m² 6 743kg，比对照增产 6.1%。

栽培技术要点： 该品种适合保护地春季栽培，单干整枝，适宜栽培密度每667m² 3 300～3 500 株。每穗留果 3～4 个，花期用适宜浓度的生长素保花、保果，成熟后及时采收。

鉴定意见： 该品种 2009—2011 年参加全国农业技术推广服务中心组织的全国鲜食番茄品种区域试验，2012 年 4 月经全国蔬菜品种鉴定委员会鉴定通过。可在河南、北京、山西、内蒙古、辽宁、黑龙江、山东、上海、江苏的适宜地区春季保护地种植。

苏粉 10 号

鉴定编号： 国品鉴菜 2012006

选育单位： 江苏省农业科学院蔬菜研究所

品种来源： 母本 TM-04-6 是从江苏省农业科学院蔬菜研究所搜集引进的 31 份番茄材料筛选出的优良自交系材料；父本 TM-04-11 是利用从日本引进的材料经过多代定向系统

选择而成的优良自交系与从以色列保护地专用品种的分离后代杂交，在后代分离系选而成。

特征特性： 无限生长类型，中熟。成熟果实粉红色，无绿果肩，果实圆形，平均单果重204.9g，果实整齐度中等，硬度中等，可溶性固形物含量4.9%。畸形果和裂果率18.2%，商品果率79.6%。田间表现抗病毒病和叶霉病。

产量表现： 2009—2010年参加国家番茄品种区域试验，商品果两年平均前期产量每667m² 2 694kg，比对照中杂9号增产4.9%；总产量每667m² 6 302kg，比对照增产10.0%。2011年参加生产试验，商品果前期产量每667m² 3 168kg，比对照增产0.9%；总产量每667m² 7 125kg，比对照增产12.1%。

栽培技术要点： 该品种适合保护地春季栽培，单干整枝，适宜栽培密度每667m² 2 800～3 000株。每穗留果3～4个，花期用适宜浓度的生长素保花、保果，成熟后及时采收。

鉴定意见： 该品种2009—2011年参加全国农业技术推广服务中心组织的全国鲜食番茄品种区域试验，2012年4月经全国蔬菜品种鉴定委员会鉴定通过。可在江苏、北京、山西、内蒙古、辽宁、黑龙江、山东、上海、河南的适宜地区春季保护地种植。

粉莎1号

鉴定编号： 国品鉴菜2012007

选育单位： 青岛市农业科学研究院

品种来源： 母本S1由中杂9号分离系选而成，父本S02-46从引入的荷兰品种中分离系选而成。

特征特性： 无限生长类型，中熟，成熟果实粉红色，无绿果肩，果实圆形，平均单果重为211.2g，果实整齐度中等，硬度中等，可溶性固形物含量4.8%。畸形果和裂果率22.5%，商品果率76.3%。田间表现抗病毒病和叶霉病。

产量表现： 2009—2010年参加国家番茄品种区域试验，商品果两年平均前期产量每667m² 2 504kg，比对照中杂9号减产2.5%；总产量每667m² 5 801kg，比对照增产1.2%。2011年参加生产试验，商品果前期产量每667m² 3 016kg，比对照减产4.0%；总产量每667m² 6 617kg，比对照增产4.1%。

栽培技术要点： 该品种适合保护地春季栽培，单干整枝，适宜栽培密度每667m² 3 000～3 300株。每穗留果3～4个，花期用适宜浓度的生长素保花、保果，成熟后及时采收。

鉴定意见： 该品种2009—2011年参加全国农业技术推广服务中心组织的全国鲜食番茄品种区域试验，2012年4月经全国蔬菜品种鉴定委员会鉴定通过。可在山东、北京、山西、辽宁、黑龙江、河南、上海、江苏的适宜地区春季保护地种植。

红秀

鉴定编号： 国品鉴菜2012008

选育单位：沈阳市农业科学院

品种来源：母本 R-156 由荷兰品种玛瓦自交分离系选而成；父本 R-013 由美国番茄品种豪韦斯特自交分离系选而成。

特征特性：无限生长类型，中熟。成熟果实红色，无绿果肩，果实扁圆形，平均单果重 123.7g，果实整齐度中等，果实硬，可溶性固形物含量 4.6%。畸形果和裂果率 5.7%，商品果率 90.5%。田间表现抗病毒病和叶霉病。

产量表现：2009—2010 年参加国家番茄品种区域试验，商品果两年平均前期产量每 667m² 2 315kg，比对照莎龙减产 11.9%；总产量每667m² 6 957kg，比对照增产 11.2%。2011 年参加生产试验，商品果前期产量每667m² 2 363kg，比对照减产 13.7%；总产量每 667m² 6 556kg，比对照减产 2.7%。

栽培技术要点：该品种适合保护地春季栽培，单干整枝，适宜栽培密度每667m² 2 800株左右，长季节栽培密度每667m² 2 000株左右。第 1 穗宜留果 3～4 个，以后每穗留果 4～5 个为宜，花期用适宜浓度的生长素保花、保果，成熟后及时采收。

鉴定意见：该品种 2009—2011 年参加全国农业技术推广服务中心组织的全国鲜食番茄品种区域试验，2012 年 4 月经全国蔬菜品种鉴定委员会鉴定通过。可在辽宁、北京、山西、内蒙古、黑龙江、山东、河南、上海、湖北、浙江的适宜地区春季保护地种植。

莎冠

鉴定编号：国品鉴菜 2012009

选育单位：青岛市农业科学研究院

品种来源：母本 S 以 2-4 由以色列品种 R-144 分离系选而成；父本 S02-2 由荷兰品种百利分离系选而成。

特征特性：无限生长类型，中熟。成熟果实红色，无绿果肩，果实扁圆形，平均单果重 107.5g，果实整齐度好，果实硬，可溶性固形物含量 4.6%。畸裂果率 5.0%，商品果率 91.3%。田间表现抗病毒病和叶霉病。

产量表现：2009—2010 年参加国家番茄品种区域试验，商品果两年平均前期产量每 667m² 2 361kg，比对照莎龙减产 10.1%；总产量每667m² 6 322kg，比对照增产 1.1%。2011 年参加生产试验，商品果前期产量每667m² 2 582kg，比对照减产 5.7%；总产量每 667m² 6 168kg，比对照减产 7.9%。

栽培技术要点：该品种适合保护地春季栽培，单干整枝，适宜栽培密度每667m² 3 000～3 300 株。每穗留果 4～5 个为宜，花期用适宜浓度的生长素保花、保果，成熟后及时采收。

鉴定意见：该品种 2009—2011 年参加全国农业技术推广服务中心组织的全国鲜食番茄品种区域试验，2012 年 4 月经全国蔬菜品种鉴定委员会鉴定通过。可在山东、北京、山西、内蒙古、辽宁、河南、上海、湖北的适宜地区春季保护地种植。

烟红 101

鉴定编号：国品鉴菜 2012010

选育单位：山东省烟台市农业科学研究院

品种来源：母本 XM-2-10-16-3-5-9 是以色列番茄品种 R-144 分离系选的自交系，经中国科学院等离子体物理研究所进行 N 离子辐射育种处理，连续自交选育而成；父本 FL-10-4-8 是从法国引进的耐贮运材料，经多代自交纯化选育而成。

特征特性：无限生长类型，中熟。成熟果实红色，无绿果肩，果实圆形，平均单果重 133.7g，果实整齐度好，果实硬，可溶性固形物含量 4.7%。畸形果和裂果率 6.2%，商品果率 89.5%。田间表现抗病毒病和叶霉病。

产量表现：2009—2010 年参加国家番茄品种区域试验，商品果两年平均前期产量每 667m^2 1 856kg，比对照莎龙减产 29.4%；总产量每667m^2 5 858kg，比对照减产 6.3%。2011 年参加生产试验，商品果前期产量每667m^2 2 533kg，比对照减产 7.5%；总产量每 667m^2 6 088kg，比对照减产 9.1%。

栽培技术要点：该品种适合保护地春季栽培，单干整枝，适宜栽培密度每667m^2 3 300株左右。每穗留果 5 个为宜，花期用适宜浓度的生长素保花、保果，成熟后及时采收。

鉴定意见：该品种 2009—2011 年参加全国农业技术推广服务中心组织的全国鲜食番茄品种区域试验，2012 年 4 月经全国蔬菜品种鉴定委员会鉴定通过。可在山东、北京、山西、内蒙古、辽宁、黑龙江、河南、湖北的适宜地区春季保护地种植。

中寿 11-3

鉴定编号：国品鉴菜 2015001

选育单位：中国农业大学农学与生物技术学院

品种来源：RTy20933×206101-12

特征特性：普通番茄品种，粉果，无限生长类型。成熟果实扁圆形，果形指数 0.83，无果肩，果实整齐度好，果实硬度高，平均货架期 20.8d，单果重 164.0g，可溶性固形物含量 4.6%，口味甜酸。平均畸裂果率 8.4%，商品果率 90.5%。抗番茄黄化曲叶病毒病。

产量表现：2012—2013 年参加国家番茄品种区域试验，商品果两年平均前期产量每 667m^2 2 265kg，比对照东农 712 减产 17.9%；总产量每667m^2 6 561kg，比对照减产 4.5%。2014 年参加生产试验，商品果前期产量每667m^2 1 925kg，比对照减产 17.5%；总产量每667m^2 6 227kg，比对照减产 1.2%。

栽培技术要点：适宜春季保护地栽培。每 667m^2 定植 3 000 株左右，单干整枝，定植后注意蹲苗促进坐果和根系生长，坐果后加强肥水管理，促进果实发育，留 6～7 穗果，每穗留果 3～4 个。及时防治病虫害。

鉴定意见：该品种于2012—2014年参加全国农业技术推广服务中心组织的国家鲜食番茄品种试验，2015年3月经全国蔬菜品种鉴定委员会鉴定通过。可在山西、吉林、江苏和四川的适宜地区春季保护地种植。

中番2号

鉴定编号：国品鉴菜2015002

选育单位：上海市农业科学院园艺研究所

品种来源：A09-86×A09-29

特征特性：普通番茄品种，粉果，无限生长类型。成熟果实扁圆形，果形指数0.81，无果肩，果实整齐度好，果实硬度高，平均货架期16.2d，单果重151.9g，可溶性固形物含量4.6%，口味甜酸。平均畸裂果率12.3%，商品果率85.8%。抗番茄黄化曲叶病毒病。

产量表现：2012—2013年参加国家番茄品种区域试验，商品果两年平均前期产量每667m^2 2 987kg，比对照东农712增产8.3%；总产量每667m^2 6 756kg，比对照减产1.7%。2014年参加生产试验，商品果前期产量每667m^2 2 535kg，比对照增产8.7%；总产量每667m^2 6 711kg，比对照增产6.4%。

栽培技术要点：适宜春季保护地栽培。每667m^{2}定植2 500株左右，单干整枝，春季栽培前期产量偏低，应提早播种，采用振荡授粉器辅助授粉或适宜浓度的生长素保花保果。生长后期适当疏花疏果，每穗留果3～4个。及时防治病虫害。

鉴定意见：该品种于2012—2014年参加全国农业技术推广服务中心组织的国家鲜食番茄品种试验，2015年3月经全国蔬菜品种鉴定委员会鉴定通过。可在北京、上海、山西、吉林、河南、江苏和陕西的适宜地区春季保护地种植。

东农722

鉴定编号：国品鉴菜2015003

选育单位：东北农业大学

品种来源：08HN11×08HN23

特征特性：普通番茄品种，粉果，无限生长类型。成熟果实扁圆形，果形指数0.85，无果肩，果实整齐度好，果实硬度高，平均货架期19.5d，单果重179.3g，可溶性固形物含量4.6%，口味甜酸。平均畸裂果率12.6%，商品果率84.7%。

产量表现：2012—2013年参加国家番茄品种区域试验，商品果两年平均前期产量每667m^2 2 357kg，比对照东农712减产14.6%；总产量每667m^2 7 172kg，比对照增产4.4%。2014年参加生产试验，商品果前期产量每667m^2 1 939kg，比对照减产16.9%；总产量每667m^2 6 452kg，比对照增产2.3%。

栽培技术要点：适宜春季保护地栽培。每667m^{2}定植2 800～3 000株，单干整枝，采用振荡授粉器辅助授粉或适宜浓度的生长素保花保果。生长后期适当疏花疏果，每穗留果 4～6 个。及时防治病虫害。

鉴定意见：该品种于 2012—2014 年参加全国农业技术推广服务中心组织的国家鲜食番茄品种试验，2015 年 3 月经全国蔬菜品种鉴定委员会鉴定通过。可在山西、吉林、河南、江苏、陕西的适宜地区春季保护地种植。

北研 10 号

鉴定编号：国品鉴菜 2015004

选育单位：抚顺市北方农业科学研究所

品种来源：07B-108×07B-81

特征特性：普通番茄品种，粉果，无限生长类型。成熟果实扁圆形，果形指数 0.84，无果肩，果实整齐度好，果实硬度中，平均货架期 13.5d，单果重 189.5g，可溶性固形物含量 4.5%，口味酸甜。平均畸裂果率 15.6%，商品果率 81.5%。

产量表现：2012—2013 年参加国家番茄品种区域试验，商品果两年平均前期产量每 667m^2 3 297kg，比对照东农 712 增产 19.5%；总产量每 667m^2 6 809kg，比对照减产 0.9%。2014 年参加生产试验，商品果前期产量每 667m^2 2 269kg，比对照减产 2.8%；总产量每 667m^2 6 344kg，比对照增产 0.6%。

栽培技术要点：适宜春季保护地栽培。每 667m^2 定植 2 500～2 800 株，单干整枝，留 3～4 穗果，每穗留果 3～4 个。及时防治病虫害。

鉴定意见：该品种于 2012—2014 年参加全国农业技术推广服务中心组织的国家鲜食番茄品种试验，2015 年 3 月经全国蔬菜品种鉴定委员会鉴定通过。可在北京、上海、内蒙古、吉林、黑龙江、山东和江苏的适宜地区春季保护地种植。

青农 866

鉴定编号：国品鉴菜 2015005

选育单位：青岛农业大学

品种来源：P10×P24

特征特性：普通番茄品种，粉果，无限生长类型。成熟果实扁圆形，果形指数 0.83，有果肩，果实整齐度中，果实硬度高，平均货架期 15.0d，单果重 187.2g，可溶性固形物含量 4.9%，口味甜酸。平均畸裂果率 15.8%，商品果率 82.3%。

产量表现：2012—2013 年参加国家番茄品种区域试验，商品果两年平均前期产量每 667m^2 2 605kg，比对照东农 712 减产 5.6%；总产量每 667m^2 6 819kg，比对照减产 0.8%。2014 年参加生产试验，商品果前期产量每 667m^2 2 298kg，比对照减产 1.5%；总产量每 667m^2 6 655kg，比对照增产 5.6%。

栽培技术要点：适宜春季保护地栽培。每 667m^2 定植 2 500 株左右，单干整枝，采用振荡授粉器辅助授粉或适宜浓度的生长素保花保果。及时防治病虫害。

鉴定意见：该品种于 2012—2014 年参加全国农业技术推广服务中心组织的国家鲜食

番茄品种试验，2015 年 3 月经全国蔬菜品种鉴定委员会鉴定通过。可在北京、上海、河北、吉林、黑龙江、江苏、四川和陕西的适宜地区春季保护地种植。

烟粉 207

鉴定编号：国品鉴菜 2015006

选育单位：山东省烟台市农业科学研究院

品种来源：P91-1-26-6-5-1-9×NF19-9-5-15-6-3

特征特性：普通番茄品种，粉果，无限生长类型。成熟果实扁圆形，果形指数 0.85，无果肩，果实整齐度好，果实硬度高，平均货架期 19.3d，单果重 197.5g，可溶性固形物含量 4.5%，口味酸甜。平均畸裂果率 15.2%，商品果率 83.9%。

产量表现：2012—2013 年参加国家番茄品种区域试验，商品果两年平均前期产量每 667m^2 3 240kg，比对照东农 712 增产 17.4%；总产量每667m^2 6 690kg，比对照减产 2.6%。2014 年参加生产试验，商品果前期产量每667m^2 2 552kg，比对照增产 9.4%；总产量每667m^2 6 269kg，比对照减产 0.6%。

栽培技术要点：适宜春季保护地栽培。每 667m^2 定植 3 000 株左右，单干整枝，采用振荡授粉器辅助授粉或适宜浓度的生长素保花保果。及时防治病虫害。

鉴定意见：该品种于 2012—2014 年参加全国农业技术推广服务中心组织的国家鲜食番茄品种试验，2015 年 3 月经全国蔬菜品种鉴定委员会鉴定通过。可在北京、上海、河北、山西、内蒙古、吉林、黑龙江、河南、江苏和陕西的适宜地区春季保护地种植。

粉莎 3 号

鉴定编号：国品鉴菜 2015007

选育单位：青岛市农业科学研究院

品种来源：S 以 12×S06-73

特征特性：普通番茄品种，粉果，无限生长类型。成熟果实圆形，果形指数 0.87，无果肩，果实整齐度好，果实硬度中，平均货架期 19.6d，单果重 221.6g，可溶性固形物含量 4.7%，口味酸甜。平均畸裂果率 16.6%，商品果率 80.4%。

产量表现：2012—2013 年参加国家番茄品种区域试验，商品果两年平均前期产量每 667m^2 3 022kg，比对照东农 712 增产 9.5%；总产量每667m^2 6 679kg，比对照减产 2.8%。2014 年参加生产试验，商品果前期产量每667m^2 2 421kg，比对照增产 3.8%；总产量每667m^2 6 496kg，比对照增产 3.0%。

栽培技术要点：适宜春季保护地栽培。每 667m^2 定植 3 000 株左右，单干整枝，采用振荡授粉器辅助授粉或适宜浓度的生长素保花保果。生长后期及时疏花疏果，每穗留果 4 个。及时防治病虫害。

鉴定意见：该品种于 2012—2014 年参加全国农业技术推广服务中心组织的国家鲜食

番茄品种试验，2015 年 3 月经全国蔬菜品种鉴定委员会鉴定通过。可在北京、上海、内蒙古、吉林、黑龙江、河南、江苏、四川和陕西的适宜地区春季保护地种植。

圆粉 209

鉴定编号： 国品鉴菜 2015008

选育单位： 山西省农业科学院蔬菜研究所

品种来源： G53-42×T8-8G

特征特性： 普通番茄品种，粉果，无限生长类型。成熟果实圆形，果形指数 0.88，无果肩，果实整齐度好，果实硬度高，平均货架期 16.7d，单果重 194.9g，可溶性固形物含量 4.6%，口味酸甜。平均畸裂果率 16.1%，商品果率 81.1%。

产量表现： 2012—2013 年参加国家番茄品种区域试验，商品果两年平均前期产量每 667m^2 3 037kg，比对照东农 712 增产 10.1%；总产量每667m^2 6 932kg，比对照增产 0.9%。2014 年参加生产试验，商品果前期产量每667m^2 2 668kg，比对照增产 14.4%；总产量每667m^2 6 513kg，比对照增产 3.3%。

栽培技术要点： 适宜春季保护地栽培。每 667m^2 定植 2 000～2 400 株，单干整枝，采用振荡授粉器辅助授粉或适宜浓度的生长素保花保果。生长后期及时疏花疏果。及时防治病虫害。

鉴定意见： 该品种于 2012—2014 年参加全国农业技术推广服务中心组织的国家鲜食番茄品种试验，2015 年 3 月经全国蔬菜品种鉴定委员会鉴定通过。可在北京、河北、山西、吉林、黑龙江、山东、河南、江苏和四川的适宜地区春季保护地种植。

洛番 15

鉴定编号： 国品鉴菜 2015009

选育单位： 洛阳农林科学院

品种来源： H85-12×A5-11

特征特性： 普通番茄品种，粉果，无限生长类型。成熟果实圆形，果形指数 0.88，无果肩，果实整齐度好，果实硬度中，平均货架期 16.8d，单果重 194.5g，可溶性固形物含量 4.5%，口味酸甜。平均畸裂果率 12.4%，商品果率 84.1%。

产量表现： 2012—2013 年参加国家番茄品种区域试验，商品果两年平均前期产量每 667m^2 3 298kg，比对照东农 712 增产 19.5%；总产量每667m^2 7 066kg，比对照增产 2.8%。2014 年参加生产试验，商品果前期产量每667m^2 2 750kg，比对照增产 17.9%；总产量每667m^2 6 626kg，比对照增产 5.1%。

栽培技术要点： 适宜春季保护地栽培。每 667m^2 定植 3 300～3 500 株，单干整枝，留 4～6 穗果，采用振荡授粉器辅助授粉或适宜浓度的生长素保花保果。生长后期及时疏花疏果，及时防治病虫害。

鉴定意见： 该品种于 2012—2014 年参加全国农业技术推广服务中心组织的国家鲜食

番茄品种试验，2015 年 3 月经全国蔬菜品种鉴定委员会鉴定通过。可在北京、上海、山西、内蒙古、吉林、黑龙江、山东、河南、江苏和四川的适宜地区春季保护地种植。

星宇 206

鉴定编号： 国品鉴菜 2015010

选育单位： 包头市农业科学研究所

品种来源： S5×TS19

特征特性： 普通番茄品种，粉果，无限生长类型。成熟果实扁圆形，果形指数 0.86，无果肩，果实整齐度好，果实硬度高，平均货架期 17.2d，单果重 183.7g，可溶性固形物含量 4.3%，口味酸甜。平均畸裂果率 9.6%，商品果率 88.5%。

产量表现： 2012—2013 年参加国家番茄品种区域试验，商品果两年平均前期产量每 $667m^2$ 2 927kg，比对照东农 712 增产 6.1%；总产量每 $667m^2$ 7 732kg，比对照增产 12.5%。2014 年参加生产试验，商品果前期产量每 $667m^2$ 2 047kg，比对照减产 12.3%；总产量每 $667m^2$ 6 749kg，比对照增产 7.0%。

栽培技术要点： 适宜春季保护地栽培。每 $667m^2$ 定植 2 400 株左右，单干整枝，每株留 4～5 穗果，每穗留果 4～5 个，采用振荡授粉器辅助授粉或适宜浓度的生长素保花保果。及时防治病虫害。

鉴定意见： 该品种于 2012—2014 年参加全国农业技术推广服务中心组织的国家鲜食番茄品种试验，2015 年 3 月经全国蔬菜品种鉴定委员会鉴定通过。可在上海、河北、内蒙古、吉林、黑龙江、河南、江苏和陕西的适宜地区春季保护地种植。

浙粉 702

鉴定编号： 国品鉴菜 2015011

选育单位： 浙江省农业科学院蔬菜研究所

品种来源： $7969F_2$-19-1-1-3×$4078F_2$-3-3-3

特征特性： 普通番茄品种，粉果，无限生长类型。成熟果实圆形，果形指数 0.87，无果肩，果实整齐度好，果实硬度高，平均货架期 16.7d，单果重 219.4g，可溶性固形物含量 4.3%，口味甜酸。平均畸裂果率 16.2%，商品果率 80.6%。抗番茄黄化曲叶病毒病。

产量表现： 2012—2013 年参加国家番茄品种区域试验，商品果两年平均前期产量每 $667m^2$ 2 959kg，比对照东农 712 增产 7.2%；总产量每 $667m^2$ 6 702kg，比对照减产 2.5%。2014 年参加生产试验，商品果前期产量每 $667m^2$ 2 481kg，比对照增产 6.3%；总产量每 $667m^2$ 6 115kg，比对照减产 3.0%。

栽培技术要点： 适宜春季保护地栽培。每 $667m^2$ 定植 2 300 株左右，单干整枝，采用振荡授粉器辅助授粉或适宜浓度的生长素保花保果。及时防治病虫害。

鉴定意见： 该品种于 2012—2014 年参加全国农业技术推广服务中心组织的国家鲜食

番茄品种试验，2015 年 3 月经全国蔬菜品种鉴定委员会鉴定通过。可在吉林、黑龙江、山东、河南、江苏、四川和陕西的适宜地区春季保护地种植。

金蓓蕾

鉴定编号：国品鉴菜 2015012

选育单位：上海种都种业科技有限公司

品种来源：SZ20107-8-4×SZ20235-13-2

特征特性：普通番茄品种，红果，无限生长类型。成熟果实扁圆形，果形指数 0.81，无果肩，果实整齐度好，果实硬度高，平均货架期 22.7d，单果重 150.5g，可溶性固形物含量 4.7%，口味酸甜。平均畸裂果率 7.4%，商品果率 92.1%。

产量表现：2012—2013 年参加国家番茄品种区域试验，商品果两年平均前期产量每 $667m^2$ 2 596kg，比对照莎龙减产 9.0%；总产量每 $667m^2$ 6 421kg，比对照增产 6.6%。2014 年参加生产试验，商品果前期产量每 $667m^2$ 2 710kg，比对照减产 1.4%；总产量每 $667m^2$ 6 333kg，比对照增产 6.9%。

栽培技术要点：适宜春季栽培。每 $667m^2$ 定植 2 500 株左右，单干整枝，采用振荡授粉器辅助授粉或适宜浓度的生长素保花保果，每株可留 6～7 穗果，每穗留果 3～4 个。及时防治病虫害。

鉴定意见：该品种于 2012—2014 年参加全国农业技术推广服务中心组织的国家鲜食番茄品种试验，2015 年 3 月经全国蔬菜品种鉴定委员会鉴定通过。可在北京、上海、山西、辽宁、河南、江苏、浙江、广西和四川的适宜地区春季种植。

红运 721

鉴定编号：国品鉴菜 2015013

选育单位：重庆市农业科学院蔬菜花卉研究所

品种来源：1002A×LQH

特征特性：普通番茄品种，红果，无限生长类型。成熟果实扁圆形，果形指数 0.85，无果肩，果实整齐度好，果实硬度高，平均货架期 22.9d，单果重 161.2g，可溶性固形物含量 4.7%，口味酸甜。平均畸裂果率 6.1%，商品果率 91.9%。

产量表现：2012—2013 年参加国家番茄品种区域试验，商品果两年平均前期产量每 $667m^2$ 2 520kg，比对照莎龙减产 11.7%；总产量每 $667m^2$ 6 451kg，比对照增产 7.1%。2014 年参加生产试验，商品果前期产量每 $667m^2$ 2 752kg，比对照增产 0.1%；总产量每 $667m^2$ 6 067kg，比对照增产 2.4%。

栽培技术要点：适宜春季栽培。每 $667m^2$ 定植 2 000～2 400 株，单干整枝，采用振荡授粉器辅助授粉或适宜浓度的生长素保花保果，每穗留果 4～6 个。及时防治病虫害。

鉴定意见：该品种于 2012—2014 年参加全国农业技术推广服务中心组织的国家鲜食

番茄品种试验，2015 年 3 月经全国蔬菜品种鉴定委员会鉴定通过。可在北京、重庆、山西、内蒙古、河南、江苏、湖北、广西和四川的适宜地区春季种植。

北研 9 号

鉴定编号： 国品鉴菜 2015014

选育单位： 抚顺市北方农业科学研究所

品种来源： 08B-254×08B-259

特征特性： 普通番茄品种，红果，无限生长类型。成熟果实扁圆形，果形指数 0.79，无果肩，果实整齐度好，果实硬度高，平均货架期 20.1d，单果重 154.2g，可溶性固形物含量 4.6%，口味酸甜。平均畸裂果率 9.3%，商品果率 89.1%。

产量表现： 2012—2013 年参加国家番茄品种区域试验，商品果两年平均前期产量每 $667m^2$ 2 887kg，比对照莎龙增产 1.2%；总产量每 $667m^2$ 6 307kg，比对照增产 4.7%。2014 年参加生产试验，商品果前期产量每 $667m^2$ 3 022kg，比对照增产 9.9%；总产量每 $667m^2$ 6 223kg，比对照增产 5.0%。

栽培技术要点： 适宜春季栽培。每 $667m^2$ 定植 2 600～2 800 株，单干整枝，留 4～8 穗果，每穗留果 4～5 个。及时防治病虫害。

鉴定意见： 该品种于 2012—2014 年参加全国农业技术推广服务中心组织的国家鲜食番茄品种试验，2015 年 3 月经全国蔬菜品种鉴定委员会鉴定通过。可在北京、上海、山西、辽宁、山东、河南、江苏、湖北、广西和湖南的适宜地区春季种植。

莎红

鉴定编号： 国品鉴菜 2015015

选育单位： 青岛市农业科学研究院、中国科学院遗传与发育生物学研究所

品种来源： S 以 4-2×S-21

特征特性： 普通番茄品种，红果，无限生长类型。成熟果实圆形，果形指数 0.91，无果肩，果实整齐度好，果实硬度高，平均货架期 19.0d，单果重 122.2g，可溶性固形物含量 4.8%，口味酸甜。平均畸裂果率 9.8%，商品果率 86.8%。

产量表现： 2012—2013 年参加国家番茄品种区域试验，商品果两年平均前期产量每 $667m^2$ 2 997kg，比对照莎龙增产 5.1%；总产量每 $667m^2$ 5 760kg，比对照减产 4.4%。2014 年参加生产试验，商品果前期产量每 $667m^2$ 2 932kg，比对照增产 6.7%；总产量每 $667m^2$ 5 836kg，比对照减产 1.5%。

栽培技术要点： 适宜春季栽培。每 $667m^2$ 定植 2 500～3 000 株，单干整枝，采用适宜浓度的生长素保花保果。生长后期及时疏花疏果，每穗留果 4 个。及时防治病虫害。

鉴定意见： 该品种于 2012—2014 年参加全国农业技术推广服务中心组织的国家鲜食番茄品种试验，2015 年 3 月经全国蔬菜品种鉴定委员会鉴定通过。可在北京、重庆、山

东、河南、江苏、广西、广东和四川的适宜地区春季种植。

丽红

鉴定编号：国品鉴菜 2015016

选育单位：山西省农业科学院蔬菜研究所

品种来源：D65-62×L60-168

特征特性：普通番茄品种，红果，无限生长类型。成熟果实扁圆形，果形指数 0.82，无果肩，果实整齐度好，果实硬度高，平均货架期 21.5d，单果重 171.4g，可溶性固形物含量 4.8%，口味酸甜。平均畸裂果率 8.3%，商品果率 89.2%。

产量表现：2012—2013 年参加国家番茄品种区域试验，商品果两年平均前期产量每 667m^2 2 632kg，比对照莎龙减产 7.7%；总产量每667m^2 5 995kg，比对照减产 0.5%。2014 年参加生产试验，商品果前期产量每667m^2 2 741kg，比对照减产 0.3%；总产量每 667m^2 6 181kg，比对照增产 4.3%。

栽培技术要点：适宜春季栽培。每 667m^2 定植 2 000～2 400 株，单干整枝，采用适宜浓度的生长素保花保果。及时防治病虫害。

鉴定意见：该品种于 2012—2014 年参加全国农业技术推广服务中心组织的国家鲜食番茄品种试验，2015 年 3 月经全国蔬菜品种鉴定委员会鉴定通过。可在北京、重庆、山西、辽宁、山东、河南、江苏、广西和四川的适宜地区春季种植。

诺盾 2426

鉴定编号：国品鉴菜 2015017

选育单位：安徽徽大农业有限公司

品种来源：F08-003×F09-025

特征特性：普通番茄品种，红果，无限生长类型。成熟果实扁圆形，果形指数 0.78，无果肩，果实整齐度好，果实硬度高，平均货架期 24.4d，单果重 149.1g，可溶性固形物含量 4.6%，口味酸甜。平均畸裂果率 7.2%，商品果率 89.8%。抗番茄黄化曲叶病毒病。

产量表现：2012—2013 年参加国家番茄品种区域试验，商品果两年平均前期产量每 667m^2 2 480kg，比对照莎龙减产 13.1%；总产量每667m^2 5 934kg，比对照减产 1.5%。2014 年参加生产试验，商品果前期产量每667m^2 2 416kg，比对照减产 12.1%；总产量每 667m^2 5 480kg，比对照减产 7.5%。

栽培技术要点：适宜春季栽培。每 667m^2 定植 2 200 株左右，单干整枝，生长前期长势中弱，中后期长势强，注意前期的水肥管理，采用适宜浓度的生长素保花保果，每穗留果 4～5 个。及时防治病虫害。

鉴定意见：该品种于 2012—2014 年参加全国农业技术推广服务中心组织的国家鲜食番茄品种试验，2015 年 3 月经全国蔬菜品种鉴定委员会鉴定通过。可在重庆、辽宁、山东、江苏、广西和四川的适宜地区春季种植。

瓯秀 806

鉴定编号： 国品鉴菜 2015018

选育单位： 温州科技职业学院

品种来源： 711-2-35-19-3-5-1×720-9-1-6-5-4-3

特征特性： 普通番茄品种，红果，无限生长类型。成熟果实扁圆形，果形指数 0.77，无果肩，果实整齐度好，果实硬度高，平均货架期 21.4d，单果重 141.0g，可溶性固形物含量 4.7%，口味酸甜。平均畸裂果率 7.0%，商品果率 91.6%。抗番茄黄化曲叶病毒病。

产量表现： 2012—2013 年参加国家番茄品种区域试验，商品果两年平均前期产量每 667m^2 2 381kg，比对照莎龙减产 16.5%；总产量每667m^2 5 742kg，比对照减产 4.7%。2014 年参加生产试验，商品果前期产量每667m^2 2 281kg，比对照减产 17.0%；总产量每 667m^2 5 404kg，比对照减产 8.8%。

栽培技术要点： 适宜春季栽培。每 667m^2 定植 2 000 株左右，单干整枝，采用适宜浓度的生长素保花保果，每穗留果 3～5 个。及时防治病虫害。

鉴定意见： 该品种于 2012—2014 年参加全国农业技术推广服务中心组织的国家鲜食番茄品种试验，2015 年 3 月经全国蔬菜品种鉴定委员会鉴定通过。可在重庆、辽宁、江苏、广西和四川的适宜地区春季种植。

申樱 1 号

鉴定编号： 国品鉴菜 2015019

选育单位： 上海市农业科学院园艺研究所

品种来源： A09-146×A09-131

特征特性： 樱桃番茄品种，无限生长类型。成熟果实粉红色，高圆形，果形指数 1.09，无果肩，果实整齐度好，果实硬度高，平均货架期 17.7d，单果重 18.4g，可溶性固形物含量 6.1%，口味酸甜。平均畸裂果率 6.1%，商品果率 90.5%。抗番茄黄化曲叶病毒病。

产量表现： 2012—2013 年参加国家番茄品种区域试验，商品果两年平均前期产量每 667m^2 1 022kg，总产量每667m^2 2 850kg。2014 年参加生产试验，商品果前期产量每 667m^2 1 412kg，总产量每667m^2 3 635kg。

栽培技术要点： 适宜春季保护地栽培。每 667m^2 定植 3 500 株左右，单干整枝，采用振荡授粉器辅助授粉或适宜浓度的生长素保花保果，生长后期及时疏花疏果，每穗留果不超过 20 个。及时防治病虫害。

鉴定意见： 该品种于 2012—2014 年参加全国农业技术推广服务中心组织的国家鲜食番茄品种试验，2015 年 3 月经全国蔬菜品种鉴定委员会鉴定通过。可在北京、上海、辽宁、江苏、湖南、浙江、海南、四川和陕西的适宜地区春季保护地种植。

红太郎

鉴定编号： 国品鉴菜 2015020

选育单位： 沈阳市农业科学院

品种来源： T024×T058

特征特性： 樱桃番茄品种，无限生长类型。成熟果实红色，高圆形，果形指数 1.16，无果肩，果实整齐度好，果实硬度中，平均货架期 14.0d，单果重 13.1g，可溶性固形物含量 6.8%，口味甜酸。平均畸裂果率 6.1%，商品果率 89.3%。

产量表现： 2012—2013 年参加国家番茄品种区域试验，商品果两年平均前期产量每 667m² 1 140kg，总产量每667m² 2 992kg。2014 年参加生产试验，商品果前期产量每 667m² 1 224kg，总产量每667m² 3 257kg。

栽培技术要点： 适宜春季保护地栽培。每 667m² 定植 3 000 株左右，单干整枝，采用适宜浓度的生长素保花保果。及时防治病虫害。

鉴定意见： 该品种于 2012—2014 年参加全国农业技术推广服务中心组织的国家鲜食番茄品种试验，2015 年 3 月经全国蔬菜品种鉴定委员会鉴定通过。可在北京、辽宁、山东、河南、江苏、浙江、海南、四川和陕西的适宜地区春季保护地种植。

天正翠珠

鉴定编号： 国品鉴菜 2015021

选育单位： 山东省农业科学院蔬菜花卉研究所

品种来源： 以色列 BR-1391 纯合后代 02-13-7F6×以色列 BR-1391 纯合后代 02-13-19F5

特征特性： 樱桃番茄品种，无限生长类型。成熟果实绿色，圆形，果形指数 1.00，果实整齐度好，果实硬度中，平均货架期 12.2d，单果重 22.0g，可溶性固形物含量 6.1%，口味酸甜。平均畸裂果率 12.9%，商品果率 83.3%。

产量表现： 2012—2013 年参加国家番茄品种区域试验，商品果两年平均前期产量每 667m² 899kg，总产量每667m² 2 878kg。2014 年参加生产试验，商品果前期产量每667m² 1 149kg，总产量每667m² 3 172kg。

栽培技术要点： 适宜春季保护地栽培。每 667m² 定植 2 700 株左右，单干或双干整枝，低温季节使用防落素喷花。适当疏花疏果，每穗留果 25～30 个。采收前 7～10d 停止施药及浇水，防止裂果，不需催熟，果实微黄时带果柄及时采收。及时防治病虫害。

鉴定意见： 该品种于 2012—2014 年参加全国农业技术推广服务中心组织的国家鲜食番茄品种试验，2015 年 3 月经全国蔬菜品种鉴定委员会鉴定通过。可在北京、辽宁、山东、河南、江苏、湖南、浙江和海南的适宜地区春季保护地种植。

樱莎红3号

鉴定编号： 国品鉴菜2015022

选育单位： 青岛市农业科学研究院、中国科学院遗传与发育生物学研究所

品种来源： W05-16×W06-125

特征特性： 樱桃番茄品种，有限生长类型。成熟果实红色，高圆形，果形指数1.37，无果肩，果实整齐度好，果实硬度高，平均货架期17.4d，单果重16.9g，可溶性固形物含量7.0%，口味酸甜。平均畸裂果率5.1%，商品果率91.5%。

产量表现： 2012—2013年参加国家番茄品种区域试验，商品果两年平均前期产量每667m^2 1 102kg，总产量每667m^2 2 929kg。2014年参加生产试验，商品果前期产量每667m^2 1 393kg，总产量每667m^2 3 538kg。

栽培技术要点： 适宜春季保护地栽培。每667m^{2}定植3 000～3 500株，双干整枝，开花期采用番茄坐果灵点花或喷花。及时防治病虫害。

鉴定意见： 该品种于2012—2014年参加全国农业技术推广服务中心组织的国家鲜食番茄品种试验，2015年3月经全国蔬菜品种鉴定委员会鉴定通过。可在北京、上海、山东、江苏、湖南、浙江、海南、四川和陕西的适宜地区春季保护地种植。

冀东218

鉴定编号： 国品鉴菜2015023

选育单位： 河北科技师范学院

品种来源： 01-21×01-180

特征特性： 樱桃番茄品种，无限生长类型。成熟果实红色，高圆形，果形指数1.19，无果肩，果实整齐度好，果实硬度高，平均货架期15.0d，单果重16.6g，可溶性固形物含量6.7%，口味甜。平均畸裂果率7.3%，商品果率90.0%。

产量表现： 2012—2013年参加国家番茄品种区域试验，商品果两年平均前期产量每667m^2 1 153kg，总产量每667m^2 3 023kg。2014年参加生产试验，商品果前期产量每667m^2 1 274kg，总产量每667m^2 3 308kg。

栽培技术要点： 适宜春季保护地栽培。每667m^{2}定植3 000株左右，单干或双干整枝，开花期及时喷洒坐果灵保花保果。及时防治病虫害。

鉴定意见： 该品种于2012—2014年参加全国农业技术推广服务中心组织的国家鲜食番茄品种试验，2015年3月经全国蔬菜品种鉴定委员会鉴定通过。可在山东、河南、江苏、湖南、浙江、海南和四川的适宜地区春季保护地种植。

美奇

鉴定编号： 国品鉴菜2015024

选育单位： 周口市农业科学院

品种来源： MT0218×T0235-1

特征特性： 樱桃番茄品种，有限生长类型。成熟果实红色，高圆形，果形指数1.46，无果肩，果实整齐度中，果实硬度高，平均货架期16.9d，单果重17.0g，可溶性固形物含量6.9%，口味甜酸。平均畸裂果率4.4%，商品果率93.2%。

产量表现： 2012—2013年参加国家番茄品种区域试验，商品果两年平均前期产量每667m² 1 081kg，总产量每667m² 2 912kg。2014年参加生产试验，商品果前期产量每667m² 1 298kg，总产量每667m² 3 136kg。

栽培技术要点： 适宜春季保护地栽培。每667m²定植2 000～2 500株，单干或双干整枝，保护地栽培采用振荡授粉器辅助授粉或适宜浓度的生长素保花保果。及时防治病虫害。

鉴定意见： 该品种于2012—2014年参加全国农业技术推广服务中心组织的国家鲜食番茄品种试验，2015年3月经全国蔬菜品种鉴定委员会鉴定通过。可在北京、辽宁、河南、江苏、湖南、浙江、海南、四川和陕西的适宜地区春季保护地种植。

金美

鉴定编号： 国品鉴菜2015025

选育单位： 周口市农业科学院

品种来源： MY0216×MY0310

特征特性： 樱桃番茄品种，无限生长类型。成熟果实黄色，高圆形，果形指数1.14，无果肩，果实整齐度中，果实硬度高，平均货架期16.2d，单果重17.6g，可溶性固形物含量6.9%，口味甜酸。平均畸裂果率4.2%，商品果率92.4%。

产量表现： 2012—2013年参加国家番茄品种区域试验，商品果两年平均前期产量每667m² 958kg，总产量每667m² 3 070kg。2014年参加生产试验，商品果前期产量每667m² 1 321kg，总产量每667m² 3 470kg。

栽培技术要点： 适宜春季保护地栽培。每667m²定植2 000～2 500株，单干或双干整枝，保护地栽培采用振荡授粉器辅助授粉或适宜浓度的生长素保花保果。及时防治病虫害。

鉴定意见： 该品种于2012—2014年参加全国农业技术推广服务中心组织的国家鲜食番茄品种试验，2015年3月经全国蔬菜品种鉴定委员会鉴定通过。可在北京、辽宁、山东、河南、江苏、湖南、海南、四川和陕西的适宜地区春季保护地种植。

金陵佳玉

鉴定编号： 国品鉴菜2015026

选育单位： 江苏省农业科学院蔬菜研究所

品种来源： TY-07-8×TY-07-13

特征特性：樱桃番茄品种，无限生长类型。成熟果实粉红色，高圆形，果形指数1.27，无果肩，果实整齐度好，果实硬度高，平均货架期18.0d，单果重19.8g，可溶性固形物含量6.7%，口味甜酸。平均畸裂果率7.8%，商品果率87.6%。

产量表现：2012—2013年参加国家番茄品种区域试验，商品果两年平均前期产量每667m² 915kg，总产量每667m² 2 780kg。2014年参加生产试验，商品果前期产量每667m² 1 335kg，总产量每667m² 3 441kg。

栽培技术要点：适宜春季保护地栽培。每667m² 定植2 000～2 500株，单干或双干整枝。及时防治病虫害。

鉴定意见：该品种于2012—2014年参加全国农业技术推广服务中心组织的国家鲜食番茄品种试验，2015年3月经全国蔬菜品种鉴定委员会鉴定通过。可在北京、河南、湖南、浙江和海南的适宜地区春季保护地种植。

金陵美玉

鉴定编号：国品鉴菜2015027

选育单位：江苏省农业科学院蔬菜研究所

品种来源：JSCT10×JSCT17

特征特性：樱桃番茄品种，有限生长类型。成熟果实粉红色，圆形，果形指数0.97，无果肩，果实整齐度好，果实硬度高，平均货架期16.0d，单果重20.9g，可溶性固形物含量6.2%，口味酸甜。平均畸裂果率6.0%，商品果率89.1%。

产量表现：2012—2013年参加国家番茄品种区域试验，商品果两年平均前期产量每667m² 1 213kg，总产量每667m² 3 082kg。2014年参加生产试验，商品果前期产量每667m² 1 428kg，总产量每667m² 3 438kg。

栽培技术要点：适宜春季保护地栽培。每667m² 定植2 000～2 500株，双干或三干整枝。及时防治病虫害。

鉴定意见：该品种于2012—2014年参加全国农业技术推广服务中心组织的国家鲜食番茄品种试验，2015年3月经全国蔬菜品种鉴定委员会鉴定通过。可在北京、山东、河南、浙江、海南和四川的适宜地区春季种植。

爱珠

鉴定编号：国品鉴菜2015028

选育单位：苏州市种子管理站、农友种苗（中国）有限公司

品种来源：T-3281×T-3284

特征特性：樱桃番茄品种，无限生长类型。成熟果实红色，高圆形，果形指数1.14，无果肩，果实整齐度好，果实硬度高，平均货架期16.8d，单果重18.8g，可溶性固形物含量6.4%，口味酸甜。平均畸裂果率4.8%，商品果率90.3%。

产量表现：2012—2013年参加国家番茄品种区域试验，商品果两年平均前期产量每

667m^2 1 007kg，总产量每667m^2 2 704kg。2014 年参加生产试验，商品果前期产量每667m^2 1 185kg，总产量每667m^2 3 415kg。

栽培技术要点：适宜春季保护地栽培。每 667m^2 定植 2 000～2 500 株，双干整枝，幼苗高度不超过 15cm，防止第一节位过高。及时防治病虫害。

鉴定意见：该品种于 2012—2014 年参加全国农业技术推广服务中心组织的国家鲜食番茄品种试验，2015 年 3 月经全国蔬菜品种鉴定委员会鉴定通过。可在北京、上海、辽宁、河南、江苏、湖南、浙江、海南、四川和陕西的适宜地区春季保护地种植。

红珍珠

鉴定编号：国品鉴菜 2016053

选育单位：安徽省农业科学院园艺研究所

品种来源：ST-04-01×ST-05-11

特征特性：无限生长类型。果实圆形，果形指数 0.92，成熟果实红色，无果肩，平均单果重 17.3g。果实整齐度好，果实硬度高，平均货架期 16.7d，可溶性固形物含量 6.6%，口味酸甜，果实综合品质中。平均畸裂果率为 4.8%，商品果率为 89.4%。

产量表现：2012—2013 年参加国家番茄品种区域试验，商品果两年平均前期产量每667m^2 1 003kg，总产量每667m^2 3 412kg。2014 年参加生产试验，商品果前期产量每667m^2 1 211kg，总产量每667m^2 3 893kg。

栽培技术要点：单干整枝，每 667m^2 定植 3 000～3 500 株，每株留 7～10 穗果。生产中及时防治病虫害。

鉴定意见：该品种于 2012—2014 年参加全国农业技术推广服务中心组织的国家鲜食番茄品种试验，2015 年 12 月经国家蔬菜品种鉴定委员会鉴定通过。建议在辽宁、山东、江苏、上海、海南、四川和陕西的适宜地区春季保护地种植。

辣椒

大果99

鉴定编号： 国品鉴菜2006022

选育单位： 湖南湘研种业有限公司

品种来源： 9202×8215

特征特性： 该品种生长势强，株高50cm左右，植株开展度58cm左右，分枝较多，第1花着生节位10.9节。果实灯笼形或牛角形，果长12.2cm，横径5.0cm左右，果肉厚0.32cm，平均单果重70g，2～3心室，青果浅绿色，生理成熟果红色，果肩平，果顶平或稍凹入。幼嫩果实果表有纵棱，果皮薄，肉厚质脆，品质上等，味半辣，以鲜食为主。植株连续结果能力强，果实商品性好，整齐一致。早熟，果实从开花到采收约21d。坐果率较高，果实膨大速度快，采收期长，抗病毒病和炭疽病。

产量表现： 2003—2004年参加第四轮全国青椒品种区域试验，前期平均每667m^2产量1 132.3kg，比对照苏椒5号减产1.2%；总产量平均每667m^2 3 016.4kg，比对照增产19.2%。2005年生产试验，前期平均每667m^2产量1 042.4kg，比对照增产4.9%；总产量平均每667m^2 2 639.4kg，比对照增产14.2%。

栽培技术要点： 长江流域作早春早熟栽培。采用大棚或温室育苗，10月上、中旬播种，11～12月分苗1次，翌年2月定植，露地地膜覆盖栽培一般在3月中旬定植。定植前炼苗，前期注意防止秧苗徒长。每667m^2定植3 000株左右，株行距45cm×45cm。重施有机基肥，每667m^2施腐熟农家肥4 000～5 000kg，菜饼肥100kg，磷、钾肥100kg。及时采收，采收后及时追肥，保证植株生长旺盛。

鉴定意见： 该品种于2003—2004年参加全国农业技术推广服务中心组织的全国辣椒品种区域试验，2006年2月经全国蔬菜品种鉴定委员会鉴定通过。建议在辽宁、江苏、重庆、湖南及江西作春季保护地种植。

渝椒6号

鉴定编号： 国品鉴菜2006023

选育单位： 重庆市农业科学研究所

品种来源： 186-1-1-1-1×182-1-1-1

特征特性： 该品种早熟，生长势强，株高67.2cm，开展度69.4cm，始花节位12.1节。叶披针形，绿色。果实长灯笼形或牛角形，绿色，果长12.4cm，果肩宽4.7cm，单果重55.6g，味微辣质脆。坐果率高，连续结果能力强，结果期长。耐低温、耐热能力强，田间表现为抗病毒病和炭疽病。

产量表现： 2003—2004 年参加第四轮全国青椒品种区域试验，前期平均每 667m^2 产量1 063.3kg，比对照苏椒 5 号减产 7.2%；总产量平均每667m^2 2 865.3kg，比对照增产13.3%。2005 年生产试验，前期平均每 667m^2 产量 919.3kg，比对照减产 7.5%；总产量平均每667m^2 2 504.4kg，比对照增产 8.4%。

栽培技术要点： 春季栽培 10 月中旬播种，翌年 3 月中旬定植，双行双株，一般每667m^2 栽3 000穴。施肥应做到增钾、补磷、控钙，重庆地区将占施肥量的 70%作为底肥施入，30%在盛果期作追肥 1 次施入，同时结合根外追肥 1～2 次，以促进开花结果。及时中耕除草，加强病虫害防治。

鉴定意见： 该品种于 2003—2004 年参加了全国农业技术推广服务中心组织的全国辣椒品种区域试验，2006 年 2 月经全国蔬菜品种鉴定委员会鉴定通过。建议在辽宁、江苏、重庆、湖南作春季保护地种植。

苏椒 11

鉴定编号： 国品鉴菜 2006024

选育单位： 江苏省农业科学院蔬菜研究所

品种来源： 5-1×NFy

特征特性： 早熟品种。植株半开张，长势中等，株高 55cm，开展度 50～55cm，始花节位 6～7 节，分枝能力强，坐果多且集中。叶披针形，绿色。果实长灯笼形，果长11.0cm，果横径 4.7cm，果肉厚 0.25cm，平均单果重 47.1g。青熟果果色浅绿，老熟果红色，微皱，光泽亮，果味微辣。抗病毒病和炭疽病。

产量表现： 2003—2004 年参加第四轮全国青椒品种区域试验，前期平均每 667m^2 产量1 129.9kg，比对照苏椒 5 号减产 1.3%；总产量平均每667m^2 2 656.1kg，比对照增产5.0%。2005 年生产试验，前期平均每 667m^2 产量1 026.0kg，比对照增产 3.2%；总产量平均每667m^2 2 500.5kg，比对照增产 8.2%。

栽培技术要点： 每 667m^2 施有机肥5 000kg 作基肥，采收期每采收 1 次追 1 次肥。保护地每 667m^2 单穴单株栽培4 200株。加强温、光、肥、水管理，定植后生长前期以促为主，促植株早发棵、早封垄。及时防治病虫害。

鉴定意见： 该品种于 2003—2004 年参加了全国农业技术推广服务中心组织的全国辣椒品种区域试验，2006 年 2 月经全国蔬菜品种鉴定委员会鉴定通过。建议在辽宁、江苏、重庆、湖南及江西作春季保护地种植。

冀研 5 号

鉴定编号： 国品鉴菜 2006025

选育单位： 河北省农林科学院经济作物研究所

品种来源： AB91-8×JR

特征特性：早熟品种。生长势较强，植株较开展，叶片较小，始花节位11节左右。果实灯笼形，绿色，果面光滑，平均单果重99.6g，果长9.9cm，果肩宽6.9cm，果形指数1.5，肉厚0.42cm，味甜质脆，口感好。抗病毒病和炭疽病。

产量表现：2003—2004年参加第四轮全国青椒品种区域试验，前期平均每667m² 产量1 716.1kg，比对照中椒5号增产12.3%；总产量平均每667m² 3 784.7kg，比对照增产2.8%。2005年生产试验，前期平均每667m² 产量1 408.2kg，比对照增产10.6%；总产量平均每667m² 3 066.2kg，比对照增产6.0%。

栽培技术要点：在不同类型保护地及露地栽培，可参照当地同类品种确定播种期、定植期。保护地栽培，每667m² 栽培3 000～3 500株，露地地膜覆盖栽培每667m² 栽3 500穴左右（每穴2株）。保护地栽培，缓苗后至坐果前，注意放风控温，严防徒长，坐果后应加强肥水管理，促进果实膨大。该品种较喜肥水，但开花期应适当蹲苗，坐果后应加强肥水管理，促进果实膨大，注意及时防治病虫害。

鉴定意见：该品种于2003—2004年参加全国农业技术推广服务中心组织的全国辣椒品种区域试验，2006年2月经全国蔬菜品种鉴定委员会鉴定通过。建议在辽宁、北京、河北及江苏作春季保护地种植。

冀研6号

鉴定编号：国品鉴菜2006026

选育单位：河北省农林科学院经济作物研究所

品种来源：AB91-XB×自96-4

特征特性：早熟品种，生长势强，始花节位11节左右。果实灯笼形，绿色，果面光滑而有光泽，平均单果重104.5g，果长9.7cm，果肩宽6.9cm，果形指数1.4，肉厚0.5cm，味甜质脆，商品性好。抗病毒病和炭疽病。

产量表现：2003—2004年参加第四轮全国青椒品种区域试验，前期平均每667m² 产量1 463.6kg，比对照中椒5号减产4.2%；总产量平均每667m² 3 627.6kg，比对照减产1.4%。2005年生产试验，前期平均每667m² 产量1 362.9kg，比对照增产7.1%；总产量平均每667m² 3 045.3kg，比对照增产5.3%。

栽培技术要点：在不同类型保护地及露地栽培，可参照当地同类品种确定播种期、定植期。保护地栽培，每667m² 栽培3 000～3 500株，露地地膜覆盖栽培每667m² 栽3 500穴左右（每穴2株）。保护地栽培，缓苗后至坐果前，注意放风控温，严防徒长，坐果后应加强肥水管理，促进果实膨大。该品种早熟，露地地膜覆盖栽培时轻蹲苗，以促为主。

鉴定意见：该品种于2003—2004年参加全国农业技术推广服务中心组织的全国辣椒品种区域试验，2006年2月经全国蔬菜品种鉴定委员会鉴定通过。建议在辽宁、北京、河北及江苏作春季保护地种植。

洛椒KDT1号

鉴定编号：国品鉴菜2006027

选育单位：洛阳市诚研辣椒研究所

品种来源：早甜96-1-5×大甜98-6-12

特征特性：该品种9节显蕾分枝，株型较直立，株高55～65cm，开展度54～58cm，叶片中等，色深绿。果实灯笼形，果长10.2cm，果肩宽7.1cm，果形指数1.5，肉厚0.46cm，单果重103.7g，少数大果可达200g以上。中抗病毒病，抗炭疽病。

产量表现：2003—2004年参加第四轮全国青椒品种区域试验，前期平均每667m^{2}产量1 771.5kg，比对照中椒5号增产16%；总产量平均每667m^2 3 795.6kg，比对照增产3.1%。2005年生产试验，前期平均每667m^{2}产量1 480.3kg，比对照增产16.3%；总产量平均每667m^2 3 121.2kg，比对照增产7.9%。

栽培技术要点：培育适龄壮苗，防止徒长苗和老僵苗。合理密植，单株栽培每667m^2 3 000～4 000株，双株每667m^{2}栽2 500～3 000穴。重施底肥，及时追肥，底肥以有机肥为主，氮、磷、钾配合；发棵期及结果期适当追施速效肥。灌水时水量不可过大，严防田间积水。保护地要及时放风，防止徒长。及时防治病虫害。

鉴定意见：该品种于2003—2004年参加全国农业技术推广服务中心组织的全国辣椒品种区域试验，2006年2月经全国蔬菜品种鉴定委员会鉴定通过。建议在辽宁、北京、河北、河南及山东作春季保护地种植。

沈研11

鉴定编号：国品鉴菜2006028

选育单位：沈阳市农业科学院

品种来源：AB07×98

特征特性：该品种植株长势强壮，株高55cm，开展度50cm，始花节位12.0节。果实方灯笼形，果纵径8.9cm，果横径7.4cm，果肉厚0.4cm，平均单果重102.6g。果绿色，光亮，果味甜。抗病毒病和炭疽病。

产量表现：2003—2004年参加第四轮全国青椒品种区域试验，前期平均每667m^{2}产量1 577.9kg，比对照中椒5号增产3.3%；总产量平均每667m^2 3 656.0kg，比对照减产0.7%。2005年生产试验，前期平均每667m^{2}产量1 333.3kg，比对照增产4.7%；总产量平均每667m^2 2 812.4kg，比对照减产2.8%。

栽培技术要点：每667m^{2}施有机肥5 000kg作基肥，采收期每采收1次追1次肥。保护地栽培每667m^2 4 000株，露地5 500株，单株栽培。定植前期要以促为主，露地栽培，6月底前要使植株封垄，雨季要排水防涝，及时防治病虫害。

鉴定意见：该品种于2003—2004年参加全国农业技术推广服务中心组织的全国辣椒品种区域试验，2006年2月经全国蔬菜品种鉴定委员会鉴定通过。建议在北京、河北、江苏作春季保护地种植。

湘椒38

鉴定编号：国品鉴菜2006029

选育单位： 湖南湘研种业有限公司

品种来源： J011×8215

特征特性： 生长势中等，株高53cm左右，植株开展度60cm左右，始花着生节位7.2节。果实羊角形，果长17.4cm，横径2.8cm左右，果肉厚0.34cm，青果为浅绿色或黄绿色，生理成熟果为红色，果肩平，果顶渐尖。幼果表面有牛角斑，果皮薄，肉质脆嫩，品质较好，味半辣，以鲜食为主。植株坐果能力强，挂果集中，果实商品性好，果形直，前后期果实整齐一致。平均单果重40.4g。果实从开花到采收约22d，坐果率较高，果实生长速度快，采收期较长，能较好地越夏生长。抗病毒病和炭疽病。

产量表现： 2003—2004年参加第四轮全国青椒品种区域试验，平均每667m^{2}产量2 187.0kg，比对照湘研15减产0.2%。2005年生产试验，总产量平均每667m^2 1 730.8kg，比对照增产1.2%。

栽培技术要点： 该品种适宜作露地丰产栽培。长江流域采用大棚或温室育苗，可在春节前后播种，每667m^{2}播种量为40～50g，3月分苗1次，4月上、中旬定植，每667m^{2}定植2 800～3 200株，株行距45cm×50cm。重施有机肥，每667m^{2}施腐熟农家肥4 000～5 000kg，菜饼肥100kg，磷、钾肥100kg作底肥，每次采收后及时追肥。果实及时采摘，保证植株生长旺盛。夏季高温时勤灌水、施肥。重点防治病毒病和烟青虫的危害。

鉴定意见： 该品种于2003—2004年参加全国农业技术推广服务中心组织的全国辣椒品种区域试验，2006年2月经全国蔬菜品种鉴定委员会鉴定通过。建议在广东、海南作露地种植。

辣优8号

鉴定编号： 国品鉴菜2006030

选育单位： 广州市蔬菜科学研究所

品种来源： 21A×580R

特征特性： 该品种早熟，植株生长势强，始花节位7.3节。叶片深绿色，株高55cm，开展度40cm×44cm，嫩茎叶带有茸毛。果实长羊角形，黄绿色，果长17.5cm，果肩宽2.8cm，果面光滑有光泽，肉厚，单果重38.5g，味辣。耐贮运，连续结果性好。中抗病毒病，抗炭疽病。

产量表现： 2003—2004年参加第四轮全国青椒品种区域试验，前期平均每667m^{2}产量1 014.5kg，比对照湘研15增产12.8%；总产量平均每667m^2 1 987.1kg，比对照减产9.3%。2005年生产试验，前期平均每667m^{2}产量981.7kg，比对照增产1.9%；总产量平均每667m^2 1 658.9kg，比对照减产3.1%。

栽培技术要点： 华南地区8月至翌年2月播种，育苗移栽，培育适龄壮苗，每667m^{2}用种量50g。选择土层深厚、肥沃、排灌良好的地块种植，每667m^{2}种植3 500～4 500株，株行距28cm×40cm。重施基肥，以有机肥为主，提早追肥，进入采收期每采收1次均要追肥。及时防治病虫害，特别注意防治螨类。浇水要及时，保持土壤湿润。

鉴定意见：该品种于2003—2004年参加全国农业技术推广服务中心组织的全国辣椒品种区域试验，2006年2月经全国蔬菜品种鉴定委员会鉴定通过。建议在广东、海南作露地种植。

粤椒3号

鉴定编号：国品鉴菜2006031

选育单位：广东省农业科学院蔬菜研究所

品种来源：4982×5275

特征特性：该品种中迟熟，植株生长势强，始花节位8.5节左右。果实羊角形，果长14.9cm，横径2.2cm，果肉厚0.28cm，平均单果重31.5g，果皮深绿色，光泽度好。果条直，空腔小，耐贮运。耐涝，抗病毒病和炭疽病。

产量表现：2003—2004年参加第四轮全国青椒品种区域试验，平均每667m^{2}产量2 315.8kg，比对照湘研15增产5.7%。2005年生产试验，平均每667m^{2}产量1 696.3kg，比对照减产0.9%。

栽培技术要点：春植11月至翌年1月播种，低温期间薄膜覆盖防寒；秋植7～10月播种；夏季反季节栽培2～6月播种。苗期春植60d，秋植28d。注意轮作，施足基肥，每667m^{2}施腐熟有机肥2 000kg、复合肥60kg。每畦植双行，株行距35cm×50cm，每667m^{2}种植3 500苗左右。及时除草松土，开花结果初期应结合中耕除草进行1次培土追肥，每667m^{2}施复合肥25kg、尿素10kg，采收盛期5～7d采收1次，每采收2次追肥1次，每次每667m^{2}追施钾肥7kg、尿素6kg。在花开放前及时摘除始花以下全部腋芽，以减少养分消耗。注意防治病虫害，蚜虫可用扑虱蚜喷施，红蜘蛛、茶黄螨可用30%螨特可湿性粉剂1 500倍液防治。

鉴定意见：该品种于2003—2004年参加全国农业推广服务中心组织的全国辣椒品种区域试验，2006年2月经全国蔬菜品种鉴定委员会鉴定通过。建议在广东、海南作露地种植。

海椒5号

鉴定编号：国品鉴菜2006032

选育单位：海南省农业科学院蔬菜研究所

品种来源：P94J3×P94J4

特征特性：该品种株高50～55cm，开展度45～50cm，分枝性中等，中熟偏早，前期挂果集中，单株挂果25～30个。果实粗长羊角形，果长17.7cm，果肩宽3.4cm，果肉厚0.33cm，单果重54.2g，果身匀直，果皮光滑，皮色黄绿。中抗病毒病，抗炭疽病。

产量表现：2003—2004年参加第四轮全国青椒品种区域试验，平均每667m^{2}产量2 296.5kg，比对照湘研15增产4.8%。2005年生产试验，平均每667m^{2}产量1 849.2kg，比对照增产8.1%。

栽培技术要点： 育苗移栽，每667m^2用种量30～50g。重施有机肥作基肥，追肥注意轻施提苗肥，重施挂果肥，巧施壮果肥，需控制氮肥施用量，可适当加施有机叶面肥。采取综合措施防治病毒病。

鉴定意见： 该品种于2003—2004年参加全国农业技术推广服务中心组织的全国辣椒品种区域试验，2006年2月经全国蔬菜品种鉴定委员会鉴定通过。建议在海南、广东作露地种植。

苏椒12

鉴定编号： 国品鉴菜2006033

选育单位： 江苏省农业科学院蔬菜研究所

品种来源： 94112×95050

特征特性： 该品种植株半开展，株高60cm以上，开展度50～55cm，始花节位7.9节，中早熟。果实羊角形，长而直，青果淡绿色，老熟果红色，果面光滑，光泽好，平均单果重40g。果长18.2cm，果肩宽2.5cm左右，果形指数8.0，果肉厚0.3cm左右。味辣，综合品质优，果实商品性好，耐贮运。抗病毒病和炭疽病。

产量表现： 2003—2004年参加第四轮全国青椒品种区域试验，前期平均每667m^2产量1 152.2kg，比对照湘研15增产28.1%；总产量平均每667m^2 2 088.0kg，比对照减产4.7%。2005年生产试验，前期平均每667m^2产量717.2kg，比对照增产24.3%；总产量平均每667m^2 1 707.5kg，比对照减产0.2%。

栽培技术要点： 江淮、黄淮流域春夏季露地地膜覆盖栽培一般在12月播种，翌年2月上旬分苗，3月下旬至4月上旬定植；南方南菜北运基地秋冬季露地栽培一般在9月播种，10月定植。每667m^2施腐熟农家肥5 000kg、氮磷钾三元复合肥50kg作底肥。定植时浇好活棵水，活棵后加强肥水管理促进早发，前期注意防治蚜虫、红蜘蛛、病毒病、疫病，中后期及时防治烟青虫、棉铃虫等钻果性害虫。

鉴定意见： 该品种于2003—2004年参加全国农业技术推广服务中心组织的全国辣椒品种区域试验，2006年2月经全国蔬菜品种鉴定委员会鉴定通过。建议在海南、广东作露地种植。

中椒11

鉴定编号： 国品鉴菜2006034

选育单位： 中国农业科学院蔬菜花卉研究所

品种来源： 91-126×92-2-3

特征特性： 植株生长势强，株型紧凑直立，株高70cm左右，开展度65cm，叶色绿。始花节位8～9节。果实长灯笼形，纵径9.3cm，横径6.2cm，果肉厚0.53cm，3～4心室，果面光滑，果色绿，单果重135.1g。鲜果维生素C含量1 250.0mg/kg，干物质含量8.3%，全糖含量3.35%，粗蛋白含量1.18%，味甜质脆，品质佳。抗逆性强，耐湿，抗

TMV，中抗CMV，尤其在生长后期，秧果生长协调，不易早衰，能保持较高的产量和商品率。

产量表现：2003—2004年参加第四轮全国青椒品种区域试验，前期平均每667m^{2}产量1 427.3kg，比对照中椒5号增产4.0%；总产量平均每667m^2 2 645.2kg，比对照增产4.6%。2005年生产试验，前期平均每667m^{2}产量879.6kg，比对照增产2.0%；总产量平均每667m^2 1 877.1kg，比对照增产21.8%。

栽培技术要点：京津地区一般于12月下旬至翌年1月上旬播种，每667m^{2}用种量125g左右。苗龄90d左右，3月底4月初定植大棚，4月底定植露地，定植至始收约40d。畦宽100cm，每畦栽2行，穴距27～30cm，每667m^2 4 000穴左右。

鉴定意见：该品种于2003—2004年参加全国农业技术推广服务中心组织的全国辣椒品种区域试验，2006年2月经全国蔬菜品种鉴定委员会鉴定通过。建议在海南、广东作露地种植。

海丰25

鉴定编号：国品鉴菜2010001

选育单位：北京市海淀区植物组织培养技术实验室

品种来源：M-12-3×Y-49-1

特征特性：植株生长势旺，早熟，始花节位为9节，果大，果实膨大速度快，连续坐果能力强，上层果较为整齐。果实长方灯笼形，果长15cm左右，果宽7～8cm，果肉厚0.5～0.6cm，平均单果重180g左右，果面光滑有光泽，略有皱褶，果味微辣，果色亮绿，老熟果红色，维生素C含量927.0mg/kg，总糖含量2.84%。田间抗病性调查，综合抗病性较好。

产量表现：2007—2008年参加国家辣椒品种区域试验，平均每667m^{2}前期产量798.2kg，比对照冀研6号减产6.7%；平均每667m^{2}总产量2 033.5kg，与对照相当。2009年参加生产试验，平均每667m^{2}前期产量1 265.5kg，比对照增产16.2%；平均每667m^{2}总产量2 652.3kg，比对照增产11.2%。

栽培技术要点：植株生长茂盛，分枝力强，一般采用单株定植，株距40cm，行距60cm，不宜密植。适宜栽培温度，白天25～28℃，夜间15～18℃。定植前施足底肥，一般每667m^{2}施腐熟鸡粪5 000kg左右，三元复合肥30kg左右。定植后及时浇水，保持土壤见干见湿，防止幼苗徒长。适时采摘第1层果，防止坠秧，及时去除门椒以下的侧枝，第1茬果采收后去除膛内无效枝杈，增强通风透光性。第1次采收后，每667m^{2}随水冲施优质复合肥30～40kg，15d后再追施1次，同时叶面追施磷酸二氢钾、硫酸锌、硼砂等。注意防治病毒病、疫病、青枯病、蚜虫和蓟马等病虫害。

鉴定意见：该品种于2007—2009年参加全国农业技术推广服务中心组织的全国辣椒品种试验，2010年3月经全国蔬菜品种鉴定委员会鉴定通过。建议在辽宁、江苏、重庆、湖南及江西适宜地区作春季保护地辣椒种植。

京甜3号

鉴定编号：国品鉴菜2010002

选育单位：北京市农林科学院蔬菜研究中心

品种来源：9806-1×9816

特征特性：早熟品种。植株生长健壮，株高60cm，开展度54cm，始花节位为10.3节。果实灯笼形，青果淡绿色，老熟果红色，果面光滑，平均单果重120g。果长9.4cm，果宽7.5cm，肉厚0.46cm，3～4心室，味甜，耐贮运，维生素C含量1 081.1mg/kg。低温耐受性强，田间抗病性调查，抗病毒病、炭疽病和青枯病。

产量表现：2007—2008年参加国家辣椒品种区域试验，平均每667m^{2}前期产量854.5kg，比对照冀研6号增产0.8%；平均每667m^{2}总产量2 210.45kg，比对照增产8.9%。2009年参加生产试验，每667m^{2}前期产量1 269.2kg，比对照冀研6号增产16.5%；每667m^{2}总产量2 637.7kg，比对照增产10.5%。

栽培技术要点：华北地区作早春拱棚种植，可采用温室加温育苗，12月下旬至翌年1月中旬前播种，3月底定植。定植前炼苗，前期注意防止幼苗徒长，保持幼苗健壮。拱棚每667m^{2}定植3 000株左右，株距45cm，行距45cm；露地每667m^{2}栽植4 000株左右。华南地区冬季南菜北运基地如广东、广西、海南露地种植，可采用网纱覆盖露天育苗，8月中旬至10月底育苗，苗龄25～30d定植，高垄双行单株定植，每667m^{2}栽2 500～3 000株。重施有机基肥，每667m^{2}施腐熟农家肥4 000～5 000kg、菜饼肥100kg、磷钾肥100kg。及时采收，采收后及时追肥。

鉴定意见：该品种于2007—2009年参加全国农业技术推广服务中心组织的全国辣椒品种试验，2010年3月经全国蔬菜品种鉴定委员会鉴定通过。建议在新疆、辽宁、河北、江苏的适宜地区作春季保护地及露地辣椒种植。

哈椒8号

鉴定编号：国品鉴菜2010003

选育单位：哈尔滨市农业科学院

品种来源：C272×H22

特征特性：中早熟品种，始花节位为第9～10节。果实灯笼形，绿色，果面光滑，平均单果重113.4g，果长9.3cm，果宽7.1cm，果形指数1.3，厚0.47cm，味甜。株高60cm，开展度60cm，适宜密植。田间抗病性调查，高抗炭疽病、疫病和青枯病，抗病毒病。

产量表现：2007—2008年参加国家辣椒品种区域试验，平均每667m^{2}前期产量840.2kg，比对照冀研6号减产1.8%；平均每667m^{2}总产量2 100.5kg，比对照增产3.4%。2009年参加生产试验，平均每667m^{2}前期产量1 300.4kg，比对照增产19.4%；平均每667m^{2}总产量2 674.5kg，比对照增产12.1%。

栽培技术要点：温室育苗，植株10～12片叶时定植。120cm大垄双行，单株定植，每 667m^2定植2 700～3 000株，株距 33cm，行距 40cm。每 667m^2施腐熟农家肥4 000～5 000kg、三元复合肥 100kg 作为底肥。及时采收，采收后及时追肥灌水。生育期及时放风，调节棚室温、湿度，注意防治蚜虫、蓟马、红蜘蛛及白粉虱。

鉴定意见：该品种于 2007—2009 年参加全国农业技术推广服务中心组织的全国辣椒品种试验，2010 年 3 月经全国蔬菜品种鉴定委员会鉴定通过。建议在辽宁、河北、新疆、重庆、江西的适宜地区作保护地辣椒栽培。

湘椒 62

鉴定编号：国品鉴菜 2010004

选育单位：湖南湘研种业有限公司

品种来源：Y05-1A×8815

特征特性：早熟泡椒品种，从开花到果实采收约 20d。植株生长势强，始花着生节位为第 8～10 节。果实灯笼形或粗牛角形，果长 14～16cm，横径 5.0cm 左右，果肉厚 0.35cm，2～3 心室，青果绿色，老熟果红色，果肩平，果顶稍凹入。嫩果果表有纵棱，果皮薄，肉厚质脆，味微辣，以鲜食为主。植株连续结果能力强，果实整齐一致，平均单果重 90g 左右。坐果率高，果实膨大速度快，采收期长。田间抗病性调查，抗病毒病、炭疽病、青枯病和疫病。

产量表现：2007—2008 年参加国家辣椒品种区域试验，平均每 667m^2 前期产量 1 212.2kg，比对照苏椒 5 号增产 15.8%；每 667m^2 总产量 2 838.5 kg，比对照增产 23.1%。2009 年参加生产试验，平均每 667m^2 前期产量1 336.3kg，比对照增产 25.0%；平均每 667m^2总产量3 173.6kg，比对照增产 28.9%。

栽培技术要点：长江流域作早春早熟栽培，采用大棚或温室育苗，10 月上、中旬播种，11～12 月分苗 1 次，翌年 2 月定植；露地地膜覆盖栽培一般在 3 月中旬定植，定植前炼苗，前期注意防止幼苗徒长。每 667m^2 定植3 000株左右，株距 45cm，行距 45cm。重施有机基肥，每 667m^2 施腐熟农家肥4 000～5 000kg、菜饼肥 100kg、磷钾肥 100kg。及时采收，采收后及时追肥。

鉴定意见：该品种于 2007—2009 年参加全国农业技术推广服务中心组织的全国辣椒品种试验，2010 年 3 月经全国蔬菜品种鉴定委员会鉴定通过。建议在辽宁、新疆、河北、江苏、重庆、湖南、江西的适宜地区作春季保护地辣椒种植。

冀研 15

鉴定编号：国品鉴菜 2010005

选育单位：河北省农林科学院经济作物研究所

品种来源：AB91-W22-986×GF8-1-1-5

特征特性：早熟品种。植株生长势强，株高 60cm，开展度 55cm，始花节位为第 10 节左右。果实灯笼形，绿色，3～4 心室，平均单果重 180g 左右。果长 10～11cm，果宽

7.5～8.5cm，肉厚0.50cm，果面光滑有光泽，果大肉厚。田间抗病性调查，抗病毒病、炭疽病、疫病和青枯病。

产量表现： 2007—2008年参加国家辣椒品种区域试验，平均每667m^{2}前期产量1 008.0kg，比对照冀研6号增产17.9%；平均每667m^{2}总产量2 306.7kg，比对照冀研6号增产13.6%。2009年参加生产试验，平均每667m^{2}前期产量1 249.0kg，比对照冀研6号增产14.7%；平均每667m^{2}总产量2 584.5kg，比对照冀研6号增产8.3%。

栽培技术要点： 在不同类型保护地栽培，可参照当地同类品种及种植方式来确定播种和定植日期。每667m^{2}施入腐熟农家肥5 000kg、复合肥100kg作基肥，定植前炼苗，每667m^{2}定植2 500～3 000株，株距40cm，行距60cm。缓苗后至开花坐果前严防幼苗徒长，坐果后应加强肥水管理。及时采收，采后及时追肥，一般每667m^{2}施复合肥20kg，结合喷药每隔7～10d喷1次0.2%磷酸二氢钾＋0.1%尿素＋0.2%硫酸锌混合肥液。

鉴定意见： 该品种于2007—2009年参加全国农业技术推广服务中心组织的全国辣椒品种试验，2010年3月经全国蔬菜品种鉴定委员会鉴定通过。建议在河北、辽宁、新疆、重庆、江西的适宜地区作春季保护地辣椒种植。

福湘早帅

鉴定编号： 国品鉴菜2010006

选育单位： 湖南省蔬菜研究所

品种来源： S2055×H2802

特征特性： 早熟品种。植株长势较弱，株高45cm，开展度53cm，始花节位为第8节左右。果实牛角形，果肩平，果顶平或稍凹入，幼嫩果实果表有纵棱，青果绿色，老熟果红色，平均单果重57.5g。果长13.8cm，横径4.3cm左右，果肉厚0.31cm，2～3心室，果皮薄，肉厚质脆，味半辣，以鲜食为主。田间抗病性调查，综合抗病能力较强。

产量表现： 2007—2008年参加国家辣椒品种区域试验，平均每667m^{2}前期产量1 295.3kg，比对照江蔬1号增产16.5%；平均每667m^{2}总产量2 924.7kg，比对照增产11.8%。2009年参加生产试验，平均每667m^{2}前期产量1 537.7kg，比对照增产25.6%；平均每667m^{2}总产量3 309.1kg，比对照增产18.5%。

栽培技术要点： 长江流域作早春早熟栽培，采用大棚或温室育苗，10月上、中旬播种，11～12月分苗1次，翌年2月定植；露地地膜覆盖栽培一般在3月中旬定植。定植前炼苗，前期注意防止幼苗徒长。每667m^{2}定植3 000株左右，株距40cm，行距45cm。重施有机基肥，每667m^{2}施腐熟农家肥4 000～5 000kg、菜饼肥100kg、磷钾肥100kg。及时采收，采收后及时追肥。

鉴定意见： 该品种于2007—2009年参加全国农业技术推广服务中心组织的全国辣椒品种试验，2010年3月经全国蔬菜品种鉴定委员会鉴定通过。建议在新疆、河北、重庆、湖南、江西的适宜地区作春季保护地辣椒种植。

苏椒 15

鉴定编号：国品鉴菜 2010007

选育单位：江苏省农业科学院蔬菜研究所

品种来源：05X 新 51×05X 新 24

特征特性：牛角椒类型品种，熟性早，始花节位为第 9～10 节。果实大牛角形，绿色，果面光滑，平均单果重 96.9g。果长 17.1cm，果宽 4.9cm，果形指数 3.5，果肉厚 0.36cm，味微辣，维生素 C 含量1 101.8mg/kg。田间抗病性调查，高抗炭疽病、疫病和青枯病，抗病毒病。

产量表现：2007—2008 年参加国家辣椒品种区域试验，平均每 667m^2 前期产量 1 118.1kg，比对照江蔬 1 号增产 0.6%；平均每 667m^2 总产量2 672.5kg，比对照增产 2.2%。2009 年参加生产试验，每 667m^2 前期产量1 287.7kg，比对照江蔬 1 号增产 5.2%；每 667m^2 总产量2 956.9kg，比对照江蔬 1 号增产 5.9%。

栽培技术要点：长江中下游地区春季提早栽培，一般于 10 月中、下旬播种育苗，翌年 2 月上、中旬采用“三膜一帘”定植；黄淮海地区延秋栽培，宜在 7 月中旬采用遮阳避雨育苗，8 月底定植。每 667m^2 定植3 200株左右，重施基肥，及时追肥，加强温、光、肥、水调控，促早发棵，早封行。春季生长前期注意保温防冻，生长后期注意通风降温；秋季生长前期注意遮阳避雨，生长后期注意保温防冻。及时防治病虫害，及时采收，轻收勤收。

鉴定意见：该品种于 2007—2009 年参加全国农业技术推广服务中心组织的全国辣椒品种试验，2010 年 3 月经全国蔬菜品种鉴定委员会鉴定通过。建议在江苏、辽宁、重庆、湖南、河北、江西的适宜地区作春季保护地辣椒种植。

苏椒 16

鉴定编号：国品鉴菜 2010008

选育单位：江苏省农业科学院蔬菜研究所

品种来源：05X375×05X 新 55

特征特性：长灯笼形品种，熟性早，始花节位第 9～10 节。果实灯笼形，绿色，果面光滑，平均单果重 62.1g。果长 15.6cm，果宽 5.2cm，果形指数 3.0，肉厚 0.28cm，味微辣，维生素 C 含量1 162.7mg/kg。田间抗病性调查，高抗疫病和青枯病，抗病毒病和炭疽病。

产量表现：2007—2008 年参加国家辣椒品种区域试验，平均每 667m^2 前期产量 1 100.8kg，比对照苏椒 5 号增产 5.2%，平均每 667m^2 总产量2 690.8kg，比对照苏椒 5 号增产 16.7%。2009 年参加生产试验，每 667m^2 前期产量1 274.0kg，比对照苏椒 5 号增产 19.1%，平均每 667m^2 总产量2 971.6kg，比对照苏椒 5 号增产 20.7%。

栽培技术要点：长江中下游地区冬春茬栽培，9 月上旬育苗，10 月中旬定植；早春栽培，一般于 11 月中、下旬播种育苗，翌年 1 月中、下旬定植，行距 50～55cm，株距35～

40cm。重施基肥，及时追肥，加强温、光、肥、水调控，促早发棵、早封行。春季生长前期注意保暖防冻，生长后期注意通风降温；秋季生长前期注意遮阳避雨，生长后期注意保温防冻。及时防治病虫害，及时采收。

鉴定意见：该品种于2007—2009年参加全国农业技术推广服务中心组织的全国辣椒品种试验，2010年3月经全国蔬菜品种鉴定委员会鉴定通过。建议在江苏、新疆、辽宁、重庆、河北、江西的适宜地区作春季保护地辣椒种植。

川椒3号

鉴定编号：国品鉴菜2010009

选育单位：四川省川椒种业科技有限责任公司

品种来源：尖114A×尖A198

特征特性：早熟品种。植株生长势强，株高70cm，开展度58cm，分枝较多，始花节位第12节左右。果实羊角形，果面光滑顺直，肉厚空腔小，青果绿色，老熟果红色，平均单果重39.6g。果长18.1cm，果宽2.1cm，果形指数6.1，肉厚0.3cm，味半辣，以鲜食为主。果实采收期较长。田间抗病性调查，抗病毒病和炭疽病。

产量表现：2007—2008年参加国家辣椒品种区域试验，平均每667m^{2}前期产量1 065.9kg，比对照湘研15增产9.6%；平均每667m^{2}总产量2 925.5kg，比对照湘研15增产8.5%。2009年参加生产试验，每667m^{2}前期产量1 286.5kg，比对照增产8.7%；每667m^{2}总产量2 853.9kg，比对照增产8.8%。

栽培技术要点：长江中上游区域作早春早熟栽培，采用大棚或温室育苗，10月上、中旬播种，11～12月分苗1次，翌年2月定植；露地地膜覆盖栽培一般在3月中旬定植。在东北、黄河流域种植，采用大棚或温室育苗，3月上、中旬播种，4月分苗1次，露地地膜覆盖栽培5月中旬定植，定植前炼苗，前期注意防止幼苗徒长。每667m^{2}定植2 700株左右，行距55cm，株距45cm。重施有机基肥，每667m^{2}施腐熟农家肥4 000～5 000kg、菜饼肥100kg、三元复合肥100kg。及时采收，采收后及时追肥。

鉴定意见：该品种于2007—2009年参加全国农业技术推广服务中心组织的全国辣椒品种试验，2010年3月经全国蔬菜品种鉴定委员会鉴定通过。建议在四川、河南、广西、陕西、江苏的适宜地区作露地辣椒栽培。

川椒301

鉴定编号：国品鉴菜2010010

选育单位：四川省川椒种业科技有限责任公司

品种来源：尖113A×尖C16

特征特性：早熟品种。植株生长势强，株高50cm，开展度58cm，分枝较多，始花节位为第10节左右。果实牛角形，果肩平，果顶平或稍凹入，幼嫩果实果表有纵棱，青果绿色，老熟果红色，平均单果重58.2g。果长15.9cm，果宽4.7cm，果形指数3.4，肉厚

0.36cm，味辣，以鲜食为主。果实采收期较长。田间调查，抗病毒病和炭疽病。

产量表现： 2007—2008 年参加国家辣椒品种区域试验，平均每 667m^2 前期产量1 201.9kg，比对照湘研 13 增产 12.0%；平均每 667m^2 总产量3 017.6kg，比对照增产6.0%。2009 年参加生产试验，每 667m^2 前期产量1 437.5kg，比对照增产 1.8%；平均每 667m^2 总产量3 174.4kg，比对照增产 1.1%。

栽培技术要点： 东北、华北区域种植，采用大棚或温室育苗，3 月上、中旬播种，4 月分苗 1 次；露地地膜覆盖栽培在 5 月中旬定植。每 667m^2 定植2 700株左右，行距55cm，株距 45cm。重施有机基肥，每 667m^2 施腐熟农家肥4 000～5 000kg、菜饼肥100kg、三元复合肥 100kg。及时采收，采收后及时追肥。

鉴定意见： 该品种于 2007—2009 年参加全国农业技术推广服务中心组织的全国辣椒品种试验，2010 年 3 月经全国蔬菜品种鉴定委员会鉴定通过。建议在河南、黑龙江、江苏、陕西、四川、海南的适宜地区作露地辣椒种植。

中椒 105

鉴定编号： 国品鉴菜 2010011

选育单位： 中国农业科学院蔬菜花卉研究所

品种来源： 04q-3×0516

特征特性： 中早熟品种，定植到始收期 35d 左右。生长势中，叶量较大，露地株高50cm 左右，始花节位第 9～11 节。果实灯笼形，绿色，果面光滑，单果重 100～130g。果长 8～9cm，果宽 7～8cm，肉厚 0.45cm 左右，3～4 心室，味甜，维生素 C 含量1 030.7mg/kg。田间抗病性调查，较抗病毒病、炭疽病和疫病。

产量表现： 2007—2008 年参加国家辣椒品种区域试验，平均每 667m^2 前期产量949.7kg，比对照中椒 5 号增产 2.0%；平均每 667m^2 总产量2 231.9kg，比对照增产3.6%。2009 年参加生产试验，平均每 667m^2 前期产量1 048.5kg，比对照增产 17.8%；平均每 667m^2 总产量2 189.9kg，比对照增产 10.1%。

栽培技术要点： 海南、广东南菜北运基地秋冬栽培，8 月上旬至 10 月下旬播种，高畦栽培，每 667m^2 栽3 000～3 500株，株行距 50cm×50cm。基肥以多施农家肥为主，每667m^2 施腐熟农家肥5 000～6 000kg，及时追肥，注意防治病虫害。北方地区早春露地种植，1 月下旬至 2 月初播种，苗龄 85d 左右，4 月下旬定植。畦宽 120cm，每畦栽 2 行，株距 32～35cm，每 667m^2 栽4 000株左右。

鉴定意见： 该品种于 2007—2009 年参加全国农业技术推广服务中心组织的全国辣椒品种试验，2010 年 3 月经全国蔬菜品种鉴定委员会鉴定通过。建议在海南、广东适宜地区南菜北运基地秋冬栽培，在河南、江苏、四川、黑龙江、陕西的适宜地区作早春露地辣椒种植。

师研 1 号

鉴定编号： 国品鉴菜 2013001

选育单位：洛阳师范学院

品种来源：0112×9923

特征特性：早中熟品种。果实粗牛角形，始花节位第 10 节，株高 55cm，株幅 60cm。果长 18.9cm，果肩宽 5.1cm，果肉厚 0.39cm，单果重 112.2g，果面略有皱褶、有光泽，青果绿色，成熟果红色，味微辣，维生素 C 含量1 320.0mg/kg。田间抗病性调查，病毒病病情指数 9.6，炭疽病病情指数 3.4，疫病病情指数 4.4，青枯病病情指数 2.0。

产量表现：2010—2011 年参加国家辣椒品种区域试验，平均每 667m^2 产量3 361.5kg，比对照江蔬 1 号增产 6.2%。2012 年参加生产试验，平均每 667m^2 产量3 259.6kg，比对照江蔬 1 号增产 6.6%。

栽培技术要点：保护地早春栽培，选用大棚或温室加温育苗，12 月至翌年 1 月播种，2～3 月定植，起垄栽植，覆盖地膜，每垄栽两行，每 667m^2 定植3 500株左右。施足底肥，定植后加强田间管理，适时浇水施肥，综合防治病虫害。

鉴定意见：该品种于 2010—2012 年参加全国农业技术推广服务中心组织的国家辣椒品种试验，2013 年 4 月经全国蔬菜品种鉴定委员会鉴定通过。建议在河北、辽宁、江苏、安徽、山东、重庆、新疆的适宜地区作保护地辣椒种植。

苏椒 18

鉴定编号：国品鉴菜 2013002

选育单位：江苏省农业科学院蔬菜研究所

品种来源：5 母长×08X59

特征特性：早中熟品种，始花节位第 9 节。果实长灯笼形，果长 13.1cm，果肩宽 4.8cm，果肉厚 0.29cm，单果重 65.7g。果面略有皱褶，有光泽，青果绿色，成熟果红色，味中辣，维生素 C 含量1 180.0mg/kg。田间抗病性调查，病毒病病情指数 10.0，炭疽病病情指数 3.6，疫病病情指数 6.0，青枯病病情指数 1.5。

产量表现：2010—2011 年参加国家辣椒品种区域试验，平均每 667m^2 产量2 603.4kg，比对照苏椒 5 号增产 1.2%，其中在河北、辽宁、江苏、安徽试点平均每 667m^2 产量 2 590.7kg，比对照苏椒 5 号增产 4.8%。2012 年参加生产试验，平均每 667m^2 产量 2 769.5kg，比对照苏椒 5 号增产 0.7%，其中在河北、辽宁、安徽、新疆试点平均每 667m^2 产量2 919.2kg，比对照苏椒 5 号增产 8.9%。

栽培技术要点：长江中下游地区冬春茬栽培，9 月上旬育苗，10 月中旬定植；早春栽培，一般于 11 月中、下旬播种育苗，翌年 1 月中、下旬定植。每畦种植双行，株距 40cm，行距 60cm。重施基肥，及时追肥，促早发棵、早封行。春季生长前期注意保暖防冻，生长后期注意通风降温。及时防治病虫害，及时采收、轻收勤收。

鉴定意见：该品种于 2010—2012 年参加全国农业技术推广服务中心组织的国家辣椒品种试验，2013 年 4 月经全国蔬菜品种鉴定委员会鉴定通过。建议在河北、辽宁、江苏、安徽、新疆的适宜地区作保护地辣椒种植。

中椒 0808 号

鉴定编号：国品鉴菜 2013003

选育单位：中国农业科学院蔬菜花卉研究所

品种来源：0517×0601M

特征特性：中熟品种。生长势强，株型半直立，主茎生长优势较明显，叶形近卵圆形，叶量较大。果实灯笼形，果色绿，果面光滑，有光泽，平均单果重 173.9g。果实纵径 9.3cm，横径 8.3cm，肉厚 0.50cm，味甜，维生素 C 含量1 600.0mg/kg。田间抗病性调查，病毒病病情指数 11.1，炭疽病病情指数 3.7，疫病病情指数 4.0，青枯病病情指数 2.0。

产量表现：2010—2011 年参加国家辣椒品种区域试验，前期平均每 667m^2 产量1 232.5kg，比对照冀研 6 号减产 8.9%；平均每 667m^2 总产量2 752.5kg，比对照冀研 6 号减产 0.5%，其中在河北、辽宁、江苏试点平均每 667m^2 产量3 277.6kg，比对照冀研 6 号增产 5.4%。2012 年参加生产试验，前期平均每 667m^2 产量1 258kg，比对照冀研 6 号增产 6.4%；平均每 667m^2 总产量 3 041.7 kg，比对照冀研 6 号增产 11.6%。

栽培技术要点：北方日光温室栽培，大棚或温室冷床育苗，定植畦宽 110cm，每畦栽 2 行，穴距 35～40cm，每667m^2 3 200～3 800穴。施足底肥，定植后加强管理，适时采收青果、轻收勤收，及时追肥补水，综合防治病虫害。

鉴定意见：该品种于 2010—2012 年参加全国农业技术推广服务中心组织的国家辣椒品种试验，2013 年 4 月经全国蔬菜品种鉴定委员会鉴定通过。建议在河北、辽宁、江苏的适宜地区作保护地甜椒种植。

冀研 16

鉴定编号：国品鉴菜 2013004

选育单位：河北省农林科学院经济作物研究所

品种来源：AB91-W222-49176×BYT-4-1-3-6-8

特征特性：中早熟品种，始花节位第 11 节。株高 65cm，株幅 60cm。果实方灯笼形，果长 8.9cm，果肩宽 8.4cm，果肉厚 0.50cm，单果重 168.4g，果面光滑有光泽，青果绿色，成熟果黄色，味甜，维生素 C 含量1 410.0mg/kg。田间抗病性调查，病毒病病情指数 11.0，炭疽病病情指数 2.6，疫病病情指数 3.9，青枯病病情指数 3.6。

产量表现：2010—2011 年参加国家辣椒品种区域试验，前期平均每 667m^2 产量1 379.7kg，比对照冀研 6 号减产 0.1%；平均每 667m^2 总产量2 817.5kg，比对照冀研 6 号增产 1.8%，其中在河北、辽宁、安徽试点平均每 667m^2 产量3 238.7kg，比对照冀研 6 号增产 16.9%。2012 年参加生产试验，前期平均每 667m^2 产量1 462.8kg，比对照冀研 6 号增产 23.8%；平均每 667m^2 总产量3 017.3kg，比对照冀研 6 号增产 10.7%。

栽培技术要点：华北地区早春保护地栽培，温室冷床或加温育苗，12月至翌年1月上旬播种，翌年3月中、下旬定植，株距40cm，行距60cm，每667m^{2}定植3 000株左右。施足底肥，定植后加强田间管理，适时采收、轻收勤收，及时追肥补水，综合防治病虫害。

鉴定意见：该品种于2010—2012年参加全国农业技术推广服务中心组织的国家辣椒品种试验，2013年4月经全国蔬菜品种鉴定委员会鉴定通过。建议在河北、辽宁、安徽的适宜地区作保护地甜椒种植。

京甜1号

鉴定编号：国品鉴菜2013005

选育单位：北京市农林科学院蔬菜研究中心、北京京研益农科技发展中心

品种来源：03-68 ×03-106

特征特性：中早熟品种，始花节位第10节。株高65cm，株幅52cm。果实圆锥形，果长12.7cm，果肩宽6.2cm，果肉厚0.45cm，单果重110.8g，果面光滑有光泽，青果淡绿色，成熟果红色，味甜，维生素C含量1 500mg/kg。田间抗病性调查，病毒病病情指数12.0，炭疽病病情指数3.2，疫病病情指数3.9，青枯病病情指数1.6。

产量表现：2010—2011年参加国家辣椒品种区域试验，前期平均每667m^{2}产量1 416.4kg，比对照冀研6号增产4.7%；平均每667m^{2}总产量2 978.2kg，比对照冀研6号增产7.6%。2012年参加生产试验，前期平均每667m^{2}产量1 296.9kg，比对照冀研6号增产9.7%；平均每667m^{2}总产量2 729.5kg，比对照冀研6号增产0.1%，其中在辽宁、山东、新疆试点平均每667m^{2}产量2 892.5kg，比对照冀研6号增产16.4%。

栽培技术要点：西南地区拱棚种植，8～10月播种，10月初至12月底单株定植。株距40cm，行距60cm，每667m^{2}定植3 000株左右。施足底肥，追施磷、钾肥，注意钙肥施用，钙肥对果实品质和着色有一定作用。定植后加强田间管理，适时采收，轻收勤收，及时追肥补水，综合防治病虫害。

鉴定意见：该品种于2010—2012年参加全国农业技术推广服务中心组织的国家辣椒品种试验，2013年4月经全国蔬菜品种鉴定委员会鉴定通过。建议在辽宁、山东、新疆的适宜地区作保护地甜椒种植。

沈研15

鉴定编号：国品鉴菜2013006

选育单位：沈阳市农业科学院蔬菜研究所

品种来源：A02-7×0840-7

特征特性：中早熟品种，始花节位第9～10节。株高65cm，株幅58cm。果实长灯笼形，果长9.3cm，果肩宽8.0cm，果肉厚0.48cm，单果重147.7g，果面光滑有光泽，青果绿色，成熟果红色，味甜，维生素C含量1 390.0mg/kg。田间抗病性调查，病毒病病

情指数 14.6，炭疽病病情指数 3.5，疫病病情指数 4.7，青枯病病情指数 2.0。

产量表现： 2010—2011 年参加国家辣椒品种区域试验，前期平均每 667m² 产量1 276.7 kg，比对照冀研 6 号减产 5.7%；平均每 667m² 总产量2 818.8kg，比对照冀研 6 号增产 1.9%，其中在辽宁、江苏、安徽、山东、重庆试点平均每 667m² 产量2 749.3kg，比对照冀研 6 号增产 8.9%。2012 年参加生产试验，前期平均每 667m² 产量1 575.9kg，比对照冀研 6 号增产 33.3%；平均每 667m² 总产量3 561.1kg，比对照冀研 6 号增产 30.6%。

栽培技术要点： 保护地早春栽培，大棚或温室加温育苗，12 月中旬至 1 月下旬播种，翌年 2～3 月定植，株距 35cm，行距 65cm，每 667m² 定植3 000株左右。施足底肥，定植后及时浇水，加强田间管理，雨季要排水防涝，适时采收，及时追肥和防治病虫害。

鉴定意见： 该品种于 2010—2012 年参加全国农业技术推广服务中心组织的国家辣椒品种试验，2013 年 4 月经全国蔬菜品种鉴定委员会鉴定通过。建议在辽宁、江苏、安徽、山东、重庆的适宜地区作保护地甜椒种植。

湘研 808

鉴定编号： 国品鉴菜 2013007

选育单位： 湖南湘研种业有限公司

品种来源： R7-2×Y05-12

特征特性： 中晚熟品种，第 1 朵花着生节位 11～12 节。生长势强，枝条硬，叶色浓绿。果实粗牛角形，果长 14.7cm，果宽 4.7cm，果尖钝圆，青果绿色，成熟果红色，微辣，果肩平，果表面光亮，果实一致性好，单果重 73.0g 左右。果实维生素 C 含量 1 290.0mg/kg。田间抗病性调查，病毒病病情指数 1.2，炭疽病病情指数 0.1，疫病病情指数 4.4，青枯病病情指数 0.4。

产量表现： 2010—2011 年参加国家辣椒品种区域试验，平均每 667m² 产量2 696.0kg，比对照湘研 13 增产 3.6%，其中在河南、江苏、广东试点平均每 667m² 产量2 500.7kg，比对照湘研 13 增产 5.3%。2012 年参加生产试验，平均每 667m² 产量3 076.1kg，比对照湘研 13 减产 3.5%，其中在河南、江苏、广东试点平均每 667m² 产量2 955.7kg，比对照湘研 13 增产 11.5%。

栽培技术要点： 露地覆膜丰产栽培，大棚或冷棚育苗，12 月至翌年 2 月播种，4～5 月定植，株距 45cm，行距 50cm，每 667m² 定植3 000株左右。施足底肥，定植后加强田间管理，适时采收，轻收勤收，及时追肥补水，综合防治病虫害。

鉴定意见： 该品种于 2010—2012 年参加全国农业技术推广服务中心组织的国家辣椒品种试验，2013 年 4 月经全国蔬菜品种鉴定委员会鉴定通过。建议在河南、江苏、广东适宜地区作露地辣椒种植。

金田 8 号

鉴定编号： 国品鉴菜 2013008

选育单位：广东省农业科学院蔬菜研究所、广东科农蔬菜种业有限公司

品种来源：3509×3504

特征特性：早中熟品种，第1朵花着生节位10节。果实牛角形，果皮绿色，微皱，果长14.2cm，宽4.5cm，果肉厚0.3cm，单果重60.4g，微辣，维生素C含量870mg/kg。田间抗病性调查，病毒病病情指数1.7，炭疽病病情指数0.1，疫病病情指数1.3，青枯病病情指数0.4。

产量表现：2010—2011年参加国家辣椒品种区域试验，平均每667m^{2}产量2 668.0kg，比对照湘研13增产2.6%，其中在江苏、广西、广东试点平均每667m^{2}产量2 715.1kg，比对照湘研13增产6.7%。2012年参加生产试验，平均每667m^{2}产量3 319.5kg，比对照湘研13增产4.2%，其中在江苏、广西、广东试点平均每667m^{2}产量3 220.6kg，比对照湘研13增产6.7%。

栽培技术要点：肥水要充足，株距40cm，行距60cm，每667m^{2}定植3 500株左右。要注意防治蚜虫、螨类等虫害。

鉴定意见：该品种于2010—2012年参加全国农业技术推广服务中心组织的国家辣椒品种试验，2013年4月经全国蔬菜品种鉴定委员会鉴定通过。建议在江苏、广西、广东适宜地区作露地辣椒种植。

东方168

鉴定编号：国品鉴菜2013009

选育单位：广州市绿霸种苗有限公司

品种来源：97-130×98-131

特征特性：早中熟品种，始花节位为10节。果实羊角形，颜色深绿光亮，光滑，果长16.5cm，宽3cm，肉厚0.3cm，味中辣，维生素C含量900.0mg/kg。田间抗病性调查，病毒病病情指数1.5，炭疽病病情指数0.4，疫病病情指数0.5，青枯病病情指数0.1。

产量表现：2010—2011年参加国家辣椒品种区域试验，平均每667m^{2}产量2 542.0kg，比对照湘研15增产5.9%。2012年参加生产试验，平均每667m^{2}产量3 053.0kg，比对照湘研15减产3.3%，其中在黑龙江、河南、江苏、广东试点平均每667m^{2}产量3 018.1kg，比对照湘研15增产8.1%。

栽培技术要点：苗龄春植55～60d，夏秋植25～30d。采用双行单株种植，株距50cm，行距33cm，每667m^{2}2 600～3 000株。枝条稍细，在结果旺盛期需搭架护果。在每次采果前3～5d重施1次水肥，每667m^{2}每次施复合肥20kg。适时采收，综合防治病虫害。

鉴定意见：该品种于2010—2012年参加全国农业技术推广服务中心组织的国家辣椒品种试验，2013年4月经全国蔬菜品种鉴定委员会鉴定通过。建议在黑龙江、河南、江苏、广东的适宜地区作露地辣椒种植。

粤研1号

鉴定编号：国品鉴菜2013010

选育单位：广东省农业科学院蔬菜研究所、广东科农蔬菜种业有限公司

品种来源：绿霸202-560×辣优4号-590

特征特性：早中熟品种，始花节位第10节。株高58cm，株幅53cm。果实长羊角形，果长17.7cm，果肩宽3.2cm，果肉厚0.32cm，单果重54.7g。果面微皱有光泽，青果绿色，成熟果大红色，味微辣，维生素C含量1 110.0mg/kg。田间抗病性调查，病毒病病情指数0.7，炭疽病病情指数0.5，疫病病情指数0.7，青枯病病情指数1.3。

产量表现：2010—2011年参加国家辣椒品种区域试验，平均每667m^{2}产量2 658.6kg，比对照湘研15增产10.7%。2012年参加生产试验，平均每667m^{2}产量3 235.2kg，比对照湘研15增产2.5%，其中在黑龙江、河南、江苏、广东试点平均每667m^{2}产量3 225.2kg，比对照湘研15增产15.5%。

栽培技术要点：露地栽培，春植11月至翌年1月播种，秋植7～8月播种。株距30cm，行距60cm，每667m^{2}定植3 500株左右。施足底肥，定植后加强田间管理。适时采收，轻收勤收，及时追肥补水，综合防治病虫害。

鉴定意见：该品种于2010—2012年参加全国农业技术推广服务中心组织的国家辣椒品种试验，2013年4月经全国蔬菜品种鉴定委员会鉴定通过。建议在黑龙江、河南、江苏、广东的适宜地区作露地辣椒种植。

绿剑12

鉴定编号：国品鉴菜2013011

选育单位：江西农望高科技有限公司

品种来源：H201×H102

特征特性：中熟品种，植株生长势强，始花节位10节。果实羊角形，青果绿色，熟后鲜红，果面较光滑，果长18.8cm，果宽2.5cm，肉厚0.30cm，单果重38.5g。心室2～4个，中辣，维生素C含量810.0mg/kg。田间抗病性调查，病毒病病情指数0.4，炭疽病病情指数0.5，疫病病情指数1.4，青枯病病情指数0.7。

产量表现：2010—2011年参加国家辣椒品种区域试验，平均每667m^{2}产量2 536.4kg，比对照湘研15增产5.6%。2012年参加生产试验，平均每667m^{2}产量3 063.3kg，比对照湘研15减产3.0%，其中在黑龙江、河南、江苏、广东试点平均每667m^{2}产量3 170.0kg，比对照湘研15增产13.5%。

栽培技术要点：长江及黄河流域作越夏栽培，因地选择在1～5月播种。南菜北运基地可因地选择适时播种，每667m^{2}用种量40～50g。定植地以沙壤土为宜，施足以有机肥为主的基肥，深沟高垄，排灌方便，每667m^{2}定植2 800～3 000株。摘去门椒以下的侧芽，轻采勤采，勤追肥，注意病虫害防治。

鉴定意见：该品种于2010—2012年参加全国农业技术推广服务中心组织的国家辣椒品种试验，2013年4月经全国蔬菜品种鉴定委员会鉴定通过。建议在黑龙江、河南、江苏、广东的适宜地区作露地辣椒种植。

湘妃

鉴定编号：国品鉴菜2013012

选育单位：湖南湘研种业有限公司

品种来源：A×03F-16-1

特征特性：中熟线椒品种，始花节位12节左右。果实羊角形，果色绿，果表微皱，果面有光泽，果长21.7cm，果宽1.9cm，果肉厚0.24cm，平均单果重20.8g。2～3心室，青果绿色，成熟果红色，维生素C含量3 387.0mg/kg，味较辣。田间抗病性调查，病毒病病情指数9.7，炭疽病病情指数1.8，疫病病情指数2.7，青枯病病情指数2.3。

产量表现：2010—2011年参加国家辣椒品种区域试验，平均每667m^2产量1 967.5kg，比对照湘辣2号增产9.7%。2012年参加生产试验，平均每667m^2产量2 542.1kg，比对照湘辣2号增产22.6%。

栽培技术要点：露地覆膜丰产栽培，用大棚或冷棚育苗，12月至翌年2月播种，4～5月定植，株距40cm，行距60cm，每667m^2定植3 000株左右。施足底肥，定植后加强田间管理，适时采收，轻收勤收，及时追肥补水，综合防治病虫害。

鉴定意见：该品种于2010—2012年参加全国农业技术推广服务中心组织的国家辣椒品种试验，2013年4月经全国蔬菜品种鉴定委员会鉴定通过。建议在湖南、云南、内蒙古、江西、陕西、四川的适宜地区作露地干、鲜两用型辣椒种植。

博辣红帅

鉴定编号：国品鉴菜2013013

选育单位：湖南省蔬菜研究所

品种来源：9704A×J01-227。

特征特性：中熟品种，始花节位第12节，株高52cm，株幅75cm。果实长羊角形，果长20.1cm，果肩宽1.9cm，果肉厚0.23cm，单果重19.3g。果表微皱，有光泽，青果绿色，成熟果鲜红色，果实味辣，辣椒素含量0.46%，维生素C含量1 633.0mg/kg，粗脂肪含量8.7%。田间抗病性调查，病毒病病情指数9.3，炭疽病病情指数1.6，疫病病情指数3.6，青枯病病情指数1.3。

产量表现：2010—2011年参加国家辣椒品种区域试验，平均每667m^2产量1 852.5kg，比对照湘辣2号增产3.3%，其中在湖南、江西、四川试点平均每667m^2产量2 092.8kg，比对照湘辣2号增产10.4%。2012年参加生产试验，平均每667m^2产量2 212.4kg，比对照湘辣2号增产6.7%。

栽培技术要点：春露地栽培，12月至翌年1月播种，2～3月假植一次，4月上旬定植，株距 50cm，行距 50cm，每 667m² 定植2 500株左右。施足底肥，定植后加强田间管理，适时采收，及时追肥补水，综合防治病虫害。

鉴定意见：该品种于 2010—2012 年参加全国农业技术推广服务中心组织的国家辣椒品种试验，2013 年 4 月经全国蔬菜品种鉴定委员会鉴定通过。建议在湖南、江西、四川的适宜地区作露地干、鲜两用型辣椒种植。

干鲜 4 号

鉴定编号：国品鉴菜 2013014

选育单位：四川省川椒种业科技有限责任公司

品种来源：140 A×辛八

特征特性：早中熟品种，始花节位 11 节。株高 55cm，株幅 60cm。果实羊角形，绿色，果面微皱，单果重 19.1g，果长 20.2cm，果宽 1.8cm，肉厚 0.24cm，味辣。干物质含量 82.9%，粗脂肪含量 9.3%，粗纤维含量 26.2%，维生素 C 含量2 642.0mg/kg，总糖含量 15.5%，辣椒素含量 0.5%。田间抗病性调查，病毒病病情指数 11.3，炭疽病病情指数 1.7，疫病病情指数 2.5，青枯病病情指数 2.1。

产量表现：2010—2011 年参加国家辣椒品种区域试验，平均每 667m² 产量2 084.1kg，比对照湘辣 2 号增产 16.2%。2012 年参加生产试验，平均每 667m² 产量2 385.3kg，比对照湘辣 2 号增产 15.1%。

栽培技术要点：采用大棚或温室育苗，适时播种定植，苗期分苗 1 次，定植前炼苗，前期注意防止秧苗徒长。每 667m² 定植2 700株左右，株行距 45cm×55cm。重施有机基肥，每 667m² 施腐熟农家肥4 000～5 000kg，菜饼肥 100kg，氮、磷、钾复合肥 100kg。及时采收，采收后及时追肥，保证植株生长旺盛。

鉴定意见：该品种于 2010—2012 年参加全国农业技术推广服务中心组织的国家辣椒品种试验，2013 年 4 月经全国蔬菜品种鉴定委员会鉴定通过。建议在湖南、云南、内蒙古、江西、陕西、四川适宜地区作露地干、鲜两用型辣椒种植。

国塔 109

鉴定编号：国品鉴菜 2013015

选育单位：北京市农林科学院蔬菜研究中心、北京京研益农科技发展中心

品种来源：AB05-111 × 98199

特征特性：干、鲜两用中熟品种，始花节位 11 节。株高 62cm，株幅 56cm。果实羊角形，果长 12.6cm，果肩宽 2.4cm，果肉厚 0.26cm，单果重 23.0g，果面光滑有光泽，青果绿色，成熟果红色，味中辣，高油脂。田间抗病性调查，病毒病病情指数 10.0，炭疽病病情指数 2.7，疫病病情指数 7.5，青枯病病情指数 1.9。

产量表现：2010—2011 年参加国家辣椒品种区域试验，平均每 667m² 产量1 962.0kg，比对照湘辣 2 号增产 9.4%。2012 年参加生产试验，平均每 667m² 产量2 279.1kg，比对

照湘辣 2 号增产 9.9%。

栽培技术要点：在东北及西北地区露地种植，于 3 月上旬至 4 月初播种，5 月中旬后定植，小高畦栽培，株距 40cm，行距 60cm，每 667m^2 栽3 500～4 500株。重施有机肥，追施磷、钾肥，注意钙肥施用，果实膨大期避免发生缺钙现象。钙肥对商品果品质及色泽有一定作用。

鉴定意见：该品种于 2010—2012 年参加全国农业技术推广服务中心组织的国家辣椒品种试验，2013 年 4 月经全国蔬菜品种鉴定委员会鉴定通过。建议在湖南、云南、内蒙古、江西、陕西、四川适宜地区作露地干、鲜两用型辣椒种植。

苏椒 19

鉴定编号：国品鉴菜 2013016

选育单位：江苏省农业科学院蔬菜研究所

品种来源：05X317×05X319

特征特性：早中熟品种，始花节位第 12 节。果实粗羊角形，果长 20.2cm，果肩宽 2.6cm，果肉厚 0.30cm，单果重 31.5g，果面略有皱褶，青果浅绿色，成熟果红色，味中辣，维生素 C 含量2 010.0mg/kg，干物质含量 85.4%，粗脂肪含量 8.2%，粗纤维含量 24.7%，总糖含量 12.99%，辣椒素含量 0.43%。田间抗病性调查，病毒病病情指数 12.8，炭疽病病情指数 2.9，疫病病情指数 7.4，青枯病病情指数 3.4。

产量表现：2010—2011 年参加国家辣椒品种区域试验，平均每 667m^2 产量1 927.5kg，比对照湘辣 2 号增产 7.4%。2012 年参加生产试验，平均每 667m^2 产量2 251.7kg，比对照湘辣 2 号增产 8.6%。

栽培技术要点：长江中下游地区 1 月播种，也可按茬口确定播种时间，每 667m^2 用种量为 40～50g。培育壮苗，适时定植。选择土层深厚、肥沃、排灌良好的地块种植，每 667m^2 定植3 200株左右。重施基肥，及时追肥，促早发棵、早封行。及时防治病虫害，及时采收，轻收勤收。

鉴定意见：该品种于 2010—2012 年参加全国农业技术推广服务中心组织的国家辣椒品种试验，2013 年 4 月经全国蔬菜品种鉴定委员会鉴定通过。建议在湖南、云南、内蒙古、江西、陕西、四川的适宜地区作露地干、鲜两用型辣椒种植。

皖椒 18

鉴定编号：国品鉴菜 2013017

选育单位：安徽省农业科学院园艺研究所

品种来源：02-08×89-18

特征特性：中熟品种，始花节位 13 节。果实羊角形，浓绿色，果面光滑，平均单果重 17.9g，果长 17.1cm，果宽 1.7cm，肉厚 0.23cm，心室数 2～3 个，果面光滑有光泽，成熟果红色，味辣，辣椒素含量 0.47%，维生素 C 含量2 288.0mg/kg。田间抗病性调查，病毒病病情指数 11.4，炭疽病病情指数 2.3，疫病病情指数 2.9，青枯病病情指数 1.6。

产量表现： 2010—2011 年参加国家辣椒品种区域试验，平均每 667m^2 产量1 917.1kg，比对照湘辣 2 号增产 6.9%。2012 年参加生产试验，平均每 667m^2 产量2 101.4kg，比对照湘辣 2 号增产 1.4%，其中在江西、四川、云南试点平均每 667m^2 产量2 155.8kg，比对照湘辣 2 号增产 13.4%。

栽培技术要点： 采用保护地育苗，1～3 月可播种，苗龄 80 d 左右。一般在 3 月初至 5 月初定植，每 667m^2 定植3 000～4 000株。苗期要早施轻施促苗肥，坐果期应加大肥水供给。注意病虫害防治。可根据需要分批、及时采收。该品种长季节栽培增产潜力较大。

鉴定意见： 该品种于 2010—2012 年参加全国农业技术推广服务中心组织的国家辣椒品种试验，2013 年 4 月经全国蔬菜品种鉴定委员会鉴定通过。建议在江西、四川、云南的适宜地区作露地干、鲜两用型辣椒种植。

辛香 8 号

鉴定编号： 国品鉴菜 2013018

选育单位： 江西农望高科技有限公司

品种来源： N119×T046

特征特性： 中早熟品种。株型紧凑，生长势强，株高 56cm，株幅 68cm，始花节位 11 节。果实细长羊角形，青果绿色，熟后鲜红，果面青果微皱、熟后较光滑，果长 22.5cm，果宽 1.8cm，肉厚 0.26cm，单果重 21g，心室 2～3 个，香辣味浓，辣椒素含量 0.39%，维生素 C 含量3 813.0mg/kg。田间抗病性调查，病毒病病情指数 9.3，炭疽病病情指数 1.9，疫病病情指数 3.0，青枯病病情指数 2.9。

产量表现： 2010—2011 年参加国家辣椒品种区域试验，平均每 667m^2 产量1 885.1kg，比对照湘辣 2 号增产 5.1%。2012 年参加生产试验，平均每 667m^2 产量2 266.3kg，比对照湘辣 2 号增产 9.3%。

栽培技术要点： 不同地区可根据当地的种植习惯选择适时播种，每 667m^2 用种量 40～50g，培育壮苗。定植土壤以沙壤土为宜，排灌方便。重施以有机肥为主的基肥，深沟高垄，每 667m^2 定植3 000株左右，单株栽培，注意花果期追肥。生长期摘去门椒以下的侧芽，收获期勤采勤收。注意病虫害防治。

鉴定意见： 该品种于 2010—2012 年参加全国农业技术推广服务中心组织的国家辣椒品种试验，2013 年 4 月经全国蔬菜品种鉴定委员会鉴定通过。建议在湖南、云南、内蒙古、江西、陕西、四川的适宜地区作露地干、鲜两用型辣椒种植。

艳椒 417

鉴定编号： 国品鉴菜 2013019

选育单位：重庆市农业科学院蔬菜花卉所

品种来源：739-1-1-1-1×534-2-1-1-1

特征特性：中熟品种，始花节位第13节。株高70cm，株幅88cm。长尖椒类型，果长16.2cm，果肩宽1.5cm，果肉厚0.24cm，单果重16.3g，果面光滑有光泽，青果绿色，成熟果大红色，味辛辣，维生素C含量1 632.0mg/kg。田间抗病性调查，病毒病病情指数11.2，炭疽病病情指数2.2，疫病病情指数2.2，青枯病病情指数2.1。

产量表现：2010—2011年参加国家辣椒品种区域试验，平均每667m^{2}产量1 981.0kg，比对照湘辣2号增产10.4%。2012年参加生产试验，平均每667m^{2}产量2 366.8kg，比对照湘辣2号增产14.2%。

栽培技术要点：重庆及西南地区，塑料大棚冷床育苗在11月上中旬催芽播种，或大棚加小拱棚冷床在2月下旬至3月初播种育春苗，翌年3～4月定植，株距30cm，行距50cm，每667m^{2}定植3 300株左右。施足底肥，定植后加强田间管理，适时采收，及时追肥补水，综合防治病虫害。

鉴定意见：该品种于2010—2012年参加全国农业技术推广服务中心组织的国家辣椒品种试验，2013年4月经全国蔬菜品种鉴定委员会鉴定通过。建议在湖南、云南、内蒙古、江西、陕西、四川适宜地区作露地干、鲜两用型辣椒种植。

苏椒103

鉴定编号：国品鉴菜2013020

选育单位：江苏省农业科学院蔬菜研究所

品种来源：01016-2×S006

特征特性：早中熟品种，始花节位第9节。果实高灯笼形，果长10.1cm，果肩宽6.8cm，果肉厚0.49cm，单果重137.0g。果面光滑有光泽，青果绿色，成熟果红色，味甜，维生素C含量1 480.0mg/kg。田间抗病性调查，病毒病病情指数7.4，炭疽病病情指数0.6，疫病病情指数1.2，青枯病病情指数0.8。

产量表现：2010—2011年参加国家辣椒品种区域试验，平均每667m^{2}产量2 110.6kg，比对照中椒5号减产2.6%，其中在河南、江苏、广东试点平均每667m^{2}产量1 976.8kg，比对照中椒5号增产12.1%。2012年参加生产试验，平均每667m^{2}产量2 600.6kg，比对照中椒5号增产10.5%。

栽培技术要点：江苏地区作春季露地栽培，一般3月初播种，2～3片真叶分苗，4月中旬露地地膜高垄定植，每667m^{2}定植4 000株左右。重施基肥，及时追肥，促早发棵、早封行。及时采收，轻收勤收，每采收2次每667m^{2}追施尿素15kg，生长中后期及时防治病虫害。

鉴定意见：该品种于2010—2012年参加全国农业技术推广服务中心组织的国家辣椒品种试验，2013年4月经全国蔬菜品种鉴定委员会鉴定通过。建议在河南、江苏、广东的适宜地区作露地甜椒种植。

大汉 2 号

鉴定编号：国品鉴菜 2016020

选育单位：江西农望高科技有限公司

品种来源：9901×0302

特征特性：早熟，植株生长势强，始花节位 10.1 节，果实长灯笼形，青果浅绿色，果面微皱，有光泽，果长 17.7cm，果宽 5.4cm，肉厚 0.32cm，单果重 113.8g，心室 3～4 个。果实膨大快，微辣，有鲜味，品质好，产量高，每 100g 鲜果维生素 C 含量 82.14mg。耐低温弱光，较耐高温。田间抗病性调查，抗病毒病、炭疽病、疫病、青枯病。

产量表现：2013—2014 年参加国家辣椒品种区域试验，前期平均每 667m^2 产量 1 078.2kg，比对照苏椒 5 号增产 8.9%；每 667m^2 平均总产量2 978.0kg，比对照增产 17.9%。2015 年参加生产试验，前期平均每 667m^2 产量1 098.1kg，比对照苏椒 5 号增产 9.0%；每 667m^2 平均总产量2 741.7kg，比对照增产 18.0%。

栽培技术要点：春、秋季大棚栽培，不同地区根据当地的种植习惯选择适时播种。每 667m^2 用种量 40～50g，培育壮苗。定植土壤以沙壤土为宜，排灌方便。施足以有机肥为主的基肥，深沟高垄，每 667m^2 定植3 600株左右，每垄双行单株栽培，注意花果期追肥。收获期勤采勤收。注意病虫害防治。

鉴定意见：该品种于 2013—2015 年参加全国农业技术推广服务中心组织的国家辣椒品种试验，2015 年 12 月经国家蔬菜品种鉴定委员会鉴定通过。建议在辽宁、江苏、安徽、山东、湖北和新疆的适宜地区作保护地辣椒种植。

秦椒 1 号

鉴定编号：国品鉴菜 2016021

选育单位：西北农林科技大学园艺学院

品种来源：R9816-2-1-3×Z97-2-7-42

特征特性：中早熟品种。果实长灯笼形，平均始花节位 10.5 节。果长 17.1cm，果肩宽 4.7cm，果肉厚 0.31cm，单果重 73.6g，果面微皱有光泽，青果绿色，成熟果鲜红色，每 100g 鲜果维生素 C 含量 111.68mg。田间抗病性调查，抗病毒病、炭疽病、疫病、青枯病。

产量表现：2013—2014 年参加国家辣椒品种区域试验，前期平均每 667m^2 产量 945.2kg，比对照苏椒 5 号减产 4.5%；每 667m^2 平均总产量3 022.3kg，比对照苏椒 5 号增产 19.7%。2015 年参加生产试验，前期平均每 667m^2 产量1 081.2kg，比对照苏椒 5 号增产 7.3%；每 667m^2 平均总产量2 604.6kg，比对照苏椒 5 号增产 12.1%。

栽培技术要点：北方地区冬春茬种植，8 月中、下旬至 9 月上、中旬育苗，10 月中、下旬定植；春提早种植于 12 月下旬播种，3 月中、下旬定植。定植穴距 35 cm 左右，宽行行距 70～80cm、窄行行距 40～50cm，每穴双株。重施基肥，及时追肥，促早发棵、早封行。定植后加强田间管理，及时追肥补水，综合防治病虫害。适时采收，轻收勤收。

鉴定意见：该品种于2013—2015年参加全国农业技术推广服务中心组织的国家辣椒品种试验，2015年12月经国家蔬菜品种鉴定委员会鉴定通过。建议在辽宁、江苏、安徽、山东、湖北、重庆和新疆的适宜地区作保护地辣椒种植。

国福305

鉴定编号：国品鉴菜2016022

选育单位：京研益农（北京）种业科技有限公司、北京市农林科学院蔬菜研究中心

品种来源：07-70MS×07-25

特征特性：早熟品种，平均始花节位9.3节。生长势强，膨果速度快，果实长灯笼形，果色浅绿，果面微皱，有光泽。平均单果重73.8g，果实纵径15.7cm，横径4.5cm，肉厚0.30cm，味微辣，商品果实品质较好，每100g鲜果维生素C含量117.21mg。田间抗病性调查，抗病毒病、炭疽病、疫病、青枯病。

产量表现：2013—2014年参加国家辣椒品种区域试验，前期平均每667m^{2}产量1 033.5kg，比对照苏椒5号增产4.4%；每667m^{2}平均总产量3 028.5kg，比对照苏椒5号增产19.9%。2015年参加生产试验，前期平均每667m^{2}产量1 238.6kg，比对照苏椒5号增产22.9%；每667m^{2}平均总产量2 958.9kg，比对照苏椒5号增产27.3%。

栽培技术要点：长江流域保护地和拱棚栽培。大棚育苗，定植畦宽110cm，每畦栽2行，穴距40～45cm，每667m^{2}2 800～3 500穴。施足底肥，追施磷、钾肥，注意钙肥施用，钙肥对果实品质和着色有一定作用。定植后加强管理，及时追肥补水，综合防治病虫害。适时采收青果，轻收勤收。

鉴定意见：该品种于2013—2015年参加全国农业技术推广服务中心组织的国家辣椒品种试验，2015年12月经国家蔬菜品种鉴定委员会鉴定通过。建议在辽宁、江苏、安徽、山东、湖北、重庆和新疆的适宜地区作春季保护地和秋延后拱棚种植。

苏椒25号

鉴定编号：国品鉴菜2016023

选育单位：江苏省农业科学院蔬菜研究所

品种来源：200905M×2009X93

特征特性：早熟品种，平均始花节位9.0节。果实长灯笼形，果长13.5cm，果肩宽4.5cm，果肉厚0.30cm，单果重62.1g，果面微皱有光泽，青果绿色，成熟果红色，味微辣，每100g鲜果维生素C含量115.36mg。田间抗病性调查，抗病毒病、炭疽病、疫病、青枯病。

产量表现：2013—2014年参加国家辣椒品种区域试验，前期平均每667m^{2}产量1 027.1kg，比对照苏椒5号增产3.8%；每667m^{2}平均总产量2 735.8kg，比对照苏椒5号增产8.4%。2015年参加生产试验，前期平均每667m^{2}产量970.4kg，比对照苏椒5号

减产 3.7%；每 $667m^2$ 平均总产量2 523.3kg，比对照苏椒 5 号增产 8.6%。

栽培技术要点：长江中下游地区冬春茬栽培，9 月上旬育苗，10 月中旬定植；春提早栽培，一般于 11 月中、下旬播种育苗，翌年 1 月中、下旬定植。每畦种植双行，株距 40cm，行距 60cm。重施基肥，及时追肥，加强温、光、肥、水调控，促早发棵、早封行。春季生长前期注意保温防冻，生长后期注意通风降温。及时防治病虫害，适时采收，轻收勤收。

鉴定意见：该品种于 2013—2015 年参加全国农业技术推广服务中心组织的国家辣椒品种试验，2015 年 12 月经国家蔬菜品种鉴定委员会鉴定通过。建议在江苏、安徽、山东、湖北、重庆和新疆的适宜地区作保护地辣椒种植。

沈研 18

鉴定编号：国品鉴菜 2016024

选育单位：沈阳市农业科学院

品种来源：A074-3×0952-7

特征特性：早熟品种，始花节位 9.8 节。生长势强，果实灯笼形，果色绿，果面皱，有光泽。平均单果重 116.2g，果实纵径 10.7cm，横径 7.7cm，肉厚 0.33cm，微辣，品质好，每 100g 鲜果维生素 C 含量 148.48mg。田间抗病性调查，抗病毒病、炭疽病、疫病、青枯病。

产量表现：2013—2014 年参加国家辣椒品种区域试验，前期平均每 $667m^2$ 产量 1 148.2kg，比对照苏椒 5 号增产 16.0%；每 $667m^2$ 平均总产量2 890.2kg，比对照苏椒 5 号增产 14.5%。2015 年参加生产试验，前期平均每 $667m^2$ 产量1 110.2kg，比对照苏椒 5 号增产 10.2%；每 $667m^2$ 平均总产量2 462.5kg，比对照增产 6.0%。

栽培技术要点：适宜北方大棚或日光温室栽培。大棚或温室冷床育苗，定植畦宽 120cm，每畦栽 2 行，穴距 35～40cm，每$667m^2$ 3 200～3 800穴。施足底肥，每 $667m^2$ 施腐熟鸡粪2 500kg。定植后加强管理，及时追肥补水，综合防治病虫害。适时采收青果，轻收勤收。

鉴定意见：该品种于 2013—2015 年参加全国农业技术推广服务中心组织的国家辣椒品种试验，2015 年 12 月经国家蔬菜品种鉴定委员会鉴定通过。建议在辽宁、江苏、安徽、山东、重庆和新疆的适宜地区作保护地辣椒种植。

湘研 812

鉴定编号：国品鉴菜 2016025

选育单位：湖南湘研种业有限公司

品种来源：9202×R07360

特征特性：早熟品种。生长势强，株型半直立，主茎生长优势较明显，分枝多，叶近卵圆形，叶量较大。果实长灯笼形，果色绿，果面有纵皱，果表光泽度好。平均单果重

84.9g，果实纵径17.1cm，横径4.8cm，肉厚0.30cm，味微辣，每100g鲜果维生素C含量148.56mg。田间抗病性调查，抗病毒病、炭疽病、疫病、青枯病。

产量表现： 2013—2014年参加国家辣椒品种区域试验，前期平均每667m^{2}产量1 296.8kg，比对照苏椒5号增产31.0%；每667m^{2}平均总产量3 214.7kg，比对照苏椒5号增产27.3%。2015年参加生产试验，前期平均每667m^{2}产量1 328.0kg，比对照苏椒5号增产31.8%；每667m^{2}平均总产量3 315.5kg，比对照苏椒5号增产42.7%。

栽培技术要点： 长江流域保护地栽培。大棚或温室冷床育苗，垄宽140cm，其中定植畦宽100cm，每畦栽2行，穴距38～42cm，每667m^2 2 500～2 800穴。施足底肥，定植后加强管理，及时追肥补水，综合防治病虫害。适时采收青果，轻收勤收。

鉴定意见： 该品种于2013—2015年参加全国农业技术推广服务中心组织的国家辣椒品种试验，2015年12月经国家蔬菜品种鉴定委员会鉴定通过。建议在辽宁、江苏、安徽、山东、重庆和新疆的适宜地区作保护地辣椒种植。

濮椒6号

鉴定编号： 国品鉴菜2016026

选育单位： 濮阳市农业科学院

品种来源： 0712×A-96

特征特性： 中早熟品种，平均始花节位10.3节。果实牛角形，果长19.0cm，果肩宽5.1cm，果肉厚0.36cm，单果重98.2g，果面光滑有光泽，青果绿色，成熟果红色，微辣，每100g鲜果维生素C含量96.94mg。田间抗病性调查，抗病毒病、炭疽病、疫病、青枯病。

产量表现： 2013—2014年参加国家辣椒品种区域试验，前期平均每667m^{2}产量1 352.0kg，比对照江蔬1号增产8.6%；每667m^{2}平均总产量3 449.2kg，比对照江蔬1号增产13.4%。2015年参加生产试验，前期平均每667m^{2}产量1 455.5kg，比对照江蔬1号增产8.4%；每667m^{2}平均总产量3 147.2kg，比对照江蔬1号增产19.3%。

栽培技术要点： 黄淮海地区早春保护地栽培，12月下旬至翌年1月上旬播种育苗，2月中、下旬定植，行距60cm，株距43cm，每667m^{2}定植2 600株左右。施足底肥，追施磷、钾肥。定植后加强田间管理，及时追肥补水，适时采收，轻收勤收，综合防治病虫害。

鉴定意见： 该品种于2013—2015年参加全国农业技术推广服务中心组织的国家辣椒品种试验，2015年12月经国家蔬菜品种鉴定委员会鉴定通过。建议在河南、辽宁、江苏、安徽、山东、湖北和重庆的适宜地区作保护地辣椒种植。

苏椒26

鉴定编号： 国品鉴菜2016027

选育单位： 江苏省农业科学院蔬菜研究所

品种来源： 2012X14×2012X10

特征特性： 早熟品种，始花节位 9.6 节。果实牛角形，果长 19.1cm，果肩宽 4.3cm，果肉厚 0.26cm，单果重 65.0g，果面光滑有光泽，青果绿色，成熟果红色，味微辣，每 100g 鲜果维生素 C 含量 104.33mg。田间抗病性调查，中抗病毒病，抗炭疽病、疫病、青枯病。

产量表现： 2013—2014 年参加国家辣椒品种区域试验，前期平均每 667m^2 产量 1 136.2kg，比对照江蔬 1 号减产 8.8%；每 667m^2 平均总产量3 198.3kg，比对照江蔬 1 号增产 5.1%。2015 年参加生产试验，前期平均每 667m^2 产量1 195.4kg，比对照江蔬 1 号减产 11.0%；每 667m^2 平均总产量2 795.9kg，比对照江蔬 1 号增产 6.0%。

栽培技术要点： 长江中下游地区冬春茬栽培，9 月上旬育苗，10 月中旬定植；春提早栽培，一般于 11 月中、下旬播种育苗，翌年 1 月中、下旬定植。每畦种植双行，株距 40cm，行距 60cm。重施基肥，及时追肥，加强温、光、肥、水调控，促早发棵、早封行。冬春季生长前期注意保温防冻，生长后期注意通风降温。及时防治病虫害，及时采收，轻收勤收。

鉴定意见： 该品种于 2013—2015 年参加全国农业技术推广服务中心组织的国家辣椒品种试验，2015 年 12 月经国家蔬菜品种鉴定委员会鉴定通过。建议在江苏、山东、安徽、湖北、重庆和新疆的适宜地区作保护地辣椒种植。

冀研 108

鉴定编号： 国品鉴菜 2016028

选育单位： 河北省农林科学院经济作物研究所

品种来源： AB91-W222-49176×JF8G-2-1-2-5-1-11-4

特征特性： 早熟品种，始花节位 10.4 节。生长势强。果实灯笼形，果色绿，果面光滑，有光泽。平均单果重 191.4g，果实纵径 8.8cm，横径 8.5cm，肉厚 0.60cm，味甜，每 100g 鲜果维生素 C 含量 128.01mg。田间抗病性调查，抗病毒病、炭疽病、疫病、青枯病。

产量表现： 2013—2014 年参加国家辣椒品种区域试验，前期平均每 667m^2 产量 1 467.3kg，比对照冀研 6 号增产 14.6%；每 667m^2 平均总产量3 357.6kg，比对照冀研 6 号增产 8.1%。2015 年参加生产试验，前期平均每 667m^2 产量1 371.4kg，比对照冀研 6 号增产 21.5%；每 667m^2 平均总产量3 672.3kg，比对照冀研 6 号增产 18.6%。

栽培技术要点： 北方保护地栽培，采用日光温室穴盘育苗，定植畦宽 120cm，每畦栽 2 行，单株种植，株距 40cm 左右，每667m^2 2 000～2 500株。在高水肥条件下种植，定植后加强田间管理，坐果前注意控制温湿度，严防植株徒长。门椒坐稳后肥水齐攻，果实膨大后适时采收，轻收勤收，及时综合防治病虫害。

鉴定意见： 该品种于 2013—2015 年参加全国农业技术推广服务中心组织的国家辣椒品种试验，2015 年 12 月经国家蔬菜品种鉴定委员会鉴定通过。建议在北京、河北、山西、山东和上海的适宜地区作保护地甜椒种植。

国禧 115

鉴定编号：国品鉴菜 2016029

选育单位：京研益农（北京）种业科技有限公司、北京市农林科学院蔬菜研究中心

品种来源：SY09-187×SY09-178

特征特性：早熟品种，始花节位平均 9.6 节。生长势强，果实灯笼形，果色绿，果面光滑，有光泽。平均单果重 189.5g，果实纵径 10.8cm，横径 8.8cm，肉厚 0.49cm，味甜，商品果实品质好，每 100g 鲜果维生素 C 含量 105.54mg。田间抗病性调查，中抗病毒病，抗炭疽病、疫病、青枯病。

产量表现：2013—2014 年参加国家辣椒品种区域试验，前期平均每 667m^2 产量 1 597.7kg，比对照冀研 6 号增产 24.8%；每 667m^2 平均总产量3 494.3kg，比对照冀研 6 号增产 12.5%。2015 年参加生产试验，前期平均每 667m^2 产量1 265.1kg，比对照冀研 6 号增产 12.0%；每 667m^2 平均总产量3 510.2kg，比对照冀研 6 号增产 13.3%。

栽培技术要点：华北地区日光温室和拱棚栽培，大棚或温室冷床育苗，定植畦宽 110cm，每畦栽 2 行，穴距 40～45cm，每667m^2 2 800～3 500穴。施足底肥，追施磷、钾肥，注意钙肥施用。定植后加强管理，及时追肥补水，综合防治病虫害。适时采收青果，轻收勤收。

鉴定意见：该品种于 2013—2015 年参加全国农业技术推广服务中心组织的国家辣椒品种试验，2015 年 12 月经国家蔬菜品种鉴定委员会鉴定通过。建议在北京、河北、山西、江苏和上海的适宜地区作早春保护地和秋延后拱棚种植。

中椒 2 号

鉴定编号：国品鉴菜 2016030

选育单位：上海市农业科学院园艺研究所

品种来源：P202-7 ×P202-2

特征特性：中早熟品种，始花节位平均 10.6 节。株高 100cm，株幅 99cm。果实灯笼形，果长 9.0cm，果肩宽 7.4cm，果肉厚 0.62cm，单果重 146.8g，果面光滑有光泽，青果绿色，成熟果黄色，味甜，每 100g 鲜果维生素 C 含量 132.27mg。田间抗病性调查，抗病毒病、炭疽病、疫病、青枯病。

产量表现：2013—2014 年参加国家辣椒品种区域试验，前期平均每 667m^2 产量 1 332.9kg，比对照冀研 6 号增产 4.1%；每 667m^2 平均总产量3 453.5kg，比对照冀研 6 号增产 11.2%。2015 年参加生产试验，前期平均每 667m^2 产量1 129.8kg，比对照冀研 6 号增产 0.1%；每 667m^2 平均总产量3 471.2kg，比对照冀研 6 号增产 12.1%。

栽培技术要点：大棚种植，12 月至翌年 2 月播种，3 月中旬至 4 月上旬单株定植。株距 33～45cm，宽窄行或等行距栽培，宽行距 60～95cm，窄行距 40～50cm，等行距 60cm，每 667m^2 定植1 600～2 200株。施足底肥，追施磷、钾肥，注意钙肥施用。定植

后加强田间管理，及时追肥补水，综合防治病虫害。适时采收，轻收勤收。

鉴定意见：该品种于2013—2015年参加全国农业技术推广服务中心组织的国家辣椒品种试验，2015年12月经国家蔬菜品种鉴定委员会鉴定通过。建议在山西、山东、江苏和上海的适宜地区作保护地甜椒种植。

金田11

鉴定编号：国品鉴菜2016031

选育单位：广东省农业科学院蔬菜研究所、广东科农蔬菜种业有限公司

品种来源：262×216

特征特性：中早熟品种，始花节位10节。株高90cm，株幅83cm。果实羊角形，果长18.1cm，果肩宽3.4cm，果肉厚0.33cm，单果重57.3g，果面光滑有光泽，青果绿色，成熟果红色，微辣，每100g鲜果维生素C含量120.00mg。田间抗病性调查，抗病毒病、炭疽病、疫病、青枯病。

产量表现：2013—2014年参加国家辣椒品种区域试验，前期平均每667m^{2}产量1 110.9kg，比对照湘研15增产30.1%；每667m^{2}平均总产量3 268.2kg，比对照湘研15增产11.1%。2015年参加生产试验，前期平均每667m^{2}产量861.9kg，比对照湘研15增产13.4%；每667m^{2}平均总产量2 843.9kg，比对照湘研15增产0.1%，其中河南、江苏、广东、广西、海南试验点平均每667m^{2}产量3 018.4kg，比对照湘研15增产12.1%。

栽培技术要点：露地种植，11～12月播种。株距40cm，行距60cm，每667m^{2}定植3 000株左右。施足底肥，追施磷、钾肥，注意钙肥施用。定植后加强田间管理，及时追肥补水，综合防治病虫害。适时采收，轻收勤收。

鉴定意见：该品种于2013—2015年参加全国农业技术推广服务中心组织的国家辣椒品种试验，2015年12月经国家蔬菜品种鉴定委员会鉴定通过。建议在河南、江苏、广东、广西和海南的适宜地区作露地辣椒种植。

驻椒19

鉴定编号：国品鉴菜2016032

选育单位：驻马店市农业科学院

品种来源：梨乡888-7-12-1-5-5-7-4-9×驻0606

特征特性：中早熟品种，始花节位11.2节。株高62.5cm，株幅50.6cm。果实羊角形，果实纵径18.3cm，横径3.2cm，果肉厚0.36cm，单果重52.3g，果面光滑有光泽，青果绿色，成熟果红色，味微辣，每100g鲜果维生素C含量101.5mg。田间抗病性调查，抗病毒病、炭疽病、疫病、青枯病。

产量表现：2013—2014年参加国家辣椒品种区域试验，前期平均每667m^{2}产量1 013.5kg，比对照湘研15增产18.7%；每667m^{2}平均总产量3 176.0kg，比对照湘研15增产8.0%。2015年参加生产试验，前期平均每667m^{2}产量821.6kg，比对照湘研15增

产8.1%；每667m² 平均总产量3 128.5kg，比对照湘研15增产10.1%。

栽培技术要点： 露地种植，1月下旬至2月上旬播种，4月中下旬单株定植。株距30～35cm，行距55～60cm，每667m² 定植3 700株左右。施足底肥，定植后加强田间管理，及时追肥补水，综合防治病虫害。适时采收青果，轻收勤收。

鉴定意见： 该品种于2013—2015年参加全国农业技术推广服务中心组织的国家辣椒品种试验，2015年12月经国家蔬菜品种鉴定委员会鉴定通过。建议在河南、江苏、广东、广西和海南的适宜地区作露地辣椒种植。

春研26

鉴定编号： 国品鉴菜2016033

选育单位： 江西宜春市春丰种子中心

品种来源： 20-6-4×A02-7

特征特性： 中熟品种。株型半直立，主茎生长优势明显，叶近卵圆形，叶量中等。果实羊角形，果色绿，果面微皱，有光泽，平均单果重50.5g，果实纵径19.2cm，横径3.2cm，肉厚0.32cm，微辣，商品性好，每100g鲜果维生素C含量124.14mg。田间抗病性调查，抗病毒病、炭疽病、疫病、青枯病。

产量表现： 2013—2014年参加国家辣椒品种区域试验，前期平均每667m² 产量871.9kg，比对照湘研15增产2.1%；每667m² 平均总产量3 087.6kg，比对照湘研15增产5.0%。2015年参加生产试验，前期平均每667m² 产量791.2kg，比对照湘研15增产4.1%；每667m² 平均总产量2 982.6kg，比对照湘研15增产4.9%，其中在黑龙江、河南、江苏、广西、海南试点平均每667m² 产量3 234.7kg，比对照湘研15增产6.4%。

栽培技术要点： 1月至3月上旬采用小拱棚播种育苗，在4月份（清明后）露地定植，每667m² 用种量50g。最好是水旱轮作地，前茬忌茄科作物，采用高垄窄畦，每畦定植两行，单株栽培，株距40cm，行距60cm，每667m² 定植2 800株左右。施足底肥，追施磷、钾肥。定植后加强田间管理，适时采收，及时追肥补水，综合防治病虫害等。

鉴定意见： 该品种于2013—2015年参加全国农业技术推广服务中心组织的国家辣椒品种试验，2015年12月经国家蔬菜品种鉴定委员会鉴定通过。建议在黑龙江、河南、江苏、广西和海南的适宜地区作露地辣椒种植。

国福208

鉴定编号： 国品鉴菜2016034

选育单位： 京研益农（北京）种业科技有限公司、北京市农林科学院蔬菜研究中心

品种来源： 06-4×06-54

特征特性： 中早熟品种，始花节位9.9节。生长势强，果实羊角形，果形顺直美观，肉厚、质脆、腔小。果色绿，果面光滑，有光泽。平均单果重56.6g，果实纵径21.2cm，横径3.4cm，肉厚0.34cm，味微辣，商品果实品质好，每100g鲜果维生素C含量

142.52mg。田间抗病性调查，抗病毒病、炭疽病、疫病、青枯病。

产量表现： 2013—2014年参加国家辣椒品种区域试验，前期平均每667m^{2}产量1 249.0kg，比对照湘研15增产46.2%；每667m^{2}平均总产量3 392.4kg，比对照湘研15增产15.4%。2015年参加生产试验，前期平均每667m^{2}产量975.5kg，比对照湘研15增产28.4%；每667m^{2}平均总产量3 309.6kg，比对照湘研15增产16.5%。

栽培技术要点： 露地栽培，定植畦宽110cm，每畦栽2行，穴距40～45cm，每667m^2 2 800～3 500穴。施足底肥，追施磷、钾肥，注意钙肥施用。钙肥对果实品质和着色有一定作用。定植后加强管理，及时追肥补水，综合防治病虫害。适时采收青果，轻收勤收。

鉴定意见： 该品种于2013—2015年参加全国农业技术推广服务中心组织的国家辣椒品种试验，2015年12月经国家蔬菜品种鉴定委员会鉴定通过。建议在黑龙江、河南、江苏、广东、广西和海南的适宜地区作露地辣椒种植。

长研206

鉴定编号： 国品鉴菜2016035

选育单位： 长沙市蔬菜科学研究所

品种来源： 8218×F285

特征特性： 中早熟品种，始花节位10.9节。生长势中等，株型半开张，叶近卵圆形，叶片较小。果实羊角形，果色浅绿，果面微皱，有光泽。平均单果重57.3g，果实纵径19.8cm，横径3.5cm，肉厚0.36cm，味微辣，每100g鲜果维生素C含量123.64mg。田间抗病性调查，抗病毒病、炭疽病、疫病、青枯病。

产量表现： 2013—2014年参加国家辣椒品种区域试验，前期平均每667m^{2}产量896.2kg，比对照湘研15增产4.9%；每667m^{2}平均总产量3 180.6kg，比对照湘研15增产8.2%。2015年参加生产试验，前期平均每667m^{2}产量752.8kg，比对照湘研15减产0.9%；每667m^{2}平均总产量3 006.2kg，比对照湘研15增产5.8%。

栽培技术要点： 长江流域露地栽培，12月至翌年1月份播种，大棚育苗，3月底至4月中旬定植，定植畦宽110cm，每畦栽2行，穴距40cm，每667m^2 2 800～3 000穴。施足底肥，定植后加强管理，及时追肥补水，综合防治病虫害。适时采收青果，轻收勤收。

鉴定意见： 该品种于2013—2015年参加全国农业技术推广服务中心组织的国家辣椒品种试验，2015年12月经国家蔬菜品种鉴定委员会鉴定通过。建议在黑龙江、河南、江苏和广东的适宜地区作露地辣椒种植。

春研翠龙

鉴定编号： 国品鉴菜2016036

选育单位： 江西宜春市春丰种子中心

品种来源： E99-9×01-1-6

特征特性：早熟品种。生长势强，株型紧凑，主茎生长优势明显，叶近卵圆形，叶量中等。果实线形，果色绿，果面微皱，有光泽，平均单果重 21.3g，果实纵径 24.0cm，横径 1.5cm，肉厚 0.24cm，味辣，商品性好，每 100g 鲜果维生素 C 含量 140.0mg。田间抗病性调查，抗病毒病、炭疽病、疫病、青枯病。

产量表现：2013—2014 年参加国家辣椒品种区域试验，前期平均每 667m² 产量 914.2kg，比对照湘辣 2 号增产 11.0%；每 667m² 平均总产量2 063.7kg，比对照湘辣 2 号增产 16.3%。2015 年参加生产试验，前期平均每 667m² 产量1 154.1kg，比对照湘辣 2 号增产 9.8%；每 667m² 平均总产量2 736.9kg，比对照湘辣 2 号增产 13.4%。

栽培技术要点：长江流域，于 10～11 月采用大棚播种育苗，每 667m² 用种量 50g，育苗期间分苗移栽 1 次，翌年 2～3 月选择排灌良好的沙壤土作保护地种植。也可在 1～2 月采用小拱棚播种育苗，4 月上、中旬露地定植。最好是水旱轮作地，前茬忌茄科作物。采用高垄窄畦，每畦定植两行，单株栽培，株距 40cm，行距 50cm，每 667m² 定植3 000 株左右。施足底肥，追施磷、钾肥，定植后加强田间管理，适时采收，及时追肥补水，综合防治病虫害。

鉴定意见：该品种于 2013—2015 年参加全国农业技术推广服务中心组织的国家辣椒品种试验，2015 年 12 月经国家蔬菜品种鉴定委员会鉴定通过。建议在内蒙古、江西、广东、湖南、云南、贵州、四川和陕西的适宜地区作露地辣椒种植。

艳椒 11

鉴定编号：国品鉴菜 2016037

选育单位：重庆市农业科学院蔬菜花卉研究所

品种来源：812-1-1-1-1×811-2-1-1-1

特征特性：中熟品种。生长势强，株型半直立，主茎生长优势较明显，叶披针形。果实羊角形，果色绿，果面微皱，有光泽。平均单果重 23.1g，果实纵径 21.3cm，横径 1.9cm，肉厚 0.22cm，味辣，每 100g 鲜果维生素 C 含量 190.0mg。田间抗病性调查，抗病毒病、炭疽病、疫病、青枯病。

产量表现：2013—2014 年参加国家辣椒品种区域试验，前期平均每 667m² 产量 983.0kg，比对照湘辣 2 号增产 19.3%；每 667m² 平均总产量2 022.7kg，比对照湘辣 2 号增产 14.0%。2015 年参加生产试验，前期平均每 667m² 产量1 058.1kg，比对照湘辣 2 号增产 0.6%；每 667m² 平均总产量2 435.1kg，比对照湘辣 2 号增产 0.9%，其中在湖南、江西、陕西、四川、贵州试点平均每 667m² 产量2 510.4kg，比对照湘辣 2 号增产 16.7%。

栽培技术要点：重庆及西南地区，塑料大棚冷床育苗在 10 月下旬催芽播种或 2 月底至 3 月上旬播种，翌年 3 月中旬至 4 月上旬定植，提倡采用地膜覆盖栽培，双行单株栽植，1.3m 开厢，株距 33cm，小行距 50cm，每667m² 3 000穴。施足底肥，定植后加强管理，及时追肥补水，综合防治病虫害。红椒成熟后及时采收。

鉴定意见：该品种于 2013—2015 年参加全国农业技术推广服务中心组织的国家辣椒

品种试验，2015 年 12 月经国家蔬菜品种鉴定委员会鉴定通过。建议在内蒙古、江西、广东、湖南、云南、贵州、四川和陕西的适宜地区作露地辣椒种植。

博辣 8 号

鉴定编号： 国品鉴菜 2016038

选育单位： 湖南省蔬菜研究所

品种来源： LJ07-16×LJ06-22

特征特性： 中熟品种。生长势强，叶近卵圆形，绿色。果实线形，青果绿色，成熟果红色，果面微皱，有光泽。平均单果重 18.0g，果实纵径 24.8cm，横径 1.4cm，肉厚 0.19cm，味辣，每 100g 鲜果维生素 C 含量 188.0mg，辣椒素总量为 64.68 mg/kg。田间抗病性调查，抗病毒病、炭疽病、疫病、青枯病。

产量表现： 2013—2014 年参加国家辣椒品种区域试验，前期平均每 667m^2 产量 852.1kg，比对照湘辣 2 号增产 3.4%；每 667m^2 平均总产量2 043.1kg，比对照湘辣 2 号增产 15.1%。2015 年参加生产试验，前期平均每 667m^2 产量1 193.7g，比对照湘辣 2 号增产 13.5%；每 667m^2 平均总产量2 737.6kg，比对照湘辣 2 号增产 13.4%。

栽培技术要点： 参考行株距 45cm×45cm。及时打侧枝，使植株主茎粗壮，增加通风透气，同时也可避免果实弯曲。前期可采青椒，后期可留红椒。施足基肥，及时追肥补水，以延长采收期，增加产量。综合防治病虫害。

鉴定意见： 该品种于 2013—2015 年参加全国农业技术推广服务中心组织的国家辣椒品种试验，2015 年 12 月经国家蔬菜品种鉴定委员会鉴定通过。建议在内蒙古、江西、广东、湖南、云南、贵州、四川和陕西的适宜地区作露地辣椒种植。

川腾 6 号

鉴定编号： 国品鉴菜 2016039

选育单位： 四川省农业科学院园艺研究所

品种来源： 2003-12-1-1-3×V_{25}-2-10

特征特性： 早熟品种，始花节位 10.6 节。株高 55cm，株幅 50cm。果实线形，果长 21.0cm，果肩宽 1.5cm，果肉厚 0.20cm，单果重 17.8g，果面光滑有光泽，青果淡绿色，成熟果鲜红色，味辣，每 100g 鲜果维生素 C 含量 238.0mg，辣椒素总量 142.15mg/kg。田间抗病性调查，抗病毒病、炭疽病、疫病、青枯病。

产量表现： 2013—2014 年参加国家辣椒品种区域试验，前期平均每 667m^2 产量 997.1kg，比对照湘辣 2 号增产 18.6%；每 667m^2 平均总产量2 229.4kg，比对照湘辣 2 号增产 25.6%。2015 年参加生产试验，前期平均每 667m^2 产量1 297.0kg，比对照湘辣 2 号增产 23.4%；每 667m^2 平均总产量2 758.7 kg，比对照湘辣 2 号增产 14.3%。

栽培技术要点： 露地种植，11 月中旬至翌年 3 月底播种，4 月初至 5 月中旬单株定植。株距35cm，行距60cm，每667m^{2}定植3 200株左右。施足底肥，追施磷、钾肥。定植后加强田间管理，及时追肥补水，综合防治病虫害。适时采收，轻收勤收。

鉴定意见：该品种于2013—2015年参加全国农业技术推广服务中心组织的国家辣椒品种试验，2015年12月经国家蔬菜品种鉴定委员会鉴定通过。建议在内蒙古、江西、广东、湖南、云南、贵州、四川和陕西的适宜地区作露地辣椒种植。

辛香28

鉴定编号：国品鉴菜2016040

选育单位：江西农望高科技有限公司

品种来源：1908×H103

特征特性：早中熟，始花节位11.2节。植株生长势强。果实线形，青果绿色，熟后鲜红，果面光滑，有光泽，果长24.3cm，果宽1.5cm，肉厚0.21cm，单果重19.9g，心室2～3个，辣味浓，有鲜味，品质好，产量高，每100g鲜果维生素C含量345.0mg，辣椒素总量27.22mg/kg。耐湿、耐热，较耐低温弱光。田间抗病性调查，抗病毒病、炭疽病、疫病、青枯病。

产量表现：2013—2014年参加国家辣椒品种区域试验，每667m^{2}前期产量689.9kg，比对照减产16.2%；两年每667m^{2}平均总产量1 971.0kg，比对照湘辣2号增产11.1%。2015年参加生产试验，前期平均每667m^{2}产量1 079.0kg，比对照湘辣2号增产2.6%；每667m^{2}平均总产量2 601.4kg，比对照增产7.8%。

栽培技术要点：可春栽、秋栽、越夏栽或冬季反季节性栽培，不同地区根据当地的种植习惯选择适时播种。每667m^{2}用种量40～50g，培育壮苗。定植土壤以沙壤土为宜，排灌方便，施足以有机肥为主的基肥，深沟高垄，每667m^{2}栽培3 200株左右，单株栽培。注意花果期追肥；生长期摘去门椒以下的侧芽，收获期勤采勤收；注意病虫害防治。

鉴定意见：该品种于2013—2015年参加全国农业技术推广服务中心组织的国家辣椒品种试验，2015年12月经国家蔬菜品种鉴定委员会鉴定通过。建议在内蒙古、江西、湖南、云南和陕西的适宜地区作露地辣椒种植。

湘辣10号

鉴定编号：国品鉴菜2016041

选育单位：湖南湘研种业有限公司

品种来源：RX12-97×RX11-57

特征特性：中熟品种，始花节位11节。株高65cm，株幅62cm。果实羊角形，果长23.3cm，果肩宽1.9cm，果肉厚0.25cm，单果重28.7g。果面光滑有光泽，青果绿色，成熟果红色，味辣，每100g鲜果维生素C含量190.0mg，辣椒素总量37.52mg/kg。田间抗病性调查，抗病毒病、炭疽病、疫病、青枯病。

产量表现：2013—2014 年参加国家辣椒品种区域试验，前期平均每 667m² 产量1 022.7kg，比对照湘辣 2 号增产 24.2%；每 667m² 平均总产量2 569.9kg，比对照湘辣 2 号增产 44.8%。2015 年参加生产试验，前期平均每 667m² 产量1 321.7kg，比对照湘辣 2 号增产 25.7%；每 667m² 平均总产量3 234.1kg，比对照湘辣 2 号增产 34.0%。

栽培技术要点：长江流域地膜覆盖栽培，10～12 月播种，第二年 3 月初至 4 月底单株定植。株距 40cm，行距 60cm，每 667m² 定植3 000株左右。施足底肥，追施磷、钾肥，注意钙肥施用。钙肥对果实品质和着色有一定作用。定植后加强田间管理，及时追肥补水，综合防治病虫害。适时采收，轻收勤收。

鉴定意见：该品种于 2013—2015 年参加全国农业技术推广服务中心组织的国家辣椒品种试验，2015 年 12 月经国家蔬菜品种鉴定委员会鉴定通过。建议在内蒙古、江西、广东、湖南、云南、贵州、四川和陕西的适宜地区作露地辣椒种植。

千丽 1 号

鉴定编号：国品鉴菜 2016042

选育单位：杭州市农业科学研究院

品种来源：9624-25-1-3-3-6-1-2×9711-34-2-3-10-4-2

特征特性：早熟品种，始花节位平均 9.3 节。株高 72cm，株幅 70cm。果实羊角形，果长 17.4cm，果肩宽 1.7cm，果肉厚 0.22cm，单果重 19.3g。果面光滑有光泽，青果绿色，成熟果红色，味辣，每 100g 果实维生素 C 含量 158.0mg，辣椒素总量 12.89mg/kg。田间抗病性调查，抗病毒病、炭疽病、疫病、青枯病。

产量表现：2013—2014 年参加国家辣椒品种区域试验，前期平均每 667m² 产量1 033.2kg，比对照湘辣 2 号增产 25.4%；平均每 667m² 总产量2 066.3kg，比对照湘辣 2 号增产 16.4%。2015 年参加生产试验，前期平均每 667m² 产量 1 241.0kg，比对照湘辣 2 号增产 18.0%；平均每 667m² 总产量 2614.0kg，比对照湘辣 2 号增产 8.3%。

栽培技术要点：适合露地种植，大棚或温室冷床育苗，定植畦宽 110cm，每畦栽 2 行，穴距 35～40cm，每 667m² 3 200～3 500穴。施足底肥，定植后加强管理，适时采收青果，及时追肥补水，综合防治病虫害。

鉴定意见：该品种于 2013—2015 年参加全国农业技术推广服务中心组织的国家辣椒品种试验，2015 年 12 月经国家蔬菜品种鉴定委员会鉴定通过。建议在内蒙古、江西、广东、湖南、云南、贵州、四川和陕西的适宜地区作露地辣椒种植。

春研青龙

鉴定编号：国品鉴菜 2016043

选育单位：江西宜春市春丰种子中心

品种来源：B98-8×E99-1

特征特性：中早熟品种。生长势强，株型半直立，主茎生长优势明显，叶近卵圆形，叶量中等。果实线形，果色绿，果面微皱，有光泽，平均单果重 18.9g，果实纵径 22.2cm，横径 1.5cm，内厚 0.21cm，味辣，商品性好，可干制，每 100g 鲜果维生素 C 含量 178.0mg，辣椒素总量 130.49mg/kg。田间抗病性调查，抗病毒病、炭疽病、疫病、青枯病。

产量表现：2013—2014 年参加国家辣椒品种区域试验，前期平均每 667m² 产量 908.8kg，比对照湘辣 2 号增产 10.3%；每 667m² 平均总产量2 095.8kg，比对照湘辣 2 号增产 18.1%。2015 年参加生产试验，前期平均每 667m² 产量1 062.9kg，比对照湘辣 2 号增产 1.1%；每 667m² 平均总产量2 779.2kg，比对照湘辣 2 号增产 15.1%。

栽培技术要点：长江流域，10～11 月大棚播种育苗，每 667m² 用种量 50g，育苗期间分苗移栽 1 次，2～3 月选择排灌良好的沙壤土作保护地种植。也可在 1～2 月采用小拱棚播种育苗，于 4 月上、中旬露地定植。最好是水旱轮作地，前茬忌茄科作物。采用高垄窄畦，每畦定植 2 行，单株栽培，株距 40cm，行距 60cm，每 667m² 定植2 800株左右。施足底肥，追施磷、钾肥。定植后加强田间管理，适时采收，及时追肥补水，综合防治病虫害。

鉴定意见：该品种在 2013—2015 年参加全国农业技术推广服务中心组织的国家辣椒品种试验，2015 年 12 月经国家蔬菜品种鉴定委员会鉴定通过。建议在内蒙古、江西、广东、湖南、云南、贵州和陕西的适宜地区作露地辣椒种植。

苏椒 22

鉴定编号：国品鉴菜 2016044

选育单位：江苏省农业科学院蔬菜研究所

品种来源：2009X142×2009X200

特征特性：中早熟品种，始花节位 9.7 节。果实羊角形，果长 17.3cm，果肩宽 2.5cm，果肉厚 0.26cm，单果重 28.2g，果面光滑有光泽，青果浅绿色，成熟果红色，味中辣，每 100g 鲜果维生素 C 含量 140.0mg，辣椒素总量 35.23mg/kg。田间抗病性调查，抗病毒病、炭疽病、疫病、青枯病。

产量表现：2013—2014 年参加国家辣椒品种区域试验，前期平均每 667m² 产量 779.9kg，比对照湘辣 2 号减产 5.3%；每 667m² 平均总产量2 163.4kg，比对照湘辣 2 号增产 21.9%。2015 年参加生产试验，前期平均每 667m² 产量 986.3kg，比对照湘辣 2 号减产 6.2%；每 667m² 平均总产量2 551.6kg，比对照湘辣 2 号增产 5.7%。

栽培技术要点：长江中下游地区 1 月播种，也可按茬口确定播种时间，每 667m² 用种量 40～50g。培育壮苗，适时定植。选择土层深厚、肥沃、排灌良好的地块种植，每 667m² 定植3 500～4 000株。重施基肥，及时追肥，加强温、光、肥、水调控，促早发棵、早封行。及时防治病虫害，及时采收，轻收勤收。

鉴定意见：该品种于 2013—2015 年参加全国农业技术推广服务中心组织的国家辣椒品种试验，2015 年 12 月经国家蔬菜品种鉴定委员会鉴定通过。建议在内蒙古、湖南、广东、云南、贵州和陕西的适宜地区作露地干、鲜两用型辣椒种植。

兴蔬绿燕

鉴定编号： 国品鉴菜 2016045

选育单位： 湖南省蔬菜研究所

品种来源： HJ180A ×SJ07-21

特征特性： 中熟品种，始花节位 11 节。株高 70cm，株幅 70cm。果实线形，果长 22.7cm，果肩宽 1.8cm，果肉厚 0.22cm，单果重 23.5g，果面光滑有光泽，青果绿色，成熟果红色，味辣，每 100g 鲜果维生素 C 含量 188.0mg，辣椒素总量 64.8mg/kg。田间抗病性调查，抗病毒病、炭疽病、疫病、青枯病。

产量表现： 2013—2014 年参加国家辣椒品种区域试验，前期平均每 667m^2 产量 963.3kg，比对照湘辣 2 号增产 16.9%；每 667m^2 平均总产量2 302.2kg，比对照湘辣 2 号增产 29.7%。2015 年参加生产试验，前期平均每 667m^2 产量1 232.4kg，比对照湘辣 2 号增产 17.2%；每 667m^2 平均总产量2 887.6kg，比对照湘辣 2 号增产 19.6%。

栽培技术要点： 培育壮苗，单株定植，定植株行距 50 cm×50cm。施足底肥，注意及时追肥补水，轻收勤收，综合防治病虫害。

鉴定意见： 该品种于 2013—2015 年参加全国农业技术推广服务中心组织的国家辣椒品种试验，2015 年 12 月经国家蔬菜品种鉴定委员会鉴定通过。建议在内蒙古、江西、广东、湖南、云南、贵州和陕西的适宜地区作露地辣椒种植。

赣椒 15

鉴定编号： 国品鉴菜 2016046

选育单位： 江西省农业科学院蔬菜花卉研究所

品种来源： B9404×N104

特征特性： 早熟品种，始花节位 10 节。株型紧凑，分枝多，节密。果实羊角形，青果色绿，果面光滑、有光泽，成熟果红色。平均单果重 18.8g，果实纵径 15.7cm，横径 2.0cm，肉厚 0.21cm，味辣，每 100g 鲜果维生素 C 含量 158.0mg，辣椒素总量 41.91mg/kg。田间抗病性调查，抗病毒病、疫病、炭疽病、青枯病。

产量表现： 2013—2014 年参加国家辣椒品种区域试验，前期平均每 667m^2 产量 1 047.7kg，比对照湘辣 2 号增产 27.2%；每 667m^2 平均总产量1 947.9kg，比对照湘辣 2 号增产 9.8%。2015 年参加生产试验，前期平均每 667m^2 产量1 383.6kg，比对照湘辣 2 号增产 31.6%；每 667m^2 平均总产量2 676.5kg，比对照湘辣 2 号增产 10.9%。

栽培技术要点： 长江流域春季早熟栽培，10 月下旬至 11 月上旬大棚播种育苗，翌年 2 月下旬至 4 月上旬单株定植。株距 33cm，行距 60cm，每 667m^2 定植3 400株左右。施足底肥，追施磷、钾肥，注意钙肥施用。定植后加强田间管理，雨季及时清沟排水，适时采收，轻收勤收，综合防治病虫害。

鉴定意见： 该品种于 2013—2015 年参加全国农业技术推广服务中心组织的国家辣椒

品种试验，2015 年 12 月经国家蔬菜品种鉴定委员会鉴定通过。建议在内蒙古、江西、湖南、广东、云南、贵州和四川的适宜地区作春季早熟露地辣椒种植。

天禧金帅

鉴定编号：国品鉴菜 2016047

选育单位：南京星光种业有限公司、南京市种子管理站

品种来源：06-012×06-089

特征特性：中早熟品种，始花节位 10 节。生长势强，株高 50cm，株幅 55cm。果实线形，果长 23.8cm，果肩宽 1.7cm，果肉厚 0.21cm，单果重 23.1g，果面光滑、有光泽，青果绿色，成熟果橘黄色，味辣，品质好，每 100g 鲜果维生素 C 含量 255.0mg，辣椒素总量 88.25mg/kg。田间抗病性调查，抗病毒病、炭疽病、疫病、青枯病。

产量表现：2013—2014 年参加国家辣椒品种区域试验，前期平均每 667m^2 产量 1 008.0kg，比对照湘辣 2 号增产 22.4％；每 667m^2 平均总产量2 291.2kg，比对照湘辣 2 号增产 29.1％。2015 年参加生产试验，前期平均每 667m^2 产量1 228.4kg，比对照湘辣 2 号增产 16.8％；每 667m^2 平均总产量2 886.8kg，比对照湘辣 2 号增产 19.6％。

栽培技术要点：长江流域露地栽培，春播在 2 月中、下旬至 4 月中旬播种，秋延后栽培以 6 月 25 日前播种为宜。种植密度每 667m^{2}3 000株为宜，可采用大小行，有利通风透光。苗期严防高氮促苗，如苗过旺，影响坐果。定植后加强肥水管理，除施足基肥外，在初花期可追施 1 次肥，以促花促苗。及早防治病虫草害，适时采收。

鉴定意见：该品种于 2013—2015 年参加全国农业技术推广服务中心组织的国家辣椒品种试验，2015 年 12 月经国家蔬菜品种鉴定委员会鉴定通过。建议在内蒙古、江西、湖南、广东、云南、贵州、四川和陕西的适宜地区作露地辣椒种植。

盐椒 1 号

鉴定编号：国品鉴菜 2016048

选育单位：江苏沿海地区农业科学研究所

品种来源：1-18-15-12×42-3-7-14

特征特性：中熟品种，始花节位 14 节。株型中等直立，生长势强，侧枝发达。果实羊角形，果长 12.6cm，果肩宽 1.5cm，果肉厚 0.18cm，单果重 12.7g，果面光滑有光泽，青果深绿色，成熟果红色，中辣，每 100g 鲜果维生素 C 含量 128.0mg，辣椒素总量 29.7mg/kg。田间抗病性调查，抗病毒病、炭疽病、疫病、青枯病。

产量表现：2013—2014 年参加国家辣椒品种区域试验，前期平均每 667m^2 产量 501.0kg，比对照湘研 2 号减产 39.2％；每 667m^2 平均总产量1 882.3kg，比对照湘研 2 号增产 6.1％。2015 年参加生产试验，前期平均每 667m^2 产量 666.4kg，比对照湘研 2 号减产 36.6％；每 667m^2 平均总产量2 539.8kg，比对照湘研 2 号增产 5.2％。

栽培技术要点：露地种植，3 月中、下旬至 4 月中、下旬穴盘育苗，4 月底至 5 月中、

下旬定植。参考株行距 40cm×50cm，每 667m² 定植2 500～3 000株。施足底肥，追施磷、钾肥，注意钙肥施用。定植后加强田间管理，适时采收，及时追肥补水，综合防治病虫害。

鉴定意见：该品种于 2013—2015 年参加全国农业技术推广服务中心组织的国家辣椒品种试验，2015 年 12 月经国家蔬菜品种鉴定委员会鉴定通过。建议在江西、湖南、云南和陕西的适宜地区作露地辣椒种植。

苏椒 23

鉴定编号：国品鉴菜 2016049

选育单位：江苏省农业科学院蔬菜研究所

品种来源：2012X67×2012X68

特征特性：早中熟品种，始花节位 12.2 节。果实羊角形，果长 12.5cm，果肩宽 1.5cm，果肉厚 0.22cm，单果重 14.4g，果面光滑有光泽，青果深绿色，成熟果红色，味中辣，每 100g 鲜果维生素 C 含量 150.0mg。田间抗病性调查，抗病毒病、炭疽病、疫病、青枯病。

产量表现：2013—2014 年参加国家辣椒品种区域试验，前期平均每 667m² 产量 570.5kg，比对照湘辣 2 号减产 30.7%；每 667m² 平均总产量1 924.9kg，比对照湘辣 2 号增产 8.5%。2015 年参加生产试验，前期平均每 667m² 产量 758.5kg，比对照湘辣 2 号减产 27.9%；每 667m² 平均总产量2 645.7kg，比对照湘辣 2 号增产 9.6%。

栽培技术要点：长江中下游地区 1 月播种，也可按茬口确定播种时间，每 667m² 用种量为 40～50g。培育壮苗，选择土层深厚、肥沃、排灌良好的地块适时定植。每 667m² 定植3 500株左右。重施基肥，及时追肥，加强温、光、肥、水调控，促早发棵、早封行。及时防治病虫害，及时采收，轻收勤收。

鉴定意见：该品种于 2013—2015 年参加全国农业技术推广服务中心组织的国家辣椒品种试验，2015 年 12 月经国家蔬菜品种鉴定委员会鉴定通过。建议在内蒙古、江西、广东、云南、贵州和陕西的适宜地区作露地干、鲜两用型辣椒种植。

镇研 21

鉴定编号：国品鉴菜 2016050

选育单位：镇江市镇研种业有限公司、徐州海林辣椒育种专业合作社

品种来源：A9259×N9389

特征特性：早熟品种，始花节位 11 节。株高 65cm，株幅 60cm。果实细长羊角形，果长 22.4cm，果肩宽 1.5cm，果肉厚 0.21cm，单果重 19.6g，果面微皱有光泽，青果绿色，成熟果红色，味辣，每 100g 鲜果维生素 C 含量 255.0mg，辣椒素总量 36.19mg/kg。田间抗病性调查，抗病毒病、炭疽病、疫病、青枯病。

产量表现：2013—2014 年参加国家辣椒品种区域试验，前期平均每 667m² 产量

853kg，比对照湘辣 2 号增产 3.5%；每 667m^2 平均总产量2 134.8kg，比对照湘辣 2 号增产 20.3%。2015 年参加生产试验，前期平均每 667m^2 产量1 128.0kg，比对照湘辣 2 号增产 7.3%；每 667m^2 平均总产量2 461.7kg，比对照湘辣 2 号增产 2%，其中在湖南、云南、内蒙古、江西、陕西、四川、贵州试点平均每 667m^2 产量2 551.2kg，比对照湘辣 2 号增产 8.3%。

栽培技术要点：露地种植，株距 40cm，行距 45cm，每 667m^2 定植3 500株左右。施足底肥，追施磷、钾肥，定植后加强田间管理，及时追肥补水，综合防治病虫害。适时采收，轻收勤收。

鉴定意见：该品种于 2013—2015 年参加全国农业技术推广服务中心组织的国家辣椒品种试验，2015 年 12 月经国家蔬菜品种鉴定委员会鉴定通过。建议在内蒙古、江西、湖南、广东、云南、四川、贵州和陕西的适宜地区作露地辣椒种植。

干鲜 2 号

鉴定编号：国品鉴菜 2016051

选育单位：四川省川椒种业科技有限责任公司

品种来源：A68×A75

特征特性：中早熟品种。生长势强，株型半直立，主茎生长优势较明显，叶近卵圆形，叶量较大。果实羊角形，果色绿，果面光滑有光泽。平均单果重 19.7g，果实纵径 18.0cm，横径 1.8cm，肉厚 0.21cm，味辣，每 100g 鲜果维生素 C 含量 245.0mg，辣椒素总量 22.77mg/kg。田间抗病性调查，抗病毒病、炭疽病、疫病、青枯病。

产量表现：2013—2014 年参加国家辣椒品种区域试验，前期平均每 667m^2 产量 933.8kg，比对照湘辣 2 号增产 13.4%；每 667m^2 平均总产量2 362.7kg，比对照湘辣 2 号增产 33.1%。2015 年参加生产试验，前期平均每 667m^2 产量1 170.7kg，比对照湘辣 2 号增产 11.3%；每 667m^2 平均总产量2 767.2kg，比对照湘辣 2 号增产 14.6%。

栽培技术要点：保护地栽培，大棚或温室冷床育苗，定植畦宽 110cm，每畦栽 2 行，穴距 35～40cm，每667m^2 3 200～3 800穴。长江流域 10 月播种，11 月中旬分苗，翌年 3 月中、下旬至 4 月上、中旬单株定植。株距 40cm，行距 60cm，每 667m^2 定植3 000株左右。施足底肥，追施磷、钾肥，注意钙肥施用。钙肥对果实品质和着色有一定作用。定植后加强田间管理，及时追肥补水，综合防治病虫害。适时采收，轻收勤收。

鉴定意见：该品种于 2013—2015 年参加全国农业技术推广服务中心组织的国家辣椒品种试验，2015 年 12 月经国家蔬菜品种鉴定委员会鉴定通过。建议在内蒙古、江西、湖南、广东、云南、贵州、四川和陕西的适宜地区作露地辣椒种植。

苏椒 24

鉴定编号：国品鉴菜 2016052

选育单位：江苏省农业科学院蔬菜研究所

品种来源：2012X40×2012X24

特征特性：早熟，始花节位9.6节。果实灯笼形，果长9.6cm，果肩宽7.1cm，果肉厚0.48cm，单果重122.6g。果面光滑有光泽，青果绿色，成熟果红色，味甜，每100g鲜果维生素C含量123.32mg。田间抗病性调查，抗病毒病、炭疽病、疫病、青枯病。

产量表现：2013—2014年参加国家辣椒品种区域试验，前期平均每667m^2产量762.7kg，比对照中椒5号减产28.1%；每667m^2平均总产量2 399.2kg，比对照中椒5号减产4.4%，其中在河南、江苏、广东试点平均每667m^2产量1 901.2kg，比对照中椒5号增产5.7%。2015年参加生产试验，前期平均每667m^2产量585.0kg，比对照中椒5号减产20.8%；每667m^2平均总产量2 287.4kg，比对照中椒5号增产2.3%，其中在黑龙江、河南、江苏、广东试点平均每667m^2产量2 360.0kg，比对照中椒5号增产6.9%。

栽培技术要点：江苏春季露地栽培，一般2月中旬播种，4月中旬带地膜高垄定植；南菜北运基地8月播种，9月定植。重施基肥，及时追肥，加强温、光、肥、水调控，促早发棵、早封行。及时采收，注意防治病虫害。

鉴定意见：该品种于2013—2015年参加全国农业技术推广服务中心组织的国家辣椒品种试验，2015年12月经国家蔬菜品种鉴定委员会鉴定通过。建议在黑龙江、江苏、河南和广东的适宜地区作露地甜椒种植。

2004—2015年
国家鉴定品种名录

2004—2015 年国家鉴定品种名录

年份	鉴定机构	品种名称	鉴定编号	品种来源	选育（报审）单位	适宜范围
◆ 大白菜						
2004	国家鉴定	豫新 50	国品鉴菜 2004012	Y231-330×Y195-93	河南省农业科学院生物技术研究所	天津、浙江、河北秋季种植
2004	国家鉴定	天正秋白 19	国品鉴菜 2004013	1041×1039	山东省农业科学院蔬菜研究所	黑龙江、陕西、河北、辽宁、河南秋季种植
2004	国家鉴定	豫新 60	国品鉴菜 2004014	Y66-9×ZY15-1	河南省农业科学院生物技术研究所	陕西、天津、浙江、河北、辽宁、河南秋季种植
2004	国家鉴定	中白 66	国品鉴菜 2004015	ZY3×XY4A	中国农业科学院蔬菜花卉研究所	黑龙江、北京、陕西、浙江、河北、辽宁、河南秋季种植
2004	国家鉴定	北京改良 67	国品鉴菜 2004016	944×832172	北京市农林科学院蔬菜研究中心	陕西、河北、河南秋季种植
2004	国家鉴定	北京大牛心	国品鉴菜 2004017	9399×9392	北京市农林科学院蔬菜研究中心	陕西、河北、河南秋季种植
2004	国家鉴定	中白 78	国品鉴菜 2004018	G2B×XY4A	中国农业科学院蔬菜花卉研究所	黑龙江、陕西、北京、天津、河北、河南秋季种植
2004	国家鉴定	中白 85	国品鉴菜 2004019	安 43×太 NA	中国农业科学院蔬菜花卉研究所	陕西、北京、天津、河北秋季种植
2004	国家鉴定	豫新 6 号	国品鉴菜 2004020	Y66-9×63-5	河南省农业科学院生物技术研究所	陕西、天津、河北秋季种植
2006	国家鉴定	豫新 58	国品鉴菜 2006005	Y66-9×Y195-93	河南省农业科学院生物技术研究所	北京、河南、山东、陕西、浙江秋季种植
2006	国家鉴定	秋早 55	国品鉴菜 2006006	99-YS14×98-YS8	西北农林科技大学园艺学院	河南、山东、河北、陕西、浙江、天津、北京秋季种植
2006	国家鉴定	豫新 55	国品鉴菜 2006007	Y18-58×Y231-330	河南省农业科学院生物技术研究所	北京、天津、河南、山东、陕西、浙江秋季种植
2006	国家鉴定	郑早 60	国品鉴菜 2006008	9504-11×EP19-13-6-6	郑州市蔬菜研究所	北京、山东秋季种植
2006	国家鉴定	津秋 65	国品鉴菜 2006009	H38×H218	天津科润蔬菜研究所	辽宁、山东、河北、北京秋季种植
2006	国家鉴定	胶研夏星	国品鉴菜 2006010	235×5961	青岛胶研种苗研究所	北京、河南、山东、陕西、河北秋季种植
2006	国家鉴定	琴萌 8 号	国品鉴菜 2006011	[（青杂 3 号×古青）SI×古青] SI×秦白 2 号 SI	青岛国际种苗有限公司	北京、山东、陕西、河北、河南秋季种植

（续）

年份	鉴定机构	品种名称	鉴定编号	品种来源	选育（报审）单位	适宜范围
2006	国家鉴定	中白 82	国品鉴菜 2006012	孢鲁八×孢红心-8	中国农业科学院蔬菜花卉研究所	北京、山东、陕西、河北、河南秋季种植
2006	国家鉴定	天正超白 2 号	国品鉴菜 2006013	新福 474×新福 1042	山东省农业科学院蔬菜研究所	山东、陕西、河北、黑龙江秋季种植
2006	国家鉴定	绿星 70	国品鉴菜 2006014	701A×95-123	沈阳市绿星大白菜研究所	辽宁、河北、河南、山东、陕西秋季种植
2008	国家鉴定	德高 16	国品鉴菜 2008016	秋冠 QG32578×夏 93	山东省德州市德高蔬菜种苗研究所	山东、河北、河南、天津、北京、辽宁、浙江秋早熟种植
2008	国家鉴定	津秋 606	国品鉴菜 2008017	H79×J185	天津科润农业科技股份有限公司蔬菜研究所	天津、北京、山东、陕西秋中早熟种植
2008	国家鉴定	新早 58	国品鉴菜 2008018	9688×255	河南省新乡市农业科学院	北京、河南、河北、山东、陕西秋早熟种植
2008	国家鉴定	中白 62	国品鉴菜 2008019	B60532×B60533	中国农业科学院蔬菜花卉研究所	河北、河南、北京天津、山东、陕西、辽宁、黑龙江秋早熟种植
2008	国家鉴定	天正秋白 4 号	国品鉴菜 2008020	04296×04371	山东省农业科学院蔬菜研究所	北京、黑龙江、辽宁、山东、河南秋中晚熟种植
2008	国家鉴定	胶研 5869	国品鉴菜 2008021	福 36135×青 5651	青岛胶研种苗研究所	黑龙江、辽宁、河北、山东、河南、陕西秋中晚熟种植
2008	国家鉴定	新绿 2 号	国品鉴菜 2008022	Y152-3×Y72-49	河南省农业科学院园艺研究所	北京、河北、山东、辽宁、陕西、河南秋中晚熟种植
2008	国家鉴定	天正秋白 5 号	国品鉴菜 2008023	新福 474×99-683	山东省农业科学院蔬菜研究所	山东、河北、北京、陕西、辽宁秋中晚熟种植
2008	国家鉴定	津秋 78	国品鉴菜 2008024	J406×H229	天津科润农业科技股份有限公司蔬菜研究所	辽宁、山东、河北、河南、天津、陕西秋中晚熟种植
2008	国家鉴定	金秋 70	国品鉴菜 2008025	RC×$04S_{245}$	西北农林科技大学园艺学院杨凌上科农业科技有限公司	辽宁、山东、河北、河南、北京、天津、陕西黑龙江中晚熟种植
2008	国家鉴定	金秋 90	国品鉴菜 2008026	RC×$03S_{1207}$	西北农林科技大学园艺学院杨凌上科农业科技有限公司	北京、河北、辽宁、山东、河南秋中晚熟种植

（续）

年份	鉴定机构	品种名称	鉴定编号	品种来源	选育（报审）单位	适宜范围
2008	国家鉴定	青华 76	国品鉴菜 2008027	津 36826×Q224575	山东省德州市德高蔬菜种苗研究所	河北、辽宁、山东、河南、北京、天津、陕西秋中晚熟种植
2010	国家鉴定	金早 58	国品鉴菜 2010031	RC4×07S132	西北农林科技大学园艺学院	陕西、天津、河南、河北、辽宁秋早熟种植
2010	国家鉴定	西白 65	国品鉴菜 2010032	99-30-2-3-1-2-3×F70H	山东登海种业股份有限公司西由种子分公司	河北、天津、辽宁、黑龙江、山东、河南、陕西秋季中早熟种植
2010	国家鉴定	汴早 9 号	国品鉴菜 2010033	早 85×（345×东二）	河南省开封市蔬菜科学研究所	河北、河南、陕西、辽宁、黑龙江秋季早熟种植
2010	国家鉴定	新早 56	国品鉴菜 2010034	早 3039×杂 6210	河南省新乡市农业科学院	河北、辽宁、陕西、河南秋季早熟种植
2010	国家鉴定	秋白 80	国品鉴菜 2010035	07S780×05S1712	西北农林科技大学	辽宁、黑龙江、天津、河北、浙江、河南、陕西秋季中晚熟种植
2010	国家鉴定	新中 78	国品鉴菜 2010036	陕 5201×丰 13936	河南省新乡市农业科学院	辽宁、天津、河北、浙江、河南秋季中晚熟种植
2010	国家鉴定	西白 9 号	国品鉴菜 2010037	山西玉青×早 3	山东登海种业股份有限公司西由种子分公司	天津、河北、辽宁、黑龙江、陕西秋季中晚熟种植
2010	国家鉴定	秋白 85	国品鉴菜 2010038	05S16570×5S137	西北农林科技大学	天津、河北、辽宁、黑龙江秋季中晚熟种植
2010	国家鉴定	惠白 88	国品鉴菜 2010039	0301-2-8-8×0419-10-4-4	山西省农业科学院蔬菜研究所	河北、天津、辽宁、浙江、黑龙江秋季中晚熟种植
2010	国家鉴定	石育秋宝	国品鉴菜 2010040	88-11-1×87-10-1	河北时丰农业科技开发有限公司	天津、河北、辽宁、黑龙江秋季中晚熟种植
2012	国家鉴定	金秋 68	国品鉴菜 2012019	08RC6×08S183	西北农林科技大学	北京、辽宁、山东、河南、陕西秋季种植
2012	国家鉴定	油绿 3 号	国品鉴菜 2012020	Y-901-5×EL-902-1	河北农业大学、河北国研种业有限公司	北京、天津、河北、辽宁、山东秋季种植

（续）

年份	鉴定机构	品种名称	鉴定编号	品种来源	选育（报审）单位	适宜范围
2012	国家鉴定	锦秋 1 号	国品鉴菜 2012021	A00713×A00714	中国农业科学院蔬菜花卉研究所	北京、河北、辽宁、山东、陕西秋季种植
2012	国家鉴定	秀翠	国品鉴菜 2012022	ZC03×SC08	上海种都种业科技有限公司	北京、河北、山东、河南、陕西秋季种植
2012	国家鉴定	珍绿 55	国品鉴菜 2012023	J537×Q667	天津科润农业科技股份有限公司蔬菜研究所	北京、天津、河北、山东、河南秋季种植
2012	国家鉴定	西白 88	国品鉴菜 2012024	XQ36-2×XF78-149	山东登海种业股份有限公司西由种子分公司	北京、河北、山东、河南、陕西秋季种植
2012	国家鉴定	胶白 7 号	国品鉴菜 2012025	胶选 98712×韩核 2001236	青岛市胶州大白菜研究所有限公司	北京、河北、山东、陕西秋季种植
2012	国家鉴定	珍绿 80	国品鉴菜 2012026	J271×J401	天津科润农业科技股份有限公司蔬菜研究所	北京、天津、河北、辽宁、黑龙江、山东、河南、浙江、陕西秋季种植
2012	国家鉴定	绿健 85	国品鉴菜 2012027	B70817×B70818	中国农业科学院蔬菜花卉研究所	北京、天津、河北、辽宁、河南、山东、陕西秋季种植
2012	国家鉴定	青研春白 3 号	国品鉴菜 2012028	P8-1×C-2-1-7-2-3	青岛市农业科学研究院	北京、辽宁、陕西、云南春季种植
2012	国家鉴定	津秀 1 号	国品鉴菜 2012029	C393×A320	天津科润农业科技股份有限公司蔬菜研究所	北京、天津、河北、辽宁、陕西、湖北、云南春季早熟种植。适当晚播防抽薹
2012	国家鉴定	西星强春 1 号	国品鉴菜 2012030	XC08-12×XC08-14	山东登海种业股份有限公司西由种子分公司	北京、河北、黑龙江、湖北、云南春季种植。适当晚播防抽薹
2015	国家鉴定	秦杂 60	国品鉴菜 2015040	11RC2×11S2	西北农林科技大学	在北京、辽宁、河北和山东的适宜地区作秋季早熟大白菜种植
2015	国家鉴定	郑白 65	国品鉴菜 2015041	06z153-6-2-3×EP1-5-2-1	郑州市蔬菜研究所	在北京、河北和山东的适宜地区作秋季早熟大白菜种植
2015	国家鉴定	新早 59	国品鉴菜 2015042	38527×38100	河南省新乡市农业科学院	在北京和河北的适宜地区作秋季早熟大白菜种植
2015	国家鉴定	天正桔红 65	国品鉴菜 2015043	08428×08468	山东省农业科学院蔬菜花卉研究所	在北京、天津、河北、辽宁、山东和浙江的适宜地区作秋季中熟大白菜种植

（续）

年份	鉴定机构	品种名称	鉴定编号	品种来源	选育（报审）单位	适宜范围
2015	国家鉴定	吉红 308	国品鉴菜 2015044	A20861×A20862	中国农业科学院蔬菜花卉研究所	在北京、天津、河北、辽宁、黑龙江、山东、河南和浙江的适宜地区作秋季中熟大白菜种植
2015	国家鉴定	青研秋白 1 号	国品鉴菜 2015045	C15 混-2×02 韩-S 混-14	青岛市农业科学研究院	在北京、天津、河北、辽宁、黑龙江、山东、河南和陕西的适宜地区作秋季中熟大白菜种植
2015	国家鉴定	西白 57	国品鉴菜 2015046	S23-56×Tm75-1	山东登海种业股份有限公司西由种子分公司	在北京、天津、河北、辽宁、黑龙江、山东、河南、浙江和陕西的适宜地区作秋季中熟大白菜种植
2015	国家鉴定	利春	国品鉴菜 2015047	A10615×A10616	中国农业科学院蔬菜花卉研究所，中蔬种业科技（北京）有限公司	在北京、天津、河北、山东、河南、浙江和陕西的适宜地区作秋季中熟大白菜种植
2015	国家鉴定	德高 18	国品鉴菜 2015048	HT237132×FG832421	德州市德高蔬菜种苗研究所	在北京、天津、河北、山东、河南、浙江和陕西的适宜地区作秋季晚熟大白菜种植
2015	国家鉴定	晋青 2 号	国品鉴菜 2015049	92-14-6-2×88-13-8	山西省农业科学院蔬菜研究所	在北京、天津、河北、山东、河南、浙江和陕西的适宜地区作秋季晚熟大白菜种植
2015	国家鉴定	秦春 1 号	国品鉴菜 2016001	DS10-24×DS5-63	西北农林科技大学	在北京、河北、山东和湖北的适宜地区作春季大白菜种植
2015	国家鉴定	晋春 3 号	国品鉴菜 2016002	32S-201×22S	山西省农业科学院蔬菜研究所	在北京、辽宁、山东和云南的适宜地区作春季大白菜种植（适当晚播防止抽薹）
2015	国家鉴定	胶研理想	国品鉴菜 2016003	福 13B251×B3521	青岛胶研种苗有限公司	在北京、河北、山东和湖北的适宜地区作春季大白菜种植（适当晚播防止抽薹）
2015	国家鉴定	潍春 22	国品鉴菜 2016004	BZ07-09×VD05-272	山东省潍坊市农业科学院	在北京、山东和云南的适宜地区作春季大白菜种植（适当晚播防止抽薹）
2015	国家鉴定	石育春宝	国品鉴菜 2016005	C02-3-1×C02-5-11-3	河北时丰农业科技开发有限公司	在北京和云南的适宜地区作春季大白菜种植（适当晚播防止抽薹）

（续）

年份	鉴定机构	品种名称	鉴定编号	品种来源	选育（报审）单位	适宜范围
2015	国家鉴定	利春	国品鉴菜 2016006	A10615×A10616	中国农业科学院蔬菜花卉研究所，中蔬种业科技（北京）有限公司	在北京、辽宁、黑龙江、山东和和湖北的适宜地区作春季大白菜种植（适当晚播防止抽薹）
2015	国家鉴定	翠竹	国品鉴菜 2016007	BP23×BP18	四川种都高科种业有限公司	在北京、黑龙江、山东和湖北的适宜地区作春季大白菜种植（适当晚播防止抽薹）
◆ **结球甘蓝**						
2006	国家鉴定	中甘 21	国品鉴菜 2006001	DGMS01-216 × 87-534-2-3	中国农业科学院蔬菜花卉研究所	北京、河北、辽宁、河南、山东、山西、云南作早熟春甘蓝种植
2006	国家鉴定	中甘 23	国品鉴菜 2006002	DGMS01-216×88-62-1-1	中国农业科学院蔬菜花卉研究所	北京、河北、辽宁、河南、湖北、山东作早熟春甘蓝种植
2006	国家鉴定	冬甘 2 号	国品鉴菜 2006003	93-2×80-8-7	天津科润蔬菜研究所	北京、辽宁、山东、河南、湖北、云南、青海作早熟春甘蓝种植
2006	国家鉴定	豫生早熟牛心	国品鉴菜 2006004	N113-3×C56-83	河南省农业科学院生物技术研究所	河南、山西、湖北、云南作早熟春甘蓝种植
2007	国家鉴定	中甘 25	国品鉴菜 2007009	DGMS717×91-276-3	中国农业科学院蔬菜花卉研究所	北京、山东、河南、陕西、河北、辽宁、云南作早熟春甘蓝种植
2007	国家鉴定	春甘 2 号	国品鉴菜 2007010	CMS02×95019	北京市农林科学院蔬菜研究中心	北京、河南、山东、辽宁、山西、云南作早熟春甘蓝种植
2007	国家鉴定	秦甘 50	国品鉴菜 2007011	BMP01-88-561336×YCF51-99-835168	西北农林科技大学	辽宁、云南作早熟春甘蓝种植
2007	国家鉴定	中甘 22	国品鉴菜 2007012	CMS8180×7014	中国农业科学院蔬菜花卉研究所	北京、山西、湖北、河南、山东、河北、浙江、云南、陕西作早熟秋甘蓝种植
2007	国家鉴定	中甘 24	国品鉴菜 2007013	CMS7014×84-98	中国农业科学院蔬菜花卉研究所	北京、河北、陕西、河南、浙江作中熟秋甘蓝种植
2007	国家鉴定	秋甘 1 号	国品鉴菜 2007014	CMS021×97025-B3	北京市农林科学院蔬菜研究中心	北京、河南、陕西作中熟秋甘蓝种植

（续）

年份	鉴定机构	品种名称	鉴定编号	品种来源	选育（报审）单位	适宜范围
2007	国家鉴定	惠丰4号	国品鉴菜2007015	9203-4-3-11×9110-1-1	山西省农业科学院蔬菜研究所	北京、山西、山东、河北、湖北、浙江、云南、陕西作早熟秋甘蓝种植
2007	国家鉴定	惠丰5号	国品鉴菜2007016	9203-4-3-11 × 9108-11-2-14-11	山西省农业科学院蔬菜研究所	北京、山西、山东、河北、湖北、浙江、云南、陕西作早熟秋甘蓝种植
2007	国家鉴定	豫生4号	国品鉴菜2007017	CF-4×CH-81	河南省农业科学院园艺研究所	河南、北京、山西、湖北、浙江作中熟秋甘蓝种植
2007	国家鉴定	东甘60	国品鉴菜2007018	B3×W14	东北农业大学	陕西、北京、山东、云南作中熟秋甘蓝种植
2010	国家鉴定	豫甘1号	国品鉴菜2010012	C57-11×C56-8	河南省农业科学院园艺研究所	北京、山西、陕西、山东作春甘蓝种植
2010	国家鉴定	绿球66	国品鉴菜2010013	CMSY03-12×MP01-68-5	西北农林科技大学	陕西、北京、河北、山东、云南作早熟春甘蓝种植
2010	国家鉴定	惠丰6号	国品鉴菜2010014	9203-4×0346-4	山西省农业科学院蔬菜研究所	北京、山东、河北、陕西、青海、云南作早熟春甘蓝种植
2010	国家鉴定	中甘192	国品鉴菜2010015	CMS87-534×88-62	中国农业科学院蔬菜花卉研究所	北京、山东、河北、陕西、青海、云南作早熟春甘蓝露地种植
2010	国家鉴定	中甘196	国品鉴菜2010016	CMS87-534×91-276	中国农业科学院蔬菜花卉研究所	北京、山东、河北、辽宁、青海、云南作早熟春甘蓝露地种植
2010	国家鉴定	豫甘3号	国品鉴菜2010017	C55-17×C80-2	河南省农业科学院园艺研究所	北京、河北、山西、湖北、浙江作秋甘蓝种植
2010	国家鉴定	豫甘5号	国品鉴菜2010018	C28-23×C55-17	河南省农业科学院园艺研究所	北京、河北、山西、山东、湖北作秋甘蓝种植
2010	国家鉴定	惠丰7号	国品鉴菜2010019	9001-17×9106-2	山西省农业科学院蔬菜研究所	北京、山西、河南、云南、湖北作早熟秋甘蓝种植
2010	国家鉴定	秋甘4号	国品鉴菜2010020	CMS95100×98017	北京市农林科学院蔬菜研究中心	北京、河南、江西、浙江作中早熟秋甘蓝种植

（续）

年份	鉴定机构	品种名称	鉴定编号	品种来源	选育（报审）单位	适宜范围
2010	国家鉴定	怡春	国品鉴菜 2010021	2002-46×2002-49	上海市农业科学院园艺研究所	浙江、江西、云南作早熟秋甘蓝种植
2010	国家鉴定	超美	国品鉴菜 2010022	CMS70-301×50-4-1	上海市农业科学院园艺研究所	河南、陕西、江西、湖北作中早熟秋甘蓝种植
2010	国家鉴定	中甘 96	国品鉴菜 2010023	CMS96-100×96-109	中国农业科学院蔬菜花卉研究所	北京、山东、河南、江西、湖北、浙江作早熟秋甘蓝种植
2010	国家鉴定	博春	国品鉴菜 2010024	Y9805-5-2×Y5-3-14	江苏省农业科学院蔬菜研究所	江苏、河南、湖南、贵州、浙江作露地越冬甘蓝栽培
2010	国家鉴定	苏甘 20	国品鉴菜 2010025	Y9805-5-2×99132-3-5	江苏省农业科学院蔬菜研究所	江苏、上海、河南、湖南、江西、重庆作露地越冬甘蓝栽培
2010	国家鉴定	苏甘 21	国品鉴菜 2010026	9407-10-1×Y6-6-4	江苏省农业科学院蔬菜研究所	贵州、重庆、湖北作露地越冬甘蓝栽培
2010	国家鉴定	春甘 2 号	国品鉴菜 2010027	99-2-2×02-2-1	江苏丘陵地区镇江农业科学研究所	浙江、河南、安徽、重庆、湖北、湖南、江苏、江西作露地越冬春甘蓝种植
2010	国家鉴定	商甘 1 号	国品鉴菜 2010028	商甘 9401×商甘 9408	河南省商丘市农林科学研究所	河南、浙江、江西、湖北、重庆、贵州作露地越冬春甘蓝种植
2010	国家鉴定	皖甘 8 号	国品鉴菜 2010029	9802-6×9701-3	安徽省淮南市农业科学研究所	河南、安徽、上海、江苏、江西、重庆、浙江、湖南、湖北作早熟露地越冬春甘蓝种植
2010	国家鉴定	春早	国品鉴菜 2010030	02-492×02-34	浙江大学蔬菜研究所	江苏、浙江、河南、江西、贵州、重庆、湖北作露地越冬春甘蓝种植
2012	国家鉴定	惠甘 68	国品鉴菜 2012011	9001-17×0206-3	山西省农业科学院蔬菜研究所	北京、山西、河南作早熟秋甘蓝种植
2012	国家鉴定	达光	国品鉴菜 2012012	98-19×99-36	上海种都种业科技有限公司	北京、湖北、云南作早熟秋甘蓝种植
2012	国家鉴定	争美	国品鉴菜 2012013	CMS109×2008-137	上海市农业科学院园艺研究所	山西、湖北、云南作早熟秋甘蓝种植

（续）

年份	鉴定机构	品种名称	鉴定编号	品种来源	选育（报审）单位	适宜范围
2012	国家鉴定	福兰	国品鉴菜 2012014	7035×7193	北京华耐农业发展有限公司	北京、河南、湖北作早熟秋甘蓝种植
2012	国家鉴定	满月	国品鉴菜 2012015	YF006×YF008	北京华耐农业发展有限公司	河南、湖北、浙江作早熟秋甘蓝种植
2012	国家鉴定	玉锦	国品鉴菜 2012016	CMS21-1×K01-1	江苏省农业科学院蔬菜研究所	北京、山西、辽宁、河南、陕西、湖北、云南作中早熟秋甘蓝种植
2012	国家鉴定	秋甘 5 号	国品鉴菜 2012017	CMS021×95077	北京市农林科学院蔬菜研究中心	河南、陕西、湖北作中早熟秋甘蓝种植
2012	国家鉴定	中甘 101	国品鉴菜 2012018	CMS21-3×99-140	中国农业科学院蔬菜花卉研究所	北京、山西、河南、云南作中早熟秋甘蓝种植
2014	国家鉴定	中甘 828	国品鉴菜 2014001	CMS87-534×96-100	中国农业科学院蔬菜花卉研究所	在北京、山西、陕西、青海的适宜地区作早熟春甘蓝露地种植
2014	国家鉴定	西星甘蓝 1 号	国品鉴菜 2014002	CMS 金早生 A×99-1	山东登海种业股份有限公司西由种子分公司	在北京、山西、陕西、云南的适宜地区作早熟春甘蓝露地种植
2014	国家鉴定	秦甘 58	国品鉴菜 2014003	CMS451-G62-25843×MP01-36845	西北农林科技大学	在北京、河北、陕西、云南的适宜地区作早熟春甘蓝露地种植
2014	国家鉴定	春喜	国品鉴菜 2014004	09C2112×09C1593	江苏省农业科学院蔬菜研究所	在河北、山西、山东、云南的适宜地区作早熟春甘蓝露地种植
2014	国家鉴定	争牛	国品鉴菜 2014005	CMS-101×2004-30	上海市农业科学院园艺研究所	在北京、河北、山西和陕西的适宜地区作春甘蓝露地种植
2015	国家鉴定	圆绿	国品鉴菜 2015029	0708-2-D-240-182×SHF-3-180-134	上海市农业科学院园艺研究所	在北京、河北、湖北的适宜地区作早熟秋甘蓝种植
2015	国家鉴定	中甘 582	国品鉴菜 2015030	CMS96-100×10Q-795	中国农业科学院蔬菜花卉研究所	在北京、河北、湖北、浙江的适宜地区作早熟秋甘蓝种植
2015	国家鉴定	苏甘 55	国品鉴菜 2015031	08C412×08C232	江苏省农业科学院蔬菜研究所	在北京、山西、辽宁、山东和河南的适宜地区作早熟秋甘蓝种植
2015	国家鉴定	嘉兰	国品鉴菜 2015032	CMS122-4×H201-3	江苏省农业科学院蔬菜研究所	在山西、山东、河南、浙江、湖北和云南的适宜地区作秋甘蓝种植

（续）

年份	鉴定机构	品种名称	鉴定编号	品种来源	选育（报审）单位	适宜范围
2015	国家鉴定	秋甘7号	国品鉴菜2015033	CMS95100×95085	北京市农林科学院蔬菜研究中心	在山东、河南、浙江、湖北和云南的适宜地区作秋甘蓝种植
2015	国家鉴定	伽菲	国品鉴菜2015034	401×04-398	上海种都种业科技有限公司	在山西、山东、河南、浙江、湖北和云南的适宜地区作秋甘蓝种植
2015	国家鉴定	铁头102	国品鉴菜2015035	1005×1053	北京华耐农业发展有限公司	在辽宁、山东、河南、浙江和云南的适宜地区作中早熟秋甘蓝种植
2015	国家鉴定	秦甘68	国品鉴菜2015036	XF05CMS×DH09-21-3	西北农林科技大学	在河北、山西、山东、河南、浙江、湖北、云南和陕西的适宜地区作中早熟秋甘蓝种植
2015	国家鉴定	中甘102	国品鉴菜2015037	CMS21-3×10Q-260	中国农业科学院蔬菜花卉研究所	在北京、山西、辽宁、河南、浙江、湖北和云南的适宜地区作中熟秋甘蓝种植
2015	国家鉴定	瑞甘16	国品鉴菜2015038	03-7-1-1-4-2 × 04-2-6-2-1-2	江苏丘陵地区镇江农业科学研究所	在北京、山西、山东、河南、湖北、云南和陕西的适宜地区作中熟秋甘蓝种植
2015	国家鉴定	瑞甘17	国品鉴菜2015039	CMS04-13×03-8-1-2-4-1	江苏丘陵地区镇江农业科学研究所	在山西、河南、浙江、湖北和云南的适宜地区作中熟秋甘蓝种植
2015	国家鉴定	中甘165	国品鉴菜2016008	DGMS01-216×10-795	中国农业科学院蔬菜花卉研究所	在北京、浙江和云南的适宜地区作早熟春甘蓝种植
2015	国家鉴定	春甘11	国品鉴菜2016009	CMS99012×98014	京研益农（北京）种业科技有限公司，北京市农林科学院蔬菜研究中心	在山西、浙江、云南和陕西的适宜地区作春甘蓝种植
2015	国家鉴定	春甘14	国品鉴菜2016010	CMS99012×461	京研益农（北京）种业科技有限公司，北京市农林科学院蔬菜研究中心	在山西、浙江和云南的适宜地区作春甘蓝种植
2015	国家鉴定	苏甘37	国品鉴菜2016011	B121-1×1-15	江苏省农业科学院蔬菜研究所	在山西和浙江的适宜地区作春甘蓝种植
2015	国家鉴定	秦甘62	国品鉴菜2016012	YZ34CMS451×DH10-2-3	西北农林科技大学	在浙江和云南的适宜地区作春甘蓝种植
2015	国家鉴定	中甘1280	国品鉴菜2016013	CMS11-500×14-651	中国农业科学院蔬菜花卉研究所	在安徽、湖南、湖北和贵州的适宜地区作越冬甘蓝种植
2015	国家鉴定	中甘1198	国品鉴菜2016014	CMS308-14-445×14-651	中国农业科学院蔬菜花卉研究所	在江苏、湖南和湖北的适宜地区作越冬甘蓝种植

（续）

年份	鉴定机构	品种名称	鉴定编号	品种来源	选育（报审）单位	适宜范围
2015	国家鉴定	苏甘 902	国品鉴菜 2016015	07C404×08C400	江苏省农业科学院蔬菜研究所	在湖北、湖南和贵州的适宜地区作越冬甘蓝种植
2015	国家鉴定	冬兰	国品鉴菜 2016016	Y7-2-4×M383-2-2	江苏省农业科学院蔬菜研究所	在江苏、浙江、江西、湖北、湖南和贵州的适宜地区作越冬甘蓝种植
2015	国家鉴定	寒帅	国品鉴菜 2016017	H15-7-2×M33-2-2	江苏省江蔬种苗科技有限公司	在江苏、安徽、江西、湖北和湖南的适宜地区作越冬甘蓝种植
2015	国家鉴定	早春 7 号	国品鉴菜 2016018	CMS70-301×50-4-1	上海市农业科学院园艺研究所	在江苏、浙江、安徽、江西、湖北、湖南和贵州的适宜地区作越冬甘蓝种植
2015	国家鉴定	瑞甘 22	国品鉴菜 2016019	05-8-5-3-1-2×04-11-8-6-1-2	江苏丘陵地区镇江农业科学研究所	在江苏和重庆的适宜地区作越冬甘蓝种植
◆ 青花菜						
2007	国家鉴定	碧绿 1 号	国品鉴菜 2007001	CMS9507 × 9355-10-1-5-1-8	北京市农林科学院蔬菜研究中心	山东、山西、北京作秋晚熟青花菜种植
2007	国家鉴定	沪绿 2 号	国品鉴菜 2007002	16-72×22	上海市农业科学院园艺研究所	陕西、山东、河南、云南、河北、湖北、北京作中早熟秋青花菜种植
2007	国家鉴定	绿宝 3 号	国品鉴菜 2007003	CMS97169×G98209	厦门市农业科学研究与推广中心	陕西、山东、甘肃、辽宁、北京、福建作晚熟秋青花菜种植
2007	国家鉴定	青峰	国品鉴菜 2007004	B242-1-19-10-2-1-9×B40-6-2-8-11-7-16	江苏省农业科学院蔬菜研究所	辽宁、陕西、山东、河北、河南、湖北作中晚熟秋青花菜种植
2007	国家鉴定	圳青 3 号	国品鉴菜 2007005	99-39×99-41	深圳市农科中心蔬菜研究所	云南、浙江、河南、湖北作中早熟秋季青花菜种植
2007	国家鉴定	中青 5 号	国品鉴菜 2007006	DGMS97B138×92B101	中国农业科学院蔬菜花卉研究所	北京、河北、山东、山西作秋早熟青花菜种植
2007	国家鉴定	中青 7 号	国品鉴菜 2007007	DGMS97B139×92B93	中国农业科学院蔬菜花卉研究所	北京、山东、河南、浙江、山西、河北、湖北作中早熟秋青花菜种植
2007	国家鉴定	中青 8 号	国品鉴菜 2007008	CMS9800B137×99B74	中国农业科学院蔬菜花卉研究所	浙江、云南、湖北、河南、河北、山东、北京、山西、陕西作中早熟秋青花菜种植

（续）

年份	鉴定机构	品种名称	鉴定编号	品种来源	选育（报审）单位	适宜范围
◆番　茄						
2004	国家鉴定	星宇 201	国品鉴菜 2004001	PS015×PS011	包头市农业科学研究所	河北、陕西、甘肃、内蒙古、江苏等地春季露地种植
2004	国家鉴定	星宇 202	国品鉴菜 2004002	NV903-1×BT102	包头市农业科学研究所	北京、黑龙江、辽宁、河南、山西、甘肃、内蒙古、广东等地春季露地种植
2004	国家鉴定	金丰 1 号	国品鉴菜 2004003	82066×83-6	广州市农业科学研究院（原广州市蔬菜科学研究院）	陕西、湖南、广东等地春季露地种植
2004	国家鉴定	佳粉 17	国品鉴菜 2004004	96 秋 26×96 秋-10	北京市农林科学院蔬菜研究中心	黑龙江、辽宁、河北、河南、山东、陕西、江苏等地春季保护地栽培
2004	国家鉴定	晋番茄 4 号	国品鉴菜 2004005	Z52-8×H88-2	山西省农业科学院蔬菜研究所	黑龙江、河南、山西等地春季露地栽培
2004	国家鉴定	江蔬 1 号	国品鉴菜 2004006	4170P×C94-3224	江苏省农业科学院蔬菜研究所	北京、黑龙江、河北、甘肃、江苏等地春季保护地栽培
2004	国家鉴定	辽园多丽	国品鉴菜 2004007	83-72-6-3×98-903	辽宁省农业科学院园艺研究所	辽宁、河北、内蒙古等地春季保护地栽培
2004	国家鉴定	合作 905	国品鉴菜 2004008	89-366×76-5-15	抚顺市北方农业科学研究所	北京、甘肃、新疆等地春季保护地栽培
2004	国家鉴定	英石大红	国品鉴菜 2004009	89-336×88-334	抚顺市北方农业科学研究所	北京、黑龙江、辽宁、河南、陕西、内蒙古、广东等地春季露地栽培
2004	国家鉴定	毛粉 818	国品鉴菜 2004010	CN3013×4439	陕西省西安市园艺研究所	陕西、新疆等地春季保护地栽培
2004	国家鉴定	毛粉 808	国品鉴菜 2004011	CMV9037×4435	陕西省西安市园艺研究所	上海、辽宁、河南、山西、陕西、内蒙古、甘肃、江苏、湖南、广西等地春季露地栽培
2006	国家鉴定	益丰	国品鉴菜 2006015	T52×J25	广州市农业科学研究院（原广州市农业科学研究所）	重庆、广东等地春季露地栽培

（续）

年份	鉴定机构	品种名称	鉴定编号	品种来源	选育（报审）单位	适宜范围
2006	国家鉴定	浦红 968	国品鉴菜 2006016	1478×546	上海市农业科学院园艺研究所	陕西、内蒙古等地春季露地栽培
2006	国家鉴定	宝珠 1 号	国品鉴菜 2006017	16-6-1-1-1×17-35-1-1-1	深圳市农业科技促进中心	重庆、陕西、江西、广东、海南等地栽培
2006	国家鉴定	东粉 2 号	国品鉴菜 2006018	P2XP143×P160	辽宁东亚农业发展有限公司	辽宁、内蒙古等地春季保护地栽培
2006	国家鉴定	皖粉 5 号	国品鉴菜 2006019	T861×T968	安徽省农业科学院园艺研究所	北京、甘肃、内蒙古、新疆、江苏等地春季保护地栽培
2006	国家鉴定	星宇 203	国品鉴菜 2006020	NV904×OG-906	包头市农业科学研究所	河南、山东、陕西、甘肃、内蒙古、新疆等地春季保护地栽培
2006	国家鉴定	中杂 101	国品鉴菜 2006021	002-64×002-69	中国农业科学院蔬菜花卉研究所	北京、上海、河北、河南、陕西、甘肃、内蒙古、江苏等地春季保护地栽培
2008	国家鉴定	北研 1 号	国品鉴菜 2008009	05B-91×05B-93	抚顺市北方农业科学研究所	北京、辽宁、河北、河南、甘肃、重庆、四川、广东等地春季露地种植
2008	国家鉴定	川科 4 号	国品鉴菜 2008010	B-182×98-24	四川省农业科学院经济作物育种栽培研究所	上海、重庆、黑龙江、河北、山东、陕西、四川等地种植
2008	国家鉴定	天正红珠	国品鉴菜 2008011	98-06S5（以色列红樱桃）×98-60S5（日本红玉）	山东省农业科学院蔬菜研究所	重庆、黑龙江、河北、山东、陕西、福建等地种植
2008	国家鉴定	沪樱 5 号	国品鉴菜 2008012	97-17-24×91-12-13	上海市农业科学院园艺研究所	上海、河北、山东、陕西等地种植
2008	国家鉴定	抚顺大枣	国品鉴菜 2008013	99-17-28×501-2	抚顺市北方农业科学研究所	黑龙江、河北、山东、陕西、江西等地种植
2008	国家鉴定	红阳	国品鉴菜 2008014	R16×L149	北京市农业技术推广站	上海、辽宁、河北、山东、陕西、江西等地种植
2008	国家鉴定	莎龙	国品鉴菜 2008001	S 以 2-4×P 清 1-3	青岛市农业科学研究院	北京、辽宁、山东、内蒙古、江苏、浙江等地春季保护地栽培
2008	国家鉴定	浙杂 205	国品鉴菜 2008002	T9247-1-2-2-1×T01-198-1-2	浙江省农业科学院蔬菜研究所	北京、黑龙江、辽宁、内蒙古、甘肃、浙江等地春季保护地栽培

（续）

年份	鉴定机构	品种名称	鉴定编号	品种来源	选育（报审）单位	适宜范围
2008	国家鉴定	东农 712	国品鉴菜 2008003	01HN43×01HN37	东北农业大学	黑龙江、辽宁、河北、河南、陕西、内蒙古、甘肃等地春季保护地栽培
2008	国家鉴定	苏粉 8 号	国品鉴菜 2008004	GB9736×TM9761	江苏省农业科学院蔬菜研究所	北京、黑龙江、河北、甘肃等地春季保护地栽培
2008	国家鉴定	北研 2 号	国品鉴菜 2008005	05B-88×05B-87	抚顺市北方农业科学研究所	北京、上海、辽宁、河北、陕西、甘肃、江苏等地春季保护地栽培
2008	国家鉴定	中杂 105	国品鉴菜 2008006	892-43×05g313	中国农业科学院蔬菜花卉研究所	北京、上海、辽宁、河北、河南、陕西、江苏等地春季保护地栽培
2008	国家鉴定	申粉 998	国品鉴菜 2008007	98-4-8-23-2-4 × 96-3-7-5-4-2	上海市农业科学院园艺研究所	上海、辽宁、河北、河南、陕西等地春季保护地栽培
2008	国家鉴定	渝粉 109	国品鉴菜 2008008	ZS4-1-1-3-4×732-3-2-5-1	重庆市农业科学院蔬菜花卉研究所	北京、重庆、辽宁、河北、河南、山东、甘肃、四川等地春季露地种植
2008	国家鉴定	新星	国品鉴菜 2008015	L134×L131	北京市农业技术推广站	上海、黑龙江、辽宁、河北、山东、江西等地种植
2012	国家鉴定	中杂 107	国品鉴菜 2012001	052h31×052h33	中国农业科学院蔬菜花卉研究所	北京、上海、河南、辽宁、江苏、山西春季保护地种植
2012	国家鉴定	申粉 V-1	国品鉴菜 2012002	06-2-4-8-11×Z09A39-3	上海市农业科学院园艺研究所	上海、北京、山西、内蒙古、辽宁、黑龙江、江苏、河南春季保护地种植
2012	国家鉴定	东农 719	国品鉴菜 2012003	051394×051162	东北农业大学	黑龙江、北京、内蒙古、辽宁、河南、山东、上海、江苏春季保护地种植
2012	国家鉴定	天骄 806	国品鉴菜 2012004	BP916×AP23	呼和浩特市广禾农业科技有限公司	内蒙古、北京、山西、辽宁、黑龙江、上海、山东、河南、江苏、浙江春季保护地种植
2012	国家鉴定	洛番 12	国品鉴菜 2012005	992×978	洛阳农林科学院	河南、北京、山西、内蒙古、辽宁、黑龙江、山东、上海、江苏春季保护地种植

（续）

年份	鉴定机构	品种名称	鉴定编号	品种来源	选育（报审）单位	适宜范围
2012	国家鉴定	苏粉 10 号	国品鉴菜 2012006	TM-04-6×TM-04-11	江苏省农业科学院蔬菜研究所	江苏、北京、山西、内蒙古、辽宁、黑龙江、山东、上海、河南春季保护地种植
2012	国家鉴定	粉莎 1 号	国品鉴菜 2012007	S1×S02-46	青岛市农业科学研究院	山东、北京、山西、辽宁、黑龙江、河南、上海、江苏春季保护地栽培
2012	国家鉴定	红秀	国品鉴菜 2012008	R156×R013	沈阳市农业科学院	辽宁、北京、山西、内蒙古、黑龙江、山东、河南、上海、湖北、浙江春季保护地栽培
2012	国家鉴定	莎冠	国品鉴菜 2012009	S 以 2-4×S02-2	青岛市农业科学研究院	山东、北京、山西、内蒙古、辽宁、河南、上海、湖北春季保护地栽培
2012	国家鉴定	烟红 101	国品鉴菜 2012010	XM-2-10-16-3-5-9 × FL-10-4-8	山东省烟台市农业科学研究院	山东、北京、山西、内蒙古、辽宁、黑龙江、河南、湖北春季保护地栽培
2013	国家鉴定	北研 4 号	国品鉴菜 2013021	05B-87×05B-92	抚顺市北方农业科学研究所	北京、山西、内蒙古、黑龙江、江苏、上海、山东、河南春季保护地种植
2015	国家鉴定	中寿 11-3	国品鉴菜 2015001	RTy20933×206101-12	中国农业大学农学与生物技术学院	在山西、吉林、江苏和四川的适宜地区春季保护地种植
2015	国家鉴定	申番 2 号	国品鉴菜 2015002	A09-86×A09-29	上海市农业科学院园艺研究所	在北京、上海、山西、吉林、河南、江苏和陕西的适宜地区春季保护地种植
2015	国家鉴定	东农 722	国品鉴菜 2015003	08HN11×08HN23	东北农业大学	在山西、吉林、河南、江苏、陕西的适宜地区春季保护地种植
2015	国家鉴定	北研 10 号	国品鉴菜 2015004	07B-108×07B-81	抚顺市北方农业科学研究所	在北京、上海、内蒙古、吉林、黑龙江、山东和江苏的适宜地区春季保护地种植
2015	国家鉴定	青农 866	国品鉴菜 2015005	P10×P24	青岛农业大学	在北京、上海、河北、吉林、黑龙江、江苏、四川和陕西的适宜地区春季保护地种植

（续）

年份	鉴定机构	品种名称	鉴定编号	品种来源	选育（报审）单位	适宜范围
2015	国家鉴定	烟粉 207	国品鉴菜 2015006	P91-1-26-6-5-1-9×NF19-9-5-15-6-3	山东省烟台市农业科学研究院	在北京、上海、河北、山西、内蒙古、吉林、黑龙江、河南、江苏和陕西的适宜地区春季保护地种植
2015	国家鉴定	粉莎 3 号	国品鉴菜 2015007	S以 12×S06-73	青岛市农业科学研究院	在北京、上海、内蒙古、吉林、黑龙江、河南、江苏、四川和陕西的适宜地区春季保护地种植
2015	国家鉴定	圆粉 209	国品鉴菜 2015008	G53-42×T8-8G	山西省农业科学院蔬菜研究所	在北京、河北、山西、吉林、黑龙江、山东、河南、江苏和四川的适宜地区春季保护地种植
2015	国家鉴定	洛番 15	国品鉴菜 2015009	H85-12×A5-11	洛阳农林科学院	在北京、上海、山西、内蒙古、吉林、黑龙江、山东、河南、江苏和四川的适宜地区春季保护地种植
2015	国家鉴定	星宇 206	国品鉴菜 2015010	S5×TS19	包头市农业科学研究所	在上海、河北、内蒙古、吉林、黑龙江、河南、江苏和陕西的适宜地区春季保护地种植
2015	国家鉴定	浙粉 702	国品鉴菜 2015011	7969F2-19-1-1-3×4078F2-3-3-3	浙江省农业科学院蔬菜研究所	在吉林、黑龙江、山东、河南、江苏、四川和陕西的适宜地区春季保护地种植
2015	国家鉴定	金蓓蕾	国品鉴菜 2015012	SZ20107-8-4 × SZ20235-13-2	上海种都种业科技有限公司	在北京、上海、山西、辽宁、河南、江苏、浙江、广西和四川的适宜地区春季种植
2015	国家鉴定	红运 721	国品鉴菜 2015013	1002A×LQH	重庆市农业科学院蔬菜花卉研究所	在北京、重庆、山西、内蒙古、河南、江苏、湖北、广西和四川的适宜地区春季种植
2015	国家鉴定	北研 9 号	国品鉴菜 2015014	08B-254×08B-259	抚顺市北方农业科学研究所	在北京、上海、山西、辽宁、山东、河南、江苏、湖北、广西和湖南的适宜地区春季种植
2015	国家鉴定	莎红	国品鉴菜 2015015	S以 4-2×S-21	青岛市农业科学研究院、中国科学院遗传与发育生物学研究所	在北京、重庆、山东、河南、江苏、广西、广东和四川的适宜地区春季种植

（续）

年份	鉴定机构	品种名称	鉴定编号	品种来源	选育（报审）单位	适宜范围
2015	国家鉴定	丽红	国品鉴菜 2015016	D65-62×L60-168	山西省农业科学院蔬菜研究所	在北京、重庆、山西、辽宁、山东、河南、江苏、广西和四川的适宜地区春季种植
2015	国家鉴定	诺盾 2426	国品鉴菜 2015017	F08-003×F09-025	安徽徽大农业有限公司	在重庆、辽宁、山东、江苏、广西和四川的适宜地区春季种植
2015	国家鉴定	瓯秀 806	国品鉴菜 2015018	711-2-35-19-3-5-1 × 720-9-1-6-5-4-3	温州科技职业学院	在重庆、辽宁、江苏、广西和四川的适宜地区春季种植
2015	国家鉴定	申櫻 1 号	国品鉴菜 2015019	A09-146×A09-131	上海市农业科学院园艺研究所	在北京、上海、辽宁、江苏、湖南、浙江、海南、四川和陕西的适宜地区春季保护地种植
2015	国家鉴定	红太郎	国品鉴菜 2015020	T024×T058	沈阳市农业科学院	在北京、辽宁、山东、河南、江苏、浙江、海南、四川和陕西的适宜地区春季保护地种植
2015	国家鉴定	天正翠珠	国品鉴菜 2015021	以色列 BR-1391 纯合后代 02-13-7F6 × 以色列 BR-1391 纯合后代 02-13-19F5	山东省农业科学院蔬菜花卉研究所	在北京、辽宁、山东、河南、江苏、湖南、浙江和海南的适宜地区春季保护地种植
2015	国家鉴定	樱莎红 3 号	国品鉴菜 2015022	W05-16×W06-125	青岛市农业科学研究院、中国科学院遗传与发育生物学研究所	在北京、上海、山东、江苏、湖南、浙江、海南、四川和陕西的适宜地区春季保护地种植
2015	国家鉴定	冀东 218	国品鉴菜 2015023	01-21×01-180	河北科技师范学院	在山东、河南、江苏、湖南、浙江、海南和四川的适宜地区春季保护地种植
2015	国家鉴定	美奇	国品鉴菜 2015024	MT0218×T0235-1	周口市农业科学院	在北京、辽宁、河南、江苏、湖南、浙江、海南、四川和陕西的适宜地区春季保护地种植
2015	国家鉴定	金美	国品鉴菜 2015025	MY0216×MY0310	周口市农业科学院	在北京、辽宁、山东、河南、江苏、湖南、海南、四川和陕西的适宜地区春季保护地种植

（续）

年份	鉴定机构	品种名称	鉴定编号	品种来源	选育（报审）单位	适宜范围
2015	国家鉴定	金陵佳玉	国品鉴菜 2015026	TY-07-8×TY-07-13	江苏省农业科学院蔬菜研究所	在北京、河南、湖南、浙江和海南的适宜地区春季保护地种植
2015	国家鉴定	金陵美玉	国品鉴菜 2015027	JSCT10×JSCT17	江苏省农业科学院蔬菜研究所	在北京、山东、河南、浙江、海南和四川的适宜地区春季种植
2015	国家鉴定	爱珠	国品鉴菜 2015028	T-3281×T-3284	苏州市种子管理站，农友种苗（中国）有限公司	在北京、上海、辽宁、河南、江苏、湖南、浙江、海南、四川和陕西的适宜地区春季保护地种植
2015	国家鉴定	红珍珠	国品鉴菜 2016053	ST-04-01×ST-05-11	安徽省农业科学院园艺研究所	在辽宁、山东、江苏、上海、海南、四川和陕西的适宜地区作春季保护地番茄种植

◆ 辣　椒

年份	鉴定机构	品种名称	鉴定编号	品种来源	选育（报审）单位	适宜范围
2006	国家鉴定	大果 99	国品鉴菜 2006022	9202×8215	湖南湘研种业有限公司	辽宁、江苏、重庆、湖南、江西春季保护地栽培
2006	国家鉴定	渝椒 6 号	国品鉴菜 2006023	186-1-1-1-1×182-1-1-1	重庆市农业科学研究所	辽宁、江苏、重庆、湖南春季保护地栽培
2006	国家鉴定	苏椒 11	国品鉴菜 2006024	5-1×NFy	江苏省农业科学院蔬菜研究所	辽宁、江苏、重庆、湖南、江西春季保护地栽培
2006	国家鉴定	冀研 5 号	国品鉴菜 2006025	AB91-8×JR	河北省农林科学院经济作物研究所	辽宁、北京、河北、江苏春季保护地栽培
2006	国家鉴定	冀研 6 号	国品鉴菜 2006026	AB91-XB×自 96-4	河北省农林科学院经济作物研究所	辽宁、北京、河北、江苏春季保护地栽培
2006	国家鉴定	洛椒 KDT1 号	国品鉴菜 2006027	早甜 96-1-5 × 大甜 98-6-12	洛阳市诚研辣椒研究所	辽宁、北京、河北、河南、山东春季保护地栽培
2006	国家鉴定	沈研 11	国品鉴菜 2006028	AB07×98	沈阳市农业科学院	北京、河北、江苏春季保护地栽培
2006	国家鉴定	湘椒 38	国品鉴菜 2006029	J011×8215	湖南湘研种业有限公司	广东、海南露地种植
2006	国家鉴定	辣优 8 号	国品鉴菜 2006030	21A×580R	广州市蔬菜科学研究所	广东、海南露地种植

（续）

年份	鉴定机构	品种名称	鉴定编号	品种来源	选育（报审）单位	适宜范围
2006	国家鉴定	粤椒 3 号	国品鉴菜 2006031	4982×5275	广东省农业科学院蔬菜研究所	广东、海南露地种植
2006	国家鉴定	海椒 5 号	国品鉴菜 2006032	P94J3×P94J4	海南省农业科学院蔬菜研究所	海南、广东露地种植
2006	国家鉴定	苏椒 12	国品鉴菜 2006033	94112×95050	江苏省农业科学院蔬菜研究所	海南、广东露地种植
2006	国家鉴定	中椒 11	国品鉴菜 2006034	91-126×92-2-3	中国农业科学院蔬菜花卉研究所	海南、广东露地种植
2010	国家鉴定	海丰 25	国品鉴菜 2010001	M-12-3×Y-49-1	北京市海淀区植物组织培养技术实验室	辽宁、江苏、重庆、湖南、江西适宜地区作春季保护地辣椒种植
2010	国家鉴定	京甜 3 号	国品鉴菜 2010002	9806-1×9816	北京市农林科学院蔬菜研究中心	新疆、辽宁、河北、江苏适宜地区作春季保护地及露地辣椒种植
2010	国家鉴定	哈椒 8 号	国品鉴菜 2010003	C272×H22	哈尔滨市农业科学院	辽宁、河北、新疆、重庆、江西适宜地区作保护地辣椒种植
2010	国家鉴定	湘椒 62	国品鉴菜 2010004	Y05-1A×8815	湖南湘研种业有限公司	辽宁、新疆、河北、江苏、重庆、湖南、江西适宜地区作春季保护地辣椒种植
2010	国家鉴定	冀研 15	国品鉴菜 2010005	AB91-W22-986 × GF8-1-1-5	河北省农林科学院经济作物研究所	河北、辽宁、新疆、重庆、江西适宜地区作春季保护地辣椒种植
2010	国家鉴定	福湘早帅	国品鉴菜 2010006	S2055×H2802	湖南省蔬菜研究所	新疆、河北、重庆、湖南、江西适宜地区作春季保护地辣椒种植
2010	国家鉴定	苏椒 15	国品鉴菜 2010007	05X 新 51×05X 新 24	江苏省农业科学院蔬菜研究所	江苏、辽宁、重庆、湖南、河北、江西适宜地区作春季保护地辣椒种植
2010	国家鉴定	苏椒 16	国品鉴菜 2010008	05X375×05X 新 55	江苏省农业科学院蔬菜研究所	江苏、新疆、辽宁、重庆、河北、江西适宜地区作春季保护地辣椒种植
2010	国家鉴定	川椒 3 号	国品鉴菜 2010009	尖 114A×尖 A198	四川省川椒种业科技有限责任公司	四川、河南、广西、陕西、江苏适宜地区作露地辣椒种植
2010	国家鉴定	川椒 301	国品鉴菜 2010010	尖 113A×尖 C16	四川省川椒种业科技有限责任公司	河南、黑龙江、江苏、陕西、四川、海南适宜地区作露地辣椒种植

（续）

年份	鉴定机构	品种名称	鉴定编号	品种来源	选育（报审）单位	适宜范围
2010	国家鉴定	中椒 105	国品鉴菜 2010011	04q-3×0516	中国农业科学院蔬菜花卉研究所	海南、广东适宜地区南菜北运基地秋冬种植；河南、江苏、四川、黑龙江、陕西适宜地区作早春露地辣椒种植
2013	国家鉴定	师研 1 号	国品鉴菜 2013001	0112×9923	洛阳师范学院	河北、辽宁、江苏、安徽、山东、重庆、新疆适宜地区作保护地辣椒栽培
2013	国家鉴定	苏椒 18	国品鉴菜 2013002	5 母长×08X59	江苏省农业科学院蔬菜研究所	河北、辽宁、江苏、安徽、新疆适宜地区作保护地辣椒栽培
2013	国家鉴定	中椒 0808	国品鉴菜 2013003	0517×0601M	中国农业科学院蔬菜花卉研究所	河北、辽宁、江苏适宜地区作保护地甜椒栽培
2013	国家鉴定	冀研 16	国品鉴菜 2013004	AB91-W222-49176×BYT-4-1-3-6-8	河北省农林科学院经济作物研究所	河北、辽宁、安徽适宜地区作保护地甜椒栽培
2013	国家鉴定	京甜 1 号	国品鉴菜 2013005	03-68×03-106	北京市农林科学院蔬菜研究中心、北京京研益农科技发展中心	辽宁、山东、新疆适宜地区作保护地甜椒栽培
2013	国家鉴定	沈研 15	国品鉴菜 2013006	A02-7×0840-7	沈阳市农业科学院蔬菜研究所	辽宁、江苏、安徽、山东、重庆适宜地区作保护地栽培
2013	国家鉴定	湘研 808	国品鉴菜 2013007	R7-2×Y05-12	湖南湘研种业有限公司	河南、江苏、广东适宜地区作露地种植
2013	国家鉴定	金田 8 号	国品鉴菜 2013008	3509×3504	广东省农业科学院蔬菜研究所、广东科农蔬菜种业有限公司	江苏、广西、广东适宜地区作露地种植
2013	国家鉴定	东方 168	国品鉴菜 2013009	97-130×98-131	广州市绿霸种苗有限公司	黑龙江、河南、江苏、广东适宜地区作露地种植
2013	国家鉴定	粤研 1 号	国品鉴菜 2013010	绿霸 202-560×辣优 4 号-590	广东省农业科学院蔬菜研究所、广东科农蔬菜种业有限公司	黑龙江、河南、江苏、广东适宜地区作露地种植
2013	国家鉴定	绿剑 12	国品鉴菜 2013011	H201×H102	江西农望高科技有限公司	黑龙江、河南、江苏、广东适宜地区作露地种植

（续）

年份	鉴定机构	品种名称	鉴定编号	品种来源	选育（报审）单位	适宜范围
2013	国家鉴定	湘妃	国品鉴菜 2013012	A×03F-16-1	湖南湘研种业有限公司	湖南、云南、内蒙古、江西、陕西、四川适宜地区作露地干鲜两用型辣椒种植
2013	国家鉴定	博辣红帅	国品鉴菜 2013013	9704A×J01-227	湖南省蔬菜研究所	湖南、江西、四川适宜地区作露地干鲜两用型辣椒种植
2013	国家鉴定	干鲜 4 号	国品鉴菜 2013014	140A×辛八	四川省川椒种业科技有限责任公司	湖南、云南、内蒙古、江西、陕西、四川适宜地区作露地干鲜两用型辣椒种植
2013	国家鉴定	国塔 109	国品鉴菜 2013015	AB05-111×98199	北京市农林科学院蔬菜研究中心、北京京研益农科技发展中心	湖南、云南、内蒙古、江西、陕西、四川适宜地区作露地干鲜两用型辣椒种植
2013	国家鉴定	苏椒 19	国品鉴菜 2013016	05X317×05X319	江苏省农业科学院蔬菜研究所	湖南、云南、内蒙古、江西、陕西、四川适宜地区作露地干鲜两用型辣椒种植
2013	国家鉴定	皖椒 18	国品鉴菜 2013017	02-08×89-18	安徽省农业科学院园艺研究所	江西、四川、云南适宜地区作露地干鲜两用型辣椒种植
2013	国家鉴定	辛香 8 号	国品鉴菜 2013018	N119×T046	江西农望高科技有限公司	湖南、云南、内蒙古、江西、陕西、四川适宜地区作露地干鲜两用型辣椒种植
2013	国家鉴定	艳椒 417	国品鉴菜 2013019	739-1-1-1-1×534-2-1-1-1	重庆市农业科学院蔬菜花卉所	湖南、云南、内蒙古、江西、陕西、四川适宜地区作露地干鲜两用型辣椒种植
2013	国家鉴定	苏椒 103	国品鉴菜 2013020	01016-2×S006	江苏省农业科学院蔬菜研究所	河南、江苏、广东适宜地区作露地甜椒种植
2015	国家鉴定	大汉 2 号	国品鉴菜 2016020	9901×0302	江西农望高科技有限公司	在辽宁、江苏、安徽、山东、湖北和新疆的适宜地区作保护地辣椒种植

（续）

年份	鉴定机构	品种名称	鉴定编号	品种来源	选育（报审）单位	适宜范围
2015	国家鉴定	秦椒1号	国品鉴菜2016021	R9816-2-1-3×Z97-2-7-42	西北农林科技大学园艺学院	在辽宁、江苏、安徽、山东、湖北、重庆和新疆的适宜地区作保护地辣椒种植
2015	国家鉴定	国福305	国品鉴菜2016022	07-70MS×07-25	京研益农（北京）种业科技有限公司，北京市农林科学院蔬菜研究中心	在辽宁、江苏、安徽、山东、湖北、重庆和新疆的适宜地区作春季保护地和秋延后拱棚种植
2015	国家鉴定	苏椒25	国品鉴菜2016023	200905M×2009X93	江苏省农业科学院蔬菜研究所	在江苏、安徽、山东、湖北、重庆和新疆的适宜地区作保护地辣椒种植
2015	国家鉴定	沈研18	国品鉴菜2016024	A074-3×0952-7	沈阳市农业科学院	在辽宁、江苏、安徽、山东、重庆和新疆的适宜地区作保护地辣椒种植
2015	国家鉴定	湘研812	国品鉴菜2016025	9202×R07360	湖南湘研种业有限公司	在辽宁、江苏、安徽、山东、重庆和新疆的适宜地区作保护地辣椒种植
2015	国家鉴定	濮椒6号	国品鉴菜2016026	0712×A-96	濮阳市农业科学院	在河南、辽宁、江苏、安徽、山东、湖北和重庆的适宜地区保护地辣椒种植
2015	国家鉴定	苏椒26	国品鉴菜2016027	2012X14×2012X10	江苏省农业科学院蔬菜研究所	在江苏、山东、安徽、湖北、重庆和新疆的适宜地区作保护地辣椒种植
2015	国家鉴定	冀研108	国品鉴菜2016028	AB91-W222-49176×JF8G-2-1-2-5-1-11-4	河北省农林科学院经济作物研究所	在北京、河北、山西、山东和上海的适宜地区作保护地甜椒种植
2015	国家鉴定	国禧115	国品鉴菜2016029	SY09-187×SY09-178	京研益农（北京）种业科技有限公司，北京市农林科学院蔬菜研究中心	在北京、河北、山西、江苏和上海的适宜地区作早春保护地和秋延后拱棚辣椒种植
2015	国家鉴定	申椒2号	国品鉴菜2016030	P202-7×P202-2	上海市农业科学院园艺研究所	在山西、山东、江苏和上海的适宜地区作保护地甜椒种植
2015	国家鉴定	金田11	国品鉴菜2016031	262×216	广东省农业科学院蔬菜研究所，广东科农蔬菜种业有限公司	在河南、江苏、广东、广西和海南的适宜地区作露地辣椒种植
2015	国家鉴定	驻椒19	国品鉴菜2016032	梨乡888-7-12-1-5-5-7-4-9×驻0606	驻马店市农业科学院	在河南、江苏、广东、广西和海南的适宜地区作露地辣椒种植

（续）

年份	鉴定机构	品种名称	鉴定编号	品种来源	选育（报审）单位	适宜范围
2015	国家鉴定	春研 26	国品鉴菜 2016033	20-6-4×A02-7	江西宜春市春丰种子中心	在黑龙江、河南、江苏、广西和海南的适宜地区作露地辣椒种植
2015	国家鉴定	国福 208	国品鉴菜 2016034	06-4×06-54	京研益农（北京）种业科技有限公司，北京市农林科学院蔬菜研究中心	在黑龙江、河南、江苏、广东、广西和海南的适宜地区作露地辣椒种植
2015	国家鉴定	长研 206	国品鉴菜 2016035	8218×F285	长沙市蔬菜科学研究所	在黑龙江、河南、江苏和广东的适宜地区作露地辣椒种植
2015	国家鉴定	春研翠龙	国品鉴菜 2016036	E99-9×01-1-6	江西宜春市春丰种子中心	在内蒙古、江西、广东、湖南、云南、贵州、四川和陕西的适宜地区作露地辣椒种植
2015	国家鉴定	艳椒 11	国品鉴菜 2016037	812-1-1-1-1×811-2-1-1-1	重庆市农业科学院蔬菜花卉研究所	在内蒙古、江西、广东、湖南、云南、贵州、四川和陕西的适宜地区作露地辣椒种植
2015	国家鉴定	博辣 8 号	国品鉴菜 2016038	LJ07-16×LJ06-22	湖南省蔬菜研究所	在内蒙古、江西、广东、湖南、云南、贵州、四川和陕西的适宜地区作露地辣椒种植
2015	国家鉴定	川腾 6 号	国品鉴菜 2016039	2003-12-1-1-3×V25-2-10	四川省农业科学院园艺研究所	在内蒙古、江西、广东、湖南、云南、贵州、四川和陕西的适宜地区作露地辣椒种植
2015	国家鉴定	辛香 28	国品鉴菜 2016040	1908×H103	江西农望高科技有限公司	在内蒙古、江西、湖南、云南和陕西的适宜地区作露地辣椒种植
2015	国家鉴定	湘辣 10 号	国品鉴菜 2016041	RX12-97×RX11-57	湖南湘研种业有限公司	在内蒙古、江西、广东、湖南、云南、贵州、四川和陕西的适宜地区作露地辣椒种植
2015	国家鉴定	千丽 1 号	国品鉴菜 2016042	9624-25-1-3-3-6-1-2×9711-34-2-3-10-4-2	杭州市农业科学研究院	在内蒙古、江西、广东、湖南、云南、贵州、四川和陕西的适宜地区作露地辣椒种植

（续）

年份	鉴定机构	品种名称	鉴定编号	品种来源	选育（报审）单位	适宜范围
2015	国家鉴定	春研青龙	国品鉴菜 2016043	B98-8×E99-1	江西宜春市春丰种子中心	在内蒙古、江西、广东、湖南、云南、贵州和陕西的适宜地区作露地辣椒种植
2015	国家鉴定	苏椒 22	国品鉴菜 2016044	2009X142×2009X200	江苏省农业科学院蔬菜研究所	在内蒙古、湖南、广东、云南、贵州和陕西的适宜地区作露地干鲜两用型辣椒种植
2015	国家鉴定	兴蔬绿燕	国品鉴菜 2016045	HJ180A×SJ07-21	湖南省蔬菜研究所	在内蒙古、江西、广东、湖南、云南、贵州和陕西的适宜地区作露地辣椒种植
2015	国家鉴定	赣椒 15	国品鉴菜 2016046	B9404×N104	江西省农业科学院蔬菜花卉研究所	在内蒙古、江西、湖南、广东、云南、贵州和四川的适宜地区作春季早熟露地辣椒种植
2015	国家鉴定	天禧金帅	国品鉴菜 2016047	06-012×06-089	南京星光种业有限公司，南京市种子管理站	在内蒙古、江西、湖南、广东、云南、贵州、四川和陕西的适宜地区用于露地辣椒种植
2015	国家鉴定	盐椒 1 号	国品鉴菜 2016048	1-18-15-12×42-3-7-14	江苏沿海地区农业科学研究所	在江西、湖南、云南和陕西的适宜地区作露地辣椒种植
2015	国家鉴定	苏椒 23	国品鉴菜 2016049	2012X67×2012X68	江苏省农业科学院蔬菜研究所	在内蒙古、江西、广东、云南、贵州和陕西的适宜地区作露地干鲜两用型辣椒种植
2015	国家鉴定	镇研 21	国品鉴菜 2016050	A9259×N9389	镇江市镇研种业有限公司，徐州海林辣椒育种专业合作社	在内蒙古、江西、湖南、广东、云南、四川、贵州和陕西的适宜地区作露地辣椒种植
2015	国家鉴定	干鲜 2 号	国品鉴菜 2016051	A68×A75	四川省川椒种业科技有限责任公司	在内蒙古、江西、湖南、广东、云南、贵州、四川和陕西的适宜地区作露地辣椒种植
2015	国家鉴定	苏椒 24	国品鉴菜 2016052	2012X40×2012X24	江苏省农业科学院蔬菜研究所	在黑龙江、江苏、河南和广东的适宜地区作露地甜椒种植

2004—2013年
省级鉴定品种名录

2004—2013 年省级鉴定品种名录

年份	鉴定省份	品种名称	编号	品种来源	选育（报审）单位	适宜范围
◆ **大白菜**						
2004	北京	京春 99	京审菜 2004001	9191×9188	北京市农林科学院蔬菜研究中心	北京市春季种植
2004	北京	春天	京审菜 2004003	D8846×Y8817	北京大一种苗有限公司	北京市春季种植
2004	北京	春大强	京审菜 2004004	Z8870×M8831	北京大一种苗有限公司	北京市春季种植
2004	北京	世农春 50	京审菜 2004005	7001×7015	北京世农种苗有限公司	北京市春季种植
2004	北京	旺春	京审菜 2004006	Haru600-6-7-3-5×YoungJin107-1-7-7-3	圣尼斯种子（北京）有限公司	北京市春季种植
2004	北京	世纪春	京审菜 2004008	J91-2-3-1-5-1×HD94-3-5-7	北京市种子公司	北京市春季种植
2004	北京	夏冠	京审菜 2004010	3062×3474	北京世农种苗有限公司	北京市夏季种植
2004	北京	鸿钧 78	京审菜 2004013	96-1-1-3×95-4-3-1	北京鸿钧种苗园艺研究所	北京市秋季种植
2004	山西	新绿 20	晋审菜（认）2004008	S93-329-24-10×Z93-94-1-1-8	山西省农业科学院蔬菜研究所	山西省作秋白菜种植
2004	山西	新青	晋审菜（认）2004009	99-40-6-8×99-16-3-5	山西省农业科学院蔬菜研究所	山西省作秋白菜种植
2004	山西	晋绿 70	晋审菜（认）2004010	QS00-1×QS00-12	山西省农业科学院种苗公司	山西省中、北部地区秋季种植
2004	辽宁	辽白 15	辽备菜［2004］211 号	自育的雄性不育系北京新 3 号 A×自交系快菜 1 号-19-1-772-1-232	辽宁省农业科学院园艺研究所	辽宁沈阳、朝阳、阜新、锦州、葫芦岛、辽阳、鞍山、营口秋季种植
2004	辽宁	水师营 10 号	辽备菜［2004］212 号	97-3-8-10×97-6-12-29	大连市旅顺口区水师营镇农业科技服务站	辽宁沈阳、大连、辽阳、鞍山秋季种植
2004	辽宁	水师营 11	辽备菜［2004］213 号	99-2×99-6	大连市旅顺口区水师营镇农业科技服务站	辽宁沈阳地区秋季种植
2004	辽宁	连星 60	辽备菜［2004］214 号	95-1-1×97-2-2	大连市原种场	辽宁秋季种植
2004	辽宁	沈农早秋黄	辽备菜［2004］215 号	100%雄性不育系改 4A×早熟 50-1-2-1-1-5	沈阳农业大学园艺学院	辽宁大连、辽阳、鞍山、沈阳、朝阳、阜新、锦州、葫芦岛、营口地区秋季种植
2004	辽宁	沈农超级 7 号	辽备菜［2004］216 号	02S106×02S164	沈阳农业大学	辽宁省秋季种植

（续）

年份	鉴定省份	品种名称	编号	品种来源	选育（报审）单位	适宜范围
2004	辽宁	辽白10号	辽备菜［2004］217号	自育的雄性不育系津绿75A×自交系高抗1号-33-1-415-33-1	辽宁省农业科学院园艺研究所	辽宁省秋季种植
2004	辽宁	水师营12	辽备菜［2004］218号	97-6-7-3×97-6-12-29	大连市旅顺口区水师营镇农业科技服务站	辽宁省秋季种植
2004	辽宁	星隆60	辽备菜［2004］219号	701A×H58	沈阳市绿星大白菜研究所	辽宁省秋季种植
2004	辽宁	阜白3号	辽备菜［2004］220号	自交不亲和系99早-38-1×自交系回-18	辽宁省风沙地改良利用研究所	辽宁省秋季种植
2004	辽宁	水师营13	辽备菜［2004］221号	从北京世农种苗有限公司引进的大白菜杂交种	大连市旅顺口区水师营镇农业科技服务站	辽宁省秋季种植
2004	辽宁	辽白11	辽备菜［2004］222号	自育的雄性不育系津绿75A×自交系玉青58-57-2-39-8-4-6	辽宁省农业科学院园艺研究所	辽宁沈阳、朝阳、阜新喜食青帮直筒型大白菜地区种植
2004	辽宁	辽白12	辽备菜［2004］223号	环境敏感型雄性不育系锦4-1-724-853-276-4-1×自交系玉青58-57-2-39-8-4-6	辽宁省农业科学院园艺研究所	辽宁沈阳、朝阳、阜新、锦州、葫芦岛、辽阳、鞍山、营口直筒型大白菜地区种植
2004	辽宁	辽白13	辽备菜［2004］224号	雄性不育系北京新3号A×自交系阳春-101-8-2-340-310-161	辽宁省农业科学院园艺研究所	辽宁沈阳、朝阳、阜新、锦州、葫芦岛、辽阳、鞍山、营口秋季种植
2004	辽宁	辽白14	辽备菜［2004］225号	雄性不育系北京新3号A×自交系攻关1号-18-2-441-170-165	辽宁省农业科学院园艺研究所	辽宁沈阳、大连、朝阳、阜新、锦州、葫芦岛、辽阳、鞍山、营口秋季种植
2004	辽宁	辽白9号	辽备菜［2004］226号	23-5-36-8-63-4×46-8-67-3-9-14	辽宁省农业科学院园艺研究所	辽宁省秋季种植
2004	辽宁	辽沈新8号	辽备菜［2004］227号	98-4-1×98-3-2	锦州辽西种苗有限责任公司	辽宁省秋季种植
2004	辽宁	秋冠1号	辽备菜［2004］228号	山东福山包头×绿禾2号	锦州绿禾农业技术研究所	辽宁省秋季种植
2004	辽宁	连星80	辽备菜［2004］229号	96-1-3×97-6-3	大连市原种场	辽宁省秋季种植
2004	辽宁	沈农80	辽备菜［2004］230号	100%雄性不育系5A×华白2-3-196-948-2-66-1	沈阳农业大学	辽宁省秋季种植

（续）

年份	鉴定省份	品种名称	编号	品种来源	选育（报审）单位	适宜范围
2004	辽宁	金的 2 号	辽备菜［2004］231 号	S5-7-8×M6-1-9	锦州市金的种业有限公司	辽宁省秋季种植
2004	辽宁	莱神 1 号	辽备菜［2004］232 号	0210（99-1-7-3-3-5）×0217（98-12-7-1-5-7）	锦州鑫园世家种业有限公司	辽宁省秋季种植
2004	辽宁	亚太 100	辽备菜［2004］233 号	96010×53-G3-1	锦州鑫园世家种业有限公司	辽宁省秋季种植
2004	吉林	金玲 2 号	吉审菜 2004005	城阳青大白菜×山西河头	龙井市龙农发农业蔬菜研究所延边、龙发农业科技开发有限公司	吉林省秋季种植
2004	黑龙江	凯丰 2 号	黑登记 2004019	9392×9399	北京市农业科学院蔬菜研究中心、哈尔滨刘元凯种业有限公司	黑龙江省秋季种植
2004	黑龙江	哈白 3 号	黑登记 2004020	F300×H1	哈尔滨市农业科学院	黑龙江省秋季种植
2004	黑龙江	东农 906	黑登记 2004021	47-5-2×88-4-1	东北农业大学园艺学院	黑龙江省秋季种植
2004	黑龙江	圣农 1 号	黑登记 2004022	94-38×94-13	公主岭市岭丰种苗研究所	黑龙江省秋季种植
2004	上海	新 4 纪	沪农品认蔬果（2004）第 040 号	021×035	上海市农业科学院园艺研究所	上海市
2004	山东	琴萌春王 13	鲁农审字［2004］033 号	双亲为日喀则自交不亲和系×秦白 2 号自交不亲和系	青岛国际种苗有限公司	山东省春季种植
2004	山东	德高春	鲁农审字［2004］032 号	双亲为 29SI×SINGLE	德州市德高蔬菜种苗研究所	山东省春季种植
2004	山东	义和秋帅	鲁农审字［2004］020 号	95-102×97-1	胶州市徐启义	山东省作秋白菜中晚熟品种种植
2004	山东	华良 2000	鲁农审字［2004］019 号	新福 94-36×97-11	临朐县孙铭元	山东省作秋白菜中晚熟品种种植
2004	山东	胶蔬秋季王	鲁农审字［2004］018 号	黄 92-16-6-15 自交不亲和系×石 92-18-7-8 自交不亲和系	胶州市东茂蔬菜研究所	山东省作秋白菜中晚熟品种种植
2004	山东	青研 4 号	鲁农审字［2004］017 号	源于青杂 3 号/古青 76//中青 3SI 的自交不亲和系×源于丰抗 70 的高代自交系	青岛市农业科学院	山东省作秋白菜中晚熟品种种植

（续）

年份	鉴定省份	品种名称	编号	品种来源	选育（报审）单位	适宜范围
2004	山东	金来秋白2号	鲁农审字［2004］016号	京16×汉28-8	莱州市金来种业有限公司	山东省作秋白菜中晚熟品种种植
2004	新疆	陕春白1号	新登白菜2004年024号	95S12高代自交不亲和系×95S20高代自交系	乌鲁木齐市蔬菜研究所	新疆维吾尔自治区南北疆
2005	北京	春宝黄	京审菜2005002	8341×8402	北京世农种苗有限公司	北京市春季种植
2005	北京	珍宝夏	京审菜2005003	B33×A101	香港惟勤企业有限公司	北京市夏季种植
2005	北京	夏圣白1号	京审菜2005005	亚蔬302×石特	青岛市胶州大白菜研究所	北京市夏季种植
2005	北京	京翠70	京审菜2005007	98C63-13×98C63-25	北京市农林科学院蔬菜研究中心	北京市秋季种植
2005	北京	德高8号	京审菜2005008	混粉DD×7898-8	德州市德高蔬菜种苗研究所	北京市秋季种植
2005	北京	优抗98	京审菜2005006	BN-3-02×A0068	北京市冠海生物技术开发有限公司	北京市
2005	北京	中白48	京审菜2005004	N4×夏阳（308）	中国农业科学院蔬菜花卉研究所	北京市
2005	山西	科萌75	晋审菜（认）2005010	99-15-4-1-△×S21-6-2-△	山西省农业科学院蔬菜研究所	山西省秋季种植
2005	山西	翠丰88	晋审菜（认）2005011	98-24-8-4×97-53-27-16-4	山西省农业大学太原园艺学院、山西晋黎来蔬菜种子有限公司	山西省秋白菜中晚熟区种植
2005	山西	科萌90	晋审菜（认）2005012	99-15-5-1-△×S21-5-13-△	山西省农业科学院蔬菜研究所	山西省秋白菜中晚熟区种植
2005	辽宁	辽菘1号	辽备菜［2005］259号	早-23×回-1	辽宁省风沙地改良利用研究所	辽宁省
2005	辽宁	辽菘2号	辽备菜［2005］260号	AB02-23×回-1	辽宁省风沙地改良利用研究所	辽宁省
2005	辽宁	强丰75	辽备菜［2005］261号	1075×26	海城市宝丰蔬菜种子有限公司	辽宁省
2005	辽宁	海丰4号	辽备菜［2005］262号	新福474×新福1024	海城市园艺科学研究所	辽宁省
2005	辽宁	五环	辽备菜［2005］263号	从韩国引入的大白菜新品种	沈阳益久祥种苗有限公司	辽宁省
2005	辽宁	锦太8号	辽备菜［2005］264号	自育的雄性不育两用系AB08不育株×自育的自交系青麻叶-1-3-5-7	赵保余	辽宁省

（续）

年份	鉴定省份	品种名称	编号	品种来源	选育（报审）单位	适宜范围
2005	辽宁	锦育 3 号	辽备菜［2005］265 号	雄性不育系 303A×自育的自交系 0928B	李亚光	辽宁省
2005	辽宁	锦育 6 号	辽备菜［2005］266 号	环境敏感型雄性不育系 03AB×自育的自交系 04	李亚光	辽宁省
2005	辽宁	海丰 5 号	辽备菜［2005］267 号	23A×S15	海城市园艺科学研究所	辽宁省
2005	黑龙江	春秋王	黑登记 2005022	春 301×春 302	山东省莱州市东方种苗研究所	黑龙江省春季种植
2005	黑龙江	德高百合	黑登记 2005023	龙辐二牛心×CB4	德州市德高蔬菜种苗研究所	黑龙江省秋季种植
2005	黑龙江	北辰 2 号	黑登记 2005024	SG×B90-4	青岛北方种业有限公司	黑龙江省秋季种植
2005	黑龙江	龙昌白	黑登记 2005025	94-5-1×92-11	哈尔滨市道外区万利达种子经销有限公司	黑龙江省秋季种植
2005	黑龙江	牡丹江 5 号	黑登记 2005026	15-4-2×20-1-1	牡丹江市蔬菜科学研究所	黑龙江省秋季种植
2005	黑龙江	龙白 6 号	黑登记 2005027	N-30×00-020	黑龙江省农业科学院园艺分院	黑龙江省秋季种植
2005	黑龙江	秋强	黑登记 2005028	从韩国现代种苗株式会社引进组合：HD335×HD009	哈尔滨佳禾农业开发有限公司	黑龙江省秋季种植
2005	黑龙江	齐林 1 号	黑登记 2005029	B91-3-2×卫 96-3	山东省淄博市鲁中蔬菜良种场	黑龙江省秋季种植
2005	安徽	淮中黄心乌	皖品鉴登字第 0503009	合肥黄心乌×淮南黄心乌	涡阳同丰种业有限公司	安徽省沿淮大部分地区种植
2005	山东	华良夏秋	鲁农审字［2005］039 号	96-29 弱自交不亲和系×新福 94-17 自交不亲和系	临朐县孙铭元	山东省作秋白菜早熟品种种植
2005	新疆	碧玉大白菜	新登白菜 2005 年 012 号	乌鲁木齐市蔬菜研究所从北京市农林科学院蔬菜研究中心引进的大白菜品种	北京市农林科学院蔬菜研究中心	新疆维吾尔自治区
2006	北京	京秋 65	京审菜 2006001	85（2-289）×秦大	北京市农林科学院蔬菜研究中心	北京市作秋播种植
2006	北京	春晓	京审菜 2006005	Y78×F26	北京大一种苗有限公司	北京市春播种植
2006	北京	中白 58	京审菜 2006006	B18×（8407×E7）	中国农业科学院蔬菜花卉研究所	北京市作秋季早熟白菜种植

（续）

年份	鉴定省份	品种名称	编号	品种来源	选育（报审）单位	适宜范围
2006	辽宁	辽白 17	辽备菜［2006］289 号	鲁白 8 号-124-5-5-5-5-8×春夏王-402-3-4-5-6-3	辽宁省农业科学院蔬菜研究所	辽宁省秋季种植
2006	辽宁	辽白 18	辽备菜［2006］290 号	鲁白 8 号-124-5-5-5-5-8×春秋 54-103-45-24-56-4-6	辽宁省农业科学院蔬菜研究所	辽宁省秋季种植
2006	辽宁	沈农超级 8 号	辽备菜［2006］291 号	细胞核雄性不育系 04ds31×04A189	沈阳农业大学园艺学院	辽宁省秋季种植
2006	辽宁	沈农超级 9 号	辽备菜［2006］292 号	细胞核雄性不育系 04ds31×04A228	沈阳农业大学园艺学院	辽宁省秋季种植
2006	辽宁	沈农翡翠	辽备菜［2006］293 号	雄性不育系 06172×05A133-1	沈阳农业大学园艺学院	辽宁省秋季种植
2006	辽宁	沈农珍珠	辽备菜［2006］294 号	雄性不育系 06173×06178	沈阳农业大学园艺学院	辽宁省秋季种植
2006	辽宁	绿丰 6 号	辽备菜［2006］295 号	不育系 69A×绿丰 6 号	沈阳农业大学园艺学院	辽宁省秋季种植
2006	辽宁	福尔乐	辽备菜［2006］296 号	雄性不育系 5713A×8576	沈阳农业大学园艺学院	辽宁省秋季种植
2006	辽宁	福尔斯	辽备菜［2006］297 号	核基因互作雄性不育系 5713A×自交系 3A	沈阳农业大学园艺学院	辽宁省秋季种植
2006	辽宁	金冠	辽备菜［2006］298 号	雄性不育系 5713A×5AS11	锦州农业科学院	辽宁省秋季种植
2006	黑龙江	北辰秋	黑登记 2006022	B90-4×H253-2	山东省青岛北方种业有限公司	黑龙江省秋季种植
2006	黑龙江	鸡白 1 号	黑登记 2006023	88-3-1-12-6-2×98-3	鸡西兴凯湖种子有限公司、青岛贵龙种苗有限公司	黑龙江省秋季种植
2006	黑龙江	东农 907	黑登记 2006024	23-2×88-2-1	东北农业大学园艺学院	黑龙江省秋季种植
2006	黑龙江	龙园红 1 号	黑登记 2006025	00-218×N-1×红 02-314	黑龙江省农业科学院园艺分院	黑龙江省秋季种植
2006	安徽	胶抗 78	皖品鉴登字第 0603009	福 9-8-3×福 93-5-2	山东省莱州市金源良种研究所	山东省作春白菜品种种植
2006	山东	琴萌 65	鲁农审 2006059 号	秦白 2 号 93-4×86-15	青岛国际种苗有限公司	山东省作春白菜品种种植
2006	山东	春皇后	鲁农审 2006058 号	93-55-2×B-91-40	山东洲元种业股份有限公司	山东省作春白菜品种种植
2006	山东	天正秋白 2 号	鲁农审 2006045 号	新福 474×新福 1042	山东省农业科学院蔬菜研究所	山东省作秋白菜中晚熟品种种植

（续）

年份	鉴定省份	品种名称	编号	品种来源	选育（报审）单位	适宜范围
2006	山东	德丰 1 号	鲁农审 2006044 号	鲁白 8 号 SI×新 1 号 DD	德州市德高蔬菜种苗研究所	山东省鲁南、鲁西南、鲁中、鲁北、鲁西北地区作秋白菜品种种植
2006	山东	琴萌 13	鲁农审 2006043 号	混粉 93-2×秦白 2 号 93-2	青岛国际种苗有限公司	山东省作秋白菜早熟品种种植
2006	山东	潍白 8 号	鲁农审 2006042 号	BZ-35×BZ-26	潍坊市农业科学院	山东省秋白菜中熟品种种植
2006	山东	和丰早秋	鲁农审 2006041 号	B2-01-17×B2-00-14	临朐县蔬菜种苗研究所	山东省作秋白菜中熟品种种植
2006	山东	琴萌 60	鲁农审 2006040 号	黑龙江 5 号 SI×86-15SI	青岛国际种苗有限公司	山东省作春白菜品种种植
2006	山东	潍春白 1 号	鲁农审 2006039 号	黑石特 BZ-07×日本小根 3 号	潍坊市农业科学院	山东省作春白菜品种种植
2006	贵州	黔白 3 号	黔审菜 2006002 号	k12-1-2-7-8-2×c21-2-3-5-2-1	贵州省农业科学院园艺研究所	贵州各地区栽培
2006	新疆	蓝 D 大白菜	新登白菜 2006 年 06 号	乌鲁木齐市蔬菜研究所从国外引进的大白菜新品种	乌鲁木齐市蔬菜研究所	新疆南、北疆地区种植
2007	北京	小巧	京审菜 2007001	C186×8445	北京世农种苗有限公司	北京市春播
2007	北京	京秋新 56	京审菜 2007002	双 1×02-531	北京市农林科学院蔬菜研究中心	北京市秋播
2007	辽宁	辽菘 3 号	辽备菜［2007］323 号	自 87-1×97-23	辽宁省风沙地改良利用研究所	辽宁阜新、沈阳、大连、锦州
2007	辽宁	福尔美	辽备菜［2007］324 号	5713A×9845	沈阳市农业科学院	辽宁省
2007	辽宁	辽菘 4 号	辽备菜［2007］325 号	AB02-23×05-112	辽宁省风沙地改良利用研究所	辽宁省
2007	辽宁	水师营 8 号	辽备菜［2007］326 号	99-6-5-3-1×99-6-3-5	大连市旅顺口区水师营蔬菜种子研究所	辽宁省秋季种植
2007	辽宁	东白 6 号	辽备菜［2007］327 号	万泉青帮中的甲型两用系不育株×天津类型白菜津绿 75 高代自交系	辽宁东亚农业发展有限公司	辽宁省直筒大白菜产区
2007	辽宁	林丰快菜 58	辽备菜［2007］328 号	引 02-1-1（青）×小杂 56-1-1-5	沈阳陵丰种苗商行	辽宁省

（续）

年份	鉴定省份	品种名称	编号	品种来源	选育（报审）单位	适宜范围
2007	黑龙江	东林 2 号	黑登记 2007023	卫 2-C-20-107×91-早 4-3-36	山东淄博东林农业科研所	黑龙江省
2007	黑龙江	哈白 4 号	黑登记 2007024	哈 157×F300	哈尔滨市农业科学院	黑龙江省秋季种植
2007	黑龙江	东白 3 号	黑登记 2007025	5018×2210	东北农业大学	黑龙江省秋季种植
2007	上海	热抗 7 号	沪农品认蔬果（2007）第 007 号	28-22×30-35	上海市农业科学院园艺研究所	上海市
2007	上海	植白 15	沪农品认蔬果（2007）第 008 号	99DaA 热-1-1-1-1×Da 胜-15-1-1-1	中国科学院上海生命科学院植物生理生态研究所	上海市
2007	山东	西白 12	鲁农审 2007038 号	97-2×QF02-6	山东登海种业股份有限公司西由种子分公司	山东省作秋白菜品种种植
2007	山东	莱白 55	鲁农审 2007036 号	A-91-8×93-41-3	山东洲元种业股份有限公司	山东省（鲁北地区除外）作秋白菜品种种植
2007	山东	胶研夏锦	鲁农审 2007035 号	石 95-2-3-5×夏 94-5-9-6-1	青岛胶研种苗研究所	山东省（胶东半岛除外）作夏白菜品种种植
2007	山东	春珍白 6 号	鲁农审 2007049 号	215×春 5 号	济南市历丰春夏大白菜研究所	山东省
2007	贵州	黔白 4 号	黔审菜 2007001 号	自交不亲和系 A89213107×自交不亲和系 D90212468	贵州省园艺研究所	贵州省海拔 1 000m 以上地区种植
2008	北京	丽春	京审菜 2008001	自韩国韩龙种苗公司引进	北京市特种蔬菜种苗公司	北京市
2008	北京	京春白 2 号	京审菜 2008002	92A7×9421	北京市农林科学院蔬菜研究中心	北京市
2008	北京	京春娃娃菜	京审菜 2008003	9410×0037	北京市农林科学院蔬菜研究中心	北京市娃娃菜产区春播种植
2008	北京	金铃	京审菜 2008004	CC1211×CC1240	北京世农种苗有限公司	北京市娃娃菜产区春播种植
2008	北京	绿荷金	京审菜 2008005	SI111×YCA	北京大一种苗有限公司	北京市娃娃菜产区春播种植
2008	北京	迷你星	京审菜 2008006	自韩国韩龙种苗公司引进	北京市特种蔬菜种苗公司	北京市娃娃菜产区春播种植
2008	北京	潍白 4 号	京审菜 2008010	BZ-02-18×BZ-02-17	山东省潍坊市农业科学院	北京市秋播种植
2008	北京	京秋 75	京审菜 2008011	2001C4-1×04-409	北京市农林科学院蔬菜研究中心	北京市秋播种植

（续）

年份	鉴定省份	品种名称	编号	品种来源	选育（报审）单位	适宜范围
2008	山西	新绿 70	晋审菜（认）2008016	98-08-5-1×98-07-15-13	山西省农业科学院蔬菜研究所	山西省
2008	山西	科萌 78	晋审菜（认）2008017	95-45-3-13-△×95-33-15-18-△	山西省农业科学院蔬菜研究所	山西省
2008	山西	晋丰 1 号	晋审菜（认）2008018	98-20-3-5-12×98-04-12-6-10	山西晋满丰种业有限公司	山西省直筒高桩白菜产区种植
2008	山西	晋白菜 6 号	晋审菜（认）2008019	L318×H227	太原市农业科学研究所	山西省直筒高桩白菜产区种植
2008	辽宁	辽菘 5 号	辽备菜［2008］343 号	自 02-6×06-8	辽宁省风沙地改良利用研究所	辽宁省
2008	辽宁	连农 8 号	辽备菜［2008］344 号	02-22×04-22	大连市农业科学研究院	辽宁省
2008	辽宁	沈农超级 10 号	辽备菜［2008］345 号	GMS002×07Q69	沈阳农业大学园艺学院	辽宁省秋季种植
2008	辽宁	绿星大棵菜	辽备菜［2008］346 号	大白菜核基因互作雄性不育系 713A×高代自交系 9532	沈阳市绿星大白菜研究所有限责任公司	辽宁省秋季种植
2008	黑龙江	龙白 7 号	黑登记 2008019	鲁 P1×02-086	黑龙江省农业科学院园艺分院	黑龙江省秋季种植
2008	黑龙江	东林 3 号	黑登记 2008020	卫-C-5-103 自交弱不亲和系×02-B-12 自交系	山东淄博东林农业科研所	黑龙江省秋季种植
2008	黑龙江	旺盛	黑登记 2008021	从圣尼斯韩国兴农种苗株式会社引入	哈尔滨华威种业有限公司	黑龙江省春季种植
2008	浙江	浙白 6 号	浙认蔬 2008009	S99-533-28-8-1-26-10-5×S02-PB658-23-1-5-20-15	浙江省农业科学院蔬菜研究所	浙江省小白菜产区周年种植，最适冬春季种植
2008	浙江	浙白 8 号	浙认蔬 2008010	S02-PB657-6-1-1-2-18×S98-430-9-2-18-6-6	浙江省农业科学院蔬菜研究所	浙江省秋季种植
2008	浙江	早熟 8 号	浙认蔬 2008011	10383×116-3	浙江省农业科学院蔬菜研究所	浙江省大白菜和小白菜产区种植
2008	浙江	浙白 11	浙认蔬 2008019	S99-533-28-8-1-26-10-5×S03-651B-2-13-5-6-4	浙江省农业科学院蔬菜研究所	浙江省作春大白菜种植
2008	浙江	青丰 1 号	浙认蔬 2008020	709-311A×801-112	浙江省农业科学院蔬菜研究所	浙江省小白菜产区种植

（续）

年份	鉴定省份	品种名称	编号	品种来源	选育（报审）单位	适宜范围
2008	福建	夏福 2 号	闽认菜 2008004	YM33×001-3-1	福州市蔬菜科学研究所	福建省大白菜产区种植
2008	福建	早杂 5 号	闽认菜 2008005	早 5-4×011W-8	福州市蔬菜科学研究所	福建省大白菜产区种植
2008	山东	琴萌 1 号	鲁农审 2008036 号	AYM05-3×02-2SI	青岛国际种苗有限公司	山东省鲁西、鲁南、鲁中、鲁东地区作春、秋微型大白菜品种种植
2008	山东	德高夏白 1 号	鲁农审 2008035 号	XY25×XD	德州市德高蔬菜种苗研究所	山东省作夏白菜品种种植
2009	北京	惠春	京审菜 2009001	95-81-8-23×BC6-9XX	北京中联韩种子有限公司	北京市春播
2009	北京	京秋黄心 70	京审菜 2009002	99550×98236	北京市农林科学院蔬菜研究中心、北京京研益农科技发展中心	北京市秋播
2009	北京	京秋娃娃菜	京审菜 2009003	06-699×06-459	北京市农林科学院蔬菜研究中心、北京京研益农科技发展中心	北京市娃娃菜产区秋播
2009	山西	新青 2 号	晋审菜（认）2009026	92-14-6-2-4×92-13-5-9-2	山西省农业科学院蔬菜研究所	山西省
2009	辽宁	辽白 19	辽备菜［2009］364 号	自选核不育系胶白 1 号 A×自交系新乡 903-S10-1	辽宁省农业科学院蔬菜研究所	辽宁省
2009	辽宁	辽白 20	辽备菜［2009］365 号	自交不亲和系胶白 1 号-1-101-1-1×自交不亲和系福山包头-1-21-1-1	辽宁省农业科学院蔬菜研究所	辽宁省
2009	辽宁	农大 101	辽备菜［2009］366 号	GMS01×08S17	沈阳农业大学园艺学院	辽宁省
2009	辽宁	农大 102	辽备菜［2009］367 号	核基因雄性不育系 GMS02×08S32	沈阳农业大学园艺学院	辽宁省
2009	辽宁	农大 103	辽备菜［2009］368 号	核基因雄性不育系 GMS03×08S26	沈阳农业大学园艺学院	辽宁省
2009	黑龙江	东白 4 号	黑登记 2009022	58×B2	东北农业大学	黑龙江省秋季种植
2009	黑龙江	北辰 7 号	黑登记 2009023	G1-16×B90-3-2	黑龙江碧丰种业有限公司	黑龙江省秋季种植
2009	黑龙江	东林 4 号	黑登记 2009024	卫 B-104 矮-4 自交弱不亲和系×胜 5 农 19-6-1 自交系	山东淄博东林农业科研所	黑龙江省秋季种植

（续）

年份	鉴定省份	品种名称	编号	品种来源	选育（报审）单位	适宜范围
2009	黑龙江	春娇	黑登记 2009026	C42-1 自交不亲和系 × C19-1 自交系	东北农业大学	黑龙江省春季种植
2009	浙江	双耐	浙（非）审蔬 2009001	S99-534-4-3-7-6-4-2 × 02-PB658-23-1-5-20-15	浙江省农业科学院蔬菜研究所	浙江省苗用型大白菜产区种植
2009	浙江	衢州青	浙（非）审蔬 2009002	常山乌菜系统选育	衢州市农业科学研究所	浙江省西部地区种植
2009	山东	天正橘红 58	鲁农审 2009048 号	669×663	山东省农业科学院蔬菜研究所	山东省作秋微型大白菜品种种植
2009	山东	潍白 7 号	鲁农审 2009045 号	BZ-02-17×BZ-02-10	山东省潍坊市农业科学院	山东省作秋白菜中早熟品种种植
2009	山东	胶蔬夏 5 号	鲁农审 2009044 号	夏优 98-3-7-8-2×中青石 99-2-5-9-8	胶州市东茂蔬菜研究所	山东省（胶东地区除外）作夏白菜品种种植
2009	山东	西白夏绿 55	鲁农审 2009043 号	XB3-413332×津 M27-1	山东登海种业股份有限公司西由种子分公司	山东省作夏白菜品种种植
2009	山东	青研春白 1 号	鲁农审 2009042 号	A29×A-21-7-13-s-1	青岛市农业科学研究院	山东省作春白菜品种种植
2009	陕西	金冠 1 号	陕蔬登字 2009030 号	高代自交不亲和系 OIS941×OIS915	西北农林科技大学园艺学院蔬菜科学系大白菜育种室	陕西省叠抱类型秋大白菜地区种植
2009	陕西	金冠 2 号	陕蔬登字 2009031 号	高代自交不亲和系 OIS941×OIS915	西北农林科技大学园艺学院蔬菜科学系大白菜育种室	陕西省叠抱类型秋大白菜地区种植
2009	陕西	秦杂 1 号	陕蔬登字 2009032 号	自交不亲和系 02S95×02S102	西北农林科技大学园艺学院蔬菜花卉研究所	陕西省关中、陕南合抱类型大白菜地区种植
2009	陕西	秦杂 2 号	陕蔬登字 2009033 号	自交不亲和系 02CMS14×02S28	西北农林科技大学园艺学院蔬菜花卉研究所	陕西省作合抱叠抱类型大白菜地区种植
2009	陕西	冠春	陕蔬登字 2009034 号	01S315×01S105	西北农林科技大学园艺学院蔬菜科学系大白菜研究室	陕西省关中灌区露地或地膜覆盖种植
2009	陕西	秋早 60	陕蔬登字 2009035 号	03S143×04S587	西北农林科技大学	陕西省叠抱类型秋大白菜地区种植

（续）

年份	鉴定省份	品种名称	编号	品种来源	选育（报审）单位	适宜范围
2009	陕西	秋早 50	陕蔬登字 2009036 号	99YS14×05S50	西北农林科技大学	陕西省叠抱类型秋大白菜地区种植
2010	北京	京春黄	京审菜 2010001	01bj25×0034	北京市农林科学院蔬菜研究中心、北京京研益农科技发展中心	北京市春播
2010	北京	京春娃 2 号	京审菜 2010002	06135×06177	北京市农林科学院蔬菜研究中心、北京京研益农科技发展中心	北京市娃娃菜产区春播
2010	北京	京翠 60	京审菜 2010006	98C63-13×98C62-6	北京市农林科学院蔬菜研究中心、北京京研益农科技发展中心	北京市秋播
2010	北京	京秋 3 号	京审菜 2010007	2039-5. 胜（小）×84427	北京市农林科学院蔬菜研究中心、北京京研益农科技发展中心	北京市秋播
2010	山西	凌丰	晋审菜（认）2010025	RC7×06S83	西北农林科技大学园艺学院	山西省作晚熟高桩类型大白菜地区种植
2010	山西	惠丰 90	晋审菜（认）2010026	0301-2-5-13-7×0419-10-4-4	山西省农业科学院蔬菜研究所	山西省中晚熟区
2010	辽宁	益农 65	辽备菜［2010］401 号	自选核不育系 15A×自交系 S106	沈阳市益农白菜研究所	辽宁省
2010	辽宁	珠峰	辽备菜［2010］402 号	自交系 CC-21-1×自交系 CC-HA-2	沈阳市皇姑种苗有限公司	辽宁省
2010	辽宁	旗舰	辽备菜［2010］403 号	自交系 CC-21-1×自交系 JFF5	沈阳市皇姑种苗有限公司	辽宁省
2010	辽宁	阜 6 号	辽备菜［2010］404 号	自 06-3×自 05-6	辽宁省风沙地改良利用研究所	辽宁省
2010	辽宁	益农 80	辽备菜［2010］401 号	自选核不育系 15A×自交系 S9126	沈阳市益农白菜研究所	辽宁省
2010	辽宁	福青	辽备菜［2010］406 号	A901×自交系 B78	锦州农业科学院蔬菜研究所	辽宁省大白菜产区种植，吉林、内蒙古、黑龙江、河北等地可引种种植
2010	吉林	源白 8 号	吉登菜 2010010	自交系 L97-12×自交系 L98-56	辽源市农业科学院	吉林省适宜地区种植
2010	黑龙江	龙白 8 号	黑登记 2010020	胜 06-3×卫 2-B5 自交不亲和系为父本，采用杂交育种方法配制的一代杂种	黑龙江省农业科学院园艺分院	黑龙江省秋季种植

（续）

年份	鉴定省份	品种名称	编号	品种来源	选育（报审）单位	适宜范围
2010	浙江	绿光	浙（非）审蔬 2010001	676-1-1-3×534DH-2	浙江省农业科学院蔬菜研究所	浙江省秋季种植
2010	安徽	诚信寒秀	皖品鉴登字第 1003019	淮南黑心乌×肥西小黑乌	合肥市诚信农业技术发展有限公司	安徽省
2010	安徽	雪里藏金	皖品鉴登字第 1003020	宝塔乌×柴乌	合肥市诚信农业技术发展有限公司	安徽省
2010	山东	青研 8 号	鲁农审 2010035 号	小天津绿 2001-3-91-6-4×省福山-1S-2S-8S-11S 小-13 小双亲	青岛市农业科学研究院	山东省作秋白菜中晚熟品种种植
2010	山东	青研早 9 号	鲁农审 2010034 号	C-2-6×F1-4	青岛市农业科学研究院	山东省作秋白菜早熟品种种植
2010	山东	金来秋白 6 号	鲁农审 2010033 号	JL781235121×JL 福 23581262	莱州市金来种业有限公司	山东省作秋白菜早熟品种种植
2010	山东	牛早秋 1 号	鲁农审 2010032 号	94610×92-304	山东省农业科学院蔬菜研究所	山东省作秋白菜早熟品种种植
2010	山东	青研夏白 2 号	鲁农审 2010031 号	A7×P8-1	青岛市农业科学研究院	山东省作夏白菜品种种植
2010	贵州	黔白 6 号	黔审菜 2010003 号	663×3261	贵州省园艺研究所	贵州省正季和中、高海拔区域夏季种植
2010	贵州	黔白 7 号	黔审菜 2010004 号	66121×592A	贵州省园艺研究所	贵州省正季和中、高海拔区域夏季种植
2011	北京	京秋 70	京审菜 2011001	P-08-1077×P-08-1078	北京市农林科学院蔬菜研究中心	北京市秋季种植
2011	北京	京研快菜 2 号	京品鉴菜 2011025	P-03QX4A23×P-07338	北京市农林科学院蔬菜研究中心、北京京研益农科技发展中心	北京市作苗用大白菜夏秋季种植
2011	北京	京研快菜 4 号	京品鉴菜 2011026	P-10163×P-10187	北京市农林科学院蔬菜研究中心、北京京研益农科技发展中心	北京市作苗用大白菜冬春季保护地种植
2011	天津	秋玉 78	津登大白菜 2011001	L132×F115-93	天津神农种业有限责任公司	天津市露地种植

（续）

年份	鉴定省份	品种名称	编号	品种来源	选育（报审）单位	适宜范围
2011	天津	二包尖	津登大白菜 2011002	从天津地方品种中经多年提纯选育而成	河北省玉田县农林局	天津市半高畦直播或育苗移栽种植
2011	辽宁	天峰	辽备菜［2011］423 号	T-40-1×T-C-2	沈阳市皇姑种苗有限公司	辽宁省春季种植
2011	辽宁	春元帅	辽备菜［2011］424 号	CC-1×T-C-2	沈阳市皇姑种苗有限公司	辽宁省春季种植
2011	辽宁	黄心旺	辽备菜［2011］425 号	CC905×CC904	北京世农种苗有限公司、沈阳市皇姑种苗有限公司	辽宁省春季种植
2011	辽宁	秋景	辽备菜［2011］426 号	CC3300×CC1023	北京世农种苗有限公司、沈阳市皇姑种苗有限公司	辽宁省秋季种植
2011	辽宁	金凤凰	辽备菜［2011］427 号	J-12×H-11	沈阳市皇姑种苗有限公司	辽宁省春季种植
2011	辽宁	兴春	辽备菜［2011］428 号	Q-1-1×K-33	沈阳市皇姑种苗有限公司	辽宁省春季种植
2011	辽宁	山口仁	辽备菜［2011］429 号	Y-1×T-2	沈阳市皇姑种苗有限公司	辽宁省春季种植
2011	辽宁	水师营 15	辽备菜［2011］430 号	K1178 分 23-1-1×丰 5-1-2-1	大连水师营蔬菜种子研究所	辽宁省秋季种植
2011	辽宁	绿星 3 号	辽备菜［2011］431 号	1392A×1228	沈阳市绿星大白菜研究所有限责任公司	辽宁省中部、北部、西部地区种植
2011	辽宁	金峰	辽备菜［2011］432 号	从韩国兴农种苗公司引进	辽宁东亚农业发展有限公司	辽宁省春季种植
2011	辽宁	金冠	辽备菜［2011］433 号	从韩国 SAKATA KOREA CO. LTD 引入	辽宁东亚农业发展有限公司	辽宁省春季种植
2011	辽宁	金峰 3 号	辽备菜［2011］434 号	从韩国 SAKATA KOREA CO. LTD 引进	辽宁东亚农业发展有限公司	辽宁省春季种植
2011	辽宁	金将军	辽备菜［2011］435 号	从韩国 SAKATA KOREA CO. LTD 引进	辽宁东亚农业发展有限公司	辽宁省春季种植
2011	辽宁	东春白 1 号	辽备菜［2011］436 号	D-3-1-3×D-8-2-5	辽宁东亚农业发展有限公司	辽宁省春季种植
2011	黑龙江	龙白 9 号	黑登记 2011022	牛 0841×福 08113	黑龙江省农业科学院园艺分院	黑龙江省秋季种植
2011	黑龙江	牡丹江 6 号	黑登记 2011023	02-1（自交不亲和系）×03-9-1（高代自交系）	牡丹江市蔬菜科学研究所	黑龙江省秋季种植

（续）

年份	鉴定省份	品种名称	编号	品种来源	选育（报审）单位	适宜范围
2011	黑龙江	潍白 9 号	黑登记 2011024	城五小福山自交不亲和系×早秋 17 自交不亲和系	山东省潍坊市农业科学院	黑龙江省秋季种植
2011	黑龙江	春秀	黑登记 2011025	C42-1 自交系×C56 自交不亲和系	东北农业大学	黑龙江省春季种植
2011	福建	福春 1 号	闽认菜 2011014	（药×健×京）-3×春大强-6	福州市蔬菜科学研究所	福建省作春白菜种植
2011	福建	福春 2 号	闽认菜 2011015	DH109-12 纯系×阳春-5	福州市蔬菜科学研究所	福建省作春白菜种植
2011	福建	樱夏	闽认菜 2011016	从香港日升种苗公司引进	福州市蔬菜科学研究所	福建省作早熟春夏白菜种植
2011	贵州	黔白 5 号	黔审菜 2011001 号	自交不亲和系 C-1×自交系 Zui-4	贵州省园艺研究所	贵州省
2011	甘肃	金宝 8 号	甘认菜 2011047	从韩国坂田株式会社引进	兰州中科西高种业有限公司	甘肃省榆中、红古、定西春季种植
2011	甘肃	金峰 3 号	甘认菜 2011048	从韩国坂田株式会社引进	兰州中科西高种业有限公司	甘肃省榆中、红古、定西春季种植
2011	甘肃	春泉	甘认菜 2011049	从韩国坂田株式会社引进	兰州中科西高种业有限公司	甘肃省榆中、红古、定西春季种植
2011	甘肃	席珍	甘认菜 2011044	从北京格瑞亚种子有限公司引进	兰州市红古区农技物资服务部	甘肃省红古、榆中、永登、皋兰种植
2011	甘肃	英皇	甘认菜 2011045	从北京绿金蓝种苗有限责任公司引进	兰州奇芳农业生产资料有限公司	甘肃省红古、榆中、永登、皋兰种植
2011	甘肃	贝蒂	甘认菜 2011046	从北京绿金蓝种苗有限责任公司引进	兰州丰农种业科技有限公司	甘肃省红古、榆中、永登、皋兰微型大白菜产区种植
2012	山西	晋春 2 号	晋审菜（认）2012019	04S×22S	山西省农业科学院蔬菜研究所	山西省太原市及以南地区春夏露地
2012	山西	科萌银 55	晋审菜（认）2012020	19S×20S	山西省农业科学院蔬菜研究所	山西省秋季种植

（续）

年份	鉴定省份	品种名称	编号	品种来源	选育（报审）单位	适宜范围
2012	山西	晋绿218	晋审菜（认）2012021	C157×D218	山西强盛种业有限公司	山西省秋季种植
2012	山西	晋白菜7号	晋审菜（认）2012022	2002-14-15×2002-13-5-1	山西省农业科学院蔬菜研究所	山西省秋季种植
2012	山西	晋白菜8号	晋审菜（认）2012023	HY219×H226	太原市农业科学研究所	山西省秋季种植
2012	辽宁	国美70	辽备菜［2012］466号	CH083012×CH084068	沈阳嘉禾种子有限公司	辽宁省
2012	辽宁	沈农106	辽备菜［2012］467号	GMS02×10A085	沈阳农业大学园艺学院	辽宁省
2012	辽宁	沈农107	辽备菜［2012］468号	GMS02×10A091	沈阳农业大学园艺学院	辽宁省
2012	辽宁	国菜80	辽备菜［2012］469号	CA081035×CA082028	沈阳嘉禾种子有限公司	辽宁省
2012	辽宁	辽白21	辽备菜［2012］470号	S7-1×S7-2	辽宁省农业科学院园艺分院	辽宁省
2012	辽宁	辽白22	辽备菜［2012］471号	北京新3号S5-1×丰抗78S6-2	辽宁省农业科学院园艺分院	辽宁省
2012	辽宁	沈农09-2	辽备菜［2012］472号	金峰-10-325A×CR金将军04-S4-1	沈阳农业大学	辽宁省
2012	辽宁	沈农09-10	辽备菜［2012］473号	CR金将军04-S4-1×CR优黄02-S5-1	沈阳农业大学	辽宁省
2012	辽宁	沈农11-2	辽备菜［2012］474号	CR9112A×9112B	沈阳农业大学	辽宁省
2012	辽宁	沈农11-6	辽备菜［2012］475号	CR9112B-1A×黑叶-S5-1	沈阳农业大学	辽宁省
2012	黑龙江	哈白5号	黑登记2012040	586-6-4×V-2-6	哈尔滨市农业科学院	黑龙江省
2012	黑龙江	龙园红2号	黑登记2012041	橘红心合0716-5×08-831	黑龙江省农业科学院园艺分院	黑龙江省
2012	上海	热抗9号	沪农品认蔬果2012第020号	CMS1-2×06	上海市农业科学院园艺研究所、上海市设施园艺技术重点实验室	上海市
2012	山东	青研春白2号	鲁农审2012031号	99F29-4×A-21-7-13-s-1	青岛市农业科学研究院	山东省作春白菜品种种植
2012	甘肃	九千娃娃菜1号	甘认菜2012013	08-371×08-219	山东春秋大白菜育种研究中心	甘肃天水、定西、白银、兰州、酒泉秋季作娃娃菜种植
2013	天津	津冠70	津登大白菜2013001	京选-B1×新272	天津市津北蔬菜研究所	天津市
2013	天津	清白75	津登大白菜2013002	56-双1×06-A	天津市津北蔬菜研究所	天津市
2013	天津	津青76	津登大白菜2013003	津北-8×杨小2-10	天津市津北蔬菜研究所	天津市

（续）

年份	鉴定省份	品种名称	编号	品种来源	选育（报审）单位	适宜范围
2013	天津	津青 79	津登大白菜 2013004	北李 20-5×青 A-5-2	天津市津北蔬菜研究所	天津市
2013	天津	津冠 75	津登大白菜 2013005	京选-B2-5×JB115-3-2	天津市津北蔬菜研究所	天津市
2013	天津	津冠 80	津登大白菜 2013006	京选-B2-6×JB119	天津市津北蔬菜研究所	天津市
2013	辽宁	水师营 18	辽备菜［2013］024 号	CR-229×91-6-12-59	大连市旅顺口区水师营蔬菜种子研究所、沈阳农业大学园艺学院	辽宁省
2013	辽宁	沈农蔬 17	辽备菜［2013］025 号	K1178 分 17-1-1-6-3×科 11	大连市旅顺口区水师营蔬菜种子研究所、沈阳农业大学园艺学院	辽宁省
2013	辽宁	连白 10	辽备菜［2013］026 号	B3008 杂-2-1-1-1-1 × CC26P-1-2-1-1	大连市农业科学研究院	辽宁省
2013	黑龙江	东农 908	黑登记 2013035	A46-1 自交系 × A101 自交不亲和系	东北农业大学	黑龙江省
2013	黑龙江	牛秋白 1 号	黑登记 2013036	06-164-1×06-101	山东省农业科学院蔬菜研究所	黑龙江省
2013	黑龙江	西由铁根	黑登记 2013037	本地福山小包头自交不亲和系×91-6 自交不亲和系	莱州市金丰种子有限公司	黑龙江省
2013	黑龙江	龙园红 4 号	黑登记 2013038	0835-5×0835-5	黑龙江省农业科学院园艺分院	黑龙江省
2013	黑龙江	龙园红 3 号	黑登记 2013039	0716-5×05-051	黑龙江省农业科学院园艺分院	黑龙江省
2013	浙江	浙白 3 号	浙（非）审蔬 2013002	S99-533-28-8-1-26-10-5 × S09-SD-1-12-3-1-6-3	浙江省农业科学院蔬菜研究所、杭州市良种引进公司	浙江省
2013	山东	潍白 70	鲁农审 2013029 号	BZ-03-27×BZ-03-16	山东省潍坊市农业科学院	山东省作秋白菜中熟品种种植
2013	山东	青研橘红 1 号	鲁农审 2013028 号	06Y8-9×07Y16-7	青岛市农业科学研究院	山东省作秋白菜早熟品种种植
2013	山东	青研春白 4 号	鲁农审 2013027 号	P8-1×C-15-3-10-6-2-1	青岛市农业科学研究院	山东省作春白菜品种种植
2013	贵州	黔白 8 号	黔审菜 2013001 号	ye12-3×3C-2	贵州省园艺研究所	贵州省
2013	贵州	黔白 9 号	黔审菜 2013002 号	CQ2×ye14-2	贵州省园艺研究所	贵州省
2013	贵州	黔白 10 号	黔审菜 2013003 号	ye15-1×hun2	贵州省园艺研究所	贵州省

（续）

年份	鉴定省份	品种名称	编号	品种来源	选育（报审）单位	适宜范围
2013	甘肃	金宝黄	甘认菜 2013069	从青岛明山农产种苗有限公司引进	甘肃大地种苗有限公司	甘肃兰州、定西及相同生态区娃娃菜产区
2013	甘肃	金福娃	甘认菜 2013070	CMS10152×09219	北京京域威尔农业科技有限公司	甘肃兰州、定西及相同生态区娃娃菜产区
2013	甘肃	金娃娃	甘认菜 2013071	从北京华耐农业发展有限公司引进	兰州圣农科技服务部	甘肃兰州市及同类生态区娃娃菜产区种植
2013	甘肃	干锅	甘认菜 2013072	从北京东汇盛种业科技有限公司引进	兰州天马种业有限责任公司	甘肃兰州、定西及相同生态区娃娃菜产区
◆ **小白菜**						
2005	上海	新夏青	沪农品认蔬果（2005）第 003 号	017×034	上海市农业科学院园艺研究所	上海 4 月至 10 月上旬均可播种，尤其适合夏季（6～7 月）种植
2005	上海	新场青	沪农品认蔬果（2005）第 004 号	矮萁黄婆系统选育	上海新勤农业科技服务有限公司	上海市
2005	上海	浦玉白	沪农品认蔬果（2005）第 005 号	湘西引进系统选育	浦东新区农业技术推广服务中心	上海越冬种植
2006	上海	紫衣	沪农品认蔬果（2006）第 019 号	97A1×EF-1	上海市农业科学院园艺研究所	上海市
2006	上海	冬宝小八叶	沪农品认蔬果（2006）第 020 号	92A3×EF-1，用 92A3 回交，系统选育	上海市农业科学院园艺研究所	上海市
2007	上海	植青 18	沪农品认蔬果（2007）第 009 号	青-1-21-1 不育系×抗-6-2-1 自交系	中国科学院上海生命科学院植物生理生态研究所	上海市
2008	上海	新绿	沪农品认蔬果（2008）第 013 号	P70-203×P70-01-2	上海市农业科学院园艺研究所	上海 4 月至 10 月上旬均可播种，尤其适合夏季（6～7 月）种植

（续）

年份	鉴定省份	品种名称	编号	品种来源	选育（报审）单位	适宜范围
2008	上海	新夏青 2 号	沪农品认蔬果（2008）第 014 号	P60-440×P70-25	上海市农业科学院园艺研究所	上海 4 月至 10 月上旬均可播种，尤其适合夏季（6～7 月）种植
2008	安徽	黑玫瑰	皖品鉴登字第 0803015	89-07×90-18	安徽省农业科学院园艺作物研究所	安徽省沿淮种植
2008	安徽	黄乌杂 1 号	皖品鉴登字第 0803016	89-37×89-28	安徽省农业科学院园艺作物研究所	安徽省沿淮种植
2008	安徽	黑乌杂 1 号	皖品鉴登字第 0803017	91-06×91-17	安徽省农业科学院园艺作物研究所	安徽省沿淮种植
2008	安徽	耐寒红青菜	皖品鉴登字第 0803018	99-07×97-18	安徽省农业科学院园艺作物研究所	安徽省沿淮种植
2009	辽宁	好地-紫罗兰	辽备菜［2009］377 号	紫色变异株经多代自交纯化转育	大连好地种子有限公司	辽宁省
2009	上海	夏多青	沪农品认蔬果（2009）第 008 号	04-1-4A×B05-1-2	上海农业科技种子有限公司	上海市
2009	陕西	青杂 1 号	陕蔬登字 2009037 号	雄性不育系青 2A×父本系 EM12	陕西省杂交油菜研究中心	陕西省青梗类不结球白菜地区的夏季和秋季种植
2009	陕西	青杂 2 号	陕蔬登字 2009038 号	青 2A×V1476	陕西省杂交油菜研究中心	陕西省青梗类不结球白菜地区的夏季和秋季种植
2009	陕西	青杂 3 号	陕蔬登字 2009039 号	青 1A×V1335	陕西省杂交油菜研究中心	陕西省青梗类不结球白菜地区的夏季和秋季种植
2010	上海	长征 2 号	沪农品认蔬果 2010 第 010 号	苏 1313442×X-232003	上海长征蔬菜种子公司、嘉定区农业技术推广服务中心	上海市
2010	福建	夏绿妃	闽认菜 2010008	XBm107-2×S99-1	福建省福州市蔬菜科学研究所	福建省
2010	贵州	黔青 1 号	黔审菜 2010001 号	对从独山收集的地方种宽叶青菜进行提纯复壮，于 2006 年选育而成的地方常规品种	贵州省园艺研究所	贵州省贵阳市、黔南州、六盘水市等地海拔 900～1 300m 的地区种植

（续）

年份	鉴定省份	品种名称	编号	品种来源	选育（报审）单位	适宜范围
2010	贵州	黔青 2 号	黔审菜 2010002 号	2006 年从雷山地方种宽叶青菜选育而成的地方常规品种	贵州省园艺研究所	贵州省贵阳市、黔南州、六盘水市等地海拔 800～1 300 米的地区种植
2011	北京	奶白 3 号	京品鉴菜 2011023	07543×07484	北京市农林科学院蔬菜研究中心、北京京研益农科技发展中心	北京市春秋大棚种植
2011	北京	春油 3 号	京品鉴菜 2011024	02224×08123	北京市农林科学院蔬菜研究中心、北京京研益农科技发展中心	北京市冬春种植
2011	上海	新夏青 3 号	沪农品认蔬果 2011 第 018 号	90-1P-373×80-1P-340	上海市农业科学院园艺研究所	上海市区大棚、防虫网室等设施内种植
2011	上海	艳春	沪农品认蔬果 2011 第 019 号	P0203×SP67	上海市农业科学院园艺研究所、上海市设施园艺技术重点实验室、上海科园种子有限公司	上海市
2011	江苏	绿领青梗菜	苏鉴不结球白菜 201101	BSQcms-01×SHQ-607	江苏省南京绿领种业有限公司	江苏省秋季露地种植
2011	江苏	东方 56	苏鉴不结球白菜 201102	T5×T6	江苏省农业科学院蔬菜研究所	江苏省秋季露地种植
2011	江苏	东方 18	苏鉴不结球白菜 201103	T5C×T	江苏省农业科学院蔬菜研究所	江苏省秋季露地种植
2011	江苏	翠夏	苏鉴不结球白菜 201104	黄苗寒青 A-22×BC071	镇江市福农园艺有限公司	江苏省秋季露地种植
2011	江苏	春佳	苏鉴不结球白菜 201105	白叶 C×四月慢 22-5	江苏省农业科学院蔬菜研究所	江苏省秋季露地种植
2011	安徽	诚生 1 号	皖品鉴登字第 1103014	W10006×CX005	合肥诚信农业技术发展有限公司	安徽省沿淮地区
2011	青海	高原青 1 号	青审菜 2011001	不育系 8566A×8580R	互助特色种业实验站等	青海省中低位水地夏、秋季露地种植
2012	上海	新夏青 4 号	沪农品认蔬果 2012 第 021 号	49-88×391-92	上海市农业科学院园艺研究所、上海科园种子有限公司、上海市设施园艺技术重点实验室	上海市青菜产区
2012	上海	艳绿	沪农品认蔬果 2012 第 022 号	P209-0201×357	上海市农业科学院、上海科园种子有限公司	上海市

（续）

年份	鉴定省份	品种名称	编号	品种来源	选育（报审）单位	适宜范围
2012	上海	闵青 101	沪农品认蔬果 2012 第 023 号	03-11A×07-3-4-1	闵行区农业科学研究所	上海市
2012	上海	绿山	沪农品认蔬果 2012 第 024 号	冠 1-11-6×矮 2-3-5	上海长征蔬菜种子公司	上海市青菜产区
2012	上海	绿奥	沪农品认蔬果 2012 第 025 号	Q08-5-7-3-2-6×Q019-9-2-2-5-5	上海种都种业科技有限公司	上海市青菜产区
2012	青海	高原油白菜 3 号	青审菜 2012003	218A×909	青海省农林科学院春油菜研究所	青海省露地和保护地种植
2013	山西	晋耐	晋审菜（认）2013013	2006-8-185-75-78 雄性不育系×2006-195-51-71 自交系	山西省农业科学院蔬菜研究所	山西省中北部冬春季保护地种植
2013	山西	晋秀	晋审菜（认）2013014	2006-8-11-45-487 雄性不育系×2006-11-131-323 自交系	山西省农业科学院蔬菜研究所	山西省中北部夏秋露地种植
2013	上海	宝青 1 号	沪农品认蔬果 2013 第 013 号	B3×A9	上海市宝山区蔬菜科学技术推广站	上海市青菜产区
2013	上海	绿翠	沪农品认蔬果 2013 第 014 号	Q048-12-6-8-3-5-3×Q079-19-12-7-5-6	上海种都种业科技有限公司	上海市青菜产区
2013	上海	绿港	沪农品认蔬果 2013 第 015 号	X016×Y243	上海农业科技种子有限公司、上海市设施园艺技术重点实验室	上海市
2013	上海	申青矮杂 1 号	沪农品认蔬果 2013 第 016 号	AX-6×B-2	上海富农种业有限公司	上海市青菜产区
2013	福建	金品 1 夏	闽认菜 2013017	S65-2×S6-4	福州春晓种苗有限公司	福建省
2013	山东	华峰	鲁农审 2013045 号	HW21332×D5232	德州市德高蔬菜种苗研究所	山东省适宜地区作秋季小白菜品种种植
2013	山东	跃华	鲁农审 2013044 号	BYD1325×CHY24323	德州市德高蔬菜种苗研究所	山东省适宜地区作秋季小白菜品种种植
2013	湖北	兔耳白	鄂审菜 2013001	GP134×GP17	湖北省农业科学院经济作物研究所、湖北蔬谷农业科技有限公司	湖北省

（续）

年份	鉴定省份	品种名称	编号	品种来源	选育（报审）单位	适宜范围
◆芜　菁						
2005	浙江	楠溪盘菜	浙认蔬 2005005	瑞安大缨盘菜×乐清小缨盘菜	温州三角种业有限公司	浙江省芜菁产区
2007	浙江	温抗 1 号	浙认蔬 2007006	温盘 2 号自交系选系×耐病 98-1 自交系选系	温州市农业科学研究院	浙江省温州及生态类似地区
2009	浙江	白玉	浙(非)审蔬 20090017	玉环盘菜系统选育	温州市农业科学研究院	浙江省浙南及类似地区
◆芥　菜						
2007	福建	龙芥 1 号	闽认菜 200712	从龙岩牛尾芥菜变异株中选育而成	龙岩市新罗区种子站	福建省茎用芥菜产区
2008	浙江	台芥 1 号	浙认蔬 2008021	黄岩小叶芥系统选育	台州市农业科学研究院	浙江省叶用芥菜产区
2008	浙江	甬榨 1 号	浙认蔬 2008012	川王榨菜×YS00	宁波市农业科学研究院、余姚市种子站	浙江省宁波及生态类似地区作春榨菜种植
2008	浙江	余缩 1 号	浙认蔬 2008018	地方品种缩头种系统选育	余姚市农业技术推广服务总站	浙江省浙东、浙北地区作春榨菜种植
2008	浙江	嘉雪四月蕻	浙认蔬 2008017	嘉善地方农家种系统选育	嘉兴市农业科学研究院	浙江省北部及相邻区域种植
2009	浙江	甬榨 2 号	浙（非）审蔬 20090013	98-01×98-09	宁波市农业科学研究院、浙江大学农业与生物技术学院	浙江省春榨菜产区
2010	上海	沪锦金丝芥	沪农品认蔬果 2010 第 016 号	上海金丝芥地方品种中系统选育	上海市农业科学院园艺研究所、上海奉贤区蔬菜研究开发中心、上海科园种子有限公司	上海市叶用芥菜产区
2010	浙江	冬榨 1 号	浙（非）审蔬 2010002	瑞安香螺种系统选育	温州市农业科学研究院、浙江大学农生学院、瑞安市农业局、瑞安市阁巷榨菜合作社	浙江省温州及生态类似地区作冬榨菜种植
2010	浙江	余榨 2 号	浙（非）审蔬 2010003	余姚缩头种系统选育	余姚市种子管理站	浙江作春榨菜种植
2010	浙江	慈选 1 号	浙（非）审蔬 2010004	萧山缩头种系统选育	慈溪市种子公司	浙江作春榨菜种植
2010	陕西	秦芥 2008	陕蔬登字 2010010 号	（日本光头芥菜×二道眉）×二道眉	西北农林科技大学园艺学院	陕西省及同类区域秋季种植

（续）

年份	鉴定省份	品种名称	编号	品种来源	选育（报审）单位	适宜范围
2011	浙江	甬高2号	浙（非）审蔬2011001	三池赤缩缅变异株系选	宁波市农业科学研究院	浙江省叶用芥菜产区
2012	浙江	甬雪3号	浙（非）审蔬2012008	07-50A×07-2-10-1-13-4-1	宁波市农业科学研究院蔬菜研究所	浙江省宁波地区
2012	四川	优选宽叶青1号	川审蔬2012015	成都宽叶青菜变异株	四川省农业科学院园艺研究所	四川省
2013	浙江	甬榨5号	浙（非）审蔬2013001	09-05A×余姚缩头种	宁波市农业科学研究院蔬菜研究所、浙江大学农业与生物技术学院	浙江省茎用芥菜产区
2013	湖北	华芥1号	鄂审菜2013006	0912A×X2	华中农业大学	湖北省
◆菜　薹						
2004	广西	柳杂2号菜心	桂审菜2004001号	CMS9812×9817	柳州市农业科学研究所	广西
2007	湖南	五彩红薹2号	XPD004-2007	F42-35-2×94-804-1	湖南省蔬菜研究所	湖南省
2007	湖南	五彩红薹3号	XPD005-2007	F42-35-6×94-4-9-5	湖南省蔬菜研究所	湖南省
2007	湖南	五彩紫薹2号	XPD006-2007	9734×944-709-2-1	湖南省蔬菜研究所	湖南省
2007	湖南	五彩紫薹3号	XPD007-2007	9735×944-709-2-1	湖南省蔬菜研究所	湖南省
2007	湖南	五彩黄薹1号	XPD008-2007	2000-29A×98-长5	湖南省蔬菜研究所	湖南省
◆菜　心						
2012	福建	绿星	闽认菜2012009	9-8×15-7	福州市蔬菜科学研究所	福建省
2013	青海	青菜心1号	青审菜2013001	111A×1181	青海省农林科学院春油菜研究所	青海省保护地
◆紫菜薹						
2007	湖北	华红5号	鄂审菜2007001	9803×9818	华中农业大学	湖北省
2007	湖北	大股子	鄂审菜2007002	武汉市洪山区栽培的地方品种	武汉市洪山区农业局	湖北省武汉市洪山区
2008	湖北	紫婷2号	鄂审菜2008001	WDH0105A×WDH0224	武汉市文鼎农业生物技术有限公司、湖北省农业科学院经济作物研究所、武汉市蔬菜科学研究所	湖北省

（续）

年份	鉴定省份	品种名称	编号	品种来源	选育（报审）单位	适宜范围
2009	陕西	薹杂1号	陕蔬登字2009005号	异源胞质雄性不育系薹2A×父本系96（1）	陕西省杂交油菜研究中心	陕西省关中及以南地区
2010	湖北	鄂红4号	鄂审菜2010001	雄性不育系0401×双单倍体纯系DH0432	湖北省农业科学院经济作物研究所、湖北鄂蔬农业科技有限公司	湖北省
◆甘　蓝						
2004	上海	早春6号	沪农品认蔬果（2004）第039号	2P-04×2P-42	上海市农业科学院园艺研究所	上海市
2004	新疆	秦甘80	新登甘蓝2004年019号	B25-2-3-3-2×FT63-5-8-3-3	西北农林科技大学园艺学院	新疆维吾尔自治区北疆秋季中晚熟甘蓝种植，也可作脱水蔬菜
2004	新疆	秦甘70	新登甘蓝2004年020号	HS7221-369×FT63-2815	乌鲁木齐市蔬菜研究所	新疆维吾尔自治区中早熟甘蓝种植
2005	上海	绿珠1号	沪农品认蔬果（2005）第007号	BC-1×BC-3	上海市动植物引种研究中心	上海市越冬露地或保护地种植
2005	四川	甘杂5号	川审蔬2005003	黑叶893-1-2-1-5-6×一叶罩顶894-6-2-3	成都市农林科学院园艺研究所	四川省作冬甘蓝种植
2005	四川	甘杂6号	川审蔬2005004	897-5-4-1×94A-3-2-6-1-1	成都市农林科学院园艺研究所	四川省作冬甘蓝种植
2005	宁夏	宁甘2号	宁审菜2005001	农家品种变异单株选择	宁夏西吉县种子公司	宁夏回族自治区南部山区川水地种植
2006	上海	怡春	沪农品认蔬果（2006）第021号	2002-46×2002-49	上海市农业科学院园艺研究所	上海市
2006	安徽	宿羽1号	皖品鉴登字第0603006	维塔萨变异单株系选	安徽省宿州市农业科学研究所	安徽省
2006	重庆	西园9号	渝品审登2006009	CMS 98130-A×2000078	西南大学园艺园林学院	重庆市
2006	重庆	西园10号	渝品审登2006010	CMS 2002041×2002070	西南大学园艺园林学院	重庆市
2006	贵州	黔甘3号	黔审菜2006001号	a2-13-32×g47-4-3-7-2	贵州省农业科学院园艺研究所	贵州省作春甘蓝种植，中、高海拔地区亦可作秋冬甘蓝种植
2007	黑龙江	多特	黑登记2007026	从圣尼斯种子公司引入	哈尔滨华威种业有限公司	黑龙江省

（续）

年份	鉴定省份	品种名称	编号	品种来源	选育（报审）单位	适宜范围
2007	黑龙江	多威	黑登记 2007027	从圣尼斯种子公司引入	哈尔滨华威种业有限公司	黑龙江省
2007	黑龙江	东农 611	黑登记 2007028	3-1028×3-1030	东北农业大学	黑龙江省
2007	上海	惠美	沪农品认蔬果（2007）第 010 号	0198-4-3-11×0246-10-8	上海惠和种业有限公司	上海市
2007	浙江	晓春	浙认蔬 2007001	97-22×97-2	温州市神鹿种业有限公司	浙江省作春甘蓝种植
2007	安徽	宿甘 6 号	皖品鉴登字第 0703010	103×104	宿州市梓泉农业科技有限公司	安徽省
2007	福建	兴福 1 号	闽认菜 2007010	从圣尼斯（韩国）种苗有限公司引进	福建省农业科学院良种研究中心	福建省
2007	新疆	秦甘 55	新登甘蓝 2007 年 15 号	MSP01-685628×YC97-243576	西北农林科技大学园艺学院蔬菜研究所、乌鲁木齐市蔬菜研究所	新疆维吾尔自治区春季露地和保护地
2007	新疆	秦甘 65	新登甘蓝 2007 年 16 号	Y03-658148×MP01-65875993	西北农林科技大学园艺学院蔬菜研究所、乌鲁木齐市蔬菜研究所	新疆维吾尔自治区春季露地和保护地
2009	山西	惠丰 6 号	晋审菜（认）2009004	9203-4-3-11×0346-4-1-1	山西省农业科学院蔬菜研究所	山西省作中早熟春甘蓝种植
2009	上海	争牛	沪农品认蔬果（2009）第 006 号	CMS-101×2004-30	上海市农业科学院园艺研究所	上海市
2009	上海	超美	沪农品认蔬果（2009）第 007 号	CMS70-301×50-4-1	上海市农业科学院园艺研究所	上海市
2009	浙江	浙甘 85	浙（非）审蔬 20090014	S04-G01-1-1-7-2-3-70×S05-SXGL-1-1-12-8-5	浙江省农业科学院蔬菜研究所	浙江省作鲜食甘蓝秋季种植
2009	安徽	皖甘 7 号	皖品鉴登字第 0903015	203×202	宿州市农业科学研究所、宿州市博芳园艺有限公司	安徽省
2009	安徽	皖甘 9 号	皖品鉴登字第 0903016	Gg04-5×Gg07-2	宿州市农业科学研究所、宿州市博芳园艺有限公司	安徽省
2009	四川	成甘 1 号	川审蔬 2009017	05-01×05-02	成都市农林科学院园艺研究所	四川省夏秋季种植
2009	重庆	西园 11	渝品审鉴 2009007	2004G×2004I	西南大学园艺园林学院	重庆市春甘蓝种植

（续）

年份	鉴定省份	品种名称	编号	品种来源	选育（报审）单位	适宜范围
2009	陕西	秦甘78	陕蔬登字2009028号	BD25-4-9-5-6-8×YP03-2-6-8-5-2-8	西北农林科技大学园艺学院	陕西省秋甘蓝种植
2009	陕西	绿球66	陕蔬登字2009029号	Y03-12-5-8-9-6-3×MP01-68-5-4-1-9-2	西北农林科技大学园艺学院	陕西省春秋季节种植
2009	青海	青甘1号	青审甘蓝2009001	0105-02-105×0258-01-29	青海省农林科学院园艺所	青海省东部水地种植
2010	江苏	瑞甘55	苏鉴甘蓝201001	暑绿-00-4-2-5-2×01-12-1-6-4	江苏省丘陵地区镇江农业科学研究所	江苏省夏秋季露地种植
2010	江苏	瑞甘60	苏鉴甘蓝201002	H60-99-2-1-3-5×强力50-02-7	江苏省丘陵地区镇江农业科学研究所	江苏省夏秋季露地种植
2010	安徽	圣春	皖品鉴登字第1003001	尖牛心×皖甘1号	界首市依丰农业有限公司	安徽省
2010	重庆	西园12	渝品审鉴2010003	2006250×2006225	西南大学园艺园林学院	重庆市
2010	重庆	西园13	渝品审鉴2010004	CMS2007102×2007162	西南大学园艺园林学院	重庆市
2010	重庆	西园14	渝品审鉴2010005	2006A×2006152	西南大学园艺园林学院	重庆市
2010	贵州	黔甘6号	黔审菜2010005号	四季-3404×大牛心-7206	贵州省园艺研究所	贵州省春秋季和中、高海拔区域夏季种植
2010	陕西	秋绿98	陕蔬登字2010011号	CMSH12-69×IP05-98	西北农林科技大学园艺学院	陕西省秋季种植和无霜期较短地区一年一季种植
2011	福建	力宝	闽认菜2011010	从日本金子公司引进	福州市蔬菜科学研究所	福建省
2011	福建	禾盛	闽认菜2011007	从台湾地区引进	福建省农业科学院农业生物资源研究所	福建省
2011	福建	晓丰	闽认菜2011008	从台湾地区引进	福建省农业科学院农业生物资源研究所、福建农林大学蔬菜研究所	福建省
2011	福建	夏华2号	闽认菜2011009	NBB10-87A×107H	福州市蔬菜科学研究所	福建省
2012	上海	沪抱1号	沪农品认蔬果2012第018号	CMS-10-85×抱甘10-88	上海市农业科学院园艺研究所	上海市抱子甘蓝产区
2012	江苏	冬圣	苏鉴甘蓝201201	03CA072×03CA094	南通中江种业有限公司	适宜江苏淮南地区露地越冬栽培

（续）

年份	鉴定省份	品种名称	编号	品种来源	选育（报审）单位	适宜范围
2012	江苏	苏甘 91	苏鉴甘蓝 201202	MS583-2-1-2×M14-4-2-3	江苏省农业科学院蔬菜研究所	江苏淮南地区露地越冬栽培
2012	江苏	苏甘 603	苏鉴甘蓝 201203	Y7-2-3-4-1×M83-3-2-2	江苏省农业科学院蔬菜研究所	江苏淮南地区露地越冬栽培
2012	江苏	瑞甘 21	苏鉴甘蓝 201204	以引进的寒玉 155 和 026 为原始材料，选育出两个稳定的自交不亲和系，于 2004 年育成	江苏丘陵地区镇江农业科学研究所	江苏淮南地区越冬露地栽培
2012	四川	杰丰园	川审蔬 2012018	青川大平头-QXGL908×京丰 1 号-QXGL805	绵阳市全兴种业有限公司	四川省平坝、丘陵秋冬季和高山地区夏秋季种植
2013	天津	瑞绿	津登甘蓝 2013001	02-20-6-4×00-1-10-1-1	天津金木茂和农业科技有限公司	天津市
2013	天津	春秋绿球	津登甘蓝 2013002	97-3-9-7×02-20-6-4	天津金木茂和农业科技有限公司	天津市
2013	山西	中甘 21	晋审菜（认）2013011	DGMS01-216×87-534-2-3	中国农业科学院蔬菜花卉研究所	山西省春甘蓝产区
2013	山西	惠丰 8 号	晋审菜（认）2013012	9203-4-3-11×9908-1-10	山西省农业科学院蔬菜研究所	山西省春甘蓝产区
2013	上海	圆绿	沪农品认蔬果 2013 第 017 号	0708-2-D-240-182×SHF-3-180-134	上海市农业科学院园艺研究所、上海科园种子有限公司、上海市设施园艺技术重点实验室	上海市
2013	上海	紫萱	沪农品认蔬果 2013 第 018 号	CMSG-24×GP54-18	上海种都种业科技有限公司	上海市紫甘蓝产区
2013	陕西	秦甘 1265	陕蔬登字 2012003 号	CMS04G632-8-6-3×DH06Y03-35	西北农林科技大学园艺学院、杨凌优比农业科技有限公司	陕西省夏秋季种植
2013	陕西	秦甘 1268	陕蔬登字 2012004 号	CMS451XF1536×DH07-17-3	西北农林科技大学园艺学院、杨凌优比农业科技有限公司	陕西省秋季种植
2013	甘肃	超越	甘认菜 2013073	MS02×019	北京京域威尔农业科技有限公司	甘肃省榆中、红古地区
2013	甘肃	兰园明珠	甘认菜 2013074	从河北省邢台市蔬菜种子公司引进	兰州园艺试验场种子经营部	甘肃省榆中、红古地区
◆ 花椰菜						
2005	浙江	白马王子 140 天	浙认蔬 2005002	M140×M120	温州三角种业有限公司	浙江省

（续）

年份	鉴定省份	品种名称	编号	品种来源	选育（报审）单位	适宜范围
2005	浙江	东海明珠80天	浙认蔬2005003	10号自交不亲和系×M50株系	温州三角种业有限公司	浙江省
2005	浙江	东海明珠120天	浙认蔬2005004	10号自交不亲和系×M100	温州三角种业有限公司	浙江省
2006	上海	崇花1号	沪农品认蔬果（2006）第016号	D5×F8	上海崇明花菜研发中心	上海市
2006	上海	崇花2号	沪农品认蔬果（2006）第017号	D8×W12	上海崇明花菜研发中心	上海市
2006	上海	崇花3号	沪农品认蔬果（2006）第018号	F12×W12	上海崇明花菜研发中心	上海市
2006	重庆	金佛洁玉	渝品审登2006001	9407-Φ-6-1-2-A×30-A-2-1（D）	重庆市农业科学研究所	重庆市
2007	福建	夏花6号	闽认菜2007009	日本55天-199756×香港75天-199859	福建省厦门市农业科学研究与推广中心	福建省夏秋季种植
2008	上海	早花60	沪农品认蔬果（2008）第015号	2004-9×2004-5	上海市农业科学院园艺研究所	上海市
2008	甘肃	玉雪	甘认菜2008016	从引进荷兰的杂交种中系选而成的花椰菜品种，原代号90-8	兰州市种子管理站	甘肃省张掖、兰州、天水、平凉种植
2008	甘肃	圣雪2号	甘认菜2008017	94-24×2001-23	甘肃省农业科学院蔬菜研究所	甘肃兰州市红古和榆中种植
2009	浙江	浙801	浙（非）审蔬20090015	3045-1×955	浙江省农业科学院蔬菜研究所	浙江省秋季种植
2009	浙江	瓯雪60天	浙（非）审蔬20090016	9901A×9908	温州市农业科学研究院	浙江省南部秋季种植
2009	陕西	雪冠65	陕蔬登字2009040号	T1644×M5116	西安市农业科学研究所	陕西省关中地区秋季种植
2009	甘肃	雪盘	甘认菜2009013	从圣尼斯种子（北京）有限公司引进	兰州金桥种业有限责任公司	甘肃兰州市红古和榆中地区
2009	甘肃	福门	甘认菜2009014	从圣尼斯种子（北京）有限公司引进	兰州金桥种业有限责任公司	甘肃兰州市红古和榆中地区
2009	甘肃	南极雪	甘认菜2009015	从寿光先正达种子有限公司引进	兰州园艺试验场种子经营部	甘肃兰州市红古和榆中地区

（续）

年份	鉴定省份	品种名称	编号	品种来源	选育（报审）单位	适宜范围
2009	甘肃	巴黎雪	甘认菜 2009016	从上海长禾农业科技发展有限公司引进	榆中县城关镇农技站兴隆服务部	甘肃兰州市红古和榆中地区
2009	甘肃	花宝 8 号	甘认菜 2009018	从天津科润农业科技股份有限公司蔬菜研究所引进	兰州城关区兴农种子经销部	甘肃省榆中地区
2009	甘肃	雪洁	甘认菜 2009019	从北京凤鸣雅世科技有限公司引进	兰州东平种子有限公司	甘肃兰州市城关、红古、榆中地区
2009	甘肃	高雪	甘认菜 2009020	从北京华耐种子有限公司引进	兰州东平种子有限公司	甘肃兰州市城关、红古、皋兰、榆中地区
2009	甘肃	雪白	甘认菜 2009021	从云南京滇种业有限公司引进，原名雪霸	兰州东平种子有限公司	甘肃兰州市城关、红古、皋兰、榆中地区
2009	甘肃	羞月	甘认菜 2009022	从北京华耐种子有限公司引进	兰州东平种子有限公司	适于兰州市城关、红古、榆中地区
2009	甘肃	赛白 312	甘认菜 2009023	从北京捷利亚种子有限公司引进	兰州田园种苗有限责任公司	甘肃省榆中地区
2009	甘肃	先花 70	甘认菜 2009024	从寿光先正达种子有限公司引进	兰州田园种苗有限责任公司	甘肃省榆中地区
2009	甘肃	玛润达	甘认菜 2009025	从北京天诺泰隆科技发展有限公司引进	兰州田园种苗有限责任公司	甘肃省榆中地区
2009	甘肃	雪珍珠	甘认菜 2009026	从北京捷利亚种子有限公司引进	兰州田园种苗有限责任公司	甘肃省榆中地区
2009	甘肃	太白	甘认菜 2009027	从法国 Tezier 公司引进	兰州盛世农种业有限公司	甘肃省榆中地区
2009	甘肃	赛欧	甘认菜 2009028	从法国 Tezier 公司引进	兰州盛世农种业有限公司	甘肃省榆中地区
2009	甘肃	雪龙花	甘认菜 2009029	从法国 Tezier 公司引进	兰州盛世农种业有限公司	甘肃省榆中地区
2009	甘肃	珍宝	甘认菜 2009030	从台湾地区第一种苗有限公司引进	兰州中科西高种业有限公司	甘肃省榆中地区
2009	甘肃	春秋雪宝	甘认菜 2009031	从台湾地区丰田种子有限公司引进，原名日本春秋雪宝	兰州中科西高种业有限公司	甘肃省金昌、榆中、麦积地区
2009	甘肃	玛瑞亚	甘认菜 2009032	从瑞士先正达种子有限公司引进	兰州中科西高种业有限公司	甘肃省榆中和永昌地区
2009	甘肃	世纪新妃	甘认菜 2009033	从台湾地区丰田种子有限公司引进	兰州中科西高种业有限公司	甘肃省张掖、榆中、定西地区
2010	上海	科花 2 号	沪农品认蔬果 2010 第 011 号	CMS120×830	上海市农业科学院园艺研究所、上海市设施园艺技术重点实验室	上海市

（续）

年份	鉴定省份	品种名称	编号	品种来源	选育（报审）单位	适宜范围
2010	上海	崇花 4 号	沪农品认蔬果 2010 第 012 号	B160×D80	上海崇明花菜研发中心	上海市
2010	上海	崇花 5 号	沪农品认蔬果 2010 第 013 号	140-2×A6	上海崇明花菜研发中心	上海市
2010	浙江	新花 80 天	浙（非）审蔬 2010005	93-10-2-4-9×HD60-1-8-3-5	温州市神鹿种业有限公司	浙江省
2010	甘肃	圣果	甘认菜 2010037	从武汉真龙种苗经营部引进	兰州保丰种苗有限责任公司	甘肃省榆中、红古地区
2010	甘肃	白天使	甘认菜 2010038	从北京华耐种子有限公司引进	兰州陇圣科技种子经营部	甘肃省榆中、皋兰、永登、永昌、民乐地区
2010	甘肃	雪玉	甘认菜 2010039	从河北省邢台市邢蔬有限公司引进	兰州润丰种业有限责任公司	甘肃省红古、皋兰、榆中地区
2010	甘肃	世纪春冠	甘认菜 2010013	从我国台湾丰田种苗有限公司引进	兰州中科西高种业有限公司	甘肃省榆中、永昌地区
2010	甘肃	日本雪盈	甘认菜 2010014	从我国台湾顺珑农产有限公司引进	兰州中科西高种业有限公司	甘肃省榆中地区
2010	甘肃	春秋雪宝 2 号	甘认菜 2010015	从广州益万农农业科技有限公司引进	兰州中科西高种业有限公司	甘肃省榆中、永昌、天水地区
2010	甘肃	先花 80	甘认菜 2010016	从山东寿光先正达公司引进	兰州介实农产品有限公司	甘肃省红古、榆中、永登、皋兰和天祝地区
2010	甘肃	雪妃	甘认菜 2010017	从山东寿光先正达公司引进	兰州介实农产品有限公司	甘肃省红古、榆中、永登、皋兰和天祝地区
2010	甘肃	白灵	甘认菜 2010018	从北京华耐种子有限公司引进	兰州安宁庆丰种业经营部	甘肃省榆中、红古地区
2010	甘肃	爱妃	甘认菜 2010019	从北京华耐种子有限公司引进	兰州安宁庆丰种业经营部	甘肃省榆中、红古地区
2010	甘肃	雪霏	甘认菜 2010020	从圣尼斯种子（北京）有限公司引进	兰州园艺试验场种子经营部	甘肃省榆中、红古地区
2010	甘肃	春秋雪	甘认菜 2010021	从上海虹桥天龙种业有限公司引进	兰州园艺试验场种子经营部	甘肃省榆中、红古地区
2010	甘肃	雪洁 70	甘认菜 2010022	从北京凤鸣雅世科技有限公司引进	兰州东平种子有限公司	甘肃省榆中、红古、城关地区
2010	甘肃	春秋佳宝 70	甘认菜 2010023	从北京华耐种子有限公司引进	兰州东平种子有限公司	甘肃省榆中、红古、城关地区
2010	甘肃	怀特 80	甘认菜 2010024	从北京华耐种子有限公司引进	兰州天马种业有限责任公司	甘肃省榆中、皋兰、西固、红古和永昌地区

（续）

年份	鉴定省份	品种名称	编号	品种来源	选育（报审）单位	适宜范围
2010	甘肃	高富	甘认菜 2010025	从香港菜兴利国际有限公司引进	兰州天马种业有限责任公司	甘肃省榆中、皋兰、西固、红古和永昌地区
2010	甘肃	赛白 85	甘认菜 2010026	从北京捷利亚种业有限公司引进	兰州田园种苗有限责任公司	甘肃省榆中地区
2010	甘肃	捷如雪 2 号	甘认菜 2010027	从北京捷利亚种业有限公司引进	兰州田园种苗有限责任公司	甘肃省榆中地区
2010	甘肃	克莱斯	甘认菜 2010028	从上海长禾农业发展有限公司引进	兰州田园种苗有限责任公司	甘肃省榆中地区
2010	甘肃	圣达菲	甘认菜 2010029	从北京天诺泰隆科技发展有限公司引进，原名雅典娜	兰州田园种苗有限责任公司	甘肃省榆中地区
2010	甘肃	雪白椰菜花 135	甘认菜 2010030	从昆明市坤华种子有限公司引进，原代号荷兰花菜	榆中县其江农技服务部	甘肃省榆中、永登、皋兰、白银地区
2010	甘肃	雪岭 1 号	甘认菜 2010031	从香港高华种子有限公司引进	榆中县城关镇农技服务站广场分部	甘肃省榆中、红古地区
2010	甘肃	玛格丽特	甘认菜 2010032	从北京捷利亚种业有限公司引进，原名达・芬奇	榆中县农业技术推广中心甘草服务部	甘肃省榆中、城关、红古地区
2010	甘肃	公爵	甘认菜 2010033	从武汉振龙种苗经营部引进，原代号韩国 1 号	兰州金鼎利种业有限公司	甘肃省红古、榆中、皋兰地区
2010	甘肃	致胜 80	甘认菜 2010034	从武汉振龙种苗经营部引进，原代号韩国 2 号	兰州金鼎利种业有限公司	甘肃省
2010	甘肃	银河	甘认菜 2010035	从武汉真龙种苗经营部引进	兰州保丰种苗有限责任公司	甘肃省榆中、红古地区
2010	甘肃	怀特	甘认菜 2010036	从广州市兴田种子有限公司引进	兰州保丰种苗有限责任公司	甘肃省榆中、红古、城关地区
2011	天津	津品 60	津登花椰菜 2011001	富强-1-1-2-3-5-6×C-8	天津科润农业科技股份有限公司蔬菜研究所	天津市春季保护地
2011	天津	津品 70	津登花椰菜 2011002	F-6×F-56	天津科润农业科技股份有限公司蔬菜研究所	天津市秋季晚熟露地种植
2011	山西	中花 1 号	晋审菜（认）2011019	雄性不育系 C17×2005-19	中国农业科学院蔬菜花卉研究所	山西省花椰菜产区秋季种植
2011	浙江	成功 120 天	浙（非）审蔬 2011002	8120A×8100	瑞安市登峰蔬菜种苗有限公司	浙江省秋季露地种植

（续）

年份	鉴定省份	品种名称	编号	品种来源	选育（报审）单位	适宜范围
2011	浙江	浙 017	浙（非）审蔬 2011003	3201-1×3203-4	浙江省农业科学院蔬菜研究所	浙江省秋季种植
2011	福建	悦阳 45 天	闽认菜 2011011	9202×雪白 48	龙岩市农业科学研究所、新罗区种子站	福建省
2011	福建	松花 55 天	闽认菜 2011012	CMSDH36-5×青口 50-1314	福州市蔬菜科学研究所	福建省
2011	福建	CC-65 天	闽认菜 2011013	从台湾第一种苗公司引进	福州市蔬菜科学研究所	福建省
2011	甘肃	雪旺 1 号	甘认菜 2011039	从北京聚宏种苗技术有限公司引进	七里河区天都云农业生产资料经销部	甘肃省兰州市榆中、皋兰、七里河、红古、西固地区种植
2011	甘肃	春雪宝	甘认菜 2011040	从北京聚宏种苗技术有限公司引进	七里河区天都云农业生产资料经销部	甘肃省兰州市榆中、皋兰、七里河、红古、西固地区
2011	甘肃	福将 65 天	甘认菜 2011041	从广州兴田种子有限公司引进	七里河区天都云农业生产资料经销部	甘肃省兰州市榆中、皋兰、七里河、红古、西固地区
2011	甘肃	威斯乐	甘认菜 2011042	由香港泽盈农业有限公司从智利引进	兰州园艺试验场种子经营部	甘肃省榆中、永登、皋兰、红古地区
2011	甘肃	雪莉	甘认菜 2011043	从法国 Tezier 公司引进	兰州园艺试验场种子经营部	甘肃省榆中、永登、皋兰、红古地区
2011	甘肃	雪丽雅	甘认菜 2011020	从北京凤鸣雅世科技发展有限公司引进	兰州金鼎利种业有限责任公司	甘肃省兰州市
2011	甘肃	春将	甘认菜 2011021	从厦门市文兴蔬菜种苗有限公司引进	兰州金鼎利种业有限责任公司	甘肃省兰州市
2011	甘肃	世纪雪	甘认菜 2011022	从郑州金正种业有限公司引进	兰州中科西高种业有限公司	甘肃省兰州市
2011	甘肃	富士白 5 号	甘认菜 2011023	从浙江神良种业有限公司引进	甘肃金粟农业科技有限公司	甘肃省兰州市
2011	甘肃	天诺 303	甘认菜 2011024	从北京天诺泰隆科技发展有限公司引进	兰州田园种苗有限责任公司	甘肃省兰州市
2011	甘肃	惠福	甘认菜 2011025	从北京华耐农业发展有限公司引进	兰州金桥种业有限责任公司	甘肃省兰州市
2011	甘肃	金雪 1 号	甘认菜 2011026	从内蒙古巴彦淖尔市绿丰种业有限责任公司引进	兰州金桥种业有限责任公司	甘肃省兰州市

（续）

年份	鉴定省份	品种名称	编号	品种来源	选育（报审）单位	适宜范围
2011	甘肃	春元宝	甘认菜 2011027	从青岛三福农业发展有限公司引进	兰州中科西高种业有限公司	甘肃省兰州市
2011	甘肃	阿凡达	甘认菜 2011028	从北京天诺泰隆科技发展有限公司引进	兰州东平种子有限公司	甘肃省兰州市
2011	甘肃	卡罗拉	甘认菜 2011029	从北京华耐种子有限公司引进	兰州东平种子有限公司	甘肃省兰州市
2011	甘肃	卡迪	甘认菜 2011030	从北京斯博德种子有限公司引进	兰州东平种子有限公司	甘肃省兰州市
2011	甘肃	雪峰	甘认菜 2011031	从香港惟勤企业有限公司引进	兰州金丰乐种业有限公司	甘肃省兰州市
2011	甘肃	雪海	甘认菜 2011032	从香港惟勤企业有限公司引进	兰州金丰乐种业有限公司	甘肃省兰州市
2011	甘肃	雪雅	甘认菜 2011033	从寿光市中植种业有限公司引进	兰州丰田种苗有限责任公司	甘肃省兰州市
2011	甘肃	雪剑 5 号	甘认菜 2011034	从天津市耕耘种业有限公司引进	兰州丰田种苗有限责任公司	甘肃省兰州市
2011	甘肃	碧罗雪	甘认菜 2011035	从北京凤鸣雅世科技发展有限公司引进	榆中县益民农资良种服务部	甘肃省榆中地区
2011	甘肃	利卡	甘认菜 2011036	从寿光先正达种子有限公司引进	兰州安宁永丰种子经营部	甘肃省榆中、城关、红古、西固地区
2011	甘肃	春美	甘认菜 2011037	从天津惠尔稼种业科技有限公司引进	兰州田园种苗有限责任公司	甘肃省榆中县、红古地区
2011	甘肃	天骄	甘认菜 2011038	从厦门市文兴蔬菜种苗有限公司引进	榆中县农业技术推广中心甘草服务部	甘肃省榆中、红古地区
2012	上海	银冠 60	沪农品认蔬果 2012 第 016 号	0540-2-5-2-1-8×80-12-2-1-1	上海长征蔬菜种子公司	上海市
2012	上海	申雪 108 天	沪农品认蔬果 2012 第 017 号	AW-100×C-3	上海富农种业有限公司	上海市
2012	福建	福花 90 天	闽认菜 2012007	青梗 80 天-TW80-2 × 福州 100 天-1001	福州市蔬菜科学研究所	福建省
2013	浙江	慈优 100 天	浙（非）审蔬 2013009	05-1A×早熟 23	慈溪市绍根蔬菜专业合作社	浙江省

（续）

年份	鉴定省份	品种名称	编号	品种来源	选育（报审）单位	适宜范围
2013	浙江	浙091	浙（非）审蔬2012006	DH系3201-1×DH系3203-16	浙江浙农种业有限公司、浙江省农业科学院蔬菜研究所、杭州市良种引进公司	浙江省
2013	甘肃	白如意	甘认菜2013013	从广州市兴田种子有限公司引进	兰州保丰种苗有限责任公司	甘肃省榆中、皋兰、红古、西固地区
2013	甘肃	精典	甘认菜2013014	从广州市兴田种子有限公司引进	兰州保丰种苗有限责任公司	甘肃省榆中、红古地区
2013	甘肃	兴隆玉秀	甘认菜2013015	从先正达种子有限公司引进	兰州保丰种苗有限责任公司	甘肃省榆中、红古、西固地区
2013	甘肃	雪驰	甘认菜2013016	从广州博优特农业科技有限公司引进	兰州保丰种苗有限责任公司	甘肃省榆中、红古地区
2013	甘肃	雪迪	甘认菜2013017	从广州博优特农业科技有限公司引进	兰州保丰种苗有限责任公司	甘肃省榆中、红古地区
2013	甘肃	雪琦	甘认菜2013018	从广州博优特农业科技有限公司引进	兰州保丰种苗有限责任公司	甘肃省榆中、红古地区
2013	甘肃	雪盈	甘认菜2013019	从广州市兴田种子有限公司引进	兰州保丰种苗有限责任公司	甘肃省榆中、红古地区
2013	甘肃	春蕾	甘认菜2013020	从天津惠尔稼种业科技有限公司引进，原代号白珍珠	甘肃大地种苗公司	甘肃省榆中、西固、红古、皋兰地区种植
2013	甘肃	春秀	甘认菜2013021	从上海长禾农业科技有限公司引进	兰州德丰农业科技有限公司	甘肃省榆中、皋兰、红古及城关区
2013	甘肃	雪贝	甘认菜2013022	从上海长禾农业科技有限公司引进	兰州德丰农业科技有限公司	甘肃省榆中、皋兰、红古及城关区
2013	甘肃	雪顿	甘认菜2013023	从广州兴田种子有限公司引进	兰州东平种子有限公司	甘肃省榆中、红古地区
2013	甘肃	布兰克	甘认菜2013024	从北京绿种金种苗技术中心引进	兰州东平种子有限公司	甘肃省榆中、城关、红古、永登地区
2013	甘肃	法斯特	甘认菜2013025	从北京绿种金种苗技术中心引进	兰州东平种子有限公司	甘肃省榆中、城关、皋兰、红古地区

（续）

年份	鉴定省份	品种名称	编号	品种来源	选育（报审）单位	适宜范围
2013	甘肃	托尼	甘认菜 2013026	从北京凤鸣雅世科技发展有限公司引进	兰州东平种子有限公司	甘肃省榆中、红古地区
2013	甘肃	新千里雪	甘认菜 2013027	从寿光先正达种子有限公司引进，原代号先花 88	兰州东平种子有限公司	甘肃省榆中、皋兰、城关、西固、红古地区
2013	甘肃	阳春白雪	甘认菜 2013028	从北京凤鸣雅世科技发展有限公司引进	兰州东平种子有限公司	甘肃省榆中、城关、红古、永登地区
2013	甘肃	科拉	甘认菜 2013029	从寿光先正达种子有限公司引进	兰州介实农产品有限公司	甘肃省榆中、红古地区
2013	甘肃	雪宝	甘认菜 2013030	从日本坂田种子公司引进，原代号 KLH-C-001	坤利禾种业（北京）有限公司	甘肃省榆中、红古地区
2013	甘肃	雪宝 006	甘认菜 2013031	从日本坂田种子公司引进，原代号 KLH-C-006	坤利禾种业（北京）有限公司	甘肃省榆中、红古地区
2013	甘肃	阿波罗	甘认菜 2013032	从北京华耐农业发展有限公司引进	兰州蓝丰种业有限公司	甘肃省榆中、红古地区
2013	甘肃	雪月	甘认菜 2013033	从山东金种子农业发展有限公司引进	榆中县其江农技服务部	甘肃省榆中、白银地区
2013	甘肃	雪狐	甘认菜 2013034	从寿光先正达种子有限公司引进	甘肃启田农业科技发展有限公司	甘肃省榆中、红古地区
2013	甘肃	雪玉高圆	甘认菜 2013035	从北京华耐农业发展有限公司引进，原代号 SN-1198	兰州圣农科技服务部	甘肃省榆中、皋兰、红古地区
2013	甘肃	天马圣雪	甘认菜 2013036	从台湾合欢农产有限公司引进，原代号圣雪	兰州天马种业有限责任公司	甘肃省榆中、皋兰、西固、红古及永昌地区
2013	甘肃	凯迪	甘认菜 2013037	从北京金种惠农农业科技发展有限公司引进	兰州田园种苗有限责任公司	甘肃省榆中地区
2013	甘肃	凯丽	甘认菜 2013038	从北京捷利亚种业有限公司引进	兰州田园种苗有限责任公司	甘肃省榆中地区
2013	甘肃	凯瑞	甘认菜 2013039	从北京捷利亚种业有限公司引进	兰州田园种苗有限责任公司	甘肃省榆中地区
2013	甘肃	凯撒	甘认菜 2013040	从上海长禾农业发展有限公司引进	兰州田园种苗有限责任公司	甘肃省榆中地区
2013	甘肃	凯越	甘认菜 2013041	从寿光先正达种子有限公司引进	兰州田园种苗有限责任公司	甘肃省榆中地区

（续）

年份	鉴定省份	品种名称	编号	品种来源	选育（报审）单位	适宜范围
2013	甘肃	法兰西	甘认菜 2013042	从陕西阳光种业有限公司引进	榆中县益民农资良种服务部	甘肃省榆中、红古地区
2013	甘肃	雪岳	甘认菜 2013043	从广州市兴田种子公司引进	兰州园艺试验场种子经营部	甘肃省兰州市榆中、红古、城关地区
2013	甘肃	科莱	甘认菜 2013044	从山东寿光先正达种子有限公司引进	兰州瑞尔丰农科贸发展有限公司	甘肃省榆中、红古地区
2013	甘肃	银法利	甘认菜 2013045	从北京四季同达种子有限公司引进	兰州瑞尔丰农科贸发展有限公司	甘肃省榆中、红古地区
2013	甘肃	法兰雪	甘认菜 2013046	从法国威马种子有限公司引进，原代号 V6008	兰州中科西高种业有限公司	甘肃省榆中、红古地区
2013	甘肃	科顿	甘认菜 2013047	从山东寿光先正达种子有限公司引进，原代号 AD6003	兰州中科西高种业有限公司	甘肃省榆中、红古地区
2013	甘肃	曼迪	甘认菜 2013048	从北京华耐种子有限公司引进	兰州陇圣科技有限公司	甘肃省榆中、红古地区
2013	甘肃	波士顿	甘认菜 2013049	从寿光先正达种子有限公司引进	兰州陇圣科技有限公司	甘肃省榆中、红古地区
2013	甘肃	曼哈顿	甘认菜 2013050	从兰州陇圣科技有限公司引进，原代号 1-63	兰州安宁永丰种子经营部	甘肃省榆中、红古地区
2013	甘肃	丽娜 2 号	甘认菜 2013051	从兰州陇圣科技有限公司引进，原代号 1-64	兰州安宁永丰种子经营部	甘肃省榆中、红古地区
2013	甘肃	阿尔贝斯	甘认菜 2013052	从北京仙龙（国际）园艺研究所引进	兰州金鼎利种业公司	甘肃省兰州市城关、红古、七里河、榆中、皋兰及金昌地区
2013	甘肃	法贝德	甘认菜 2013053	从北京仙龙（国际）园艺研究所引进	兰州金鼎利种业公司	甘肃省兰州市城关、红古、七里河、榆中、皋兰及金昌地区
2013	甘肃	阿里山 90 天	甘认菜 2013059	9709×9980	浙江神良种业有限公司	甘肃省榆中、皋兰、红古、西固地区
2013	甘肃	阿里山 100 天	甘认菜 2013060	9709×9998	浙江神良种业有限公司	甘肃省榆中、皋兰、红古、城关区地区
2013	甘肃	阿里山 105 天	甘认菜 2013061	9709×1108	浙江神良种业有限公司	甘肃省榆中、皋兰、红古、城关区地区

（续）

年份	鉴定省份	品种名称	编号	品种来源	选育（报审）单位	适宜范围
2013	甘肃	益农松花王	甘认菜 2013062	从香港蔡兴利国际有限公司引进	兰州天马种业有限责任公司	甘肃省榆中、皋兰、红古、西固地区
2013	甘肃	台松 90 天	甘认菜 2013063	从浙江神良种业有限公司引进	甘肃金粟农业科技有限公司	甘肃省榆中、皋兰、红古地区
2013	甘肃	台松 100 天	甘认菜 2013064	从浙江神良种业有限公司引进	甘肃金粟农业科技有限公司	甘肃省榆中、皋兰、红古地区
2013	甘肃	劲松 100	甘认菜 2013065	从天津惠尔稼种业科技有限公司引进	兰州田园种苗有限责任公司	甘肃省榆中地区
2013	甘肃	庆美 100 天	甘认菜 2013066	从厦门市文兴蔬菜种苗有限公司引进	榆中县益民农资良种服务部	甘肃省兰州市城关、榆中地区
2013	甘肃	雪松 100 天	甘认菜 2013067	从天津惠尔稼种业科技有限公司	兰州瑞尔丰农科贸发展有限公司	甘肃省兰州市城关、红古、榆中、皋兰地区
2013	甘肃	大地青松	甘认菜 2013068	从天津惠尔稼种业科技有限公司引进，原代号青松 100	甘肃大地种苗有限公司	甘肃省兰州市西固、红古、榆中、皋兰地区
◆ 青花菜						
2004	上海	申绿 1 号	沪农品认蔬果（2004）第 037 号	B103×B120	上海市种子繁育中心	上海市
2004	上海	申绿 2 号	沪农品认蔬果（2004）第 038 号	B68×B58	上海市种子繁育中心	上海市
2005	上海	上海 4 号	沪农品认蔬果（2005）第 006 号	97-10×SL-1	上海市农业科学院园艺研究所	上海市
2007	上海	沪绿 5 号	沪农品认蔬果（2007）第 012 号	XY-1×16-72	上海市农业科学院园艺研究所	上海市
2007	浙江	绿雄 90	浙认蔬 2007003	从日本 TOKITA 种子有限公司引进，原名 TSX-8720	杭州三雄种苗有限公司	浙江省秋冬季种植
2009	甘肃	玉冠	甘认菜 2009034	从香港黄清河有限公司引进	兰州天马种业有限责任公司	甘肃省民乐、永昌、皋兰、榆中地区

（续）

年份	鉴定省份	品种名称	编号	品种来源	选育（报审）单位	适宜范围
2009	甘肃	万绿 320	甘认菜 2009035	从香港蔡兴利有限公司引进	兰州天马种业有限责任公司、兰州东平种子有限公司	甘肃省民乐、永昌、皋兰、榆中地区
2010	甘肃	耐寒优秀	甘认菜 2010040	从香港高华种子有限公司引进	兰州天马种业有限责任公司	甘肃省榆中、皋兰、永登、民乐和永昌地区
2010	甘肃	绿奇（中青 9 号）	甘认菜 2010041	DGMS8554×93219	中国农业科学院蔬菜花卉研究所	甘肃省榆中、皋兰、城关、红古地区
2011	浙江	台绿 1 号	浙（非）审蔬 2011004	B19-10-1-2-1×Br60-2-2-1-2	台州市农业科学研究院、浙江勿忘农种业股份有限公司	浙江省
2011	甘肃	安娜	甘认菜 2011055	从北京天诺泰隆科技发展有限公司引进	兰州田园种苗有限责任公司	甘肃省榆中、红古地区
2011	甘肃	领秀	甘认菜 2011056	从北京华耐种子有限公司引进	兰州东平种子有限公司	甘肃省榆中、城关地区
2011	甘肃	福绿 2 号	甘认菜 2011057	从双福香港农业发展有限公司引进（原代号：绿灵）	兰州中科西高种业有限公司	甘肃省榆中、皋兰地区
2012	上海	早生沪绿	沪农品认蔬果 2012 第 015 号	MTL-12-47-8×LV-29-32-5	上海市农业科学院园艺研究所	上海市
2012	浙江	海绿	浙（非）审蔬 2012007	DH 系 2016-2×DH 系 2028-4	宁波海通食品科技有限公司、浙江省农业科学院蔬菜研究所、慈溪市农业技术推广中心、浙江大学农业生物与生物技术学院	浙江省
2012	福建	福青 1 号	闽认菜 2012008	BOP01×BOP05	福建农林大学	福建省
2013	湖南	湘绿 2 号	XPD006-2013	BOP-04-12-4×BOP-04-16-9	湖南农业大学	湖南省
2013	湖南	湘绿 3 号	XPD007-2013	BOP-04-28-6×BOP-04-19-7	湖南农业大学	湖南省
2013	甘肃	金桥 118	甘认菜 2013054	细胞核显性雄性不育系 DM0218×03208	兰州金桥种业有限责任公司	甘肃省兰州市
2013	甘肃	秀绿	甘认菜 2013055	从北京富四方种子有限公司引进	兰州田园种苗有限责任公司	甘肃省榆中地区
2013	甘肃	炎秀	甘认菜 2013056	从香港高华种子有限公司引进	兰州天马种业有限责任公司	甘肃省榆中、皋兰、红古地区

（续）

年份	鉴定省份	品种名称	编号	品种来源	选育（报审）单位	适宜范围
2013	甘肃	绿美人	甘认菜 2013057	武汉亚非种业有限公司	武汉亚非种业有限公司	甘肃省榆中、皋兰、红古地区
2013	甘肃	绿莹莹	甘认菜 2013058	武汉亚非种业有限公司	武汉亚非种业有限公司	甘肃省榆中、皋兰、红古地区
◆苤　蓝						
2011	天津	白苤蓝	津登苤蓝 2011001	由天津地方品种经过多年提纯选育而成	农家品种	天津市露地种植
2011	天津	青苤蓝	津登苤蓝 2011002	由天津地方品种经过多年提纯选育而成	农家品种	天津市露地种植
◆萝　卜						
2004	山西	丰玉一代	晋审菜（认）2004011	雄性不育系 4-04A×S30-1	山西省农业科学院蔬菜研究所	山西省夏秋季种植
2004	四川	泸萝 5 号	川审蔬 2004016	不育系 038A×自育父本系 016-2	四川省农业科学院水稻高粱研究所	四川省秋冬季种植
2004	四川	泸萝 6 号	川审蔬 2004017	亲本 034A 与亲本 062	四川省农业科学院水稻高粱研究所	四川省秋季种植
2005	山西	耐糠 50	晋审菜（认）2005008	雄性不育系 JAQ9705×60C	山西晋黎来蔬菜种子有限公司、山西农业大学太原园艺学院	山西省夏秋露地早熟种植
2005	辽宁	威势 65	辽备菜［2005］268 号	98-06×42-6	海城市宝丰蔬菜种子有限公司	辽宁省
2005	上海	上农 936	沪农品认蔬果（2005）第 013 号	上海晚熟 120 天×日本金早生	上海交通大学农业与生物技术学院	上海市
2006	黑龙江	红秀	黑登记 2006029	从日本的樱桃萝卜杂交种中采用系谱法选育而成	哈尔滨市农业科学院	黑龙江省
2006	上海	上选 4 号	沪农品认蔬果（2006）第 011 号	成都满山红等 5 份材料混合选择	上海交通大学农业与生物学院	上海市夏秋季种植
2006	安徽	翡翠 1 号	皖品鉴登字第 0603007	高滩弯腰青×日本青	安徽省金谷农业科技发展有限公司	安徽省

（续）

年份	鉴定省份	品种名称	编号	品种来源	选育（报审）单位	适宜范围
2006	安徽	宿州青	皖品鉴登字第 0603008	高滩弯腰青变异单株系选	安徽省宿州市农业科学研究所	安徽省
2007	重庆	涪陵红心 1 号	渝品审登 2007001	13 号红心萝卜品种资源，经连续 5 年的系统选择培育而成	重庆市涪陵区农业科学研究所	重庆市
2007	重庆	涪陵红心 2 号	渝品审登 2007002	08 号红心萝卜品种资源，经连续 5 年的系统选择培育而成	重庆市涪陵区农业科学研究所	重庆市
2007	重庆	涪陵红心 3 号	渝品审登 2007003	69 号红心萝卜单株，经连续 5 年的系统选择培育而成	重庆市涪陵区农业科学研究所	重庆市
2008	山西	夏青 55 号	晋审菜（认）2008014	Z950×9701S	太原市农业科学研究所	山西省夏秋露地种植
2008	辽宁	根玉 1 号	辽备菜［2008］347 号	自交不亲和系 589A×自交系 589B	辽宁省农业科学院蔬菜研究所	辽宁省
2008	安徽	四季青	皖品鉴登字第 0803014	阜南地方水萝卜品种变异单株系选	安徽省阜南县蔬菜研究所	安徽省秋播为主
2008	福建	瑞雪	闽认菜 2008011	从韩国现代种苗株式会社引进	福建省农业科学院作物研究所	福建省秋萝卜产区
2008	山东	潍萝卜 2 号	鲁农审 2008055 号	VL02-21×VL02-23	潍坊市农业科学院	山东省秋萝卜产区
2008	山东	天正萝卜 11	鲁农审 2008054 号	9189-11×2001-14	山东省农业科学院蔬菜研究所	山东省秋萝卜产区
2008	山东	潍萝卜 1 号	鲁农审 2008053 号	VL01-17×VL01-04	潍坊市农业科学院	山东省秋萝卜产区
2008	山东	天正萝卜 10 号	鲁农审 2008052 号	01-11A×9131-14	山东省农业科学院蔬菜研究所	山东省作秋萝卜品种种植
2008	湖北	雪单 1 号	鄂审菜 2008002	ED0108A×ED0268	湖北省农业科学院经济作物研究所	湖北省高山和平原地区早春种植
2008	湖北	雪单 2 号	鄂审菜 2008003	ED0198A×ED0295	湖北省农业科学院经济作物研究所	湖北省高山和平原地区早春种植
2008	四川	蜀萝 7 号	川审蔬 2008004	不育系 C5116A×自交父本 01-097-2	四川省农作物品种审定委员会	四川省夏季种植
2009	山西	丰美一代	晋审菜（认）2009027	4-05A×20-24-3A	山西省农业科学院蔬菜研究所	山西省冬春季种植
2009	山西	裕民	晋审菜（认）2009028	2002X-1×H-408	太原市尖草坪区星火科技培训学校	山西省秋季种植

（续）

年份	鉴定省份	品种名称	编号	品种来源	选育（报审）单位	适宜范围
2009	辽宁	雪玉1号	辽备菜［2009］369号	不育系803A×自交系05-6-8-12	沈阳市农业科学院	辽宁省
2009	辽宁	雪玉2号	辽备菜［2009］370号	不育系803A×自交系03-584-141-2	沈阳市农业科学院	辽宁省
2009	辽宁	沈农大红	辽备菜［2009］371号	细胞质雄性不育系CMS01×08S49	沈阳农业大学园艺学院	辽宁省
2009	辽宁	福娃1号	辽备菜［2009］372号	不育系604A×自交系05-91-562-1	沈阳市农业科学院	辽宁省
2009	辽宁	福娃3号	辽备菜［2009］373号	不育系604A×自交系05-462-81-1	沈阳市农业科学院	辽宁省
2009	浙江	白雪春2号	浙（非）审蔬2009003	D22-45122×J72-132	浙江省农业科学院蔬菜研究所	浙江省早春保护地、春季露地及秋季种植
2009	浙江	浙萝5号	浙（非）审蔬2009004	117A×334-2-1-3-1-2	浙江省农业科学院蔬菜研究所	浙江省秋萝卜产区
2009	安徽	夏梦	皖品鉴登字第0903012	601A×1315	合肥丰乐种业股份有限公司	安徽省合肥地区
2009	安徽	青爽	皖品鉴登字第0903013	L05-3-9×M105-5-6	宿州市博芳园艺有限公司	安徽省
2009	安徽	南科1号	皖品鉴登字第0903014	四季青×春白	安徽省阜南县农业科学研究所	安徽省
2010	北京	京红3号	京品鉴菜2010009	雄性不育系R01A×父本系R5	北京市农林科学院蔬菜研究中心、北京京研益农科技发展中心	北京市秋季露地种植
2010	北京	京红4号	京品鉴菜2010010	雄性不育系R01A×父本系R8	北京市农林科学院蔬菜研究中心、北京京研益农科技发展中心	北京市秋季露地种植
2010	北京	改良满堂红	京品鉴菜2010011	自交不亲和系8505-16与BH01-2杂交而成	北京市农林科学院蔬菜研究中心、北京京研益农科技发展中心	北京市秋季露地种植
2010	北京	京脆1号	京品鉴菜2010012	自交不亲和系ZP1×ZP2	北京市农林科学院蔬菜研究中心、北京京研益农科技发展中心	北京市秋季露地种植
2010	江苏	南春白5号	苏鉴萝卜201001	晚抽薹白萝卜不育系NAURWA01×白萝卜自交系NAUILW-SDG02	南京农业大学	江苏省春季保护地或露地种植
2010	江苏	南春白6号	苏鉴萝卜201002	晚抽薹自交不亲和系Nau-SI-02W-4×抗病自交不亲和系Nau-SI-02W-9	南京农业大学	江苏省春季保护地或露地种植

（续）

年份	鉴定省份	品种名称	编号	品种来源	选育（报审）单位	适宜范围
2010	山东	天正萝卜12	鲁农审2010058号	01-11A×9230-11	山东省农业科学院蔬菜研究所	山东省秋萝卜品种种植
2010	山东	胶研秀青	鲁农审2010057号	2-1-5-7×2-2-6-5	青岛胶研种苗研究所	山东省秋萝卜品种种植
2010	山东	潍萝卜3号	鲁农审2010056号	VL01-04×VL03-121	山东省潍坊市农业科学院	山东省秋萝卜品种种植
2010	山东	西星萝卜5号	鲁农审2010055号	9708-1-4-1-1×33-10	山东登海种业股份有限公司西由种子分公司	山东省秋萝卜品种种植
2010	陕西	凌玉	陕蔬登字2010007号	LS21-9×LS39-5	西北农林科技大学园艺学院	陕西省春季保护地种植、秋露地种植和高冷地区反季节种植
2010	陕西	凌翠	陕蔬登字2010008号	LS14-2×LS39-5	西北农林科技大学园艺学院	陕西省春季保护地种植、秋露地种植和高冷地区反季节种植
2011	安徽	西湖恋思	皖品鉴登字第1103018	水果萝卜×郑州791	安徽省王家坝农作物栽培专业合作社	安徽省
2011	福建	榕研1号	闽认菜2011017	6-4-1A×16-1-5	福州市蔬菜科学研究所	福建省
2011	福建	春雷	闽认菜2011018	从日本种苗株式会社公司引进	福建农林大学园艺学院、晋江市华兴农业发展有限公司	福建省沙质壤土地区种植
2011	四川	蜀萝8号	川审蔬2011007	自育耐热萝卜不育系C5116A×自育父本系C8690-25	四川省农业科学院水稻高粱研究所	四川省夏季种植
2011	重庆	胭脂红1号	渝品审鉴2011001	3526A×09S77	重庆市涪陵区农业科学研究所	重庆市中低海拔地区
2011	重庆	胭脂红2号	渝品审鉴2011002	3526A×09S165	重庆市涪陵区农业科学研究所	重庆市中低海拔地区
2011	陕西	红缨6号	陕蔬登字2011005号	从陕北地方品种群体系统选育而成	榆林市农业科学院蔬菜研究所	陕西省北部及同类生态区保护地和露地种植
2012	山西	晋萝卜4号	晋审菜（认）2012024	4-01A×03-37-1	山西省农业科学院蔬菜研究所	山西省秋冬季种植
2012	陕西	秦萝1号	陕蔬登字2012002号	LS6-8×LS32-12	西北农林科技大学园艺学院	陕西省秋冬季种植
2013	辽宁	桓玉1号	辽备菜［2013］027号	dy201×dy301	桓仁大玉科技种业有限公司	辽宁省
2013	辽宁	桓玉2号	辽备菜［2013］028号	dy209×dy302	桓仁大玉科技种业有限公司	辽宁省
2013	辽宁	桓玉3号	辽备菜［2013］029号	dyl209×dy303	桓仁大玉科技种业有限公司	辽宁省

（续）

年份	鉴定省份	品种名称	编号	品种来源	选育（报审）单位	适宜范围
2013	辽宁	白锦玉	辽备菜［2013］030 号	SWA-1×SW-2	沈阳市皇姑种苗有限公司	辽宁省
2013	辽宁	红胜	辽备菜［2013］031 号	R0215A×R65	沈阳嘉禾种子有限公司	辽宁省
2013	辽宁	宏福	辽备菜［2013］032 号	R0906A×R85	沈阳嘉禾种子有限公司	辽宁省
2013	辽宁	益农大红	辽备菜［2013］033 号	2A×S2322	沈阳市益农白菜研究所	辽宁省
2013	辽宁	红运 1 号	辽备菜［2013］034 号	ARA-1×AR-2	沈阳市皇姑种苗有限公司	辽宁省
2013	福建	金玉 3 号	闽认菜 2013011	P1×短叶 13	福建农林大学作物科学学院、惠安县农业科学研究所	福建省
2013	山东	胶研萝卜 1 号	鲁农审 2013043 号	2-3-5-8×3-3-7-6	青岛胶研种苗研究所	山东省秋萝卜品种种植
2013	山东	西星萝卜 6 号	鲁农审 2013042 号	90-12-212×33-10	山东登海种业股份有限公司西由种子分公司	山东省秋萝卜品种种植
2013	山东	潍萝卜 4 号	鲁农审 2013041 号	VMS08-162×VL03-163	山东省潍坊市农业科学院	山东省春萝卜品种种植
2013	山东	天正萝卜 14	鲁农审 2013040 号	07-CA×2003-11	山东省农业科学院蔬菜研究所	山东省春萝卜品种种植
2013	四川	蜀萝 9 号	川审蔬 2013 006	K1178 分 17-1-1-6-3×科 11	四川省农业科学院水稻高粱研究所	四川省平坝秋冬季种植
2013	四川	蜀萝 10 号	川审蔬 2013 007	B3008 杂-2-1-1-1-1 × CC26P-1-2-1-1	四川省农业科学院水稻高粱研究所	四川省平坝秋冬季种植
2013	四川	新选成都满身红	川审蔬 2013 008	CH083012×CH084068	成都市新农业武侯种苗研究所	四川省
◆ **胡萝卜**						
2004	内蒙古	金红 4 号	蒙认萝 2004001 号	1042-1×3030	内蒙古农牧业科学院蔬菜研究所	内蒙古自治区
2005	山西	甜红 1 号	晋审菜（认）2005009	雄性不育系 A-9-03-117×自交系 C-21-03-321	山西农业大学园艺学院	山西省夏秋种植
2007	内蒙古	金红 5 号	蒙认菜 2007005 号	10423×3030	内蒙古农牧业科学院蔬菜研究所	内蒙古自治区乌兰察布市察右中旗、鄂尔多斯市达拉特旗和呼和浩特市托克托县

（续）

年份	鉴定省份	品种名称	编号	品种来源	选育（报审）单位	适宜范围
2007	内蒙古	金黄1号	蒙认菜2007006号	1505×3512	内蒙古农牧业科学院蔬菜研究所	内蒙古自治区乌兰察布市察右中旗、鄂尔多斯市达拉特旗、呼和浩特市托克托县和巴彦淖尔市临河区
2007	内蒙古	红映2号	蒙认菜2007007号	amr-16雄性不育系×m215	内蒙古农牧业科学院蔬菜研究所	内蒙古自治区乌兰察布市、呼和浩特市托克托县
2007	青海	一品蜡	青审蔬2007004	西宁地方品种系统选育而成	西宁市种子公司	青海省东部农业区川水地区种植
2010	安徽	中参5号	皖品鉴登字第1003021	60192×60312	中国农业科学院蔬菜花卉研究所	安徽省
2010	安徽	中参8号	皖品鉴登字第1003022	60188×60312	中国农业科学院蔬菜花卉研究所	安徽省
2010	安徽	中加643	皖品鉴登字第1003023	50109×50354	中国农业科学院蔬菜花卉研究所	安徽省
2010	新疆	89-94-2	新登胡萝卜2010年01号	在夏种秋收的自选材料圃中发现	新疆石河子蔬菜研究所	新疆维吾尔自治区北疆
2010	新疆	04-95-84	新登胡萝卜2010年02号	在夏种秋收的自选材料圃中发现	新疆石河子蔬菜研究所	新疆维吾尔自治区北疆
2011	安徽	红参七寸	皖品鉴登字第1103016	70075×70035	宿州市博芳园艺有限公司	安徽省
2011	安徽	垦红五寸	皖品鉴登字第1103017	FN21-03×MY11-01	宿州市博芳园艺有限公司	安徽省
2013	天津	红芯90	津登胡萝卜2013001	CMS011A×CH7-21-17-32-18	北京市农林科学院蔬菜研究中心、天津市农业生物技术研究中心	天津市
2013	天津	红芯98	津登胡萝卜2013002	CMS011A×KD20-6-51-39-31	北京市农林科学院蔬菜研究中心、天津市农业生物技术研究中心	天津市
2013	黑龙江	红芯105	黑登记2013046	MS003A×自交系K20-6-51-3-31-116	北京市农林科学院蔬菜研究中心、哈尔滨莎洛特农业科技有限公司	黑龙江省
2013	黑龙江	SN赤龙	黑登记2013047	D245×D381	北京世农种苗有限公司	黑龙江省
2013	福建	助农大根	闽认菜2013010	从台湾庆农种苗有限公司引进	厦门市文兴蔬菜种苗有限公司	福建省秋冬季种植

（续）

年份	鉴定省份	品种名称	编号	品种来源	选育（报审）单位	适宜范围
◆番　茄						
2004	山西	益丰 9903	晋审菜（认）2004001	Aa-38-22-23-21×Ba-2-31-5-4	太原益丰种业有限公司	山西省露地种植
2004	辽宁	格瑞斯	辽备菜［2004］182 号	F258-33-8-2×F179-5-10-4	沈阳星光种业有限公司	辽宁省
2004	辽宁	金冠 1 号	辽备菜［2004］183 号	02-63×02-26	辽宁省农业科学院园艺研究所	辽宁省
2004	辽宁	ST03	辽备菜［2004］184 号	02S048×02S013	沈阳农业大学园艺学院	辽宁省
2004	辽宁	ST04	辽备菜［2004］185 号	02S048×02S037	沈阳农业大学园艺学院	辽宁省
2004	辽宁	ST06	辽备菜［2004］186 号	02S035×02S015	沈阳农业大学园艺学院	辽宁省
2004	辽宁	辽红 4 号	辽备菜［2004］187 号	03-542×03-543	辽宁省农业科学院园艺研究所	辽宁省
2004	辽宁	辽红 5 号	辽备菜［2004］188 号	01-9×99-1	辽宁省农业科学院园艺研究所	辽宁省
2004	上海	合作 919	沪农品认蔬果（2004）第 026 号	9443×9203	上海长征良种实验场	上海市
2004	上海	申粉 8 号	沪农品认蔬果（2004）第 027 号	2583×2561	上海市农业科学院园艺研究所	上海市
2004	上海	浦红 9 号	沪农品认蔬果（2004）第 028 号	1480×1546	上海市农业科学院园艺研究所	上海市
2004	上海	浦红 10 号	沪农品认蔬果（2004）第 029 号	2602×546	上海市农业科学院园艺研究所	上海市
2004	上海	沪樱 1 号	沪农品认蔬果（2004）第 030 号	1705×2424	上海市农业科学院园艺研究所	上海市
2004	上海	沪樱 2 号	沪农品认蔬果（2004）第 031 号	1710×1702	上海市农业科学院园艺研究所	上海市
2004	广东	益丰番茄	粤审菜 2004001	T52×J25	广州市农业科学研究所	广东省春、秋季种植
2004	新疆	20-2	新登番 2004 年 021 号	对 M5-2×K4-1 组合提纯扩繁而成	乌鲁木齐市蔬菜研究所	新疆维吾尔自治区
2004	新疆	石红 9 号	新登番 2004 年 026 号	3071-3-5×3072-4	石河子市蔬菜研究所	新疆维吾尔自治区加工番茄产区

（续）

年份	鉴定省份	品种名称	编号	品种来源	选育（报审）单位	适宜范围
2004	新疆	石红 14	新登番 2004 年 027 号	126-8×126-3-4	石河子市蔬菜研究所	新疆维吾尔自治区加工番茄产区
2004	新疆	深红	新登番 2004 年 015 号	N-20×N-21	新疆农业科学院园艺作物研究所	新疆维吾尔自治区加工番茄产区
2004	新疆	长红	新登番 2004 年 016 号	N-444×N-448	新疆农业科学院园艺作物研究所	新疆维吾尔自治区加工番茄产区
2004	新疆	德番 99	新登番 2004 年 017 号	国外引进	新疆农业科学院园艺作物研究所	新疆维吾尔自治区北疆加工番茄产区
2004	新疆	早红	新登番 2004 年 018 号	GL-29×GL-49	新疆农业科学院园艺作物研究所	新疆维吾尔自治区加工番茄产区
2004	新疆	紫红	新登番 2004 年 005 号	N-131×N-465	新疆农业科学院园艺作物研究所	新疆维吾尔自治区加工番茄产区
2005	辽宁	卡特琳娜	辽备菜［2005］240 号	99L025×16	辽宁东亚农业发展有限公司	辽宁省
2005	辽宁	星光 316	辽备菜［2005］241 号	HZ-10-5-1×S105-8-1-3-2-2	沈阳星光种业有限公司	辽宁省
2005	辽宁	东粉 3 号	辽备菜［2005］242 号	P143♀×S157-1-3-1-1-1	辽宁东亚农业发展有限公司	辽宁省
2005	辽宁	先丰	辽备菜［2005］243 号	02-3×02-8	辽宁省农业科学院园艺研究所	辽宁省
2005	辽宁	朝研 219	辽备菜［2005］244 号	00-195×Y16-9	辽宁省朝阳市蔬菜研究所	辽宁省
2005	辽宁	金冠 5 号	辽备菜［2005］245 号	02-26×03-246	辽宁省农业科学院园艺研究所	辽宁省
2005	上海	浦红新世纪	沪农品认蔬果（2005）第 001 号	1480×546	上海市农业科学院园艺研究所	上海市
2005	上海	交农 1 号	沪农品认蔬果（2005）第 002 号	奇士曼尼番茄的 Total-DNA 导入“鲜丰”，系统选育	上海交通大学农业与生物技术学院	上海市
2005	安徽	航育粉贝蕾	皖品鉴登字第 0503001	9009×99-4	安徽省六安金土地科技园	安徽省
2005	安徽	航育太空 1 号	皖品鉴登字第 0503002	9008×99-5	安徽省六安金土地科技园	安徽省

（续）

年份	鉴定省份	品种名称	编号	品种来源	选育（报审）单位	适宜范围
2005	新疆	新番15	新登番2005年002号	97-2×9876	新疆奎屯农七师农业科学研究所	新疆维吾尔自治区加工番茄产区
2006	山西	品番茄1号	晋审菜（认）2006001	98-24×B2000-8	山西省农业科学院农作物品种资源研究所	山西省
2006	内蒙古	红桔	蒙认菜2006001号	赤15×赤18	内蒙古自治区赤峰市农业科学研究所	赤峰地区露地及保护地种植
2006	辽宁	春优1号	辽备菜［2006］279号	04-315×04-315	辽宁省农业科学院蔬菜研究所	辽宁省
2006	辽宁	鞍粉1号	辽备菜［2006］280号	98-4-11×01-3-7	鞍山市园艺科学研究所	辽宁省
2006	辽宁	花惊雪	辽备菜［2006］281号	02-18×03-6	沈阳市皇姑种苗有限公司	辽宁省
2006	辽宁	慧心	辽备菜［2006］282号	03-2×03-26	沈阳市皇姑种苗有限公司	辽宁省
2006	上海	交农2号	沪农品认蔬果（2006）第006号	“鲜丰”番茄耐盐筛选	上海交通大学农业与生物技术学院	上海市
2006	上海	申粉9号	沪农品认蔬果（2006）第007号	2561×2471	上海市农业科学院园艺研究所	上海市
2006	上海	沪樱3号	沪农品认蔬果（2006）第008号	1710×1716	上海市农业科学院园艺研究所	上海市
2006	上海	合作206	沪农品认蔬果（2006）第009号	25043×9048	上海市普陀区长征镇良种实验场	上海市
2006	上海	合作928	沪农品认蔬果（2006）第010号	901-28×9048	上海市普陀区长征镇良种实验场	上海市
2006	浙江	阿乃兹	浙认蔬2006001	以色列引进	浙江省农业厅农作局、浙江凤起农产公司	浙江省设施番茄产区
2006	浙江	爱莱克拉	浙认蔬2006002	以色列引进	浙江省农业厅农作局、浙江凤起农产公司、宁波市种子公司	浙江省设施番茄产区
2006	广东	阿克斯1号	粤审菜2006005	X20×1801	广东省农业科学院蔬菜研究所	广东省秋季种植
2006	重庆	渝粉109	渝品审登2006006	ZS4-1-1-3-4×732-3-2-5-1	重庆市农业科学研究所	重庆市

（续）

年份	鉴定省份	品种名称	编号	品种来源	选育（报审）单位	适宜范围
2006	重庆	渝红 9 号	渝品审登 2006007	529-4-2-1-1×585-1-1-1	重庆市农业科学研究所	重庆市
2006	新疆	新番 16	新登番 2006 年 01 号	87-5-②-①×BN-6	玛纳斯帮农种业有限公司和自治区农业技术推广总站共同培育	新疆维吾尔自治区加工番茄产区
2006	新疆	新番 17	新登番 2006 年 02 号	UC82-B 改良系	玛纳斯帮农种业有限公司和自治区农业技术推广总站共同培育	新疆维吾尔自治区加工番茄产区
2006	新疆	新番 18	新登番 2006 年 04 号	18-2×99-6	乌鲁木齐市蔬菜研究所	新疆维吾尔自治区加工番茄产区
2006	新疆	新番 19	新登番 2006 年 05 号	21-1×16-9	乌鲁木齐市蔬菜研究所	新疆维吾尔自治区加工番茄产区
2007	山西	农大 308	晋审菜（认）2007001	R21-09×S8018-11	中国农业大学农学与生物技术学院	山西省食用红果区域露地种植
2007	山西	欧美红抗帝王	晋审菜（认）2007002	母本是以色列番茄 146 的变异株，父本是从美国红玛瑙 F_1 中选育的自交系	山西省农业生物技术研究中心、山西省农业科学院农业资源综合考察研究所	山西省食用红果区域露地种植
2007	山西	艳粉 302	晋审菜（认）2007003	B99-28×B99-03	山西省农业科学院食用菌研究所	山西省食用粉果区域露地种植
2007	辽宁	北研 1 号	辽备菜［2007］308 号	05B-91×05B-93	抚顺市北方农业科学研究所	辽宁省
2007	辽宁	北研 2 号	辽备菜［2007］309 号	05B-88×05B-87	抚顺市北方农业科学研究所	辽宁省
2007	辽宁	春粉	辽备菜［2007］310 号	P013×P098	沈阳市农业科学院	辽宁省
2007	辽宁	红日	辽备菜［2007］311 号	R-156×R-105	沈阳市农业科学院	辽宁省
2007	黑龙江	东农 712	黑登记 2007034	01HN43×01HN37	东北农业大学	黑龙江省
2007	上海	交杂 1 号	沪农品认蔬果（2007）第 004 号	日本高农交配 101 花药培养×日本小黄品种 88	上海交通大学农业与生物学院	上海市
2007	上海	沪樱 4 号	沪农品认蔬果（2007）第 005 号	172-11-14-15-6-2-3×2810-3-12-11-6-5	上海市农业科学院园艺研究所	上海市
2007	上海	申粉 10 号	沪农品认蔬果（2007）第 006 号	2662-11-6-12-4-7×2589-3-2-1-1-2	上海市农业科学院园艺研究所	上海市

（续）

年份	鉴定省份	品种名称	编号	品种来源	选育（报审）单位	适宜范围
2007	浙江	浙杂 205	浙认蔬 2007008	T9247-1-2-2-1×T01-198-1-2	浙江省农业科学院蔬菜研究所	浙江省设施番茄产区
2007	安徽	皖红 4 号	皖品鉴登字第 0703008	93-9×95-15-9	安徽省农业科学院园艺作物研究所	安徽省
2007	新疆	新番 20	新登加工番茄 2007 年 03 号	TD-09-4-1-2×TD-06-5-2-3	新疆石河子蔬菜研究所	新疆维吾尔自治区加工番茄产区
2007	新疆	新番 21	新登加工番茄 2007 年 04 号	JH-98-4-3-6×Ty-99-4-2-1	新疆石河子蔬菜研究所	新疆维吾尔自治区加工番茄产区
2007	新疆	新番 22	新登加工番茄 2007 年 05 号	T00-19-②-①×98-8-⑤-③	新疆石河子蔬菜研究所	新疆维吾尔自治区加工番茄产区
2007	新疆	新番 23	新登加工番茄 2007 年 07 号	以 Peto-98 为材料经系统选育而成的 99-1 新品系	昌吉回族自治州新世纪农业高新技术开发中心	新疆维吾尔自治区加工番茄产区
2007	新疆	屯河 8 号	新登加工番茄 2007 年 24 号	N-375×N-47	新疆农业科学院园艺作物研究所	新疆维吾尔自治区加工番茄产区
2008	山西	晋番茄 6 号	晋审菜（认）2008001	D65-62×N98-3	山西省农业科学院蔬菜研究所	山西省食用红果地区保护地栽培
2008	山西	艳红 2 号	晋审菜（认）2008002	HFFZ201-11×HFFZ201-22	山西强盛种业有限公司	山西省食用红果地区露地栽培
2008	辽宁	北研 3 号	辽备菜［2008］336 号	05B-91×05B-95	抚顺市北方农业科学研究所	辽宁省
2008	辽宁	北研 4 号	辽备菜［2008］337 号	05B-87×05B-92	抚顺市北方农业科学研究所	辽宁省
2008	辽宁	金冠 6 号	辽备菜［2008］338 号	06-441×06-504	辽宁省农业科学院蔬菜研究所	辽宁省
2008	辽宁	金冠 7 号	辽备菜［2008］339 号	06-461×06-381	辽宁省农业科学院蔬菜研究所	辽宁省
2008	辽宁	辽红 6 号	辽备菜［2008］340 号	02-12-9×01-9-12	辽宁省农业科学院蔬菜研究所	辽宁省
2008	黑龙江	东农 713	黑登记 2008024	T512×T511	东北农业大学	黑龙江省
2008	黑龙江	东农 714	黑登记 2008025	HN17×HN33	东北农业大学	黑龙江省
2008	上海	沪航 1 号	沪农品认蔬果（2008）第 011 号	沪番 2662×沪番 2583	上海市农业科学院园艺研究所	上海市

（续）

年份	鉴定省份	品种名称	编号	品种来源	选育（报审）单位	适宜范围
2008	上海	交杂2号	沪农品认蔬果（2008）第012号	自交系30×交农2号	上海交通大学农业与生物学院	上海市
2008	浙江	浙粉208	浙认蔬2008025	T01-039-1-1×T93170-3-1	浙江省农业科学院蔬菜研究所	浙江省设施番茄产区
2008	浙江	浙杂210	浙认蔬2008026	T01-199-1-1×T01-230	浙江省农业科学院蔬菜研究所	浙江省设施番茄产区
2008	浙江	杭杂1号	浙认蔬2008027	9905-1-2-1-1-1×8947-1-2-2-3-1	杭州市农业科学研究院	浙江省设施番茄产区
2008	安徽	皖红7号	皖品鉴登字第0803012	T9708×T96-18	安徽省农业科学院园艺作物研究所	安徽省
2008	福建	圣亚	闽认菜2008002	16-5-6×16-9-4	福建省农业科学院作物研究所	福建省樱桃番茄产区
2008	福建	富丹	闽认菜2008003	16-6-1×16-10-6	福建省农业科学院作物研究所	福建省樱桃番茄产区
2008	甘肃	圣美101	甘认菜2008011	95121×95123	甘肃省农业科学院蔬菜研究所	甘肃省张掖、武威、白银、兰州、天水、平凉塑料大棚及日光温室秋冬茬和早春茬种植
2008	甘肃	霞光	甘认菜2008012	950209×950174	甘肃省农业科学院蔬菜研究所	甘肃省张掖、天水、平凉保护地种植
2008	甘肃	航遗2号	甘认菜2008013	从俄MNP-1后代中系选而成的番茄品种	天水绿鹏农业科技有限公司、中国科学院遗传与发育生物学研究所、中国空间技术研究院	甘肃省成县、泾川、靖远、张掖、酒泉种植
2008	甘肃	红樽1号	甘认菜2008014	XQ121×XQ114	甘肃省敦煌种业种子开发中心	甘肃省嘉峪关、肃州、玉门、白银种植
2008	甘肃	精灵	甘认菜2008015	JQ171×JQ123	甘肃省敦煌种业种子开发中心	甘肃省金塔和肃州露地种植
2008	新疆	新番24	新登加工番茄2008年06号	NF-98-04×HS-98-112	新疆安农种子有限公司	新疆维吾尔自治区加工番茄产区
2008	新疆	新番25	新登加工番茄2008年07号	TF-96-02×TS-98-01	新疆安农种子有限公司	新疆维吾尔自治区加工番茄产区
2008	新疆	新番26	新登加工番茄2008年08号	以MG-8、MG-9为材料经系统选育而成的酱红1号新品系	昌吉市欣德源农业公司	新疆维吾尔自治区加工番茄产区

（续）

年份	鉴定省份	品种名称	编号	品种来源	选育（报审）单位	适宜范围
2008	新疆	新番 27	新登加工番茄 2008 年 09 号	以 FY-2、FY-1 为材料经系统选育而成的酱红 2 号新品系	昌吉市欣德源农业公司	新疆维吾尔自治区加工番茄产区
2008	新疆	新番 28	新登加工番茄 2008 年 10 号	C2001-4×Z2001-15	乌市农垦局种子公司	新疆维吾尔自治区加工番茄产区
2008	新疆	新番 29	新登加工番茄 2008 年 11 号	99-2×99-8	农七师农业科学研究所	新疆维吾尔自治区加工番茄产区
2008	新疆	新番 30	新登加工番茄 2008 年 12 号	20125×99-2	农七师农业科学研究所	新疆维吾尔自治区加工番茄产区
2008	新疆	新番 31	新登加工番茄 2008 年 13 号	MILLENIUM×HYPACK159	新疆石河子蔬菜研究所	新疆维吾尔自治区加工番茄产区
2008	新疆	新番 32	新登加工番茄 2008 年 14 号	系统选育而成的 2001-1 新品系	昌吉回族自治州新世纪农业高新技术开发中心	新疆维吾尔自治区加工番茄产区
2009	山西	长丰	晋审菜（认）2009001	Q162-107×L60-168	山西省农业科学院蔬菜研究所	山西省喜食红果番茄地区
2009	山西	瑞丰	晋审菜（认）2009002	J3-106×Y145-105	山西省农业科学院蔬菜研究所	山西省喜食红果番茄地区
2009	山西	艳粉 3 号	晋审菜（认）2009003	HFFZ202-10×HFFZ202-21	山西强盛种业有限公司	山西省喜食红果番茄地区
2009	内蒙古	倍盈	蒙认菜 2009045 号	由先正达种子公司选育	寿光先正达种子有限公司	内蒙古自治区巴彦淖尔市
2009	内蒙古	益民-18	蒙认菜 2009046 号	T-9-5-6×V-4-7-6	杭锦后旗益民种子有限责任公司	内蒙古自治区巴彦淖尔市
2009	内蒙古	红番 10 号	蒙认菜 2009047 号	F121×F425	付永盛	内蒙古自治区巴彦淖尔市
2009	内蒙古	新品 1 号	蒙认菜 2009048 号	自 01-9×自 MC-91	巴彦淖尔市农家乐种子农药经销部	内蒙古自治区巴彦淖尔市
2009	内蒙古	石番 15	蒙认菜 2009049 号	3071-2-①×E30-3-①	石河子开发区亚心种业有限公司	内蒙古自治区巴彦淖尔市
2009	内蒙古	亚心 8 号	蒙认菜 2009050 号	K604-2-①×3828-7-2-①	石河子开发区亚心种业有限公司	内蒙古自治区巴彦淖尔市
2009	内蒙古	石番 27	蒙认菜 2009051 号	124-1×125-2	石河子开发区亚心种业有限公司	内蒙古自治区巴彦淖尔市
2009	内蒙古	福新 8 号	蒙认菜 2009052 号	F-41×B-12	新疆巴州明晓源农业开发有限公司	内蒙古自治区巴彦淖尔市

（续）

年份	鉴定省份	品种名称	编号	品种来源	选育（报审）单位	适宜范围
2009	内蒙古	福新 706	蒙认菜 2009053 号	MF-15G×QJ-27	新疆巴州明晓源农业开发有限公司	内蒙古自治区巴彦淖尔市
2009	内蒙古	亨红 908	蒙认菜 2009054 号	DF-17×QJ-13	新疆巴州明晓源农业开发有限公司	内蒙古自治区巴彦淖尔市
2009	内蒙古	亨红 1001	蒙认菜 2009055 号	C-105×B-01	新疆巴州明晓源农业开发有限公司	内蒙古自治区巴彦淖尔市
2009	内蒙古	大民 605	蒙认菜 2009056 号	DM6-05×M-903	内蒙古大民种业有限公司	内蒙古自治区兴安盟
2009	内蒙古	时代丰番 5 号	蒙认菜 2009057 号	DM-3×M-901	内蒙古大民种业有限公司	内蒙古自治区兴安盟
2009	辽宁	辽优 1 号	辽备菜［2009］356 号	2006-214-3×2006-208	辽宁省农业科学院蔬菜研究所	辽宁省
2009	辽宁	金冠 11	辽备菜［2009］357 号	08-68×08-29	辽宁省农业科学院蔬菜研究所	辽宁省
2009	辽宁	粉盈	辽备菜［2009］358 号	T115×T126	沈阳市农业科学院	辽宁省
2009	辽宁	红太郎	辽备菜［2009］359 号	T024×T058	沈阳市农业科学院	辽宁省
2009	吉林	吉粉 5 号	吉登菜 2009006	96-111×保 B	吉林省蔬菜花卉科学研究所	吉林省保护地早春及秋延后种植
2009	吉林	吉丹 1 号	吉登菜 2009007	BR139 多代单株选择	吉林省蔬菜花卉科学研究所	吉林省保护地及露地种植
2009	黑龙江	东农 716	黑登记 2009029	05NH06×05HN01	东北农业大学	黑龙江省
2009	黑龙江	东农 715	黑登记 2009030	642×675	东北农业大学	黑龙江省
2009	黑龙江	哈串珠 203	黑登记 2009031	R2344×H2477	哈尔滨市农业科学院	黑龙江省保护地种植
2009	上海	粉精灵	沪农品认蔬果（2009）第 004 号	C07-1-1×K07-2-2	上海孙桥农业技术有限公司	上海市
2009	上海	申粉 V-1	沪农品认蔬果（2009）第 005 号	06-2-4-8-11×Z09A39-3	上海市农业科学院园艺研究所	上海市番茄产区
2009	江苏	金陵红玉	苏鉴番茄 200901	05-S-25×CT9-2-0	江苏省农业科学院蔬菜研究	江苏省大棚、日光温室及早春露地种植

（续）

年份	鉴定省份	品种名称	编号	品种来源	选育（报审）单位	适宜范围
2009	江苏	苏甜 2 号	苏鉴番茄 200902	CT9-2-0×CT9-1-0	江苏省农业科学院蔬菜研究所	江苏早春及冬春保护地种植
2009	江苏	苏粉 9 号	苏鉴番茄 200903	TMXA4840×TM09060	江苏省农业科学院蔬菜研究所	江苏大棚及日光温室种植，也可作早春露地种植
2009	浙江	航杂 3 号	浙（非）审蔬 2009008	HT1-1-3-2-5-3×00-03-19	杭州市农业科学研究院	浙江省
2009	安徽	皖杂 18	皖品鉴登字第 0903006	T0408×T9708	安徽省农业科学院园艺作物研究所	安徽省
2009	安徽	天福 518	皖品鉴登字第 0903007	美国 2034×以色列 1089	安徽福斯特种苗有限公司	安徽省
2009	安徽	皖杂 16	皖品鉴登字第 0903008	T-03-06×T-05-11	安徽省农业科学院园艺作物研究所	安徽省
2009	湖北	华番 2 号	鄂审菜 2009003	TOV-2-11-8-1×ZSF-5	华中农业大学	湖北省
2009	湖北	华番 3 号	鄂审菜 2009004	TOV-1-25-5-2×A101	华中农业大学	湖北省
2009	湖南	株杂 1 号	XPD015-2009	0326×1317	株洲市农业科学研究所	湖南省
2009	广西	红贝贝	桂审蔬 2009003 号	ATW001×AJPN00A2	广西大学、南宁市桂福园农业有限公司	广西壮族自治区
2009	广西	粉贝贝	桂审蔬 2009004 号	TWF2002×NEF2002T	广西大学、南宁市桂福园农业有限公司	广西壮族自治区
2009	广西	番茄 0626	桂审蔬 2009005 号	ENDH2001×JPNDH0A002	广西大学、南宁市桂福园农业有限公司	广西壮族自治区
2009	四川	川科 5 号	川审蔬 2009 011	A×B	四川省农业科学院经济作物育种栽培研究所	四川省
2009	四川	川科 6 号	川审蔬 2009 012	A×B	四川省农业科学院经济作物育种栽培研究所	四川省
2009	重庆	渝抗 10 号	渝品审鉴 2009001	F9803×716	重庆市农业科学院	重庆市茄果类蔬菜产区

（续）

年份	鉴定省份	品种名称	编号	品种来源	选育（报审）单位	适宜范围
2009	陕西	粉珠 3 号	陕蔬登字 2009019 号	CLN5915-10×T98-5	西北农林科技大学园艺学院	陕西省大棚、温室和露地栽培
2009	陕西	红珠 1 号	陕蔬登字 2009020 号	CL143-15×CH224-9	西北农林科技大学园艺学院	陕西省大、中、小棚和露地
2009	陕西	秦丰红魁	陕蔬登字 2009021 号	B233×H986	陕西省种业集团有限公司	陕西省关中地区保护地或早春露地栽培
2009	陕西	秦丰粉冠	陕蔬登字 2009022 号	131×908-1	陕西省种业集团有限公司	陕西省关中地区保护地栽培，特别适于早春及秋延后日光温室、大棚栽培
2009	陕西	金棚 1 号	陕蔬登字 2009023 号	（97-5×U96）×9708B	西安皇冠蔬菜研究所	陕西省各地喜食粉果番茄地区
2009	陕西	西优 5 号	陕蔬登字 2009024 号	95-10-3×96-33-7	西安市番茄研究所	陕西省关中地区
2009	陕西	西优 15	陕蔬登字 2009025 号	95-21-2×96-228-5	西安市番茄研究所	陕西省关中地区
2009	陕西	如意	陕蔬登字 2009026 号	96-25-1×96-189-2	西安市番茄研究所	陕西省关中地区
2009	陕西	西农 205	陕蔬登字 2009027 号	B3×B21	西北农林科技大学	陕西省日光温室长季节栽培，亦可露地栽培
2009	甘肃	大漠骄子 1 号	甘认菜 2009006	米 16-1×041	甘肃三鑫农林科技有限公司	甘肃省肃州、甘州、高台、临泽和永登灌区
2009	新疆	新番 33	新登加工番茄 2009 年 12 号	444-1-①×5456-7-①	石河子市亚心种业有限公司	新疆维吾尔自治区加工番茄产区
2009	新疆	新番 34	新登加工番茄 2009 年 13 号	K604-2-①×3828-7-2-①	石河子市亚心种业有限公司	新疆维吾尔自治区加工番茄产区
2009	新疆	新番 35	新登加工番茄 2009 年 14 号	3071-2-①×E30-3-①	石河子市亚心种业有限公司	新疆维吾尔自治区加工番茄产区
2009	新疆	新番 36	新登加工番茄 2009 年 22 号	H9940×201	新疆农业科学院园艺作物研究所	新疆维吾尔自治区加工番茄产区
2010	山西	中杂 15	晋审菜（认）2010006	05g-234×05g-263	中国农业科学院蔬菜花卉研究所	山西省早春温室种植

（续）

年份	鉴定省份	品种名称	编号	品种来源	选育（报审）单位	适宜范围
2010	山西	矮红宝	晋审菜（认）2010007	W04-78×H03-12	山西省农业科学院蔬菜研究所	山西省喜食红果番茄地区
2010	内蒙古	印帝安	蒙认菜 2010002 号	该公司从其总部西班牙西方种业公司引入的番茄新品种	北京西方绿苑国际种业公司	内蒙古自治区赤峰市
2010	辽宁	辽优 2 号	辽备菜［2010］381 号	2006-214-3×2006-206	辽宁省农业科学院蔬菜研究所	辽宁省
2010	辽宁	红岩	辽备菜［2010］382 号	R156×R110	沈阳市农业科学院	辽宁省
2010	辽宁	金冠 9 号	辽备菜［2010］378 号	08B12×08B89	辽宁省农业科学院蔬菜研究所	辽宁省
2010	辽宁	金冠 10 号	辽备菜［2010］379 号	08-29×08-85	辽宁省农业科学院蔬菜研究所	辽宁省
2010	辽宁	辽粉 1 号	辽备菜［2010］380 号	02-55×06-278	辽宁省农业科学院蔬菜研究所	辽宁省
2010	上海	小金玉	沪农品认蔬果 2010 第 004 号	Microtom×1796 后代中系统选育	上海市农业科学院园艺研究所、上海星辉蔬菜有限公司、上海科园种子有限公司	上海市
2010	上海	红玉	沪农品认蔬果 2010 第 005 号	Microtom×1702 后代中系统选育	上海市农业科学院园艺研究所、上海星辉蔬菜有限公司、上海科园种子有限公司	上海市
2010	上海	交杂 4 号	沪农品认蔬果 2010 第 006 号	JM164×FL1823	上海交通大学农业与生物学院	上海市
2010	上海	黑珍珠	沪农品认蔬果 2010 第 007 号	TSBO×A2	上海惠和种业有限公司	上海市
2010	安徽	皖红 8 号	皖品鉴登字第 1003009	T0507×T0506	安徽省农业科学院园艺作物研究所	安徽省
2010	安徽	皖粉 9 号	皖品鉴登字第 1003010	T-05-08×T-05-06	安徽省农业科学院园艺作物研究所	安徽省
2010	安徽	凤粉 1 号	皖品鉴登字第 1003011	M4-3036-1×MF-3135-2	安徽省农业科学院园艺作物研究所	安徽省
2010	福建	拉比	闽认菜 2010014	从以色列泽文（Zeraim Gedera）种子公司引进	福建省农业科学院作物研究所、莆田市华林蔬菜基地有限公司	福建省

（续）

年份	鉴定省份	品种名称	编号	品种来源	选育（报审）单位	适宜范围
2010	山东	粉丽莎	鲁农审 2010060 号	SF98-01×SF02-12	寿光市新世纪种苗有限公司	山东省日光温室或大棚早春种植
2010	山东	亿家 206	鲁农审 2010059 号	05032×06003	潍坊市亿家丰番茄种业公司	山东省日光温室或大棚早春种植
2010	河南	洛番 9 号	豫品鉴菜 2010008	981×982	洛阳市农业科学研究院	河南省各地春保护地和露地种植
2010	河南	洛番 10 号	豫品鉴菜 2010009	985×986	洛阳市农业科学研究院	河南省各地春保护地和露地种植
2010	河南	郑番 06-10	豫品鉴菜 2010010	04 商引-1×05 早粉	郑州市蔬菜研究所	河南省各地春保护地和露地种植
2010	广西	钢玉 1 号	桂审蔬 2010005 号	GS619-54×ZX1-53	广西玉林市农业科学研究所	广西壮族自治区玉林市、南宁市
2010	广西	农科 6 号	桂审蔬 2010006 号	ZX318-56×AL52	广西玉林市农业科学研究所	广西壮族自治区玉林市、南宁市
2010	广西	桂茄砧 1 号	桂审蔬 2010009 号	04×广西 3 号	广西农业科学院蔬菜研究所	广西壮族自治区嫁接番茄地区，用作番茄砧木
2010	广西	桂茄砧 2 号	桂审蔬 2010010 号	11×03	广西农业科学院蔬菜研究所	广西壮族自治区嫁接番茄地区，用作番茄砧木
2010	陕西	西农 206	陕蔬登字 2010004 号	B7×B23	西北农林科技大学园艺学院	陕西省保护地越冬及早春栽培，亦可露地栽培
2010	陕西	西农 207	陕蔬登字 2010005 号	B5×B10	西北农林科技大学园艺学院	陕西省保护地、秋延迟、越冬栽培，亦可露地栽培
2010	陕西	金鹏 M6	陕蔬登字 2010006 号	M6×13B	西安金鹏种苗有限公司、西北农林科技大学园艺学院	陕西省日光温室、大棚及同类种植条件下春提早、越冬一大茬栽培

（续）

年份	鉴定省份	品种名称	编号	品种来源	选育（报审）单位	适宜范围
2010	甘肃	敦番 209	甘认菜 2010006	YM2003×YMF-2003	甘肃省敦煌种业股份有限公司玉门市种子公司	甘肃省酒泉、张掖市
2010	甘肃	宇航 3 号	甘认菜 2010007	0403-2-2-H1-H×0406-4-1-H1-H	天水绿鹏农业科技有限公司	甘肃省天水、成县、崆峒、临洮、张掖
2010	甘肃	陇红杂 1 号	甘认菜 2010008	991719×991478	甘肃省农业科学院蔬菜研究所	甘肃省河西加工番茄主产区
2010	甘肃	陇红杂 2 号	甘认菜 2010009	991216×991735	甘肃省农业科学院蔬菜研究所	甘肃省河西加工番茄主产区
2010	新疆	天山克兹丽	新登鲜食番茄 2010 年 13 号	C2004-6×Z2002-11	乌鲁木齐市农垦局种子公司	新疆维吾尔自治区
2010	新疆	天山肖胡拉	新登鲜食番茄 2010 年 14 号	C2003-16×Z2002-9	乌鲁木齐市农垦局种子公司	新疆维吾尔自治区
2010	新疆	农番 2 号	新登加工番茄 2010 年 15 号	20040805×JW9	石河子大学农学院园艺系	新疆维吾尔自治区加工番茄产区
2010	新疆	新番 37	新登加工番茄 2010 年 05 号	TD-04-1-1×TD-08-06-2	新疆石河子蔬菜研究所	新疆维吾尔自治区加工番茄产区
2010	新疆	新番 38	新登加工番茄 2010 年 06 号	TYD112-3-03×USH-03-1	新疆石河子蔬菜研究所	新疆维吾尔自治区加工番茄产区
2010	新疆	新番 39	新登加工番茄 2010 年 07 号	PT-137×PT-25	新疆农业科学院园艺作物研究所	新疆维吾尔自治区加工番茄产区
2010	新疆	新番 40	新登加工番茄 2010 年 08 号	PT-117×PT-25	新疆农业科学院园艺作物研究所	新疆维吾尔自治区加工番茄产区
2010	新疆	新番 41	新登加工番茄 2010 年 09 号	AT-89×AT-26	新疆农业科学院园艺作物研究所	新疆维吾尔自治区加工番茄产区
2010	新疆	新番 42	新登加工番茄 2010 年 10 号	160 个引进品种中筛选出表现突出的品系 HQ-2	昌吉回族自治州新世纪农业高新技术开发中心	新疆维吾尔自治区加工番茄产区
2010	新疆	新番 43	新登加工番茄 2010 年 11 号	Kc81-353-1-1-2-1-2-2 × Kc95-175-1-12-2-1-2-2	新疆统一企业食品有限公司	新疆维吾尔自治区加工番茄产区

（续）

年份	鉴定省份	品种名称	编号	品种来源	选育（报审）单位	适宜范围
2010	新疆	新番 44	新登加工番茄 2010 年 12 号	从国外引进改良的加工番茄新品种	新疆昌农种业有限责任公司	新疆维吾尔自治区加工番茄产区
2011	天津	津杂 206	津登番茄 2011001	Ta-BD×RomaVFP	天津市农业生物技术研究中心	天津市早春保护地栽培
2011	天津	津红 208	津登番茄 2011002	（里格尔 87-5×LA3004）×里格尔 87-5	天津市农业生物技术研究中心	天津市露地栽培
2011	山西	中杂 16	晋审菜（认）2011001	05g-289×05g-275	中国农业科学院蔬菜花卉研究所	山西省日光温室早春茬种植
2011	山西	曙光	晋审菜（认）2011002	P-5-3-1-1×Q-1	山西晋黎来种业有限公司	山西省早春露地种植
2011	山西	晋番茄 7 号	晋审菜（认）2011003	Y43-32×G38-18	山西省农业科学院蔬菜研究所	山西省早春露地种植
2011	内蒙古	巴番 1 号	蒙认菜 2011001 号	F01×F09	巴彦淖尔市农牧业科学研究院	内蒙古自治区巴彦淖尔市
2011	辽宁	斗牛士 P3	辽备菜［2011］413 号	06-199×06-159	沈阳爱绿士种业有限公司	辽宁省
2011	辽宁	迪福	辽备菜［2011］414 号	08-11×08-202	沈阳爱绿士种业有限公司	辽宁省
2011	辽宁	恺撒 158	辽备菜［2011］415 号	07-38×07-109	沈阳爱绿士种业有限公司	辽宁省
2011	辽宁	奥特优	辽备菜［2011］416 号	T08-13×TK-0847	海城市三星生态农业有限公司	辽宁省
2011	辽宁	粉钻	辽备菜［2011］417 号	J-08-78×J-07-53	海城市三星生态农业有限公司	辽宁省
2011	辽宁	辽红 7 号	辽备菜［2011］418 号	2006-571-17×2006-206	辽宁省农业科学院蔬菜研究所	辽宁省
2011	黑龙江	东农 717	黑登记 2011032	05HN12×05HN11	东北农业大学	黑龙江省
2011	黑龙江	东农 718	黑登记 2011033	05HN06×05HN04	东北农业大学	黑龙江省
2011	上海	浦红 109	沪农品认蔬果 2011 第 009 号	A10-175×B10-10	上海市农业科学院园艺研究所、上海市设施园艺技术重点实验室、上海科园种子有限公司	上海市
2011	上海	沪樱 T-1	沪农品认蔬果 2011 第 010 号	1708×Z07A13-6	上海市农业科学院园艺研究所、上海市设施园艺技术重点实验室、上海科园种子有限公司	上海市

（续）

年份	鉴定省份	品种名称	编号	品种来源	选育（报审）单位	适宜范围
2011	上海	交杂3号	沪农品认蔬果2011第011号	M4×交农2号	上海交通大学农业与生物学院	上海市
2011	上海	种都粉倍	沪农品认蔬果2011第012号	FP22×07EQ-3-4	上海种都种业科技有限公司	上海市
2011	浙江	浙杂301	浙（非）审蔬2011005	5678161-1-1-2-2×07-018	浙江省农业科学院蔬菜研究所	浙江省春季或秋季大棚或露地种植
2011	浙江	浙粉702	浙（非）审蔬2011006	7969F2-19-1-1-3×4078F2-3-3-3	浙江省农业科学院蔬菜研究所	浙江省喜食粉果地区
2011	安徽	新贵族	皖品鉴登字第1103009	FST2006011×FST2006010	安徽福斯特种苗有限公司	安徽省
2011	安徽	红珍珠	皖品鉴登字第1103010	ST-04-01×ST-05-11	安徽省农业科学院园艺作物研究所	安徽省
2011	福建	红艳艳1号	闽认菜2011022	CHT07×CHT81	泉州市农业科学研究所	福建省
2011	山东	天正粉秀	鲁农审2011029号	BG-19×QG-7	山东省农业科学院蔬菜研究所	山东省日光温室或大棚早春种植
2011	山东	亿家世佳	鲁农审2011028号	05032×06003	潍坊市亿家丰番茄种业公司、青岛农业大学	山东省日光温室或大棚早春种植
2011	山东	西星西红1号	鲁农审2011027号	X29×X157	山东登海种业股份有限公司西由种子分公司	山东省日光温室或大棚早春种植
2011	山东	烟番9号	鲁农审2011026号	XM-9×EL-13	烟台市农业科学研究院	山东省日光温室或大棚早春种植
2011	湖南	小可爱	XPD005-2011	A58-5-12-3×B49-5-3-1	湖南省蔬菜研究所	湖南省
2011	广东	益丰2号	粤审菜2011012	G-8×G-4	广州市农业科学研究院	广东省春、秋季种植
2011	广西	福贵6号	桂审蔬2011002号	TA-3-3-1-1×TB-3-1-1-1	广西大学、南宁科农种苗有限责任公司	广西壮族自治区桂林市和南宁市
2011	广西	金玲珑	（桂）登（蔬）2011010号	T-3281×T-3280	农友种苗（中国）有限公司	广西壮族自治区百色、南宁、崇左、钦州、北海、防城港

（续）

年份	鉴定省份	品种名称	编号	品种来源	选育（报审）单位	适宜范围
2011	广西	丽红	(桂)登(蔬)2011011 号	T-3279×T-3278	农友种苗（中国）有限公司	广西壮族自治区百色、南宁、崇左、钦州、北海、防城港
2011	广西	千禧	(桂)登(蔬)2011012 号	2155-1413×1528-172	农友种苗（中国）有限公司	广西壮族自治区百色、南宁、崇左、钦州、北海、防城港
2011	广西	皇钻	(桂)登(蔬)2011013 号	T-3281×T-3286	农友种苗（中国）有限公司	广西壮族自治区百色、南宁、崇左、钦州、北海、防城港
2011	重庆	渝粉 107	渝品审鉴 2011005	877A×739A	重庆市农业科学院蔬菜花卉研究所	重庆市喜食粉果地区
2011	陕西	西农 2011	陕蔬登字 2011002 号	R015×R019	西北农林科技大学园艺学院	适于陕西省设施秋延、越冬以及早春种植，亦可露地种植
2011	陕西	西优粉提 1 号	陕蔬登字 2011003 号	9795-2×56-5	西安市番茄研究所	陕西省设施番茄产区
2011	陕西	西优粉提 2 号	陕蔬登字 2011004 号	9785-16×108-22	西安市番茄研究所	陕西省设施番茄产区
2011	甘肃	宇航 4 号	甘认菜 2011011	0403-3-4-H1-H×0406-2-3-H1-H	甘肃省航天育种工程技术研究中心	甘肃省天水、成县、庆城、靖远、张掖等地
2011	青海	大民 601	青审菜 2011003	从内蒙古大民种业有限公司引进	西宁市蔬菜研究所	青海省温棚内种植
2012	山西	晋番茄 8 号	晋审菜（认）2012001	M55-26×H157-12	山西省农业科学院蔬菜研究所	山西省春露地种植
2012	山西	艳红 101	晋审菜（认）2012002	HFFZ201-12×HFFZ201-23	山西强盛种业有限公司	山西省春露地种植
2012	内蒙古	金野 1 号	蒙认菜 2012001 号	M708×Z-73	苗玉良、毛浩量、刘吉妍	内蒙古自治区巴彦淖尔市
2012	内蒙古	天骄 805	蒙认菜 2012002 号	V750×SP-019	呼和浩特市广禾农业科技有限公司	内蒙古自治区赤峰市、呼和浩特市、包头市、巴彦淖尔市
2012	内蒙古	天骄 810	蒙认菜 2012003 号	BP-831×AP-11	呼和浩特市广禾农业科技有限公司	内蒙古自治区赤峰市、呼和浩特市、包头市、巴彦淖尔市
2012	辽宁	金冠 12	辽备菜［2012］441 号	06-199×06-159	辽宁省农业科学院	辽宁省
2012	辽宁	天宝	辽备菜［2012］442 号	09-115-28×09-226	沈阳谷雨种业有限公司	辽宁省
2012	辽宁	元鸿粉旺	辽备菜［2012］443 号	PTM10038×PTM10159	海城市三星生态农业有限公司	辽宁省

（续）

年份	鉴定省份	品种名称	编号	品种来源	选育（报审）单位	适宜范围
2012	辽宁	红凯瑞	辽备菜［2012］444 号	08-134-24×08-313	沈阳谷雨种业有限公司	辽宁省
2012	辽宁	霞光	辽备菜［2012］445 号	RTM10016×RTM10057	海城市三星生态农业有限公司	辽宁省
2012	辽宁	辽红 8 号	辽备菜［2012］446 号	06-571-17×06-214-3	辽宁省农业科学院园艺分院	辽宁省
2012	辽宁	金易丽桃	辽备菜［2012］447 号	2009-22A×2009-26C	大连鸿利种子科技发展有限公司	辽宁省
2012	辽宁	格雷斯	辽备菜［2012］448 号	RCT1017×RCTW1022	海城市三星生态农业有限公司	辽宁省
2012	辽宁	金剑	辽备菜［2012］449 号	YCT1002×YCT1018	海城市三星生态农业有限公司	辽宁省
2012	黑龙江	东农 719	黑登记 2012033	051394×051162	东北农业大学	黑龙江省
2012	黑龙江	东农 720	黑登记 2012034	08545×08114	东北农业大学	黑龙江省保护地栽培
2012	黑龙江	东农 721	黑登记 2012035	05HN10×05HN17	东北农业大学	黑龙江省
2012	上海	交杂 5 号	沪农品认蔬果 2012 第 003 号	RT182×FL20522	上海交通大学农业与生物学院	上海市
2012	上海	交杂 6 号	沪农品认蔬果 2012 第 004 号	M7×交农 2 号	上海交通大学农业与生物学院	上海市
2012	上海	浦粉 102	沪农品认蔬果 2012 第 005 号	J-2-2-1-1×1-4-5-4	上海富农种业有限公司	上海市
2012	上海	浦粉 1 号	沪农品认蔬果 2012 第 006 号	2-5-5×98-1-1-3	上海富农种业有限公司	上海市
2012	上海	迪抗	沪农品认蔬果 2012 第 007 号	1-47-4-3-2-1×2-2-1-3-1-4	上海种都种业科技有限公司	上海市
2012	江苏	苏红 9 号	苏鉴番茄 201201	TM-18×TM-21	江苏省农业科学院蔬菜研究所	江苏省大棚、日光温室栽培及露地栽培
2012	浙江	浙杂 502	浙（非）审蔬 2012002	T05-123 F2-1-1-1-1×T07-040F_2-3-82-1-2	浙江省农业科学院蔬菜研究所	浙江省
2012	浙江	瓯秀 806	浙（非）审蔬 2012003	711-2-35-19-3-5-1×720-9-1-6-5-4-3	温州市农业科学研究院蔬菜研究所	浙江省

（续）

年份	鉴定省份	品种名称	编号	品种来源	选育（报审）单位	适宜范围
2012	浙江	钱塘旭日	浙（非）审蔬 2012004	B1-13-4-13-16-5-8 × T6-1-9-12-8-13-6	浙江勿忘农种业股份有限公司、浙江勿忘农种业科学研究院有限公司	浙江省
2012	湖南	红石串	XPD001-2012	04-1-6-3-5-7-9×Fl2-2-16-2	湖南省蔬菜研究所	湖南省
2012	湖南	湘粉 1 号	XPD002-2012	F06-13×05-24-3	湖南省蔬菜研究所	湖南省
2012	广东	金石番茄	粤审菜 2012007	金 49×石 531	广州华南农业大学科技实业发展有限公司	广东省春、秋季种植
2012	广西	金满堂	桂审蔬 2012004 号	JPN-Y4-05×HOL-Y23-06	广西大学、南宁市蔬菜研究所	广西壮族自治区桂南
2012	广西	满堂红	桂审蔬 2012005 号	JPN-R20-06×HOL-R11-07	广西大学、南宁市蔬菜研究所	广西壮族自治区桂南
2012	广西	番砧 1 号	桂审蔬 2012006 号	JPN-L06-Q-C004×GXU-T07-F-C008	广西大学、南宁市桂福园农业有限公司	广西壮族自治区嫁接番茄地区种植，用作番茄砧木
2012	广西	番砧 2 号	桂审蔬 2012007 号	JPN-07-Q-C007×GXU-T01-Q-C010	广西大学、南宁市桂福园农业有限公司	广西壮族自治区嫁接番茄地区种植，用作番茄砧木
2012	陕西	红丰	陕蔬登字 2012001 号	Mv01-1-12×Hst01-2-18	西安市农业科学研究所（西安市农业技术推广中心）	陕西省早春保护地一大茬种植和早春种植
2012	甘肃	陇番 10 号	甘认菜 2012007	2178×2267	甘肃省农业科学院蔬菜研究所	甘肃省张掖、武威、兰州、天水、平凉设施种植
2012	甘肃	劳斯特	甘认菜 2012008	从山东金种子农业发展有限公司引进	武威市百利种苗有限公司	甘肃省凉州区早春、早秋、秋冬日光温室种植
2012	甘肃	宇航 5 号	甘认菜 2012009	0428-3-4-H1-H×0439-2-3-H2-H	天水神舟绿鹏农业科技有限公司	甘肃省天水、徽县、平凉、兰州、张掖
2012	甘肃	宇航 6 号	甘认菜 2012010	0423-3-2-H1-H×0424-2-4-H1-H	天水神舟绿鹏农业科技有限公司	甘肃省天水、兰州、靖远、张掖、庆阳
2012	新疆	新番 50	新登鲜食番茄 2012 年 06 号	XJ-19×XJ-73	新疆农业科学院园艺研究所	新疆维吾尔自治区

（续）

年份	鉴定省份	品种名称	编号	品种来源	选育（报审）单位	适宜范围
2012	新疆	新番 51	新登樱桃番茄 2012 年 07 号	T06-11×T06-24	乌鲁木齐市农垦局种子公司	新疆维吾尔自治区
2012	新疆	新番 52	新登樱桃番茄 2012 年 08 号	T05-21×T05-36	乌鲁木齐市农垦局种子公司	新疆维吾尔自治区
2012	新疆	新番 53	新登樱桃番茄 2012 年 09 号	T06-23×T06-44	乌鲁木齐市农垦局种子公司	新疆维吾尔自治区
2012	新疆	新番 45	新登加工番茄 2012 年 01 号	H8074×H9308	新疆农业科学院园艺研究所	新疆维吾尔自治区加工番茄产区
2012	新疆	新番 46	新登加工番茄 2012 年 02 号	博湖县加工番茄生产田中株选，为 AS9080 后代	巴州农业科学研究所	新疆维吾尔自治区加工番茄产区
2012	新疆	新番 47	新登加工番茄 2012 年 03 号	M04-1×GS05-2	新疆农垦科学院	新疆维吾尔自治区加工番茄产区
2012	新疆	新番 48	新登加工番茄 2012 年 04 号	WY08-3-1-1×55C06-5	新疆石河子蔬菜研究所	新疆维吾尔自治区加工番茄产区
2012	新疆	新番 49	新登加工番茄 2012 年 05 号	TD-3-3×TD-4-1	新疆石河子蔬菜研究所	新疆维吾尔自治区加工番茄产区
2013	北京	仙客 8 号	京品鉴菜 2013023	CP-308×CP-358	北京京研益农科技发展中心、北京市农林科学院蔬菜研究中心	北京市
2013	山西	晋番茄 9 号	晋审菜（认）2013001	Y160-21×D4-63	山西省农业科学院蔬菜研究所	山西省温室或大棚春提早种植
2013	山西	红冠 4 号	晋审菜（认）2013002	903-1A1×欧系 12-6	山西益丰种业有限公司	山西省春季露地种植
2013	辽宁	金冠 13	辽备菜［2013］001 号	11-413×11-469	辽宁省农业科学院蔬菜研究所	辽宁省
2013	辽宁	北研 489	辽备菜［2013］002 号	11B-207-18-26×11B-233-1	抚顺市北方农业科学研究所	辽宁省
2013	辽宁	美琳达	辽备菜［2013］003 号	PTM10236×PTM10K33	海城市三星生态农业有限公司	辽宁省
2013	辽宁	沈粉 101	辽备菜［2013］004 号	P028×P109	沈阳市农业科学院	辽宁省

（续）

年份	鉴定省份	品种名称	编号	品种来源	选育（报审）单位	适宜范围
2013	辽宁	安娜	辽备菜［2013］005 号	PTM10184×PTM10K64	海城市三星生态农业有限公司	辽宁省
2013	辽宁	北研 390	辽备菜［2013］006 号	10B-220-2-14×12F24	抚顺市北方农业科学研究所	辽宁省
2013	辽宁	金冠 14	辽备菜［2013］007 号	11-437×11-504	辽宁省农业科学院院蔬菜研究所	辽宁省
2013	辽宁	北研 475	辽备菜［2013］008 号	10B-F23-3-1-13×10B-259	抚顺市北方农业科学研究所	辽宁省
2013	辽宁	辽红 9 号	辽备菜［2013］009 号	2006-214-3×2010-432	辽宁省农业科学院院蔬菜研究所	辽宁省
2013	辽宁	红兴	辽备菜［2013］010 号	PTM10068×PTM10074	海城市三星生态农业有限公司	辽宁省
2013	辽宁	富莱尼	辽备菜［2013］011 号	PCT1044×PCTW1093	海城市三星生态农业有限公司	辽宁省
2013	吉林	吉穗红 1 号	吉登菜 2013007	从引进的国外杂交种分离后代中选育	吉林省蔬菜花卉科学研究院	吉林省各地保护地及秋延后种植
2013	黑龙江	哈娇	黑登记 2013040	5-121212×8-322311	哈尔滨市农业科学院	黑龙江省保护地种植
2013	黑龙江	东农 723	黑登记 2013041	9811×09817	东北农业大学	黑龙江省保护地种植
2013	黑龙江	东农 722	黑登记 2013042	08HN11×08HN23	东北农业大学	黑龙江省保护地种植
2013	上海	闵粉 1 号	沪农品认蔬果 2013 第 003 号	4-15-3-3-1×5-10-3-2-6	上海市闵行区农业技术服务中心	上海市
2013	上海	沪樱 6 号	沪农品认蔬果 2013 第 004 号	S12-620×365	上海市农业科学院园艺研究所、上海科园种子有限公司、上海市设施园艺技术重点实验室	上海市
2013	上海	浦红 11	沪农品认蔬果 2013 第 005 号	S12-614×2815	上海市农业科学院园艺研究所、上海科园种子有限公司、上海市设施园艺技术重点实验室	上海市
2013	上海	申粉 V-2	沪农品认蔬果 2013 第 006 号	S12-605×161	上海市农业科学院园艺研究所、上海科园种子有限公司、上海市设施园艺技术重点实验室	上海市
2013	上海	圣婴	沪农品认蔬果 2013 第 007 号	22-2-3-2-4-1×M10-2	上海种都种业科技有限公司	上海市

（续）

年份	鉴定省份	品种名称	编号	品种来源	选育（报审）单位	适宜范围
2013	上海	迪维斯	沪农品认蔬果 2013 第 008 号	1-48-7-3-4-2×6-2-2-5-4-1	上海种都种业科技有限公司	上海市
2013	浙江	杭杂 5 号	浙（非）审蔬 2013006	0598-3-2-1-2-1-1-1-1×0615-1-3-1-2-1-1-1-1	杭州市农业科学研究院	浙江省
2013	浙江	海纳 178	浙（非）审蔬 2013007	K-1-4-5-1-3×H-5-1-4-2-2	浙江之豇种业有限责任公司	浙江省
2013	浙江	钱塘红宝	浙（非）审蔬 2013008	S57-48-1-15-6-7-6-22×B1-13-4-13-16-5-8	浙江勿忘农种业股份有限公司、浙江勿忘农种业科学研究院有限公司	浙江省
2013	福建	倍盈	闽认菜 2013007	从寿光先正达种子有限公司引进	福州市蔬菜科学研究所	福建省福州市以南平原地区设施越冬种植
2013	山东	寿研番茄 1 号	鲁农审 2013039 号	RTy39×355-11	山东省蔬菜工程技术研究中心、寿光市瑞丰种业有限公司、山东寿光泽农种业有限公司	山东省日光温室或大棚早春种植
2013	山东	烟红 103	鲁农审 2013038 号	819-9×821-13	烟台市农业科学研究院	山东省日光温室或大棚早春种植
2013	山东	青农 866	鲁农审 2013037 号	P10×P24	青岛农业大学	山东省日光温室或大棚早春种植
2013	山东	灵感	鲁农审 2013036 号	99B-68×01A-76	山东金种子农业发展有限公司	山东省日光温室或大棚早春种植
2013	湖北	华番 11	鄂审菜 2013005	东农 709F2-3-6-2-2-5×（齐达利 F_2）70F2-2-1-2-2-6-混-混	华中农业大学	湖北省
2013	广东	益丰 5 号	粤审菜 2013001	东方红 g-9×石头 Stnf-4	广州市农业科学研究院	广东省春、秋季种植
2013	广东	先丰	粤审菜 2013002	南选 CR-088×南选 CT-022	广州南蔬农业科技有限公司	广东省春、秋季种植
2013	广东	红江南	粤审菜 2013003	南蔬 DJ-055×南蔬 TV-058	广州南蔬农业科技有限公司	广东省春、秋季种植
2013	重庆	红运 721	渝品审鉴 2013007	1002A×LQH	重庆市农业科学院	重庆市

（续）

年份	鉴定省份	品种名称	编号	品种来源	选育（报审）单位	适宜范围
2013	陕西	西农 183	陕蔬登字 2013002 号	CT10×T99-5	西北农林科技大学园艺学院、陕西长天种业有限公司	陕西省设施秋延迟、越冬以及早春种植，亦可露地种植
2013	陕西	长丰 5 号	陕蔬登字 2013003 号	R021×R017	西北农林科技大学园艺学院、陕西长天种业有限公司	陕西省设施秋延迟、越冬以及早春种植，亦可露地种植
2013	陕西	金棚 8 号	陕蔬登字 2013004 号	A5N1×L415	西安金鹏种苗有限公司、陕西金棚种业有限公司、华中农业大学园艺园林学院	陕西省日光温室秋延后及春季露地或保护地种植，亦可在山区晚夏和冷凉地区大棚或露地种植
2013	甘肃	宇航 7 号	甘认菜 2013006	用卫星搭载的自交系番茄 16 变异单株选育而成	神舟天辰科技实业有限公司	甘肃省天水、白银、张掖、庆阳、陇南保护地种植
2013	甘肃	宇航 8 号	甘认菜 2013007	用卫星搭载的自交系番茄 13 变异单株选育而成	神舟天辰科技实业有限公司	甘肃省天水、白银、兰州、武威、西和、崆峒、庆城等市县保护地种植
2013	甘肃	丰收	甘认菜 2013008	从山东金种子农业发展有限公司引进	武威市百利种苗有限公司	甘肃省武威、张掖等市保护地种植
2013	甘肃	迪芬尼	甘认菜 2013009	从寿光先正达种子有限公司引进	武威天马高新农业科技有限责任公司第二经营部	甘肃省武威市保护地种植
2013	甘肃	贝佳	甘认菜 2013010	从寿光先正达种子有限公司引进	武威天马高新农业科技有限责任公司第二经营部	甘肃省武威市保护地种植
2013	甘肃	奥盾	甘认菜 2013011	NS-96×TE97-02	酒泉凯地农业科技开发有限公司	甘肃省酒泉、张掖、武威种植
2013	新疆	新番 54	新登加工番茄 2013 年 09 号	TD55C06-2-1-1×TJ3158	新疆石河子蔬菜研究所	新疆维吾尔自治区加工番茄产区
2013	新疆	新番 55	新登加工番茄 2013 年 10 号	焉耆垦区 22 团里格尔 87-5 良种田单株株选，搭载“神七”航天诱变	农二师农业技术推广站	新疆维吾尔自治区加工番茄产区
2013	新疆	新番 57	新登加工番茄 2013 年 12 号	K6042×3071-7	石河子开发区新番种业有限公司	新疆维吾尔自治区加工番茄产区

（续）

年份	鉴定省份	品种名称	编号	品种来源	选育（报审）单位	适宜范围
2013	新疆	新番 58	新登加工番茄 2013 年 13 号	07-21×2505	石河子开发区新番种业有限公司	新疆维吾尔自治区加工番茄产区
◆ 辣　椒						
2004	山西	原椒 6 号	晋审菜（认）2004002	99-25×99-60	原平市蔬菜种子公司	山西省
2004	山西	三盛 035	晋审菜（认）2004003	P-16×P-3	山西三盛园艺有限公司	山西省
2004	山西	三盛 104	晋审菜（认）2004004	9734×P44	山西三盛园艺有限公司	山西省
2004	内蒙古	赤研 2 号	蒙认椒 2004001 号	赤 018×赤 9375	赤峰市农业科学研究所	内蒙古自治区露地或大棚春提早种植
2004	辽宁	辽椒 12	辽备菜［2004］193 号	自交系 LG×优良株系牛角椒	辽宁省农业科学院园艺研究所	辽宁省露地和温室栽培
2004	辽宁	辽椒 13	辽备菜［2004］194 号	W21×太空椒	辽宁省农业科学院园艺研究所	辽宁省
2004	辽宁	朝研 14	辽备菜［2004］195 号	00-189×Y11	朝阳市蔬菜研究所	辽宁省
2004	辽宁	朝研 17	辽备菜［2004］196 号	Y15×00-031	朝阳市蔬菜研究所	辽宁省
2004	辽宁	沈研 11	辽备菜［2004］197 号	AB07×98-06-1-2-6	沈阳市农业科学院	辽宁省
2004	辽宁	万清棚椒王	辽备菜［2004］198 号	ST-0126×ST-0138	沈阳市万清种子有限公司	辽宁省早春保护地栽培
2004	辽宁	丹椒 4 号	辽备菜［2004］199 号	自选系 CP9×CP10	丹东农业科学院园艺研究所	辽宁省保护地和露地栽培
2004	辽宁	铁椒 3 号	辽备菜［2004］200 号	铁椒 1 号×自选自交系 30	铁岭市农业科学院	辽宁省早春保护地栽培
2004	吉林	吉椒 8 号	吉审菜 2004001	H-60×H-209	吉林省蔬菜花卉研究所	吉林省露地栽培
2004	吉林	龙渊红	吉审菜 2004002	地方品种变异株	和龙市科学技术情报研究所	吉林省延边、通化地区
2004	江苏	种都 6 号	苏审椒 200401	W143-9×T-1-4	四川种都种业有限公司	江苏省
2004	江西	亮椒 3 号	赣审辣椒 2004001	B923×A751	江西华农种业有限公司	江西省
2004	江西	亮椒 9 号	赣审辣椒 2004002	B952×A543	江西华农种业有限公司	江西省
2004	江西	绿将军 9 号	赣审辣椒 2004003	九江牛角椒尖椒系×吉林大牛角尖椒	江西裕丰种业有限公司	江西省
2004	江西	春研 1 号	赣审辣椒 2004004	13-1-9×89-71	宜春市春丰种子中心	江西省

（续）

年份	鉴定省份	品种名称	编号	品种来源	选育（报审）单位	适宜范围
2004	江西	春椒 9 号	赣审辣椒 2004005	A82-9×n81-2	宜春市春丰种子中心	江西省
2004	江西	春椒 19	赣审辣椒 2004006	81-79×71-1	宜春市春丰种子中心	江西省
2004	湖北	鄂椒 1 号	鄂审菜 2004001	9702×9710	湖北省农业科学院作物育种栽培研究所	湖北省
2004	湖北	鄂椒 2 号	鄂审菜 2004002	9706×9716	湖北省农业科学院作物育种栽培研究所	湖北省
2004	湖南	湘椒 37	湘审椒 2004001	9506-6×9202	湖南亚华种业科学研究院	湖南省
2004	湖南	湘椒 38	湘审椒 2004002	J01-1×8215	湖南隆平高科湘研蔬菜种苗分公司、国家辣椒新品种技术研究推广中心	湖南省
2004	湖南	湘椒 39	湘审椒 2004003	B31×9203	湖南隆平高科湘研蔬菜种苗分公司	湖南省
2004	湖南	湘椒 40	湘审椒 2004004	W648-5×WP	湖南省瓜类研究所	湖南省
2004	湖南	湘椒 41	湘审椒 2004005	xl×WP	湖南省瓜类研究所	湖南省
2004	四川	川妹子早尖辣椒	川审蔬 2004 014	M102-X×H4-L	四川种都种业有限公司	四川省
2004	四川	长帅极早尖辣椒	川审蔬 2004 015	9731×9854	四川种都种业有限公司	四川省
2005	山西	临椒 1 号	晋审菜（认）2005001	22 号尖椒×匈奥 804	山西省农业科学院小麦研究所	山西省
2005	山西	农大 082	晋审菜（认）2005002	S200243×S200244	中国农业大学农学与生物技术学院	山西省
2005	内蒙古	丰田 817 号	蒙认椒 2005001 号	FT00-1×CHT00-17	赤峰市松山区种子公司	内蒙古自治区包头市、赤峰市、呼和浩特市
2005	内蒙古	丰田 826	蒙认椒 2005002 号	FT00-41×FT00-42	赤峰市松山区种子公司	内蒙古自治区包头市、赤峰市、呼和浩特市

（续）

年份	鉴定省份	品种名称	编号	品种来源	选育（报审）单位	适宜范围
2005	内蒙古	赤研 4 号	蒙认椒 2005003 号	赤 9401×赤 9368	赤峰市农业科学研究所	内蒙古自治区包头市、赤峰市、呼和浩特市
2005	内蒙古	赤研 5 号	蒙认椒 2005004 号	赤 9501×赤 9407	赤峰市农业科学研究所	内蒙古自治区包头市、赤峰市、呼和浩特市
2005	辽宁	抚椒 3 号	辽备菜［2005］255 号	48×231	抚顺市园艺科学研究所	辽宁省
2005	辽宁	铁椒 5 号	辽备菜［2005］249 号	铁椒 1 号×99-39	铁岭市农业科学院	辽宁省辣椒保护地、露地栽培
2005	辽宁	铁椒 6 号	辽备菜［2005］250 号	99-35×99-39	铁岭市农业科学院	辽宁省辣椒保护地、露地栽培
2005	辽宁	天宝	辽备菜［2005］251 号	AB 长江×4165	辽宁东亚农业发展有限公司	辽宁省辣椒保护地、露地栽培
2005	辽宁	沈研 12	辽备菜［2005］252 号	AB09×99-4-10	沈阳市农业科学院	辽宁省辣椒保护地、露地栽培
2005	辽宁	吉瑞 T8	辽备菜［2005］253 号	SY-6×T8	沈阳顺天种业有限公司	辽宁省秋冬、早春保护地栽培
2005	辽宁	抚椒 2 号	辽备菜［2005］254 号	491×9	抚顺市园艺科学研究所	辽宁省辣椒保护地、露地栽培
2005	江苏	辣优 9 号	苏审椒 200501	33A×17 号椒	广州市蔬菜科学研究所	江苏省保护地栽培
2005	江苏	江蔬 7 号	苏审椒 200502	辣椒 G20183-1×甜椒 G20174-3	江苏省农业科学院蔬菜研究	江苏省保护地栽培
2005	江苏	镇椒 6 号	苏审椒 200503	Y9012×Y9028	镇江市蔬菜研究所	江苏省保护地栽培
2005	江苏	镇椒 8 号	苏审椒 200504	YBM96-140-2×T9701	镇江市蔬菜研究所	江苏省保护地栽培
2005	江苏	淮椒 98-1	苏审椒 200505	M13-98×F4-1	江苏徐淮地区淮阴农业科学研究所	江苏省保护地栽培
2005	安徽	航育太空椒 168	皖品鉴登字第 0503004	太空甜椒×1016	安徽省六安金土地科技园	安徽省

（续）

年份	鉴定省份	品种名称	编号	品种来源	选育（报审）单位	适宜范围
2005	安徽	紫燕1号	皖品鉴登字第0503005	9708A×9718	安徽省农业科学院园艺作物研究所	安徽省
2005	湖南	湘椒42	湘审椒2005001	AH-6×AA-7	湖南农业大学园艺园林学院、浏阳市果蔬实用技术研究所	湖南省山地丘陵地区
2005	湖南	湘椒43	湘审椒2005002	AE-6×AA-7	浏阳市果蔬实用技术研究所、湖南农业大学园艺园林学院	湖南省山地丘陵地区
2005	湖南	湘椒44	湘审椒2005003	11P-3221×HP-33 1	农友种苗（中国）有限公司	湖南省
2005	广东	福康2号	粤审菜2005012	LW101×LW102	广东省农业科学院蔬菜研究所	广东省春、秋种植
2005	广东	广辣2号	粤审菜2005013	1998-3号×1998-6号	广州市农业技术推广中心	广东省春、秋种植
2005	四川	川腾1号	川审蔬2005005	28-6-2-8×14-7-1-1	四川省农业科学院园艺研究所	四川省
2005	四川	蜀研条椒王	川审蔬2005006	C04×A02	四川省自贡市世聪杂交辣椒研究所	四川省种植线椒地区
2005	新疆	新椒10号	新登椒2005年011号	93-140×99-141	乌鲁木齐市蔬菜研究所	新疆维吾尔自治区
2006	黑龙江	景尖椒5号	黑登记2006018	红3-2×伏2-2	黑龙江省景丰农业高新技术开发有限责任公司	黑龙江省
2006	黑龙江	宇椒2号	黑登记2006019	以龙椒2号为亲本，通过空间诱变培育而成	黑龙江省农业科学院园艺分院	黑龙江省
2006	黑龙江	龙椒10号	黑登记2006020	9501×A1	黑龙江省农业科学院园艺分院	黑龙江省
2006	江苏	姑苏小甜椒	苏审椒200601	X99×B99	苏州市蔬菜科学研究所	江苏省保护地种植
2006	江苏	淮研2号	苏审椒200602	8651-9203-5-4-1×9201-1-4-2	淮安市蔬菜科学研究所	江苏省保护地种植
2006	江苏	通研2号	苏审椒200603	97-2×87-2	南通市蔬菜科学研究所	江苏省保护地种植
2006	安徽	淮椒3号	皖品鉴登字第0603002	95003×93010	淮南市农业科学研究所	安徽省
2006	安徽	紫云1号	皖品鉴登字第0603001	9805A×9918	安徽省农业科学院园艺作物研究所	安徽省

（续）

年份	鉴定省份	品种名称	编号	品种来源	选育（报审）单位	适宜范围
2006	湖南	湘椒 45	湘审椒 2006001	H2802×S2002	湖南省蔬菜研究所、国家辣椒新品种技术研究推广中心	湖南省
2006	湖南	湘椒 46	湘审椒 2006002	PH-12×PA-14	湖南省园艺研究所	湖南省
2006	湖南	湘椒 47	湘审椒 2006003	H2811×H3885	湖南省蔬菜研究所、国家辣椒新品种技术研究推广中心	湖南省
2006	广东	辣优 8 号	粤审菜 2006003	CMS 不育系 21A×恢复系 580R	广州市农业科学研究所	广东省早春种植
2006	广东	粤椒 90	粤审菜 2006006	1610×1641	广东省农业科学院蔬菜研究所	广东省春、秋季种植
2006	广东	福康 1 号	粤审菜 2006015	HP101×HP102	广东省农业科学院蔬菜研究所	广东省
2006	广东	白沙新星 1 号	粤审菜 2006016	10 号×13 号辣椒	汕头市白沙蔬菜原种研究所	广东省东部地区春、秋季栽培
2006	四川	川腾 2 号辣椒	川审蔬 2006 008	03-8-4-2×03-9-4-6	四川省农业科学院园艺研究所	四川省早熟菜椒产区
2006	四川	川腾 3 号辣椒	川审蔬 2006 009	03-11-1-3×03-10-3-6	四川省农业科学院园艺研究所	四川省早熟菜椒产区
2006	重庆	辛红 1 号	渝品审登 2006002	从国外胡椒味辣椒（自编号 522）选育的泡制专用型辣椒新品种	重庆市农业科学研究所	重庆市
2006	重庆	艳椒 5 号	渝品审登 2006003	从韩国辣椒新红奇（自编号 534）选育的适于干制、酱制的高辣椒红素辣椒	重庆市农业科学研究所	重庆市
2006	重庆	朝天 148	渝品审登 2006004	从地方品种朝天椒（自编号 727）选育的适于泡制、干制的加工型朝天椒	重庆市农业科学研究所	重庆市
2006	重庆	胭脂辣	渝品审登 2006005	1995 年从泰国收集的辣椒杂交种（自编号为 454）经选育获得的加工型辣椒新品种	重庆市农业科学研究所	重庆市
2006	重庆	艳椒 2 号	渝品审登 2006008	从韩国辣椒品种（自编号 89）选育获得的适于干制、酱制的辛辣型辣椒品种	重庆市农业科学研究所	重庆市

（续）

年份	鉴定省份	品种名称	编号	品种来源	选育（报审）单位	适宜范围
2006	新疆	新椒 10 号（红安 6 号）	新登辣椒 2006 年 09 号	母本是 1993 年从农八师 142 团一营线辣椒生产田选出的优良单株，是石线 1 号与石线 2 号自然混交后代，编号 9378；父本是从陕西引进的中早熟线椒品种 8819 中经多代单株选育的优良自交系	新疆红安种业有限公司	新疆维吾尔自治区
2007	内蒙古	北星 1 号	蒙认菜 2007008 号	P95-220×P89-342	内蒙古农牧业科学院蔬菜研究所	内蒙古自治区呼和浩特市、通辽市、巴彦淖尔市和达拉特旗
2007	内蒙古	北星 10 号	蒙认菜 2007009 号	P89-3812×P89-3885	内蒙古农牧业科学院蔬菜研究所	内蒙古自治区呼和浩特市、通辽市、巴彦淖尔市和达拉特旗
2007	辽宁	沈研 13	辽备菜［2007］317 号	A9911×S4-1-7	沈阳市农业科学院	辽宁省保护地、露地栽培
2007	辽宁	沈研 14	辽备菜［2007］318 号	A2013×S8-1-1-2	沈阳市农业科学院	辽宁省保护地、露地栽培
2007	辽宁	辽椒 19	辽备菜［2007］319 号	B30×KF4	辽宁省农业科学院蔬菜研究所	辽宁省保护地、露地栽培
2007	辽宁	铁椒 7 号	辽备菜［2007］320 号	X3×X5	铁岭市农业科学院	辽宁省露地、秋保护地栽培
2007	吉林	吉椒 9 号	吉登菜 2007002	H-35×H97	吉林省蔬菜花卉研究所	吉林省露地栽培
2007	黑龙江	齐杂尖椒 1 号	黑登记 2007020	J02-3×J04-6	齐齐哈尔市蔬菜研究所	黑龙江省
2007	黑龙江	宇椒 3 号	黑登记 2007021	对龙椒 5 号进行空间诱变培育而成	黑龙江省农业科学院园艺分院	黑龙江省
2007	黑龙江	宇椒 4 号	黑登记 2007022	L62×L29	黑龙江省农业科学院园艺分院	黑龙江省
2007	江苏	姑苏 2 号	苏审椒 200701	9704J-1-3-1×T08-1-2-2	苏州市蔬菜科学研究所	江苏省保护地栽培
2007	江苏	通研 3 号	苏审椒 200702	97-3×87-2	南通市蔬菜科学研究所	江苏省保护地栽培
2007	江苏	徐研 1 号	苏审椒 200703	98-2 椒×99-5 椒	徐州市蔬菜科学研究所	江苏省保护地栽培
2007	江苏	申椒 1 号	苏审椒 200704	P2015×P208	上海市农业科学院园艺研究所	江苏省保护地栽培
2007	江苏	苏椒 13	苏审椒 200705	LTNo. 2×S006	江苏省农业科学院蔬菜研究所	江苏省保护地栽培

（续）

年份	鉴定省份	品种名称	编号	品种来源	选育（报审）单位	适宜范围
2007	浙江	采风1号	浙认蔬2007004	江苏羊角椒9317-1-22-6×北方牛角椒9322-A-15-4-1	杭州市农业科学研究院	浙江省春秋大棚及露地栽培
2007	安徽	紫云2号	皖品鉴登字第0703005	LA-15×9728	安徽省农业科学院园艺作物研究所	安徽省
2007	安徽	明椒3号	皖品鉴登字第0703006	M-18-1-3-2×F-20-3-2-2	三明市农业科学研究所	安徽省
2007	安徽	明椒4号	皖品鉴登字第0703007	M-18-1-3-2×F-7281-1-1-3	三明市农业科学研究所	安徽省
2007	福建	明椒3号	闽认菜2007006	m18-1-3-2×f20-3-2-2	三明市农业科学研究所	福建省大棚或露地栽培
2007	福建	明椒4号	闽认菜2007007	m18-1-3-2×f7281-1-1-3	三明市农业科学研究所	福建省大棚或露地栽培
2007	江西	更新7号	赣审辣椒2007001	93019×97011	江西农望高科技有限公司	江西省辣型辣椒种植区
2007	江西	辛香2号	赣审辣椒2007002	95012×97015	江西农望高科技有限公司	江西省辣型辣椒种植区
2007	江西	辛香3号	赣审辣椒2007003	95012（GA-11/GJ03）×95012（H23系选）	江西农望高科技有限公司	江西省辣型辣椒种植区
2007	湖南	湘椒48	湘审椒2007001	S2002×H3885	湖南省蔬菜研究所、国家辣椒新品种技术研究推广中心	湖南省
2007	湖南	湘椒49	湘审椒2007002	J01-16×T01-24	湖南省蔬菜研究所、国家辣椒新品种技术研究推广中心	湖南省
2007	湖南	湘椒50	湘审椒2007003	D7311×H8022	湖南省蔬菜研究所、国家辣椒新品种技术研究推广中心	湖南省
2007	湖南	湘椒51	湘审椒2007004	2000-6×8214选系	湖南省宇华农业科普开发有限公司	湖南省
2007	湖南	湘椒52	湘审椒2007005	Z-30×干红74	株洲市农业科学研究所	湖南省
2007	湖南	湘椒53	湘审椒2007006	Z-303×SX-16	株洲市农业科学研究所	湖南省
2007	广东	福康3号	粤审菜2007001	HP-301×HP-302	广东省农业科学院蔬菜研究所	广东省春季栽培
2007	广东	先锋35	粤审菜2007002	H16×BY13	广州市白云区蔬菜科学研究所	广东省春、秋季栽培

（续）

年份	鉴定省份	品种名称	编号	品种来源	选育（报审）单位	适宜范围
2007	广西	桂椒 5 号	桂审菜 2007004 号	CP1-08×A18	广西农业科学院蔬菜研究中心	广西壮族自治区
2007	广西	桂椒 6 号	桂审菜 2007005 号	CP1-04×A02	广西农业科学院蔬菜研究中心	广西壮族自治区
2007	贵州	黔椒 3 号	黔审菜 2007002 号	Y38×Y15	贵州省园艺研究所	贵州省
2007	新疆	石线 4 号	新登辣椒 2007 年 06 号	（64-69-1×七寸红）×羊角 72-6	新疆石河子蔬菜研究所	新疆维吾尔自治区
2007	青海	西宁辣椒 1 号	青审蔬 2007003	从猪大肠辣椒良种繁育田中发现自然变异单株，经系统选育而成	西宁市种子站	青海省东部黄河、湟水流域保护地栽培及民和、贵德温暖灌区露地栽培
2008	山西	农大 503	晋审菜（认）2008003	100006A×100158C	中国农业大学农学与生物技术学院蔬菜系	山西省露地栽培
2008	山西	晋黎 306	晋审菜（认）2008004	P-13-2-5×H-5-2-4	山西晋黎来蔬菜种子有限公司	山西省露地栽培
2008	山西	盛椒 11	晋审菜（认）2008005	HF201-91×HF201-95	山西强盛种业有限公司	山西省露地栽培
2008	山西	品椒 8 号	晋审菜（认）2008006	农家种×大金条	山西省农业科学院农作物品种资源研究所、山西永济农作物新品种新技术研究中心	山西省露地栽培
2008	内蒙古	呼椒 3 号	蒙认菜 2008001 号	P146-17-2×P-030-3-5	呼和浩特市蔬菜科学研究所	内蒙古自治区呼和浩特市、包头市、赤峰市
2008	内蒙古	呼椒 4 号	蒙认菜 2008002 号	P-146-17-2×P-006-1-2	呼和浩特市蔬菜科学研究所	内蒙古自治区呼和浩特市、包头市、赤峰市
2008	黑龙江	龙椒 11	黑登记 2008023	Z4-2A×02-7	黑龙江省农业科学院园艺分院	黑龙江省
2008	上海	申椒 2 号	沪农品认蔬果（2008）第 010 号	P202-7×P202-2	上海市农业科学院园艺研究所	上海市作为甜椒种植
2008	江苏	镇研 12	苏审椒 200801	Y9045×T9302	镇江市镇研种业有限公司	江苏省保护地栽培
2008	浙江	采风 3 号	浙认蔬 2008002	9614-2-4-6-1×9321-1-5-4-4	杭州市农业科学研究院	杭州、衢州及周边地区

（续）

年份	鉴定省份	品种名称	编号	品种来源	选育（报审）单位	适宜范围
2008	浙江	千丽 1 号	浙认蔬 2008003	9624-25-1-3-3-6-1-2×9711-34-2-3-10-4-2	杭州市农业科学研究院	杭州市及周边地区
2008	浙江	浙椒 1 号	浙认蔬 2008023	HP9801×HP9915	浙江省农业科学院蔬菜研究所	浙江省早春保护地、春季露地及秋延后栽培
2008	浙江	慈椒 1 号	浙认蔬 2008022	黄壳大椒 9808-8×矮单 92-3-2	慈溪市德清蔬菜技术研究所、慈溪市德清种子种苗有限公司	浙江省宁波、绍兴、舟山地区作为甜椒种植
2008	安徽	黄金	皖品鉴登字第 0803001	M214-1-4-3×F133-3-4-1	三明市农业科学研究所	安徽省
2008	安徽	红火	皖品鉴登字第 0803002	M182-2-3-3×F200-1-4-2	三明市农业科学研究所	安徽省
2008	安徽	久红 2 号	皖品鉴登字第 0803003	日本 218×甜椒 216	安徽省阜南县蔬菜研究所	安徽省
2008	安徽	一线天	皖品鉴登字第 0803004	LA-18×T-99-06	合肥江淮园艺研究所	安徽省
2008	安徽	皖椒 18	皖品鉴登字第 0803005	02-08×89-18	安徽省农业科学院园艺作物研究所	安徽省
2008	安徽	丰华 903	皖品鉴登字第 0803006	SB1-11-3-6-9×SA97-5	宿州市梓泉农业科技有限责任公司	安徽省
2008	安徽	康大 401	皖品鉴登字第 0803007	37-7-1×郑 201-4	郑研种苗科技有限公司	安徽省
2008	安徽	康大 601	皖品鉴登字第 0803008	郑 37-7-2×郑 203-8	郑研种苗科技有限公司	安徽省
2008	湖北	楚椒 808	鄂审菜 2008004	9962×9908	湖北省农业科学院经济作物研究所	湖北省平原地区早春或延秋种植及高山地区甜椒种植
2008	湖南	湘椒 54	湘审椒 2008001	6204×8204	浏阳市果蔬实用技术研究所	湖南省
2008	湖南	湘椒 55	湘审椒 2008002	6205×8202	浏阳市果蔬实用技术研究所	湖南省
2008	湖南	湘椒 56	湘审椒 2008003	6207×8202	浏阳市果蔬实用技术研究所	湖南省
2008	湖南	湘椒 57	湘审椒 2008004	H2809×H2883	湖南省蔬菜研究所	湖南省
2008	湖南	湘椒 58	湘审椒 2008005	9704A×J01-227	湖南省蔬菜研究所	湖南省
2008	湖南	湘椒 59	湘审椒 2008006	LS20A×J01-227	湖南省蔬菜研究所	湖南省

（续）

年份	鉴定省份	品种名称	编号	品种来源	选育（报审）单位	适宜范围
2008	湖南	湘椒60	湘审椒2008007	7163×7164	湖南湘研种业有限公司	湖南省
2008	湖南	湘椒61	湘审椒2008008	9202×8215	湖南湘研种业有限公司	湖南省
2008	湖南	湘椒62	湘审椒2008009	Y05-1A×8815	湖南湘研种业有限公司	湖南省
2008	湖南	湘椒63	湘审椒2008010	衡山县农家品种	衡阳市蔬菜研究所	湖南省
2008	湖南	湘椒64	湘审椒2008011	衡阳市农家品种	衡阳市蔬菜研究所	湖南省
2008	海南	热辣1号青皮尖椒	农科果鉴字［2008］第01号	04Ca125×03Ca21	中国热带农业科学院热带作物品种资源研究所	海南省
2008	海南	热辣2号酱用型黄灯笼椒	农科果鉴字［2008］第02号	05YB17×05YB59	中国热带农业科学院热带作物品种资源研究所	海南省
2008	广东	东方神剑	粤审菜2008004	萍椒3号×河南98-131	广州市绿霸种苗有限公司	广东省绿皮尖椒产区春、秋季栽培
2008	广东	盛丽	粤审菜2008005	BY13×H13	广州市白云区农业科学试验中心	广东省辣椒产区秋季栽培
2008	广东	广椒6号	粤审菜2008006	泰国053×湖南046	广东省农科集团良种苗木中心	广东省春、秋季栽培
2008	贵州	绥阳朝天椒1号	黔审椒2008001号	绥阳县地方锥椒种	绥阳县农业局	贵州省遵义、德江、思南、石阡、瓮安、开阳、金沙
2008	贵州	绥阳朝天椒2号	黔审椒2008002号	绥阳县地方小锥椒种	绥阳县农业局	贵州省遵义、德江、思南、石阡、瓮安、开阳、金沙
2008	贵州	独山皱椒1号	黔审椒2008003号	独山县地方皱皮线椒	独山县农业局	贵州省独山、荔波、平塘、三都、都匀
2008	贵州	独山皱椒2号	黔审椒2008004号	独山县地方皱皮线椒	独山县农业局	贵州省独山、荔波、平塘、三都、都匀
2008	贵州	大方皱椒	黔审椒2008005号	大方县皱皮线椒	大方县农业局	贵州省毕节地区（威宁县除外）
2008	贵州	贵椒1号	黔审椒2008006号	花1-5×簇生2号	贵阳市蔬菜工作办公室	贵州省
2008	贵州	贵椒3号	黔审椒2008007号	萧指-3×簇生1号	贵阳市蔬菜工作办公室	贵州省

（续）

年份	鉴定省份	品种名称	编号	品种来源	选育（报审）单位	适宜范围
2008	贵州	贵椒5号	黔审椒2008008号	邛上-1×米-2	贵阳市蔬菜工作办公室	贵州省
2008	甘肃	航椒1号	甘认菜2008001	天水羊角椒种子搭载神舟3号飞船，经太空诱变选育而成	天水绿鹏农业科技有限公司、中国科学院遗传与发育生物学研究所、中国空间技术研究院	甘肃省成县、泾川、靖远、张掖、酒泉
2008	甘肃	航椒2号	甘认菜2008002	天水羊角椒种子搭载神舟3号飞船，经太空诱变选育而成	天水绿鹏农业科技有限公司、中国科学院遗传与发育生物学研究所、中国空间技术研究院	甘肃省成县、泾川、靖远、张掖、酒泉
2008	甘肃	航椒3号	甘认菜2008003	022-2-2×021-1-5	天水绿鹏农业科技有限公司、中国科学院遗传与发育生物学研究所、中国空间技术研究院	甘肃省成县、泾川、靖远、张掖、酒泉
2008	甘肃	航椒4号	甘认菜2008004	022-3-1×021-7-3	天水绿鹏农业科技有限公司、中国科学院遗传与发育生物学研究所、中国空间技术研究院	甘肃省成县、泾川、靖远、张掖、酒泉
2008	甘肃	航椒5号	甘认菜2008005	025-2-2×021-7-1	天水绿鹏农业科技有限公司、中国科学院遗传与发育生物学研究所、中国空间技术研究院	甘肃省成县、泾川、靖远、张掖、酒泉
2008	甘肃	航椒6号	甘认菜2008006	021-7-1×024-3-1	天水绿鹏农业科技有限公司、中国科学院遗传与发育生物学研究所、中国空间技术研究院	甘肃省成县、泾川、靖远、张掖、酒泉
2008	甘肃	天椒4号	甘认菜2008007	线椒123×牛角椒	天水市农业科学研究所	甘肃省天水市保护地栽培
2008	甘肃	陇椒3号	甘认菜2008008	95C24-C23-1-C41-C12-1-C28-A37×96C83	甘肃省农业科学院蔬菜研究所	甘肃省陇南、兰州、白银和武威等地日光温室、塑料大棚及露地栽培
2008	甘肃	陇椒6号	甘认菜2008009	B12-C83-1-C65-1-C120-1-C100-1-C8×165-37-37-23-23-14-2	甘肃省农业科学院蔬菜研究所	甘肃省武威、白银、永登和平凉等地日光温室、塑料大棚种植
2008	甘肃	民欣早椒	甘认菜2008010	243-5-25-31×132-13-21	兰州市种子管理站	甘肃省张掖、白银、兰州、平凉及武都等地

（续）

年份	鉴定省份	品种名称	编号	品种来源	选育（报审）单位	适宜范围
2008	宁夏	宁椒 1 号	宁审菜 2008001	茄门 1 号变异单株系选而成	石嘴山市农业技术推广服务中心	宁夏回族自治区引黄灌区及宁南山区有灌溉条件地区栽培
2008	新疆	新椒 11	新登辣椒 2008 年 20 号	焉耆猪大肠经神州 3 号飞船搭载后系统选育而成	巴音郭楞蒙古自治州农业科学研究所	新疆维吾尔自治区巴州焉耆盆地
2008	新疆	新椒 12	新登辣椒 2008 年 21 号	焉耆猪大肠经神州 3 号飞船搭载后系统选育而成	巴音郭楞蒙古自治州农业科学研究所	新疆维吾尔自治区巴州焉耆盆地
2009	山西	良椒 2313	晋审菜（认）2009013	JB9842×JB313	山西省夏县良丰蔬菜研究所	山西省冬春保护地栽培
2009	山西	晋研 11	晋审菜（认）2009014	54111①4⑩153②×10741④11124111	山西省农业科学院蔬菜研究所	山西省露地栽培
2009	山西	农大 9921	晋审菜（认）2009015	198089A×197066C	中国农业大学农学与生物技术学院	山西省露地栽培
2009	山西	晋黎 361	晋审菜（认）2009016	M-5×Q-16-3	山西晋黎来种业有限公司	山西省条形椒区
2009	山西	油椒	晋审菜（认）2009017	浙江省肃山地区引入，原名浙江板椒，又名二金条	原平农业学校蔬菜组弓林生	山西省辣椒干制区
2009	山西	硕丰 19	晋审菜（认）2009008	SH-19×SH-22	山西双丰种苗有限公司	山西省早春露地及延秋保护地种植
2009	山西	硕丰 9 号	晋审菜（认）2009009	SH-9×SH-21	山西双丰种苗有限公司	山西早春露地及延秋保护地作种植
2009	山西	硕丰 15	晋审菜（认）2009010	SH-15×SH-25	山西双丰种苗有限公司	山西早春露地及延秋保护地种植
2009	山西	农大 508	晋审菜（认）2009011	120292S×120277S	中国农业大学农学与生物技术学院	山西省露地种植
2009	山西	农大 610	晋审菜（认）2009012	200119×200103	中国农业大学农学与生物技术学院	山西省露地种植
2009	内蒙古	赤研 33	蒙认菜 2009080 号	赤 604×赤 35-3	赤峰市农业科学研究所	内蒙古自治区赤峰市适宜地区
2009	内蒙古	赤研 51	蒙认菜 2009081 号	赤 607×赤 37-6	赤峰市农业科学研究所	内蒙古自治区赤峰市适宜地区

（续）

年份	鉴定省份	品种名称	编号	品种来源	选育（报审）单位	适宜范围
2009	内蒙古	赤研 270	蒙认菜 2009082 号	赤育牛角椒×赤 270	赤峰市农业科学研究所	内蒙古自治区赤峰市适宜地区
2009	内蒙古	中京牛角	蒙认菜 2009083 号	大牛椒变异株	宁城县中京蔬菜研究所	内蒙古自治区赤峰市适宜地区
2009	内蒙古	中京 301	蒙认菜 2009084 号	中京 004-1×中京 004-2	宁城县中京蔬菜研究所	内蒙古自治区赤峰市适宜地区
2009	内蒙古	中京 208	蒙认菜 2009085 号	中京 004-3×04F-10	宁城县中京蔬菜研究所	内蒙古自治区赤峰市适宜地区
2009	内蒙古	中京羊角	蒙认菜 2009086 号	保椒 2 号变异株	宁城县中京蔬菜研究所	内蒙古自治区赤峰市适宜地区
2009	内蒙古	中京 16	蒙认菜 2009087 号	绿羊角变异株	宁城县中京蔬菜研究所	内蒙古自治区赤峰市适宜地区
2009	内蒙古	中京铁牛	蒙认菜 2009088 号	黄皮粗羊角变异株	宁城县中京蔬菜研究所	内蒙古自治区赤峰市适宜地区
2009	内蒙古	绿峰 1 号	蒙认菜 2009089 号	96-JA1-7-M×赤峰牛角椒	赤峰自毅绿色种业有限公司	内蒙古自治区赤峰市适宜地区
2009	内蒙古	绿峰尖椒 15	蒙认菜 2009090 号	96-JB1-7-M×常规牛角椒	赤峰自毅绿色种业有限公司	内蒙古自治区赤峰市适宜地区
2009	内蒙古	蒙育 3 号	蒙认菜 2009091 号	A3×24B70	赤峰市红山区园艺种子经销处	内蒙古自治区赤峰市适宜地区
2009	内蒙古	世农 593	蒙认菜 2009001 号	MS-KS1×MD23	北京世农种苗有限公司	内蒙古自治区通辽市开鲁县
2009	内蒙古	嘉禾 1 号	蒙认菜 2009002 号	7310102×818481	开鲁县嘉禾辣椒研究所	内蒙古自治区通辽市开鲁县
2009	内蒙古	鲁红 1 号	蒙认菜 2009003 号	益都椒变异株	孙连智、王占峰	内蒙古自治区通辽市开鲁县
2009	内蒙古	赤研 12	蒙认菜 2009004 号	赤 9402×赤 9401	赤峰市农业科学研究所	内蒙古自治区呼和浩特市、包头市、赤峰市
2009	内蒙古	富达美圆椒	蒙认菜 2009065 号	来源于茄门椒	内蒙古富达农业发展有限公司	内蒙古自治区巴彦淖尔市适宜地区
2009	内蒙古	丰农厚皮甜椒	蒙认菜 2009066 号	以甘肃特大厚皮茄门甜椒为基础材料选育而成	内蒙古丰农种业有限公司	内蒙古自治区赤峰市适宜地区
2009	内蒙古	赤研 18	蒙认菜 2009067 号	赤 502A×赤 502C	赤峰市农业科学研究所	内蒙古自治区赤峰市适宜地区
2009	内蒙古	赤研 16	蒙认菜 2009068 号	赤 341A×赤 341C	赤峰市农业科学研究所	内蒙古自治区赤峰市适宜地区
2009	内蒙古	方舟	蒙认菜 2009069 号	由先正达（瑞士）公司选育	寿光先正达种子有限公司	内蒙古自治区赤峰市适宜地区
2009	内蒙古	中京方甜	蒙认菜 2009070 号	03-m-1×01-f-1	宁城县中京蔬菜研究所	内蒙古自治区赤峰市适宜地区

（续）

年份	鉴定省份	品种名称	编号	品种来源	选育（报审）单位	适宜范围
2009	内蒙古	中京黄冠	蒙认菜 2009071 号	02-m-3×03-f-3	宁城县中京蔬菜研究所	内蒙古自治区赤峰市适宜地区
2009	内蒙古	中京甜丰	蒙认菜 2009072 号	01-m-2×03-f-4	宁城县中京蔬菜研究所	内蒙古自治区赤峰市适宜地区
2009	内蒙古	中京长甜	蒙认菜 2009073 号	农发变异株	宁城县中京蔬菜研究所	内蒙古自治区赤峰市适宜地区
2009	内蒙古	蒙罗斯甜椒	蒙认菜 2009074 号	99-B1234678-M×98-A1234567-F	赤峰自毅绿色种业有限公司	内蒙古自治区赤峰市适宜地区
2009	内蒙古	世佳甜椒	蒙认菜 2009075 号	96-BE1-7-M×96-AE1-7-F	赤峰自毅绿色种业有限公司	内蒙古自治区赤峰市适宜地区
2009	内蒙古	美引甜椒	蒙认菜 2009076 号	96-BC1-7-M×96-AC1-7-F	赤峰自毅绿色种业有限公司	内蒙古自治区赤峰市适宜地区
2009	内蒙古	蒙育 2 号	蒙认菜 2009077 号	A24×B48	赤峰市红山区园艺种子经销处	内蒙古自治区赤峰市适宜地区
2009	内蒙古	蒙育 5 号	蒙认菜 2009078 号	A89×B101	赤峰市红山区园艺种子经销处	内蒙古自治区赤峰市适宜地区
2009	内蒙古	蒙育 7 号	蒙认菜 2009079 号	A33×B49	赤峰市红山区园艺种子经销处	内蒙古自治区赤峰市适宜地区
2009	内蒙古	赤研 15	蒙认菜 2009005 号	赤 305×赤 266	赤峰市农业科学研究所	内蒙古自治区呼和浩特市、包头市、赤峰市
2009	黑龙江	宇椒 5 号	黑登记 2009036	龙椒 5 号×KL96-32	黑龙江省农业科学院园艺分院、中国农业科学院作物科学研究所	黑龙江省
2009	上海	申椒 3 号	沪农品认蔬果 2009002 号	P206-28×P206-11	上海市农业科学院园艺研究所	上海市
2009	江苏	扬子 1 号	苏审椒 200901	F7-05-065×F7-05-37	扬州市扬子蔬菜科技发展有限公司、扬州大学园艺与植物保护学院	江苏省春季保护地栽培
2009	江苏	苏椒 958	苏审椒 200902	N9301×T9202	镇江市镇研种业有限公司	江苏省春季保护地栽培
2009	江苏	扬大 1 号	苏审椒 200903	F7-05-042×F7-05-37	扬州大学园艺与植物保护学院、扬州市扬子蔬菜科技发展有限公司	江苏省春季保护地栽培
2009	江苏	镇辣 1 号	苏审椒 200904	A9239×N9316	镇江市镇研种业有限公司	江苏省春季保护地栽培
2009	浙江	千丽 2 号	浙（非）审蔬 2009005	ASC0503×9321-9-2	杭州市农业科学研究院	浙江省保护地栽培
2009	安徽	久红 2 号	皖品鉴登字第 0903001	A2×A18	阜南县蔬菜研究所	安徽省

（续）

年份	鉴定省份	品种名称	编号	品种来源	选育（报审）单位	适宜范围
2009	安徽	冬椒 1 号	皖品鉴登字第 0903002	H-99-05×H-00-18	安徽省农业科学院园艺作物研究所	安徽省
2009	安徽	久红旱翠	皖品鉴登字第 0903003	98×9A	阜南县蔬菜研究所	安徽省
2009	安徽	线优 3 号	皖品鉴登字第 0903004	01-198-2×04-05	安徽徽大农业有限公司	安徽省
2009	安徽	梓椒 5 号	皖品鉴登字第 0903005	H4-2×S04-5-23	宿州市禾香生态农产品专业合作社	安徽省
2009	湖南	兴蔬绿剑	湘审椒 2009001	05S181×H2883	湖南省蔬菜研究所	湖南省
2009	湖南	长研 958	湘审椒 2009002	7163×8114	长沙市蔬菜研究所	湖南省
2009	湖南	博辣娇红	湘审椒 2009003	SF-11×H2887	湖南省蔬菜研究所	湖南省
2009	湖南	博辣红丰	湘审椒 2009004	H2803×TWBL-1	湖南省蔬菜研究所	湖南省
2009	湖南	湘农杂辣 1 号	湘审椒 2009005	03F×A1	湖南农业大学	湖南省
2009	湖南	湘农杂辣 2 号	湘审椒 2009006	02LF×03F	湖南农业大学	湖南省
2009	湖南	湘特辣 1 号	湘审椒 2009007	0419×0429	湖南农业大学、湖南湘研种业有限公司	湖南省
2009	广东	粤红 1 号	粤审菜 2009004	自交系 1780×新选 W405	广东省农业科学院蔬菜研究所	广东省春、秋季栽培
2009	广东	辣优 15	粤审菜 2009009	贵阳 073×自交系 30	广州市农业科学研究所	广东省春、秋季栽培
2009	广东	汇丰 2 号	粤审菜 2009010	W2280×W2102	广东省农业科学院蔬菜研究所	广东省绿皮尖椒产区春、秋季栽培
2009	四川	川腾 4 号	川审蔬 2009 009	20008-2-2-2-2×2000-2②-1-6-4-2-2	四川省农业科学院园艺研究所	四川省簇生椒产区
2009	四川	蓉椒 8 号	川审蔬 2009 010	0109-5×9903	成都市农林科学院园艺研究所	四川省
2009	重庆	艳椒 425	渝品审鉴 2009004	481-4-1-1×750-1-1-1	重庆市农业科学院	重庆市茄果类蔬菜产区
2009	重庆	艳椒 417	渝品审鉴 2009005	739-1-1-1-1×534-2-1-1	重庆市农业科学院	重庆市茄果类蔬菜产区
2009	重庆	艳椒 132	渝品审鉴 2009006	113-2-2-1×40-1-1-1	重庆市农业科学院	重庆市茄果类蔬菜产区

（续）

年份	鉴定省份	品种名称	编号	品种来源	选育（报审）单位	适宜范围
2009	贵州	黔辣1号	黔审椒2009001号	独山县羊凤乡农民自留种	贵州省辣椒研究所	贵州省贵阳市、遵义市、黔南州、黔东南州及毕节地区的大方县、黔西县、金沙县的适宜区域
2009	贵州	黔辣2号	黔审椒2009002号	绥阳县郑场镇主栽地方辣椒种	贵州省辣椒研究所	贵州省贵阳市、遵义市及黄平县、施秉县、福泉市、瓮安县、大方县、黔西县、金沙县的适宜区域
2009	贵州	黔辣3号	黔审椒2009003号	遵义县团泽镇农民自留种	贵州省辣椒研究所	贵州省贵阳市、遵义市及黄平县、施秉县、福泉市、瓮安县、大方县、黔西县、金沙县的适宜区域
2009	贵州	黔椒7号	黔审椒2009004号	从四川省绵阳市引进的超级线椒王中经自交定向选育而成的常规种	贵州省园艺研究所	贵州省贵阳市、遵义市和黔东南苗族侗族自治州的适宜区域
2009	贵州	黔椒8号	黔审椒2009005号	红辣414×福泉线椒	贵州省园艺研究所	贵州省贵阳市、遵义市、黔南布依族苗族自治州和黔东南苗族侗族自治州的适宜区域
2009	贵州	遵辣1号	黔审椒2009006号	遵义县山宝地方优良株系和新舟优良株系杂交选育出的常规种	遵义市农业科学研究所	贵州省贵阳市、遵义市、黔南布依族苗族自治州、黔东南苗族侗族自治州的适宜区域
2009	贵州	绥阳小米辣	黔审椒2009007号	绥阳县地方小米椒品种	绥阳县农业局	贵州省贵阳市、遵义市、黔南布依族苗族自治州、黔东南苗族侗族自治州的适宜区域
2009	贵州	黄平线椒1号	黔审椒2009008号	黄平县地方品种	黄平县经济作物技术推广站	贵州省黔东南苗族侗族自治州、黔南布依族苗族自治州的适宜区域
2009	贵州	黄平线椒2号	黔审椒2009009号	黄平县地方品种	黄平县经济作物技术推广站	贵州省黔东南苗族侗族自治州、黔南布依族苗族自治州的适宜区域

（续）

年份	鉴定省份	品种名称	编号	品种来源	选育（报审）单位	适宜范围
2009	陕西	早秋红	陕蔬登字 2009006 号	以 88-19 为材料，经 8 年选育而成早熟线辣椒常规品种	西北农林科技大学园艺学院、岐山县秦农种业科技推广站	陕西省干制辣椒产区
2009	陕西	陕彩椒 1 号	陕蔬登字 2009007 号	CY7-1×CY16-1	西北农林科技大学园艺学院	陕西省保护地栽培
2009	陕西	陕彩椒 2 号	陕蔬登字 2009008 号	CY14-1×CY24-2	西北农林科技大学园艺学院	陕西省保护地栽培
2009	陕西	酱用线椒 168	陕蔬登字 2009009 号	8819×板栗色线椒	宝鸡市农业技术推广中心、西北农林科技大学	陕西省线椒主产区
2009	陕西	丰力 1 号	陕蔬登字 2009010 号	从 8819 优系 33A 自然变异株中选育的常规干制辣椒	岐山县蔬菜研究所、西北农林科技大学蔬菜研究所	陕西省干制辣椒产区
2009	陕西	农城椒 3 号	陕蔬登字 2009011 号	9713-5-6-5-9-3-1×9708-4-8-5-5-2-7	西北农林科技大学园艺学院	陕西省日光温室和大、中、小棚种植，也可用作露地和越夏种植
2009	陕西	农城椒 4 号	陕蔬登字 2009012 号	2096-9-1-5-9-9×0191-9-6-9-5-9	西北农林科技大学园艺学院	陕西省中、小棚种植，也可用作露地和越夏种植
2009	陕西	万丰泉尖椒 1 号	陕蔬登字 2009013 号	9795 绿-1×007-30-2-1	靖边县科学技术局	榆林北部风沙区
2009	陕西	万丰泉牛角椒 2 号	陕蔬登字 2009014 号	9735 绿-3×9825 绿-3-5-6	靖边县科学技术局	榆林北部风沙区
2009	陕西	陕椒 2006	陕蔬登字 2009015 号	LR-05×X-33	西北农林科技大学园艺学院	陕西省线椒主产区
2009	陕西	宝椒 1 号	陕蔬登字 2009016 号	从 8819 变异株系统选育而成	宝鸡市农业科学研究所	陕西省关中川道辣椒产区
2009	甘肃	陇椒 4 号	甘认菜 2009001	99A15×99A45	甘肃省农业科学院蔬菜研究所	甘肃省张掖、武威、白银、兰州、天水
2009	甘肃	赛辣 1 号	甘认菜 2009002	克 S200235×N 米 200226	甘肃法赛德种业有限公司	甘肃省酒泉、张掖、兰州、平凉
2009	甘肃	天椒 5 号	甘认菜 2009003	从甘谷线椒的优良变异单株中系统选育而成	天水市农业科学研究所	甘肃省天水市及礼县等同类型区

（续）

年份	鉴定省份	品种名称	编号	品种来源	选育（报审）单位	适宜范围
2009	甘肃	天椒 7 号	甘认菜 2009004	线椒 118×长羊角椒 171	天水市农业科学研究所、甘肃省农业科学院蔬菜研究所	甘肃省天水市及礼县、西和等同类型区
2009	甘肃	航椒 7 号	甘认菜 2009005	用太空诱变天水羊角椒和甘农线椒自交系配制的杂交种	甘肃省航天育种工程技术研究中心、中国空间技术研究院	甘肃省张掖、靖远、秦城、成县及庆城区
2009	新疆	新椒 14	新登辣椒 200904 号	97-6×97-89	新疆红安种业有限公司	新疆维吾尔自治区无霜期 150d 以上地区
2009	新疆	新椒 15	新登辣椒 200909 号	2001-6-5×2001-8-7	新疆石河子蔬菜研究所	新疆维吾尔自治区北疆
2009	新疆	新椒 16	新登辣椒 200911 号	97A25×97H18	新疆石河子蔬菜研究所	新疆维吾尔自治区北疆
2009	青海	青线椒 1 号	青审辣椒 2009001	99-3-5×金山线辣椒	青海省农林科学院园艺研究所	青海省海拔 2 200m 以下的黄河灌区
2010	北京	京椒 7 号	京品鉴椒 2010008	93-2-1×93-6-5	北京市农林科学院蔬菜研究中心	北京市
2010	北京	京椒 6 号	京品鉴椒 2010007	0373-1-4×0421-8-3	北京市农林科学院蔬菜研究中心	北京市
2010	北京	京椒 5 号	京品鉴椒 2010006	95-5-6×N95-4-8	北京市农林科学院蔬菜研究中心	北京市
2010	北京	京椒 4 号	京品鉴椒 2010005	A9538-3×A9423-8	北京市农林科学院蔬菜研究中心	北京市大棚及露地栽培
2010	北京	京椒 3 号	京品鉴椒 2010004	9676-6×N9587-3	北京市农林科学院蔬菜研究中心	北京市大棚及露地栽培
2010	北京	京椒 2 号	京品鉴椒 2010003	95211-1-3×9432-1-2	北京市农林科学院蔬菜研究中心	北京市大棚及露地栽培
2010	山西	辣丰红丽	晋审菜（认）2010015	6067×8002	深圳市永利种业有限公司	山西省
2010	山西	辣丰 7 号	晋审菜（认）2010016	6209×8002	深圳市永利种业有限公司	山西省
2010	山西	农大 818	晋审菜（认）2010017	201045A×202018C	中国农业大学农学与生物技术学院	山西省露地覆膜栽培
2010	山西	农大 723	晋审菜（认）2010018	207337AB×204639	中国农业大学农学与生物技术学院	山西省露地覆膜栽培
2010	山西	晋青椒 3 号	晋审菜（认）2010014	C40×C3	山西省农业科学院园艺研究所、山西迪丰农业科技开发有限公司	山西省

（续）

年份	鉴定省份	品种名称	编号	品种来源	选育（报审）单位	适宜范围
2010	山西	中椒 104	晋审菜（认）2010013	0509×0516	中国农业科学院蔬菜花卉研究所	山西省
2010	内蒙古	红世界	蒙认菜 2010001 号	HS-109×SJ-209	北京中联韩种子公司	内蒙古自治区通辽市开鲁县的适宜区
2010	内蒙古	红财富	蒙认菜 2010004 号	HC-112×CF-015	北京中联韩种子公司	内蒙古自治区通辽市开鲁县的适宜区
2010	辽宁	沈研 15	辽备菜［2010］385 号	A02-7×0840-7	沈阳市农业科学院	辽宁省
2010	辽宁	沈研 16	辽备菜［2010］386 号	AH08-4×0838-6	沈阳市农业科学院	辽宁省
2010	辽宁	沈研 17	辽备菜［2010］387 号	AH09-3×0839-5	沈阳市农业科学院	辽宁省
2010	辽宁	沈研 18	辽备菜［2010］388 号	A074-3×0952-7	沈阳市农业科学院	辽宁省
2010	辽宁	辽椒 20	辽备菜［2010］389 号	辽椒 11 号×02-75	辽宁省农业科学院蔬菜研究所	辽宁省
2010	辽宁	辽椒 21	辽备菜［2010］390 号	04323-08-63-78×04355-23-29-07-29	辽宁省农业科学院蔬菜研究所	辽宁省
2010	辽宁	丹椒 7 号	辽备菜［2010］391 号	L9×L30	丹东农业科学院园艺研究所	辽宁省
2010	辽宁	铁椒 8 号	辽备菜［2010］392 号	X17×X18	铁岭市农业科学院	辽宁省
2010	辽宁	好地牛角	辽备菜［2010］393 号	G-8-1（A）×P6（C）	大连好地种子有限公司	辽宁省
2010	辽宁	金易牛角	辽备菜［2010］394 号	A97-16-6-8×C192	大连鸿利种子科技发展有限公司	辽宁省
2010	辽宁	金易龙跃	辽备菜［2010］395 号	A93-01-36-1-6-8-3-11 × C92-1-33-24-1-6-7	大连鸿利种子科技发展有限公司	辽宁省
2010	辽宁	金易龙美	辽备菜［2010］396 号	A97-16-6-8-3-1 × 长剑 F2-8-5-29-1-S	大连鸿利种子科技发展有限公司	辽宁省
2010	上海	皇蒙迪	沪农品认蔬果 2010 第 009 号	A-3-34-5-7-8×B-7-56-7-4-8	上海迈迪农业发展有限公司	上海市
2010	江苏	扬大 2 号	苏审椒 201001	F6-05-32-06-31×F7-05-38-06-39	扬州大学园艺与植物保护学院、扬州市扬子蔬菜科技发展有限公司	江苏省春季保护地栽培
2010	江苏	扬椒 1 号	苏审椒 201002	95079-3-2×94041-3-55	江苏里下河地区农业科学研究所	江苏省春季保护地栽培

（续）

年份	鉴定省份	品种名称	编号	品种来源	选育（报审）单位	适宜范围
2010	江苏	扬椒 2 号	苏审椒 201003	96104-2-1-51×94047-4-1-3-51	江苏里下河地区农业科学研究所	江苏省春季保护地栽培
2010	江苏	龙椒 1 号	苏审椒 201004	9809×9606	江苏神农大丰种业科技有限公司	江苏省春季保护地栽培
2010	江苏	苏椒 14	苏审椒 201005	G04147-4×G04154-3	江苏省农业科学院蔬菜研究所	江苏省春季保护地栽培
2010	安徽	皖椒 3 号	皖品鉴登字第 1003002	H-02-16×H-00-18	安徽省农业科学院园艺作物研究所	安徽省
2010	安徽	强丰 7301	皖品鉴登字第 1003003	93-50-00-1×2009-1	安徽江淮园艺科技有限公司	安徽省
2010	安徽	丰椒 8 号	皖品鉴登字第 1003004	93-50-00-3-2×92-48	合肥丰乐种业股份有限公司	安徽省
2010	安徽	丰椒 9 号	皖品鉴登字第 1003005	98-58×98-01-2-1	合肥丰乐种业股份有限公司	安徽省
2010	安徽	锦秀长香	皖品鉴登字第 1003006	T008×T001	安徽福斯特种苗有限公司	安徽省
2010	安徽	皖椒 19	皖品鉴登字第 1003007	H-00-03×H-02-25	安徽省农业科学院园艺作物研究所	安徽省
2010	安徽	宿椒 1 号	皖品鉴登字第 1003008	02139×04158	宿州市农业科学研究所	安徽省
2010	福建	永安黄椒 1 号	闽认菜 2010009	从永安黄椒地方品种中系选育成	永安市农业技术推广站、永安市种子管理站	福建省春季或夏秋栽培
2010	福建	超研 16 号	闽认菜 2010015	D18×Q2	福州超大现代农业发展有限公司	广东省作为甜椒秋季和越冬种植
2010	江西	辛香 8 号	赣审辣椒 2010004	N119×T046	江西农望高科技有限公司	江西省
2010	江西	辛香 9 号	赣审辣椒 2010005	T401×N220	江西农望高科技有限公司	江西省
2010	江西	辛香 14	赣审辣椒 2010006	M303×L22	江西农望高科技有限公司	江西省
2010	江西	辛香 15	赣审辣椒 2010007	S165×N320	江西农望高科技有限公司	江西省
2010	江西	农望长尖	赣审辣椒 2010008	T414×M101	江西农望高科技有限公司	江西省
2010	江西	赣丰辣玉	赣审辣椒 2010001	N9012×S1024	江西省农业科学院蔬菜花卉研究所	江西省

（续）

年份	鉴定省份	品种名称	编号	品种来源	选育（报审）单位	适宜范围
2010	江西	赣丰辣线 101	赣审辣椒 2010002	N8019×S5022	江西省农业科学院蔬菜花卉研究所	江西省
2010	江西	萍辣 9901	赣审辣椒 2010003	9213×9408	萍乡市蔬菜研究所	江西省
2010	山东	干椒 6 号	鲁农审 2010062 号	06001A×06015C	青岛农业大学、德州市农业科学研究院	山东省
2010	山东	干椒 3 号	鲁农审 2010061 号	06004A×06010C	青岛农业大学、德州市农业科学研究院	山东省
2010	河南	驻椒 18	豫品鉴菜 2010002	驻 03×驻 07	驻马店市农业科学研究所	河南省早春保护地和露地栽培
2010	河南	周椒 201	豫品鉴菜 2010003	P0521×SP0598	周口市农业科学院	河南省早春保护地和露地栽培
2010	河南	青秀大椒	豫品鉴菜 2010004	95C27×98C31	河南省庆发种业有限公司、郑州大学	河南省早春保护地和露地栽培
2010	河南	濮椒 1 号	豫品鉴菜 2010005	047-3-3×黄-2-1	河南省濮阳农业科学研究所	河南省早春保护地和露地栽培
2010	河南	豫椒 17	豫品鉴菜 2010006	101-1×104-2	河南省农业科学研究院园艺研究所	河南省早春保护地和春露地地膜覆盖栽培
2010	河南	福祺新 1 号	豫品鉴菜 2010007	02QL15×02QL22	河南省庆发种业有限公司	河南省早春保护地和露地栽培
2010	河南	豫 07-01	豫品鉴菜 2010001	P70-4×P20-8	河南省农业科学院园艺研究所	河南省早春保护地和春露地地膜覆盖栽培
2010	湖北	鄂红椒 108	鄂审菜 2010003	HP03-2-1×P03-1-1	湖北省农业科学院经济作物研究所、湖北鄂蔬农业科技有限公司	湖北省平原地区春、秋两季种植及高山地区栽培
2010	湖南	湘研 159	湘审辣 2010001	R05-92×R0543	湖南湘研种业有限公司	湖南省
2010	湖南	博辣红艳	湘审辣 2010002	SJ11A×SJ2917	湖南省蔬菜研究所	湖南省
2010	湖南	兴蔬羽燕	湘审辣 2010003	J2006×J2025	湖南省蔬菜研究所	湖南省

（续）

年份	鉴定省份	品种名称	编号	品种来源	选育（报审）单位	适宜范围
2010	湖南	辛香8号	湘审辣2010004	N119×T046	江西农望高科技有限公司	湖南省
2010	湖南	长辣1号	湘审辣2010005	5205×5227	长沙市蔬菜科学研究所	湖南省
2010	广东	优丰8号	粤审菜2010003	长沙牛角椒E-403×南昌羊角椒62-18-02	广州市旺优种业研究开发有限公司	广东省春、秋季栽培
2010	广东	茂椒4号	粤审菜2010006	S9607×T9705	茂名市茂蔬种业科技有限公司	广东省辣椒产区春、秋季栽培
2010	广东	茂青5号	粤审菜2010007	T9301×B0306	茂名市茂蔬种业科技有限公司	广东省辣椒产区春、秋季栽培
2010	广西	红椒1号	(桂)登(蔬)2010015号	桂林市地方辣椒良种自然变异株	桂林市蔬菜研究所	桂北
2010	四川	川腾6号辣椒	川审蔬2010 002	2003-12-1-1-3×V25-2-1	四川省农业科学院园艺研究所	四川省线椒适宜区
2010	四川	川腾5号辣椒	川审蔬2010 001	2002-57-8-1-2×2003-10-18	四川省农业科学院园艺研究所	四川省早春保护地和露地栽培
2010	四川	黄蒙迪甜椒	川审蔬2010 003	自交系A-3-34-5-7-8×自交系B-7-56-7-4-8	四川种都种业有限公司	四川省甜椒适宜区
2010	贵州	黔辣4号	黔审椒2010001号	从桂北引进的朝天椒材料	贵州省辣椒研究所	贵州省贵阳市、安顺市海拔600～1 300m区域，遵义市海拔1 100m以下区域
2010	贵州	黔辣5号	黔审椒2010002号	兴义市地方农家自留种	贵州省辣椒研究所	贵州省贵阳市、安顺市、黔南布依族苗族自治州、黔东南苗族侗族自治州海拔600～1 300m区域，遵义市海拔1 100m以下区域
2010	贵州	铜仁牛角椒	黔审椒2010003号	德江县稳平乡地方农家种	贵州省铜仁地区种子管理站	贵州省贵阳市、遵义市、黔南布依族苗族自治州、黔东南苗族侗族自治州和铜仁地区

（续）

年份	鉴定省份	品种名称	编号	品种来源	选育（报审）单位	适宜范围
2010	贵州	遵辣 2 号	黔审椒 2010004 号	遵义县山堡辣椒优良株系与新舟良种株系杂交后选育的常规品种	遵义市农业科学研究所	贵州省安顺市、铜仁地区、黔南布依族苗族自治州、黔西南布依族苗族自治州和黔东南苗族侗族自治州海拔 1 300m 以下区域，贵阳市、遵义市海拔 1 100m 以下区域
2010	贵州	遵辣 3 号	黔审椒 2010005 号	遵义县新舟地方优良种与遵义县山堡优良种进行杂交改良的常规品种	遵义市农业科学研究所	贵州省安顺市、铜仁地区、黔南布依族苗族自治州、黔西南布依族苗族自治州和黔东南苗族侗族自治州海拔 1 300m 以下区域，贵阳市、遵义市海拔 1 100m 以下区域
2010	贵州	遵辣 4 号	黔审椒 2010006 号	遵义县新舟优良单株与遵义县山堡优良单株杂交改良的常规品种	遵义市农业科学研究所	贵州省安顺市、铜仁地区、黔南布依族苗族自治州、黔西南布依族苗族自治州、黔东南苗族侗族自治州海拔 1 300m 以下区域，贵阳市、遵义市海拔 1 100m 以下区域
2010	贵州	独山皱椒 3 号	黔审椒 2010007 号	独山县地方皱椒种	独山县农业局	贵州省海拔 1 500m 以下区域
2010	贵州	黔椒 4 号	黔审椒 2010008 号	予 19-1×H29-2	贵州省园艺研究所	贵州省贵阳市、遵义县、大方县、关岭县、黄平县、册亨县、独山县和铜仁市
2010	贵州	辣箭 1 号	黔审椒 2010009 号	3538×3945	广东省良种引进服务公司	贵州省贵阳市、遵义市、安顺市、黔南布依族苗族自治州、黔东南苗族侗族自治州
2010	贵州	GL-7 号	黔审椒 2010010 号	7526×3375	广东省良种引进服务公司	贵州省贵阳市、遵义市、安顺市、黔南布依族苗族自治州、黔东南苗族侗族自治州

（续）

年份	鉴定省份	品种名称	编号	品种来源	选育（报审）单位	适宜范围
2010	贵州	白玉1号	黔审椒2010011号	02535-A×02659-4	广东农科集团良种苗木中心	贵州省海拔1 300m以下区域
2010	贵州	白玉2号	黔审椒2010012号	02487-A×041410-1	广东农科集团良种苗木中心	贵州省海拔1 500m以下区域
2010	陕西	宝椒2号	陕蔬登字2010012号	由宝椒1号线辣椒的自然变异株系统选育而成	宝鸡市农业科学研究所	陕西省单作、麦辣套种及同类地区
2010	甘肃	甘科5号	甘认菜2010001	P0608（03L43-1-5-3）×P0635（03LC-2-1-6-2）	甘肃绿星农业科技有限责任公司	甘肃省兰州、靖远、凉州、高台、肃州
2010	甘肃	平椒5号	甘认菜2010002	0136×0016	平凉市农业科学研究所	甘肃省平凉市
2010	甘肃	平椒6号	甘认菜2010003	98104×9861	平凉市农业科学研究所	甘肃省平凉市
2010	甘肃	航椒8号	甘认菜2010004	021-3-2×024-1-1	甘肃省航天育种工程技术研究中心	甘肃省天水、成县、庆城、临洮、张掖
2010	甘肃	航椒10号	甘认菜2010005	022-5-1×023-3-2	天水绿鹏农业科技有限公司、中国空间技术研究院、中国科学院遗传与发育生物学研究所、天水市农业科学研究所	甘肃省天水、成县、庆城、临洮、张掖
2010	新疆	新椒17	新登辣椒2010年17号	5051-1×WV-6-1	新疆隆平高科红安种业有限公司	新疆维吾尔自治区
2010	新疆	新椒18	新登辣椒2010年18号	国外引进品种红龙色素椒1号经南繁北育而成的色素椒新品种	新疆隆平高科红安种业有限公司	新疆维吾尔自治区
2010	新疆	新椒19	新登辣椒2010年19号	焉耆猪大肠经神州3号飞船搭载后系统选育而成	巴音郭楞蒙古自治州农业科学研究所	新疆维吾尔自治区
2011	北京	京辣8号	京品鉴椒2011022	04-60×04-136	北京市农林科学院蔬菜研究中心、北京京研益农科技发展中心、北京京域威尔农业科技有限公司	北京市

（续）

年份	鉴定省份	品种名称	编号	品种来源	选育（报审）单位	适宜范围
2011	北京	国塔 102	京品鉴椒 2011021	AB05-111×05-113	北京市农林科学院蔬菜研究中心、北京京研益农科技发展中心、北京京域威尔农业科技有限公司	北京市
2011	北京	国禧 105	京品鉴椒 2011020	05-303×05-189	北京市农林科学院蔬菜研究中心、北京京研益农科技发展中心、北京京域威尔农业科技有限公司	北京设施栽培
2011	北京	国禧 101	京品鉴椒 2011019	05-105×05-252	北京市农林科学院蔬菜研究中心、北京京研益农科技发展中心、北京京域威尔农业科技有限公司	北京市
2011	北京	国福 403	京品鉴椒 2011018	06-83×06-91	北京市农林科学院蔬菜研究中心、北京京研益农科技发展中心、北京京域威尔农业科技有限公司	北京露地栽培
2011	北京	国福 308	京品鉴椒 2011017	Sy05-36×Sy05-55	北京市农林科学院蔬菜研究中心、北京京研益农科技发展中心、北京京域威尔农业科技有限公司	北京设施长季节栽培
2011	北京	国福 306	京品鉴椒 2011016	Sy04-18×Sy04-23	北京市农林科学院蔬菜研究中心、北京京研益农科技发展中心、北京京域威尔农业科技有限公司	北京露地栽培
2011	北京	国福 208	京品鉴椒 2011015	06-4×06-52	北京市农林科学院蔬菜研究中心、北京京研益农科技发展中心、北京京域威尔农业科技有限公司	北京露地及设施栽培
2011	天津	农辣 23	津登辣椒 2011001	江 A×大金条 C	天津神农种业有限责任公司	天津露地栽培
2011	天津	农蕾 24	津登辣椒 2011002	KA×亚-6C	天津神农种业有限责任公司	天津露地栽培
2011	天津	津椒 18	津登辣椒 2011003	K-12-3-7-5×R-9-13-7-4	天津科润农业科技股份有限公司蔬菜研究所	天津春保护地及越夏连秋栽培
2011	山西	辣丰 4 号	晋审菜（认）2011006	6208 ×8008	深圳市永利种业有限公司	山西省早春露地栽培

（续）

年份	鉴定省份	品种名称	编号	品种来源	选育（报审）单位	适宜范围
2011	山西	永利 109	晋审菜（认）2011007	8108×8203	深圳市永利种业有限公司	山西省早春露地栽培
2011	山西	欧卡	晋审菜（认）2011010	WYH-3×WYH-8	山西省融丰蔬菜开发有限公司	山西省早春露地作为甜椒种植
2011	山西	绿色椒王	晋审菜（认）2011011	FX01031×FX07003	太原市农业科学研究所、长治市方兴种苗有限公司	山西省早春露地作为甜椒种植
2011	山西	三盛 616	晋审菜（认）2011012	D-017×W-180	山西三盛园艺有限公司	山西省早春露地作为甜椒种植
2011	山西	晋黎 602	晋审菜（认）2011013	S-3-4×X-9	山西晋黎来种业有限公司	山西省早春露地作为甜椒种植
2011	山西	晋青椒 4 号	晋审菜（认）2011008	Xj213-4-3-2-1-1-2（C13）×01ZF02-4-2-2-1-1-1（C2）	山西省农业科学院园艺研究所	山西省早春露地作为甜椒种植
2011	山西	迪塔	晋审菜（认）2011009	WYH-3×WYH-19	山西省融丰蔬菜开发有限公司	山西省早春露地作为甜椒种植
2011	黑龙江	龙椒 12	黑登记 2011034	A11×A13	黑龙江省农业科学院园艺分院	黑龙江省
2011	上海	薄斯特	沪农品认蔬果 2011 第 013 号	J176-15-11-9-6-4×LP07-12-8-3-2	上海种都种业科技有限公司	上海市
2011	上海	薄脆	沪农品认蔬果 2011 第 014 号	LP09-13-12-3-7-4×T4-31-10-2-5-9	上海种都种业科技有限公司	上海市
2011	上海	果蓓蓓	沪农品认蔬果 2011 第 015 号	ALP19-3-5-7-6-1-4 × J168-21-8-1-7-5	上海种都种业科技有限公司	上海市
2011	江苏	通研 4 号	苏审椒 201101	97-4×87-2	南通市蔬菜科学研究所	江苏省春季保护地栽培
2011	江苏	苏椒 15	苏审椒 201102	05X 新 51×05X 新 24	江苏省农业科学院蔬菜研究所	江苏省春季保护地栽培
2011	浙江	衢椒 1 号	浙（非）审蔬 2011009	05B03×Y802	衢州市农业科学研究所	浙江省
2011	安徽	好运	皖品鉴登字第 1103001	HY02×GH04	肥东县农业科学研究所	安徽省

（续）

年份	鉴定省份	品种名称	编号	品种来源	选育（报审）单位	适宜范围
2011	安徽	福美	皖品鉴登字第 1103002	HJ001×GL002	安徽国豪农业科技有限公司	安徽省
2011	安徽	福来	皖品鉴登字第 1103003	FST2005-5×FST2005-3	安徽福斯特种苗有限公司	安徽省
2011	安徽	金帅	皖品鉴登字第 1103004	H-06-12×H-05-FH302	安徽省农业科学院园艺研作物究所	安徽省
2011	福建	闽椒 1 号	闽认菜 2011001	79-5×68-2	福建农林大学、惠安县农业科学研究所	福建省
2011	福建	闽椒 2 号	闽认菜 2011002	74B-1×76B-5	福建农林大学、惠安县农业科学研究所	福建省
2011	福建	明椒 5 号	闽认菜 2011003	m16-4-2-1-3×f115-3-2-1-1	福建省三明市农业科学研究所、福建农林大学海外学院	福建省
2011	福建	明椒 6 号	闽认菜 2011004	214-2-3-6-4-1×133-4-2-5-3-1	福建省三明市农业科学研究所	福建省
2011	湖南	博辣红星	湘审椒 2011001	05S155×SJ05-22	湖南省蔬菜研究所、湖南兴蔬种业有限公司	湖南省
2011	湖南	长辣 7 号	湘审椒 2011002	903A×7122	长沙市蔬菜科学研究所、长沙市蔬菜科技开发公司	湖南省
2011	湖南	株椒 6 号	湘审椒 2011003	18-7×16	株洲市农业科学研究所	湖南省
2011	湖南	湘辣 6 号	湘审椒 2011004	9704A×03F	湖南湘研种业有限公司	湖南省
2011	湖南	湘研 806	湘审椒 2011005	R9814A×206	湖南湘研种业有限公司	湖南省
2011	湖南	坛坛香 1 号红线椒	湘审椒 2011006	4503×7109	长沙市坛坛香调料食品有限公司、湖南农业大学、浏阳市果蔬实用技术研究所	湖南省
2011	湖南	坛坛香 2 号黄线椒	湘审椒 2011007	6206×8008	长沙坛坛香调料食品有限公司、湖南农业大学、浏阳市果蔬实用技术研究所	湖南省

（续）

年份	鉴定省份	品种名称	编号	品种来源	选育（报审）单位	适宜范围
2011	广东	皇冠	粤审菜 2011008	华珍青皮辣椒×长剑黄皮辣椒	广东金作农业科技有限公司、广东农科集团良种苗木中心	广东省春、秋季栽培
2011	广东	华椒 5 号	粤审菜 2011009	59×自交系 612	华南农业大学园艺学院	广东省春季栽培
2011	广西	桂航 1 号	(桂)登(蔬)2011015 号	从红椒 1 号经太空诱变处理后的变异材料 HTL-H 混合选育两代而成。	桂林市蔬菜研究所	桂北
2011	广西	桂航 2 号	(桂)登(蔬)2011016 号	从红椒 1 号经太空诱变处理后的变异材料 HTZ-2 单株选育 5 代而成	桂林市蔬菜研究所	桂北
2011	广西	桂航 3 号	(桂)登(蔬)2011017 号	从红椒 1 号经太空诱变处理后的材料 HTX-2 单株选育两代而成	桂林市蔬菜研究所	桂北
2011	重庆	渝椒 12	渝品审鉴 2011003	892-1-1-1-1×766-1-1-1-1	重庆市农业科学院蔬菜花卉研究所	重庆市
2011	重庆	艳椒 11	渝品审鉴 2011004	812-1-1-1-1×811-2-1-1-1	重庆市农业科学院蔬菜花卉研究所	重庆市
2011	贵州	毕节线椒	黔审椒 2011006 号	毕节市撒拉溪镇的地方品种	贵州省毕节地区经济作物工作站	贵州省贵阳市、安顺市、毕节地区、六盘水市
2011	贵州	黔椒 6 号	黔审椒 2011007 号	H20-1×H33-2	贵州省园艺研究所	贵州省黔西南布依族苗族自治州
2011	贵州	黔椒 5 号	黔审椒 2011008 号	H29-2×H32-1	贵州省园艺研究所	贵州省海拔 1 400m 以下区域
2011	贵州	青果王	黔审椒 2011009 号	8108×8203	深圳市永利种业有限公司	贵州省
2011	贵州	遵辣 5 号	黔审椒 2011001 号	遵义县地方品种	遵义市农业科学研究所	贵州省海拔 1 500m 以下区域
2011	贵州	遵辣 6 号	黔审椒 2011002 号	遵义县新舟镇地方品种	遵义市农业科学研究所	贵州省海拔 1 500m 以下区域
2011	贵州	黔辣 6 号	黔审椒 2011003 号	遵义县鸭溪镇地方品种	贵州省辣椒研究所	贵州省的贵阳市、遵义市、毕节地区、安顺市、黔南布依族苗族自治州、铜仁地区

（续）

年份	鉴定省份	品种名称	编号	品种来源	选育（报审）单位	适宜范围
2011	贵州	黔辣 7 号	黔审椒 2011004 号	110×128	贵州省辣椒研究所	贵州省遵义市、安顺市、黔南布依族苗族自治州、毕节地区、黔西南布依族苗族自治州
2011	贵州	辣丰 4 号	黔审椒 2011005 号	6208×8008	深圳市永利种业有限公司	贵州省
2011	甘肃	大漠红	甘认菜 2011004	从美国红辣椒变异单株选育而成	民勤县全盛永泰农业有限公司	甘肃省民勤、金昌
2011	甘肃	航椒 9 号	甘认菜 2011005	021-3-2×055-2-1	甘肃省航天育种工程技术研究中心	甘肃省天水、成县、庆城、靖远、张掖
2011	甘肃	陇椒 5 号	甘认菜 2011006	2002A14×2002A45	甘肃省农业科学院蔬菜研究所	甘肃省塑料大棚、日光温室及露地种植
2011	甘肃	平椒 4 号	甘认菜 2011007	97103×9711	平凉市农业科学研究所	甘肃省平凉露地及春大棚种植
2011	甘肃	精选美国红	甘认菜 2011008	从美国红辣椒变异单株选育而成	民勤县科信种业有限公司、民勤县贤丰农业有限公司、民勤县发泽种业有限公司	甘肃省民勤
2011	甘肃	民椒 1 号	甘认菜 2011009	从美国红辣椒变异株选育而成	民勤县汇农源种业有限责任公司、民勤县祥农源农业科技有限公司	甘肃省民勤、金昌
2011	青海	青线椒 2 号	青审菜 2011005	循化线辣椒自然变异株经系统选育而成	青海省农林科学院园艺研究所	青海省海拔 2 200m 以下的黄河灌区露地覆膜栽培
2012	北京	京硕 3 号	京品鉴椒 2012005	07-54×07-21	北京市农林科学院蔬菜研究中心、北京京研益农科技发展中心、北京京域威尔农业科技有限公司	北京保护地栽培
2012	北京	京硕 4 号	京品鉴椒 2012006	08-2×08-153	北京市农林科学院蔬菜研究中心、北京京研益农科技发展中心、北京京域威尔农业科技有限公司	北京保护地栽培

（续）

年份	鉴定省份	品种名称	编号	品种来源	选育（报审）单位	适宜范围
2012	北京	京线 1 号	京品鉴椒 2012007	07-133×07-401	北京市农林科学院蔬菜研究中心、北京京研益农科技发展中心、北京京域威尔农业科技有限公司	北京保护地栽培
2012	北京	京线 2 号	京品鉴椒 2012008	AB07-128×07-408	北京市农林科学院蔬菜研究中心、北京京研益农科技发展中心、北京京域威尔农业科技有限公司	北京保护地栽培
2012	北京	京旋 1 号	京品鉴椒 2012009	07-16×07-332	北京市农林科学院蔬菜研究中心、北京京研益农科技发展中心、北京京域威尔农业科技有限公司	北京保护地
2012	北京	京旋 2 号	京品鉴椒 2012010	08-36×08-116	北京市农林科学院蔬菜研究中心、北京京研益农科技发展中心、北京京域威尔农业科技有限公司	北京保护地栽培
2012	北京	京搏 3 号	京品鉴椒 2012011	05-25×05-66	北京市农林科学院蔬菜研究中心、北京京研益农科技发展中心、北京京域威尔农业科技有限公司	北京保护地栽培
2012	北京	京搏 4 号	京品鉴椒 2012012	06-11×06-118	北京市农林科学院蔬菜研究中心、北京京研益农科技发展中心、北京京域威尔农业科技有限公司	北京保护地栽培
2012	北京	京研皱皮 2 号	京品鉴椒 2012013	AB06-68×06-65	北京市农林科学院蔬菜研究中心、北京京研益农科技发展中心、北京京域威尔农业科技有限公司	北京保护地栽培
2012	北京	农大 3 号	京品鉴椒 2012027	90227-27×91352-10	中国农业大学农学与生物技术学院	北京保护地栽培
2012	北京	农大 24	京品鉴椒 2012028	90227-27×90196	中国农业大学农学与生物技术学院	北京保护地栽培
2012	山西	良娇 3313 号	晋审菜（认）2012011	2JB03-1×JBX313	山西省夏县良丰蔬菜研究所	山西省春露地栽培

（续）

年份	鉴定省份	品种名称	编号	品种来源	选育（报审）单位	适宜范围
2012	山西	碧螺 6 号	晋审菜（认）2012012	L98-16-6-39×Y99-3-18-40	西北农林科技大学园艺学院	山西省春露地栽培
2012	山西	超越	晋审菜（认）2012013	FX21021×FX10018	长治市方兴种苗有限公司	山西省春露地栽培
2012	山西	晋椒红星	晋审菜（认）2012014	天津三樱椒系选而成	山西省农业科学院蔬菜研究所	山西省春露地栽培
2012	山西	中椒 107	晋审菜（认）2012006	0516×85-164	中国农业科学院蔬菜花卉研究所	山西省春露地作为甜椒种植
2012	山西	中椒 0808	晋审菜（认）2012007	0517×0601M	中国农业科学院蔬菜花卉研究所	山西省春露地作为甜椒种植
2012	山西	方兴富农	晋审菜（认）2012008	FX01031×FX01059	长治市方兴种苗有限公司	山西省春露地作为甜椒种植
2012	山西	盛椒 19	晋审菜（认）2012009	MZ00626×ZY0058	山西强盛种业有限公司	山西省春露地作为甜椒种植
2012	山西	晋椒 202	晋审菜（认）2012010	KA0012×H203	山西省农业科学院蔬菜研究所	山西省春露地作为甜椒种植
2012	内蒙古	蒙古椒 4 号	蒙认菜 2012004 号	A001×Z101	开鲁县嘉禾辣椒研究所	内蒙古自治区开鲁县
2012	内蒙古	红塔 518	蒙认菜 2012005 号	050201×080405	开鲁县辽河种业	内蒙古自治区开鲁县
2012	辽宁	金易龙飞	辽备菜［2012］453 号	A93-01-36-1-6-8-1-3-S-4-S×C09-118	大连鸿利种子科技发展有限公司	辽宁省保护地栽培
2012	辽宁	沈研 19	辽备菜［2012］454 号	A1203×S4-2-1-3	沈阳市农业科学院	辽宁省保护地栽培
2012	辽宁	东方之星	辽备菜［2012］455 号	A1125×S8-2-2-1	沈阳市阳光种业有限责任公司	辽宁省保护地栽培
2012	辽宁	火炬 1 号	辽备菜［2012］456 号	HP09088×HPK09155	海城市三星生态农业有限公司	辽宁省保护地栽培
2012	辽宁	元鸿 428	辽备菜［2012］457 号	HP09042×HP09008	海城市三星生态农业有限公司	辽宁省保护地栽培
2012	辽宁	富瑞达	辽备菜［2012］458 号	ABYH005×SP0987	海城市三星生态农业有限公司	辽宁省保护地栽培
2012	辽宁	元鸿博奥	辽备菜［2012］459 号	ABYH003×SP0932	海城市三星生态农业有限公司	辽宁省保护地栽培

（续）

年份	鉴定省份	品种名称	编号	品种来源	选育（报审）单位	适宜范围
2012	辽宁	鑫悦	辽备菜［2012］460 号	A086-2×0847-5	沈阳市阳光种业有限责任公司	辽宁省保护地栽培
2012	辽宁	园艺 5 号	辽备菜［2012］461 号	雄性不育两用系 AB01×02-26-5	辽宁省农业科学院园艺分院	辽宁省露地及地膜覆盖栽培
2012	黑龙江	锦紫	黑登记 2012026	从以色列引进紫色甜椒分离后代中选出优良株系，经系统选育而成	黑龙江省农业科学院园艺分院	黑龙江省保护地栽培
2012	黑龙江	锦玉	黑登记 2012027	从美国引进白色彩椒分离后代中选出优良株系，经系统选育而成	黑龙江省农业科学院园艺分院	黑龙江省保护地栽培
2012	江苏	苏椒 17	苏审椒 201201	06X354×06X28	江苏省农业科学院蔬菜研究所	江苏省春季保护地栽培
2012	江苏	苏彩椒 1 号	苏审椒 201202	G07061×G07013	江苏省农业科学院蔬菜研究所	江苏省春季保护地栽培
2012	湖南	湘研 808	湘审椒 2012001	R7-2×Y05-12	湖南湘研种业有限公司	湖南省
2012	湖南	湘辣 704	湘审椒 2012002	NO4583-5-2-4A×WJ	湖南湘研种业有限公司	湖南省
2012	湖南	湘妃	湘审椒 2012003	R0824A×J02-16-1	湖南湘研种业有限公司	湖南省
2012	湖南	长丰	湘审椒 2012004	R05-99-2A×03F	湖南湘研种业有限公司	湖南省
2012	湖南	长研 206	湘审椒 2012005	8218×F285	长沙市蔬菜科学研究所、长沙市蔬菜科技开发公司	湖南省
2012	湖南	长辣 5 号	湘审椒 2012006	5211×28116	长沙市蔬菜科学研究所、长沙市蔬菜科技开发公司	湖南省
2012	湖南	坛坛香 4 号红线椒	湘审椒 2012007	91-7×8008	长沙市坛坛香调料食品有限公司、湖南农业大学、浏阳市果蔬实用技术研究所	湖南省
2012	湖南	华辣 2 号	湘审椒 2012008	KP2004-2×KP2005-6	湖南省宇华农业科普开发有限公司	湖南省
2012	海南	海椒 109	琼认蔬菜 2012001	P94J3×P99J5	海南省农业科学院蔬菜研究所	海南省，特别适于海南省北部青黄皮尖椒产区

（续）

年份	鉴定省份	品种名称	编号	品种来源	选育（报审）单位	适宜范围
2012	广东	汇丰 3 号辣椒	粤审菜 2012003	粤椒 3 号-1160×绿霸 202-1165	广东省农业科学院蔬菜研究所	广东省辣椒产区春、秋季栽培
2012	四川	川腾 8 号	川审蔬 2012 001	2004-21-2-3×2003-10-3-6	四川省农业科学院园艺研究所	四川省菜椒产区栽培
2012	四川	全兴红牛	川审蔬 2012 002	QXYJ-7×JLGNJ-3	绵阳市全兴种业有限公司	四川辣椒产区早春大棚三膜覆盖栽培和夏秋露地、保护地栽培
2012	四川	全兴青帝	川审蔬 2012 003	QXTJ-5×JLGNJ-8	绵阳市全兴种业有限公司	四川辣椒产区早春大棚三膜覆盖栽培和夏秋露地、保护地栽培
2012	四川	香辣 2 号	川审蔬 2012 004	J43-W×J21-R	四川种都种业有限公司	四川省
2012	四川	种都 208A	川审蔬 2012 005	P103-L×T14-M	四川种都种业有限公司	四川省春秋大棚和露地栽培
2012	四川	龙形椒	川审蔬 2012 006	L73-P×J32-D	四川种都种业有限公司	四川省
2012	四川	黄金条	川审蔬 2012 007	J03-Q×J31-T	四川种都种业有限公司	四川省
2012	重庆	艳椒 426	渝品审鉴 2012001	754（2）-1-1-1-1×750-1-1-1	重庆市农业科学院蔬菜花卉研究所	重庆市
2012	重庆	艳椒 13	渝品审鉴 2012002	83-11-3-1×40-1-1-1	重庆市农业科学院蔬菜花卉研究所	重庆市春季地膜覆盖或露地栽培
2012	贵州	黔春辣 1 号	黔审椒 2012001 号	369×147	贵阳杰丰农业种子有限公司	贵州省海拔 1 500m 以下产区
2012	贵州	黔春辣 2 号	黔审椒 2012002 号	D-5×AB-1	贵阳杰丰农业种子有限公司	贵州省
2012	贵州	单生理想 52	黔审椒 2012003 号	吉祥朝天 5 号×单身朝天 2 号	贵州粒丰种业有限公司	贵州省
2012	贵州	香辣 3 号	黔审椒 2012004 号	韩 A211×F1230	贵州力合农业科技有限公司	贵州省贵阳市、遵义市、铜仁市、安顺市、毕节市、六盘水市、龙里县、惠水县、长顺县
2012	陕西	陕早红	陕蔬登字 2012005 号	由高色素线辣椒变异株系选而成	宝鸡市农业技术推广服务中心	陕西省关中干制椒产区
2012	陕西	陕椒 2012	陕蔬登字 2012006 号	LR-03-05×L-33-5	西北农林科技大学园艺学院	陕西省关中线辣椒产区

（续）

年份	鉴定省份	品种名称	编号	品种来源	选育（报审）单位	适宜范围
2012	陕西	宝椒10号	陕蔬登字2012007号	4-3-7A×08-17-4C	宝鸡市农业技术推广服务中心	陕西省
2012	甘肃	名驰	甘认菜2012001	从山东金种子农业发展有限公司引进	武威市百利种苗有限公司	甘肃省武威市早春、秋冬日光温室及塑料大棚栽培
2012	甘肃	航椒11	甘认菜2012002	048-3-2-1-1-H-H × 048-3-2-1-1-H-H	天水神舟绿鹏农业科技有限公司	甘肃省天水、徽县、崆峒区、靖远、兰州保护地栽培
2012	甘肃	航椒12	甘认菜2012003	021-3-2×033-2-1	天水神舟绿鹏农业科技有限公司	甘肃省天水、徽县、崆峒区、兰州、张掖
2012	甘肃	天椒6号	甘认菜2012004	126×91	天水市农业科学研究所	甘肃省天水、陇南、庆阳、定西、临夏
2012	甘肃	天椒9号	甘认菜2012005	PS07×PS05-43	天水市农业科学研究所	甘肃省甘谷、武山、通渭、凉州区和嘉峪关市
2012	新疆	新椒20	新登辣椒2012年10号	博椒1号新品系选育	托克逊县美和耐提果蔬农民专业合作社	新疆维吾尔自治区
2012	新疆	新椒21	新登辣椒2012年11号	金塔株选，后代	巴音郭楞蒙古自治州农业科学研究所	新疆维吾尔自治区
2012	新疆	新椒22	新登辣椒2012年12号	B01-3×HA02-1	新疆隆平高科红安天椒农业科技有限公司	新疆维吾尔自治区
2012	新疆	新椒23	新登辣椒2012年13号	2002053-2-3-1×2002068-5-2-1	乌鲁木齐市蔬菜研究所	新疆维吾尔自治区
2012	新疆	新椒24	新登辣椒2012年14号	2002046-3-1-1×2002068-5-2-1	乌鲁木齐市蔬菜研究所	新疆维吾尔自治区
2012	新疆	新椒25	新登辣椒2012年15号	97L-2-7×97L-9-52	新疆石河子蔬菜研究所	新疆维吾尔自治区
2012	新疆	新椒26	新登辣椒2012年16号	98L-3-97×97L-9-52	新疆石河子蔬菜研究所	新疆维吾尔自治区
2012	新疆	新椒27	新登辣椒2012年17号	XJ-18×XJ-72	新疆维吾尔自治区农业科学院园艺研究所	新疆维吾尔自治区
2012	新疆	新椒28	新登辣椒2012年18号	XJ-17×XJ-25	新疆维吾尔自治区农业科学院园艺研究所	新疆维吾尔自治区

（续）

年份	鉴定省份	品种名称	编号	品种来源	选育（报审）单位	适宜范围
2012	青海	青椒3号	青审菜2012001	105-3-3-1×9905-1	青海省农林科学院园艺研究所	青海省温室早春茬或春夏茬种植
2013	北京	海丰16	京品鉴椒2013003	W0704-5×F0702-2	北京市海淀区植物组织培养技术实验室、北京海花生物科技有限公司	北京市露地栽培
2013	北京	海丰1052线椒	京品鉴椒2013004	08-123×F07-253-2-1	北京市海淀区植物组织培养技术实验室、北京海花生物科技有限公司	北京市露地栽培
2013	天津	津科椒2号	津登辣椒2013001	06L-8×06L-32（08F1-3）	天津科润农业科技股份有限公司蔬菜研究所	天津市保护地栽培
2013	天津	津科椒3号	津登辣椒2013002	9L-8×8L-54（2010F1-53）	天津科润农业科技股份有限公司蔬菜研究所	天津市保护地早春、秋延后栽培
2013	天津	津辣2号	津登辣椒2013003	9SF-8×8SF-54（2011F1-32）	天津科润农业科技股份有限公司蔬菜研究所	天津市露地栽培
2013	山西	晋椒501	晋审菜（认）2013008	102-6-34-42×96-56-45-43	山西省农业科学院蔬菜研究所	山西省春季设施栽培
2013	山西	中椒0812	晋审菜（认）2013009	07Q-25×07Q-27	中国农业科学院蔬菜花卉研究所	山西省露地栽培
2013	山西	方兴119	晋审菜（认）2013010	FX21022×FX16018	长治市方兴种苗有限公司	山西省露地栽培
2013	山西	晋青椒5号	晋审菜（认）2013005	C16-1-4-1-1×C21-2-1-1	山西省农业科学院园艺研究所	山西省太原以南地区春季大棚种植，太原以北地区春季露地地膜覆盖种植
2013	山西	晋青椒6号	晋审菜（认）2013006	2367×3356	山西巨元农业科技有限公司	山西省太原以南地区春季大棚种植，太原以北春季露地地膜覆盖种植
2013	山西	骏马	晋审菜（认）2013007	FX01-19×FX01059	长治市方兴种苗有限公司	山西省太原以南地区春季大棚种植，太原以北地区春季露地地膜覆盖种植

（续）

年份	鉴定省份	品种名称	编号	品种来源	选育（报审）单位	适宜范围
2013	辽宁	玉椒3号	辽备菜［2013］012号	黎14A×C3	桓仁大玉科技种业有限公司	辽宁省保护地栽培
2013	辽宁	元鸿安达	辽备菜［2013］013号	HP09347×HP09291	海城市三星生态农业有限公司	辽宁省保护地栽培
2013	辽宁	玉椒2号	辽备菜［2013］014号	黎S4×135	桓仁大玉科技种业有限公司	辽宁省保护地栽培
2013	辽宁	元鸿博雅	辽备菜［2013］015号	ABYH003×SP0137	海城市三星生态农业有限公司	辽宁省保护地栽培
2013	辽宁	欧美特	辽备菜［2013］016号	A042-3×0854-3	沈阳市阳光种业有限责任公司	辽宁省保护地栽培
2013	辽宁	沈研20	辽备菜［2013］017号	A022×03-6-3-5	沈阳市农业科学院	辽宁省保护地栽培
2013	辽宁	宏运	辽备菜［2013］018号	SPC133×SPC056	海城市三星生态农业有限公司	辽宁省保护地栽培
2013	辽宁	托尼	辽备菜［2013］019号	SP1077×SP1043	海城市三星生态农业有限公司	辽宁省保护地栽培
2013	吉林	吉塔1号	吉登菜2013010	211201×211221-5	吉林省金塔实业（集团）股份有限公司	吉林省露地栽培
2013	吉林	吉农6号	吉登菜2013011	九龙长虹×虎皮小尖椒	吉林农业大学	吉林省露地栽培
2013	上海	蒙特	沪农品认蔬果2013第011号	P103-L-10-6-3-5-3×T14-M-13-5-9-7-4	上海种都种业科技有限公司	上海市
2013	江苏	扬椒5号	苏审椒201301	3070×3065	江苏里下河地区农业科学研究所	江苏省早春保护地栽培
2013	江苏	镇研20	苏审椒201302	A9259×N9389	镇江市镇研种业有限公司	江苏省春季保护地栽培
2013	江苏	苏椒20	苏审椒201303	G05188-3×G05187-2	江苏省农业科学院蔬菜研究所	江苏省春季保护地栽培
2013	浙江	玉龙椒	浙（非）审蔬2013003	05B11×Y801	衢州市农业科学研究院、龙游县乐土良种推广中心	浙江省大棚栽培
2013	福建	迅驰	闽认菜2013008	从瑞克斯旺（中国）种子有限公司引进	福州市蔬菜科学研究所	福建省福州市以南地区
2013	福建	春葳线椒1号（超研1号）	闽认菜2013009	HN-06×KR-09	福建超大现代种业有限公司	福建省
2013	江西	赣丰15	赣认辣椒2013001	B9404×N104	江西省农业科学院蔬菜花卉研究所	江西省
2013	江西	晨纱1号	赣认辣椒2013002	W210×V5-2	江西农望高科技有限公司	江西省

（续）

年份	鉴定省份	品种名称	编号	品种来源	选育（报审）单位	适宜范围
2013	江西	辛香 16	赣认辣椒 2013003	N026×T216	江西农望高科技有限公司	江西省
2013	江西	辛香 24	赣认辣椒 2013004	M404×L24	江西农望高科技有限公司	江西省
2013	江西	红阿宝	赣认辣椒 2013005	2004-3-1×2005-6-11	江西正邦种业有限公司	江西省
2013	江西	绿阿宝	赣认辣椒 2013006	2005-1-6×2005-9-16	江西正邦种业有限公司	江西省
2013	江西	绿金线	赣认辣椒 2013007	2005-2-18×2005-5-7	江西正邦种业有限公司	江西省
2013	江西	鼎秀 8 号	赣认辣椒 2013008	N0916×F0919	南昌市南繁蔬菜育种队	江西省
2013	江西	赣杂 9 号	赣认辣椒 2013009	N0924×F0928	南昌市南繁蔬菜育种队	江西省
2013	江西	春研 34	赣认辣椒 2013010	A96-7-1×E95-6-8	江西宜春市春丰种子中心	江西省
2013	江西	春辣 13	赣认辣椒 2013011	B21-7-8×101-8	江西宜春市春丰种子中心	江西省
2013	江西	春辣 15	赣认辣椒 2013012	21-4-5×99-4-6	江西宜春市春丰种子中心	江西省
2013	江西	春辣 18	赣认辣椒 2013013	B20-2-3×98-7-8	江西宜春市春丰种子中心	江西省
2013	江西	春研翠辣	赣认辣椒 2013014	98-6-2×9708	江西宜春市春丰种子中心	江西省
2013	湖北	佳美 2 号	鄂审菜 2013003	P07-13-1×HP07-36-1	湖北省农业科学院经济作物研究所、武汉市东西湖区农业科学研究所	湖北省平原地区作早春、延秋大棚种植及高山露地种植
2013	湖南	青翠	湘审椒 2013001	26-1-5 单 1-1-1A×R05-40	湖南湘研种业有限公司	湖南省
2013	湖南	湘研美玉	湘审椒 2013002	R05-35A×206	湖南湘研种业有限公司	湖南省
2013	湖南	兴蔬绿燕	湘审椒 2013003	HJ180A×SJ07-21	湖南省蔬菜研究所、湖南兴蔬种业有限公司	湖南省
2013	湖南	博辣红牛	湘审椒 2013004	SF11-1×SJ05-12	湖南省蔬菜研究所、湖南兴蔬种业有限公司	湖南省
2013	湖南	福湘佳玉	湘审椒 2013005	05S150×T05-1	湖南省蔬菜研究所、湖南兴蔬种业有限公司	湖南省

（续）

年份	鉴定省份	品种名称	编号	品种来源	选育（报审）单位	适宜范围
2013	湖南	株椒 2 号	湘审椒 2013006	Z-14×H-4 后代定向选择	株洲市蔬菜科学研究所	湖南省
2013	湖南	明椒 5 号	湘审椒 2013007	m16-4-2-1-3×f115-3-2-1-1	福建省三明市农业科学研究所	湖南省
2013	海南	热辣 1 号	琼认辣椒 2013001	04Ca125×03Ca21	中国热带农业科学院热带作物品种资源研究所	海南省
2013	海南	热辣 2 号（黄灯笼椒）	琼认辣椒 2013002	05YB17×05YB59	中国热带农业科学院热带作物品种资源研究所	海南省，最适宜海南东南部
2013	广东	辣优 16	粤审菜 2013014	辣优 4 号-862A×贵阳 073 辣椒	广州市农业科学研究院	广东省春、秋季栽培
2013	广东	辣优 13	粤审菜 2013015	红椒-561A×红椒-Z-154	广州市农业科学研究院	广东省春季栽培
2013	广西	桂椒 7 号	桂审 2013003 号	Ca1-6-8×Ca3-1-6	广西农业科学院蔬菜研究所	广西壮族自治区
2013	广西	桂椒 8 号	桂审蔬 2013004 号	Ca299×Ca297	广西农业科学院蔬菜研究所	广西壮族自治区
2013	广西	桂航 1 号	桂审蔬 2013005 号	红椒 1 号变异株 HTL-1 定向选育	桂林市蔬菜研究所	广西壮族自治区
2013	广西	桂航 2 号	桂审蔬 2013006 号	红椒 1 号变异株 HTL-6 定向选育	桂林市蔬菜研究所	广西壮族自治区
2013	广西	盆椒 6 号	桂审蔬 2013009 号	FAN-R23-05×HOL-R15-06	广西大学、南宁市蔬菜研究所	广西壮族自治区南宁市盆栽
2013	广西	盆椒 17	桂审蔬 2013010 号	JPN-Y12-05×HOL-Y21-07	广西大学、南宁市蔬菜研究所	广西壮族自治区南宁市盆栽
2013	广西	盆椒 22	桂审蔬 2013011 号	HOL-Y20-04×HOL-Y11-06	广西大学、南宁市蔬菜研究所	广西壮族自治区南宁市盆栽
2013	广西	盆椒 28	桂审蔬 2013012 号	JPN-Y10-06×HOL-Y21-07	广西大学、南宁市蔬菜研究所	广西壮族自治区南宁市盆栽
2013	广西	浩强 1 号指天椒	（桂）登（蔬）2013001 号	泰选 1-4 号×泰选 3-5 号	玉林浩强农业科技有限公司	玉林市
2013	广西	金焰	（桂）登（蔬）2013008 号	R0971×R0997	玉林浩强农业科技有限公司、湖南湘研种业有限公司	广西壮族自治区
2013	贵州	元辣红丰	黔审椒 2013001 号	辣丰红椒×元皇金条	贵州筑农科种业有限责任公司	贵州省
2013	贵州	元辣华帅	黔审椒 2013002 号	番椒长青×元皇金椒	贵州筑农科种业有限责任公司	贵州省

（续）

年份	鉴定省份	品种名称	编号	品种来源	选育（报审）单位	适宜范围
2013	贵州	香辣 4 号	黔审椒 2013003 号	108A×017	贵州力合农业科技有限公司	贵州省贵阳市、遵义市、铜仁市、安顺市、黔东南苗族侗族自治州、黔西南布依族苗族自治州、黔南布依族苗族自治州、金沙县
2013	贵州	曼迪金条	黔审椒 2013004 号	云异山-8×荆条 2-6	广州农宝种子有限公司	贵州省贵阳市、遵义市、安顺市、毕节市、铜仁市、黔东南苗族侗族自治州、黔西南布依族苗族自治州、黔南布依族苗族自治州
2013	贵州	遵椒 4 号	黔审椒 2013005 号	遵椒 2 号系选	遵义县辣椒产业发展中心	贵州省贵阳市、遵义市、毕节市、六盘水市和安顺市的中高海拔地区种植
2013	陕西	宝椒 11	陕蔬登字 2013001 号	不育系 1-4-4A×成 1-1-2	宝鸡市农业技术推广服务中心	陕西省
2013	甘肃	航椒黄帅	甘认菜 2013001	032-1-2-1-1-H-H×082-1-1-H-H	天水神舟绿鹏农业科技有限公司	甘肃省天水、白银、张掖、西和、庆城露地或保护地栽培
2013	甘肃	航椒红箭	甘认菜 2013002	032-2-2×024-4-1	神舟天辰科技实业有限公司	甘肃省天水、定西、张掖、庆城露地栽培
2013	甘肃	美国红	甘认菜 2013003	从美国红辣椒中选择优良单株培育而成	民勤县全盛永泰农业有限公司、张掖市天脊种业有限责任公司、酒泉市华润种业有限公司	甘肃省武威及同生态类型区露地栽培
2013	甘肃	运驰	甘认菜 2013004	从山东金种子农业发展有限公司引进	武威市百利种苗有限公司	甘肃省武威、张掖保护地栽培
2013	甘肃	平圆椒 1 号	甘认菜 2013005	PY03-32×PY04-25	张掖市甘州区平原堡农民专业合作社、张掖市农业技术推广站	甘肃省张掖等地露地种植
2013	青海	青椒 4 号	青审菜 2013002	乐都长辣椒经太空辐射诱变	青海省农林科学院园艺研究所	青海省保护地栽培

（续）

年份	鉴定机构	品种名称	鉴定编号	品种来源	选育（报审）单位	适宜范围
◆茄　子						
2004	山西	原茄 1 号	晋审菜（认）2004005	从忻州地方品种中选育而成	山西省原平市蔬菜种子公司	山西省
2004	山西	晋紫长茄	晋审菜（认）2004006	104-126-43-18×237-9-27-11	山西省农业科学院蔬菜研究所	山西省春夏露地栽培
2004	辽宁	606 茄子	辽备菜［2004］189 号	16×4-1	朝阳市蔬菜研究所	辽宁省
2004	辽宁	丹茄 958	辽备菜［2004］190 号	从外引进的 FQ8 经自交选育而成	丹东农业科学院蔬菜研究所	辽宁省
2004	辽宁	黑妹长茄	辽备菜［2004］191 号	9727×9728	辽宁东亚农业发展有限公司	辽宁省
2004	辽宁	辽茄 7 号	辽备菜［2004］192 号	自交系 H3×自交系 P5	辽宁省农业科学院园艺研究所	辽宁省
2004	四川	川茄 1 号	川审蔬 2004 013	E14×V19	四川省农业科学院园艺研究所	四川省
2004	四川	蓉杂茄 3 号	川审蔬 2004 024	8903-A-2×8901-B-3	成都市第一农业科学研究所	四川省
2005	山西	并杂圆茄 1 号	晋审菜（认）2005003	Z98-01×K97-01	太原市农业科学研究所	山西省
2005	辽宁	黑妹 2 号	辽备菜［2005］246 号	01ET56×53	辽宁东亚农业发展有限公司	辽宁省
2005	辽宁	沈茄 4 号	辽备菜［2005］247 号	P24×9710	沈阳市农业科学院	辽宁省
2005	辽宁	辽茄 6 号	辽备菜［2005］248 号	南 1-2×南 1	辽宁省农业科学院园艺研究所	辽宁省
2005	安徽	淮中紫茄	皖品鉴登字第 0503006	宿州地方紫茄×F97-01	涡阳同丰种业有限公司	安徽省
2005	湖南	湘杂早红	XPD001-2005	92148×96267	湖南湘研种业有限公司、湖南省蔬菜研究所	湖南省
2005	湖南	湘杂 8 号	XPD002-2005	97213×96240	湖南湘研种业有限公司、湖南省蔬菜研究所	湖南省
2005	新疆	新茄 5 号	新登茄 2005 年 016 号	19 号茄×18 号茄	乌鲁木齐县种子站	新疆维吾尔自治区
2006	辽宁	丹茄 8 号	辽备菜［2006］283 号	茄系 4×茄系 2	丹东农业科学院园艺研究所	辽宁省
2006	辽宁	绿衣天使	辽备菜［2006］284 号	绿园×荷长	沈阳天硕园艺有限公司	辽宁省
2006	辽宁	紫剑	辽备菜［2006］285 号	99-1×98-2	辽宁东亚种业有限公司	辽宁省
2006	辽宁	都市新秀	辽备菜［2006］286 号	E90-2-1×L2	大连广大种子有限公司	辽宁省

（续）

年份	鉴定机构	品种名称	鉴定编号	品种来源	选育（报审）单位	适宜范围
2006	广东	惠宝紫红茄	粤登菜 2006001	惠研 2001-16 茄子品种资源分离单株经系统选育而成	惠州市惠城区人民政府“菜篮子”工程办公室	广东省
2006	四川	川茄 2 号	川审蔬 2006 006	E14×V13	四川省农业科学院园艺研究所	四川省
2006	四川	川茄 3 号	川审蔬 2006 007	E14×V20	四川省农业科学院园艺研究所	四川省
2006	贵州	黔茄 2 号	黔审菜 2006003 号	安 3-1×屯-5	贵州省农业科学院园艺研究所	贵州省海拔1 500m 以下地区
2007	辽宁	辽茄 9 号	辽备菜［2007］312 号	快圆茄×S2	辽宁省农业科学院	辽宁省
2007	辽宁	辽茄 15	辽备菜［2007］313 号	EY3×EY2	辽宁省农业科学院蔬菜研究所	辽宁省
2007	辽宁	辽茄 16	辽备菜［2007］314 号	EY4×EF2	辽宁省农业科学院蔬菜研究所	辽宁省
2007	辽宁	沈农超级紫茄	辽备菜［2007］315 号	14-3-8-12×12-5-7-10	沈阳农业大学园艺学院	辽宁省
2007	辽宁	沈农超级绿茄	辽备菜［2007］316 号	西安绿茄为亲本	沈阳农业大学园艺学院	辽宁省
2007	黑龙江	龙杂茄 6 号	黑登记 2007031	93-1×118	黑龙江省农业科学院园艺分院	黑龙江省
2007	黑龙江	龙园棚茄 1 号	黑登记 2007032	A97-1×31 号	黑龙江省农业科学院园艺分院	黑龙江省保护地栽培
2007	上海	特旺达	沪农品认蔬果（2007）第 011 号	CL-1-21-2-3-10×B-3-8-13-7-8	上海市农业科学院园艺研究所	上海市
2007	湖北	鄂茄子 2 号	鄂审菜 2007003	HLE-1×HLE-9	武汉市蔬菜科学研究所、武汉汉龙种苗有限责任公司	湖北省
2007	广东	新丰紫红茄	粤审菜 2007004	石丰 5113×38-1 改	广东省农业科学院蔬菜研究所	广东省春季栽培
2007	广东	白玉白茄	粤审菜 2007005	龙茄-YC-212×5811	广东省农业科学院蔬菜研究所	广东省春、秋季栽培
2007	广西	瑞丰 1 号紫长茄	桂审菜 2007003 号	（胭脂茄×旺步紫长茄）→S3	广西农业科学院蔬菜研究中心	广西壮族自治区
2007	新疆	98 号	新登茄子 2007 年 18 号	4 号茄×26 号茄	乌鲁木齐县种子站	新疆维吾尔自治区
2008	辽宁	辽茄 10 号	辽备菜［2008］341 号	绿 4-2×绿圆茄	辽宁省农业科学院	辽宁省
2008	辽宁	沈茄 5 号	辽备菜［2008］342 号	9809×9806	沈阳市农业科学院	辽宁省
2008	浙江	慈茄 1 号	浙认蔬 2008016	韩家路黑藤茄系统选育	慈溪市德清种子种苗有限公司、慈溪市德清蔬菜技术研究所	浙江省宁波、舟山、绍兴地区

（续）

年份	鉴定机构	品种名称	鉴定编号	品种来源	选育（报审）单位	适宜范围
2008	浙江	紫秋	浙认蔬 2008031	J803-1×T9312-1	浙江省农业科学院蔬菜研究所	浙江省秋季露地栽培
2008	安徽	白茄 2 号	皖品鉴登字第 0803013	99-07×89-18	安徽省农业科学院园艺作物研究所	安徽省
2008	江西	汉洪 2 号	赣认茄子 2008001	E-2×E-9	南昌市农业科学院经济作物研究所	江西省
2008	四川	蓉杂茄 4 号	川审蔬 2008 006	早乌棒墨茄×9901	成都市农林科学院园艺研究所	四川省
2008	重庆	渝早茄 4 号	渝品审鉴 2008004	142×D-7-1	重庆市农业科学院	重庆市
2008	重庆	春秋长茄	渝品审鉴 2008005	110-2×D-7-1	重庆市农业科学院	重庆市
2009	山西	并杂圆茄 3 号	晋审菜（认）2009006	99-2×H01-01	太原市农业科学研究所	山西省早春露地栽培
2009	山西	并杂圆茄 4 号	晋审菜（认）2009007	H01-03×j97-01	太原市农业科学研究所	山西省早春露地栽培
2009	内蒙古	十佳圆茄	蒙认菜 2009063 号	宁城县十家地区地方品种	赤峰自毅绿色种业有限公司	内蒙古自治区赤峰市
2009	内蒙古	巨星茄子	蒙认菜 2009064 号	九叶茄的变异株	宁城县中京蔬菜研究所	内蒙古自治区赤峰市
2009	辽宁	吉杂花长茄	辽备菜［2009］360 号	绿 228×D32	沈阳市谷实丰种苗商行	辽宁省
2009	吉林	吉茄 5 号	吉登菜 2008002	XP26-1×WP27-8	吉林省蔬菜花卉科学研究所	吉林省
2009	黑龙江	龙杂茄 7 号	黑登记 2009035	JW-108×YS-25	黑龙江省农业科学院园艺分院	黑龙江省
2009	上海	朗奇	沪农品认蔬果（2009）第 003 号	CL-1-21-2-3-10×B-3-8-3-21-2-2	上海市农业科学院园艺研究所	上海市
2009	浙江	紫妃 1 号	浙（非）审蔬 2009006	E-307×06-E417	杭州市农业科学研究院	浙江省
2009	浙江	甬茄 1 号	浙（非）审蔬 2009007	P14-1-3-5-2-1-1-4×P38-4-1-2-1-2-5-2	宁波市农业科学研究院	浙江省早春大棚和露地栽培
2009	福建	农友长茄(704)	闽认菜 2009002	从台湾引进	厦门市同安区农业技术推广中心	闽南地区冬季大棚栽培
2009	山东	淄茄 1 号	鲁农审 2009052 号	郭庄长茄×大黑龙	淄博市农业科学研究院	山东省作露地中晚熟茄子栽培
2009	山东	西星长茄 1 号	鲁农审 2009051 号	98-35×04-39	山东登海种业股份有限公司西由种子分公司	山东省作露地中晚熟茄子栽培
2009	山东	鲁蔬长茄 1 号	鲁农审 2009050 号	济南长茄×B-37	山东省农业科学院蔬菜研究所	山东省作露地中晚熟茄子栽培

（续）

年份	鉴定机构	品种名称	鉴定编号	品种来源	选育（报审）单位	适宜范围
2009	山东	紫阳长茄	鲁农审 2009049 号	6B029×H91-26-8	山东省潍坊市农业科学院	山东省作露地中晚熟茄子栽培
2009	广东	惠宝紫红茄	粤审菜 2009006	从惠州市横沥镇农家茄子品种中选出的优系	惠州市惠城区“菜篮子”工程科学技术研究所、惠州市惠城区“菜篮子”工程办公室	广东省春季栽培
2009	广东	农夫长茄	粤审菜 2009007	蕉岭粗长系/台浙线茄系	广东省农业科学院蔬菜研究所	广东省秋季栽培
2009	广东	庆丰紫红茄	粤审菜 2009008	长石选×台选 6	广东省农业科学院蔬菜研究所	广东省春、秋季栽培
2009	广西	瑞丰 2 号紫长茄	桂审蔬 2009001 号	（胭脂茄×海南 2 号）→S3	广西农业科学院蔬菜研究所	广西壮族自治区
2009	四川	川茄 805	川审蔬 2009 013	E14×E433	四川省农业科学院园艺研究所	四川省
2009	重庆	无籽茄 1 号	渝品审鉴 2009002	28-1×FD21-3	重庆市农业科学院	重庆市
2009	重庆	无籽茄 2 号	渝品审鉴 2009003	21-3×FD08-1	重庆市农业科学院	重庆市
2009	贵州	黔茄 4 号	黔审菜 2009001 号	YC×HG	贵州省园艺研究所	贵州省中、低海拔适宜区域
2009	甘肃	航茄 2 号	甘认菜 2009007	龙果圆茄和天水长茄经太空诱变后选育的自交系配制的杂交种	甘肃省航天育种工程技术研究中心、中国空间技术研究院	甘肃省张掖、靖远、秦城、成县、庆城露地栽培
2010	北京	京茄 20	京品鉴菜 2010016	05-20×05-35	北京市农林科学院蔬菜研究中心	北京市保护地栽培
2010	北京	京茄 10 号	京品鉴菜 2010015	03-106×03-121	北京市农林科学院蔬菜研究中心	北京市
2010	北京	京茄 6 号	京品鉴菜 2010014	04-32×04-12	北京市农林科学院蔬菜研究中心	北京市保护地栽培
2010	北京	京茄 1 号	京品鉴菜 2010013	03-90×03-63	北京市农林科学院蔬菜研究中心	北京保护地和早春露地小拱棚覆盖栽培
2010	山西	园杂 5 号	晋审菜（认）2010011	0465×0429	中国农业科学院蔬菜花卉研究所	山西春露地和早春塑料大棚栽培
2010	山西	晋茄早 1 号	晋审菜（认）2010012	24-1-2-9-7×10-4-8-8	山西省农业科学院蔬菜研究所	山西省
2010	辽宁	辽茄 11	辽备菜［2010］383 号	07217×07221	辽宁省农业科学院蔬菜研究所	辽宁省
2010	辽宁	沈茄 6 号	辽备菜［2010］384 号	2006×9904	沈阳市农业科学院	辽宁省
2010	吉林	吉茄 6 号	吉登菜 2010004	B4-3×C2-6	吉林省蔬菜花卉科学研究院	吉林省保护地、露地栽培

（续）

年份	鉴定机构	品种名称	鉴定编号	品种来源	选育（报审）单位	适宜范围
2010	上海	士奇	沪农品认蔬果 2010 第 008 号	Eg148-2-3-1-8-1-7×Eh10-1-1-5-3-3	上海市农业科学院园艺研究所、上海市设施园艺技术重点实验室	上海市
2010	安徽	皖茄 3 号	皖品鉴登字第 1003016	E-01-89×E-99-24	安徽省农业科学院园艺作物研究所	安徽省
2010	湖北	鄂茄子 3 号	鄂审菜 2010002	HL-6×HL-11	武汉汉龙种苗有限责任公司	湖北省
2010	湖南	早红茄 1 号	XPD009-2010	129×627	湖南省蔬菜研究所	湖南省
2010	湖南	黑冠早茄	XPD010-2010	272×352	湖南省蔬菜研究所	湖南省
2010	四川	蓉杂茄 5 号	川审蔬 2010004	早乌棒墨茄×9902	成都市农林科学院园艺研究所	四川省春季栽培
2010	重庆	黑冠长茄	渝品审鉴 2010001	110-2×D-6	重庆市农业科学院蔬菜花卉研究所	重庆市
2010	重庆	渝研 6 号	渝品审鉴 2010002	142×D-6	重庆市农业科学院蔬菜花卉研究所	重庆市低海拔地区
2010	甘肃	航茄 4 号	甘认菜 2010010	04-4-8-1-3-1×04-4-8-1-3-1	甘肃省航天育种工程技术研究中心、天水市农业科学研究所、中国空间技术研究院	甘肃省天水、成县、庆城、临洮、张掖
2010	甘肃	航茄 5 号	甘认菜 2010011	05-4-41-1-2-1×05-4-9-1-1-1	天水绿鹏农业科技有限公司、中国科学院遗传与发育生物学研究所、天水市农业科学研究所、中国空间技术研究院	甘肃省天水、成县、庆城、崆峒、临洮、张掖
2010	新疆	07-1 茄子	新登茄子 2010 年 03 号	9318-1-1×选留 06-132	新疆石河子蔬菜研究所	北疆保护地栽培
2010	新疆	07-5 茄子	新登茄子 2010 年 04 号	96-5-2-1×96-A-1-1	新疆石河子蔬菜研究所	北疆保护地栽培
2011	天津	快圆	津登茄子 2011001	由天津地方品种经过多年提纯选育而成		天津市早春保护地栽培
2011	天津	紫云	津登茄子 2011002	126bd×43	天津科润农业科技股份有限公司蔬菜研究所	天津市保护地、露地栽培
2011	辽宁	瑞莎	辽备菜［2011］419 号	GEP09-07×GEP08-K9	海城市三星生态农业有限公司	辽宁省

（续）

年份	鉴定机构	品种名称	鉴定编号	品种来源	选育（报审）单位	适宜范围
2011	辽宁	紫将军	辽备菜［2011］420号	PEP08-5×PEP08-K8	海城市三星生态农业有限公司	辽宁省
2011	黑龙江	哈农杂茄1号	黑登记2011035	T142×T72	哈尔滨市农业科学院	黑龙江省
2011	上海	墨菲	沪农品认蔬果2011第016号	E982-4-5×E795-7-2	上海种都种业科技有限公司	上海市
2011	浙江	浙茄28	浙（非）审蔬2011007	杭州红茄×T905-2	浙江省农业科学院蔬菜研究所	浙江省春夏季露地栽培
2011	浙江	浙茄3号	浙（非）审蔬2011008	E673-10-2-1-5-1-1-2-1×屏东长茄	浙江省农业科学院蔬菜研究所	浙江省保护地栽培
2011	安徽	铜罐茄	皖品鉴登字第1103005	早红茄×紫圆茄	铜陵市农业科学研究所	安徽省
2011	安徽	白茄3号	皖品鉴登字第1103006	E-01-31-5×E-05-6-3	安徽省农业科学院园艺作物研究所	安徽省
2011	安徽	圆杂16	皖品鉴登字第1103007	0348×0369	中国农业科学院蔬菜花卉研究所	安徽省
2011	安徽	长杂8	皖品鉴登字第1103008	03154×03204	中国农业科学院蔬菜花卉研究所	安徽省
2011	河南	洛茄2号	豫品鉴菜2011001	Zy14-1×Zy06-2	洛阳市农业科学研究院	河南省早春保护地和露地栽培
2011	河南	郑茄2号	豫品鉴菜2011002	P-9802-1-1×P-9704-2-2-1-1	郑州市蔬菜研究所	河南省早春保护地和露地栽培
2011	河南	驻茄9号	豫品鉴菜2011003	P98-1×H01-12	驻马店市农业科学院	河南省早春保护地和露地栽培
2011	河南	平茄4号	豫品鉴菜2011004	q9201×糙-1-4-8	平顶山市农业科学研究院	河南省早春保护地和露地栽培
2011	河南	洛茄1号	豫品鉴菜2011005	Ly01-7×Ly08-2	洛阳市农业科学研究院	河南省早春保护地和露地栽培
2011	河南	周杂2号	豫品鉴菜2011006	E9801×E0311	周口市农业科学院	河南省早春保护地和露地栽培
2011	河南	青杂2号	豫品鉴菜2011007	XC-05×QC-16	河南省农业科学院园艺研究所	河南省早春保护地和露地栽培
2011	河南	郑茄1号	豫品鉴菜2011008	G-9804-2-1-1×G-9903-1-1-1	郑州市蔬菜研究所	河南省早春保护地和露地栽培
2011	广东	紫荣6号	粤审菜2011004	贺州紫红茄9424×长丰紫红茄M3-1	广州市农业科学院	河南省早春保护地和露地栽培
2011	广西	瑞丰3号紫长茄	桂审蔬2011001号	RF06-5-2/SJ04-15-6	广西农业科学院蔬菜研究所	广西壮族自治区
2011	甘肃	航茄6号	甘认菜2011012	03-6-5-3H-9H-1H × 02-3-1-4-7H-2H-4H	甘肃省航天育种工程技术研究中心	甘肃省天水、成县、庆城、靖远、张掖

（续）

年份	鉴定机构	品种名称	鉴定编号	品种来源	选育（报审）单位	适宜范围
2012	山西	园杂 471	晋审菜（认）2012005	07910×0620	中国农业科学院蔬菜花卉研究所	山西省春露地栽培
2012	辽宁	霸桥新秀	辽备菜［2012］450 号	GGEP1018×GGEP1032	海城市三星生态农业有限公司	辽宁省
2012	辽宁	托米娜	辽备菜［2012］451 号	GEP09-33×GEP08-K22	海城市三星生态农业有限公司	辽宁省
2012	辽宁	沈茄 7 号	辽备菜［2012］452 号	2071×2059	沈阳市农业科学院	辽宁省
2012	黑龙江	哈农杂茄 2 号	黑登记 2012042	T142×T150	哈尔滨市农业科学院	黑龙江省
2012	上海	雅奇	沪农品认蔬果 2012 第 008 号	702-3-2-3-7-3-2-3 × B -3-8-3-23-6-24-X-1	上海市农业科学院园艺研究所、上海市设施园艺技术重点实验室	上海市
2012	上海	墨林	沪农品认蔬果 2012 第 009 号	KQ031×EQ024	上海种都种业科技有限公司	上海市
2012	江苏	宁茄 4 号	苏鉴茄子 201201	S095-1-7-1-1-1×S047-3-7-1-1-1	南京市蔬菜科学研究所	江苏省保护地及露地栽培
2012	江苏	黑骠茄子	苏鉴茄子 201202	FaS095×S-8900B	南京市蔬菜科学研究所	江苏省保护地及露地栽培
2012	江苏	苏崎 3 号	苏鉴茄子 201203	EP7×EP4	江苏省农业科学院蔬菜研究所	江苏省保护地及露地栽培
2012	浙江	杭茄 2008	浙（非）审蔬 2012001	E-HT1024×E06-417	杭州市农业科学研究院	浙江省
2012	福建	闽茄 3 号	闽认菜 2012001	W-2-1-6×H-1-2-1	福州市蔬菜科学研究所	福建省
2012	福建	福茄 3 号（绿丰 3 号）	闽认菜 2012002	EP104011×EP104020	福建省农业科学院作物研究所	福建省
2012	福建	福茄 5 号（绿丰 5 号）	闽认菜 2012003	EP104025×EP104001	福建省农业科学院作物研究所	福建省
2012	海南	琼茄 3 号	琼认蔬菜 2012006	ZQ003-4-1-1 ×（ZQ023-6-1-3 × ZQ016-2-4-1）	海南省农业科学院蔬菜研究所	海南省
2012	广东	农丰长茄	粤审菜 2012001	蕉岭粗长-5×台浙长线茄	广东省农业科学院蔬菜研究所	广东省春、秋季栽培
2012	广东	紫荣 7 号	粤审菜 2012009	长丰长茄 cf-4-4-4-4×屏东长茄 0031	广州市农业科学研究院	广东省春、秋季栽培
2012	广东	惠茄 1 号	粤审菜 2012010	韩引选 K06-2×横沥长茄 H06-3	惠州市农业科学研究所	广东省春、秋季栽培

（续）

年份	鉴定机构	品种名称	鉴定编号	品种来源	选育（报审）单位	适宜范围
2012	广西	茄砧 11	桂审蔬 2012008 号	JPN-E07-2-A08-09-1 × JPN-J06-4-08-09-8	广西大学、南宁市桂福园农业有限公司	广西壮族自治区砧木用茄子产区种植
2012	四川	巴山长茄	川审蔬 2012 008	E0501×E001	达州市农业科学研究所	四川省
2012	四川	黑金	川审蔬 2012 009	E10019×P2032A	四川种都种业有限公司	四川省
2012	四川	黑妹	川审蔬 2012 010	Q07012×E11053	四川种都种业有限公司	四川省
2012	四川	黑妞	川审蔬 2012 011	P09028×E04049	四川种都种业有限公司	四川省
2012	四川	黑美瑞	川审蔬 2012 012	JLGHYL-1×QXMQ-3	绵阳市全兴种业有限公司	四川省早春大棚三膜和夏秋保护地及露地栽培
2012	四川	早壮黑丰	川审蔬 2012 013	JLGSYQ-3×QXMQ-1	绵阳市全兴种业有限公司	四川省早春大棚三膜和夏秋露地、保护地栽培
2012	甘肃	爱丽舍	甘认菜 2012011	从山东金种子农业发展有限公司引进	武威市百利种苗有限公司	甘肃省武威市日光温室栽培
2012	甘肃	航茄 7 号	甘认菜 2012012	04-4-2-2-5H×04-1-4-6-7-H	天水神舟绿鹏农业科技有限公司	甘肃省天水、徽县、武威、兰州、白银
2013	北京	海丰长茄 1 号	京品鉴茄 2013005	02-QP-19×A-40	北京市海淀区植物组织培养技术实验室、北京海花生物科技有限公司	北京市
2013	北京	海丰长茄 2 号	京品鉴茄 2013006	11-15×11-2	北京市海淀区植物组织培养技术实验室、北京海花生物科技有限公司	北京市
2013	天津	圆丰 7 号	津登茄子 2013001	025-82×78-09	天津科润农业科技股份有限公司蔬菜研究所	天津市
2013	黑龙江	哈农杂茄 3 号	黑登记 2013025	12024-1-1×T150	哈尔滨市农业科学院	黑龙江省
2013	湖南	国茄 1 号	XPD014-2013	450-4-2-3-1-2×352-2-4-1-2-3-2	湖南省蔬菜研究所	湖南省
2013	湖南	国茄长虹	XPD015-2013	432-5-3-1-2-1×484-4-3-1-2-3	湖南省蔬菜研究所	湖南省
2013	四川	美娇	川审蔬 2013 009	E1023×E1134	四川省农业科学院园艺研究所	四川省露地栽培

（续）

年份	鉴定机构	品种名称	鉴定编号	品种来源	选育（报审）单位	适宜范围
2013	四川	黑龙王子	川审蔬 2013 010	E1037×E1019	四川省农业科学院园艺研究所	四川省早春露地和保护地早熟栽培
2013	四川	蓉杂茄 8 号	川审蔬 2013 011	8901-A-1×8903-C-1	成都市农林科学院园艺研究所	四川省，尤其适宜水旱轮作区
2013	重庆	黑圣	渝品审鉴 2013005	86×D-7-1	重庆市农业科学院	重庆市
2013	重庆	黑丰	渝品审鉴 2013006	86×D-6	重庆市农业科学院	重庆市
2013	甘肃	航茄 8 号	甘认菜 2013012	03-6-3-2-2-1-1-H-H×05-2-3-1-H-H	天水神舟绿鹏农业科技有限公司	甘肃省天水、白银、武威、张掖、庆城、西和露地或保护地栽培
◆黄　瓜						
2004	辽宁	万清 1 号	辽备菜［2004］201 号	C-326×C-336	沈阳市万清种子有限公司	辽宁省
2004	辽宁	金的前锋	辽备菜［2004］202 号	W7×F049	锦州市金的种业有限公司	辽宁省
2004	辽宁	锦农绿 1 号	辽备菜［2004］203 号	H40807×G51918	锦州市农业科学院	辽宁省日光温室越冬、早春及春、秋大棚种植
2004	辽宁	绿园 20	辽备菜［2004］204 号	29×30	辽宁省农业科学院园艺研究所	辽宁省大棚及露地栽培
2004	辽宁	绿园 31	辽备菜［2004］205 号	A31-09×H0-02	辽宁省农业科学院园艺研究所	辽宁省日光温室和大棚春、秋茬种植
2004	辽宁	沈农迷你 1 号	辽备菜［2004］206 号	02S117×02S208	沈阳农业大学园艺学院	辽宁省日光温室和大棚春、秋茬种植
2004	辽宁	绿园 40	辽备菜［2004］207 号	91×92	辽宁省农业科学院园艺研究所	辽宁省春茬日光温室和大棚春、秋茬种植
2004	辽宁	沈春 1 号	辽备菜［2004］208 号	沈 9829×沈 9830	沈阳市农业科学院	辽宁省沈阳、大连地区
2004	辽宁	沈绿 1 号	辽备菜［2004］209 号	沈 9803×沈 9802	沈阳市农业科学院	辽宁省沈阳、大连地区
2004	吉林	早杂 3 号	吉审菜 2004003	2-9×系选 5	通化市鸭园试验站	吉林省吉林、通化、辽源、白山地区
2004	吉林	吉杂 8 号	吉审菜 2004004	9101-2410×7313-1213	吉林省蔬菜花卉研究所	吉林省露地、保护地种植

（续）

年份	鉴定机构	品种名称	鉴定编号	品种来源	选育（报审）单位	适宜范围
2004	黑龙江	龙园秀春	黑登记 2004013	72-2×56-8	黑龙江省农业科学院园艺分院	黑龙江省
2004	上海	春玉	沪农品认蔬果（2004）第 035 号	LQ-34×LQ-9	上海市农业科学院园艺研究所	上海市保护地种植
2004	上海	沪杂 6 号	沪农品认蔬果（2004）第 036 号	02-L-12×02-L-31	上海市农业科学院园艺研究所	上海市保护地种植
2004	湖北	鄂黄瓜 2 号	鄂审菜 2004003	金棒头×津研 1 号	荆门市掇刀区蔬菜科学研究所	湖北省早春设施栽培和春季露地种植
2004	湖北	华黄瓜 3 号	鄂审菜 2004004	9402×9408	华中农业大学	湖北省早春设施栽培和春季露地种植
2004	湖北	华黄瓜 4 号	鄂审菜 2004005	9409×9402	华中农业大学	湖北省春季露地种植
2005	山西	中农 16	晋审菜（认）2005004	01316×99246	中国农业科学院蔬菜花卉研究所	山西省早春露地种植
2005	辽宁	连星 6 号	辽备菜［2005］256 号	98-1-1×00-2-1	大连原种场	辽宁省春、秋温室内均可种植
2005	辽宁	绿园 1 号	辽备菜［2005］257 号	07×08	辽宁省农业科学院园艺研究所	辽宁省春茬日光温室、春季大棚种植
2005	辽宁	秀月	辽备菜［2005］258 号	Cs32×Cs45	辽宁东亚农业发展有限公司	辽宁省露地及春、秋保护地种植
2005	吉林	绿丰 1 号	吉审菜 2005001	43×10	通化市园艺研究所	吉林省
2005	吉林	禹研 2 号	吉审菜 2005002	Y93-3-1-1-2×J92-1-3-2-2	长春市金禹园艺研究所	吉林省
2005	吉林	园丰 8 号	吉审菜 2005003	M6×HC-2	吉林市农业科学院	吉林省
2005	吉林	园丰 9 号	吉审菜 2005004	M6×J37	吉林市农业科学院	吉林省
2005	上海	申绿 03	沪农品认蔬果（2005）第 014 号	S51-3-19-10-9-2×S46-10-13-7-6-2	上海交通大学农业与生物技术学院	上海市保护地种植
2005	上海	申绿 04	沪农品认蔬果（2005）第 015 号	S46-10-4-8-8-4×S49-12-9-9-1-6	上海交通大学农业与生物技术学院	上海市保护地种植

（续）

年份	鉴定机构	品种名称	鉴定编号	品种来源	选育（报审）单位	适宜范围
2005	四川	津优 2 号	川审蔬 2005 008	辐 M-8×另一个高代自交系	天津市黄瓜研究所	四川省川西平原及相似生态区大棚种植，不宜在盆周高山地区栽培
2006	山西	中农 118	晋审菜（认）2006002	02343×273	中国农业科学院蔬菜花卉研究所	山西省露地种植
2006	辽宁	鞍绿 3 号	辽备菜［2006］287 号	99-1-3×01-4-6	鞍山市园艺科学研究所	辽宁省大棚春、秋种植
2006	辽宁	珠峰 A	辽备菜［2006］288 号	C305-1×W26-5	辽中王振华	辽宁省
2006	黑龙江	龙园翠绿	黑登记 2006021	T-3×L-1	黑龙江省农业科学院园艺分院	黑龙江省
2006	上海	交杂 1 号	沪农品认蔬果（2006）第 012 号	S61-2-9-2-3-4-5-3×S51-3-21-10-9-2-2-6-10-1-3	上海交通大学农业与生物学院	上海市
2006	上海	申绿 05	沪农品认蔬果（2006）第 013 号	S46-10-13-7-6-2-1-7-4-9-2×S59-9-22-2-1-2-7-2-1	上海交通大学农业与生物学院	上海市普通管棚、连栋温室作一年 2～3 茬的短周期栽培，或在日光温室作秋冬茬或越冬长周期栽培
2006	上海	热抗清秀	沪农品认蔬果（2006）第 014 号	29112×27	上海市农业技术推广服务中心	上海市保护地种植
2006	上海	碧玉 2 号	沪农品认蔬果（2006）第 015 号	448-7-1-1-2×DP-1-1	上海富农种业有限公司	上海市
2006	安徽	航育 5201	皖品鉴登字第 0603004	H-07×SP5	六安金土地农业科普示范园	安徽省
2006	湖南	岳黄瓜 1 号	XPD005-2006	02706×02203	岳阳市农业科学研究所	湖南省
2006	广东	青丰 2 号	粤审菜 2006010	泰国大青×大吊瓜	汕头市白沙蔬菜原种研究所	广东省粤东地区春、秋季种植
2006	广东	粤秀 3 号	粤审菜 2006011	泰国 A-2×长春密刺 C-8	广东省农业科学院蔬菜研究所	广东省春、秋季种植
2006	四川	川绿 1 号	川审蔬 2006 003	C99-150×C01-02	四川省农业科学院园艺研究所	四川省
2007	山西	明研 1 号	晋审菜（认）2007004	HE1-1-3-4-2×HE2-2-3-1-4	福建省三明市农业科学研究所	山西省早春露地种植
2007	山西	明研 3 号	晋审菜（认）2007005	H18-3-3-4-1×H15-2-3-4-2	福建省三明市农业科学研究所	山西省早春露地种植

（续）

年份	鉴定机构	品种名称	鉴定编号	品种来源	选育（报审）单位	适宜范围
2007	辽宁	绿园 3 号	辽备菜［2007］321 号	995×J3	辽宁省农业科学院蔬菜研究所	辽宁地区春茬日光温室种植
2007	辽宁	春棚 1 号	辽备菜［2007］322 号	6023×6072	沈阳市农业科学院	辽宁地区春大棚栽培种植
2007	吉林	吉杂 9 号	吉登菜 2007001	1213×02196	吉林省蔬菜花卉科学研究所	吉林省作保护地专用型品种种植
2007	黑龙江	哈研 1 号	黑登记 2007029	221-2-1×286-4-1	哈尔滨市农业科学院	黑龙江省保护地种植
2007	黑龙江	中农 16	黑登记 2007030	99246×01316	中国农业科学院蔬菜花卉研究所	黑龙江省
2007	安徽	明研 3 号	皖品鉴登字第 0703003	H18-3-3-4-1×H15-2-3-4-2	福建省三明市农业科学研究所	安徽省
2007	安徽	金碧春秋	皖品鉴登字第 0703004	Y-03×973	安徽省农业科学院园艺作物研究所	安徽省
2007	福建	明研 1 号	闽认菜 2007001	HE1-1-3-4-2×HE2-2-3-1-4	福建省三明市农业科学研究所	福建省
2007	福建	明研 3 号	闽认菜 2007002	H18-3-3-4-1×H15-2-3-4-2	福建省三明市农业科学研究所	福建省
2007	湖北	鄂黄瓜 3 号	鄂审菜 2007005	27-11×03-13-1	黄石市蔬菜科学研究所	湖北省早春设施栽培
2007	湖北	鄂黄瓜 4 号	鄂审菜 2007006	2202-2-1×03-14-1	黄石市蔬菜科学研究所	湖北省春季露地种植
2007	广西	钦育 1 号	桂审菜 2007001 号	用钦州那丽、那彭、那思等地黄瓜农家品种材料选育	钦州市农业科学研究所	广西壮族自治区钦州市
2007	四川	宇飞 1 号	川审蔬 2007 001	99032×00016	四川省农业科学院园艺研究所	四川省
2008	山西	中农 20	晋审菜（认）2008007	02484×02465	中国农业科学院蔬菜花卉研究所	山西省露地栽培
2008	山西	中农 106	晋审菜（认）2008008	04796×02465	中国农业科学院蔬菜花卉研究所	山西省露地种植
2008	吉林	吉杂迷你 1 号	吉登菜 2008001	欧引 4-1-1-1-1×S1-1-4-2	吉林省蔬菜花卉科学研究所	吉林省保护地种植
2008	黑龙江	东农 804	黑登记 2008026	D0420×D0202	东北农业大学	黑龙江省保护地种植
2008	黑龙江	东农 805	黑登记 2008027	D0401×D0118	东北农业大学	黑龙江省保护地种植
2008	上海	申杂 2 号	沪农品认蔬果（2008）第 008 号	S88-10-7-10-1-9-8-3-8-6-7 × S51-3-21-10-9-2-2-6-10-1-3	上海交通大学农业与生物学院	上海市

（续）

年份	鉴定机构	品种名称	鉴定编号	品种来源	选育（报审）单位	适宜范围
2008	上海	申杂 3 号	沪农品认蔬果（2008）第 009 号	S61-2-9-2-3-4-5-3-9-6-10×S06-1-7-12-3-6-11-20-6-13-4	上海交通大学农业与生物学院	上海市
2008	浙江	浙秀 1 号	浙认蔬 2008028	XH65×XD23	浙江省农业科学院蔬菜研究所	浙江省冬春及夏秋设施栽培
2008	浙江	航翠 1 号	浙认蔬 2008029	HC-5-1-2-2×J-2-4-0	杭州市农业科学研究院	浙江省大棚种植
2008	浙江	航研 1 号	浙认蔬 2008030	航天诱变材料 HC-7 选育	杭州市农业科学研究院	浙江省大棚种植
2008	河南	南抗 1 号	豫品鉴黄瓜 2008001	4407×4406	南京农业大学园艺学院	河南省温室和大棚种植
2008	河南	洛蔬 2 号	豫品鉴黄瓜 2008002	20-01-14×9002	洛阳市农业科学研究院	河南省肥水条件好的地区种植，以春露地栽培为主
2008	河南	东方明珠	豫品鉴黄瓜 2008003	70×71	郑州市蔬菜研究所	河南省早春保护地和春、秋露地种植
2008	湖南	蔬研 2 号	XPD001-2008	97-17×2016	湖南省蔬菜研究所	湖南省
2008	湖南	蔬研 6 号	XPD002-2008	BJ-1×米-2	湖南省蔬菜研究所	湖南省
2008	湖南	蔬研 8 号	XPD003-2008	SA181×T-1	湖南省蔬菜研究所	湖南省
2008	广东	粤秀 8 号	粤审菜 2008007	抗病刺青（Y-6）×吉引密刺（K-39）	广东省农业科学院蔬菜研究所	广东省春、秋季种植
2008	重庆	燕白	渝品审鉴 2008001	86G×15-1-6-1	重庆市农业科学院	重庆市
2008	甘肃	绿秀 1 号	甘认菜 2008018	81212×CW109	甘肃省农业科学院蔬菜研究所	甘肃省金昌、武威、白银、天水等地保护地种植
2009	山西	丰研 6 号	晋审菜（认）2009005	H200113-6×H200128-1	山西省夏县良丰蔬菜研究所	山西省秋大棚及早春露地种植
2009	内蒙古	莱德 502	蒙认菜 2009058 号	M6×Q13	内蒙古临河区巨日种子经销部	内蒙古自治区巴彦淖尔市
2009	内蒙古	白玉	蒙认菜 2009059 号	以当地传统白黄瓜品种为育种材料选育而成	赤峰自毅绿色种业有限公司	内蒙古自治区赤峰市
2009	内蒙古	民绿 6 号	蒙认菜 2009060 号	72×2000-1	内蒙古大民种业有限公司	内蒙古自治区兴安盟
2009	内蒙古	大民 166	蒙认菜 2009061 号	H513×78-2	内蒙古大民种业有限公司	内蒙古自治区兴安盟

（续）

年份	鉴定机构	品种名称	鉴定编号	品种来源	选育（报审）单位	适宜范围
2009	辽宁	绿园 4 号	辽备菜［2009］361 号	281×L3	辽宁省农业科学院蔬菜研究所	辽宁地区春季、秋季露地及秋季大棚种植
2009	辽宁	碧丰	辽备菜［2009］362 号	04-6×04-1	朝阳工程技术学校、辽宁省水土保持研究所	辽宁省保护地种植
2009	辽宁	太空 61	辽备菜［2009］363 号	9829×S204	沈阳市农业科学院	辽宁省
2009	吉林	春绿 1 号	吉登菜 2009004	FT0002-2-5-3-1-1-1 × F99106-1-2-4-2-4-1	吉林省蔬菜花卉科学研究所	吉林省保护地种植
2009	吉林	春绿 7 号	吉登菜 2009005	FT0002-2-5-3-1-1-1 × S9925-3-1-7-2-1-m	吉林省蔬菜花卉科学研究所	吉林省保护地种植
2009	黑龙江	哈研 2 号	黑登记 2009032	220-12-1×302	哈尔滨市农业科学院	黑龙江省
2009	黑龙江	东农 807	黑登记 2009033	D0401×D0327-4	东北农业大学	黑龙江省
2009	黑龙江	龙园锦春	黑登记 2009034	H141×L25-7	黑龙江省农业科学院园艺分院	黑龙江省
2009	上海	一口瓜	沪农品认蔬果（2009）第 001 号	CHA03-10-2-2×LC-8	上海市农业科学院园艺研究所	上海市
2009	安徽	春保 1 号	皖品鉴登字第 0903010	C48×C973	安徽省农业科学院园艺作物研究所	安徽省
2009	江西	昌研 1 号	赣认黄瓜 2009001	CY05×CY23	南昌市农业科学院经济作物研究所	江西省
2009	四川	川翠 1 号	川审蔬 2009 005	H03-2-19×H02-16-52	四川省农业科学院园艺研究所	四川省
2009	新疆	新黄瓜 3 号	新登黄瓜 2009 年 10 号	Y99-2-58-6×Y99-5-61-8	新疆维吾尔自治区石河子蔬菜研究所	新疆维吾尔自治区天山山脉以北地区
2009	新疆	新康 C08-1	新登黄瓜 2009 年 15 号	荷兰引进的加工型黄瓜新品种	新疆维吾尔自治区中亚食品公司研发中心	新疆维吾尔自治区
2009	新疆	新康 C08-2	新登黄瓜 2009 年 16 号	荷兰引进的加工型小黄瓜常规品种	新疆维吾尔自治区中亚食品公司研发中心	新疆维吾尔自治区
2010	北京	北京新 401	京品鉴瓜 2010001	96ch5×96-55	北京市农林科学院蔬菜研究中心	北京市
2010	北京	北京新 403	京品鉴瓜 2010002	96CH4×96-55	北京市农林科学院蔬菜研究中心	北京市

（续）

年份	鉴定机构	品种名称	鉴定编号	品种来源	选育（报审）单位	适宜范围
2010	山西	中农 29	晋审菜（认）2010008	151G×0559G	中国农业科学院蔬菜花卉研究所	山西省保护地种植
2010	山西	中农 26	晋审菜（认）2010009	01316×04348	中国农业科学院蔬菜花卉研究所	山西省日光温室早春茬种植
2010	山西	少刺 1 号	晋审菜（认）2010010	节成太郎×世纪 1 号	山西省农业科学院蔬菜研究所	山西省保护地种植
2010	辽宁	绿园 5 号	辽备菜［2010］397 号	Y8×F4	辽宁省农业科学院蔬菜研究所	辽宁省越冬茬日光温室种植
2010	辽宁	绿丰 1 号	辽备菜［2010］398 号	S1×C5	辽宁省农业科学院生命科学中心	辽宁省保护地种植
2010	辽宁	朝蔬 1 号	辽备菜［2010］399 号	06-38×06-8	辽宁省水土保持研究所	辽宁省保护地种植
2010	辽宁	朝蔬 2 号	辽备菜［2010］400 号	06-9×06-52	辽宁省水土保持研究所	辽宁省保护地种植
2010	吉林	吉杂 16	吉登菜 2010001	01104-1-2-0-0 × 02-196-1-1-1-m-m-m	吉林省蔬菜花卉科学研究院	吉林省
2010	吉林	春绿 3 号	吉登菜 2010002	F99106-1-2-4-2-4-1 × S9925-3-1-7-2-1-m	吉林省蔬菜花卉科学研究院	吉林省保护地种植
2010	吉林	源育 1 号	吉登菜 2010003	00A-6×00A-5	辽源市农业科学研究院	吉林省露地种植
2010	黑龙江	龙绿 1 号	黑登记 2010028	96452×0104	黑龙江省农业科学院园艺分院	黑龙江省
2010	黑龙江	盛秋 1 号	黑登记 2010029	T1-3×L25-7	黑龙江省农业科学院园艺分院	黑龙江省
2010	安徽	春保 2 号	皖品鉴登字第 1003017	C-04-8×C-03-7	安徽省农业科学院园艺作物研究所	安徽省
2010	山东	春华 1 号	鲁农审 2010051 号	8072×73-1-3	青岛市农业科学研究院	山东省喜食华南型品种的地区作为露地品种种植
2010	山东	翠龙	鲁农审 2010052 号	96481-1-自混-1-混×73-1-3	青岛市农业科学研究院	山东省喜食华南型品种的地区作为春保护地品种种植
2010	湖北	华黄瓜 5 号	鄂审菜 2010005	2004-6×2004-7	华中农业大学	湖北省
2010	湖南	蔬研 5 号	XPD012-2010	HG05×T199	湖南省蔬菜研究所	湖南省
2010	陕西	农城新玉 1 号	陕蔬登字 2010009 号	Q53×C37	西北农林科技大学	陕西省春季大棚早熟栽培，也可秋季大棚延后种植

（续）

年份	鉴定机构	品种名称	鉴定编号	品种来源	选育（报审）单位	适宜范围
2011	北京	京研 107	京品鉴瓜 2011007	19032-2×G62	北京市农林科学院蔬菜研究中心	北京市
2011	北京	京研 207	京品鉴瓜 2011008	BC244856-9×54H56	北京市农林科学院蔬菜研究中心	北京市
2011	北京	京研迷你 5 号	京品鉴瓜 2011009	M118×EUJ4	北京市农林科学院蔬菜研究中心	北京市
2011	天津	津优 303	津登黄瓜 2011001	YP-18×L03-2	天津科润农业科技股份有限公司黄瓜研究所	天津市春露地、越夏露地种植
2011	天津	津优 49	津登黄瓜 2011002	D53-1×D59-1-1	天津科润农业科技股份有限公司黄瓜研究所	天津市春露地种植
2011	天津	津优 48	津登黄瓜 2011003	D60-1-1×D59-1-1	天津科润农业科技股份有限公司黄瓜研究所	天津市露地及春、秋棚种植
2011	天津	津优 46	津登黄瓜 2011004	K-2×M401	天津科润农业科技股份有限公司黄瓜研究所	天津市露地种植
2011	天津	津优 302	津登黄瓜 2011005	X80-2-6×X38-1-2	天津科润农业科技股份有限公司黄瓜研究所	天津市温室种植
2011	天津	津优 301	津登黄瓜 2011006	B180-1-1×X-5	天津科润农业科技股份有限公司黄瓜研究所	天津市冬、春温室种植
2011	天津	津优 39	津登黄瓜 2011007	W05-7×L03-2	天津科润农业科技股份有限公司黄瓜研究所	天津市保护地种植
2011	天津	津美 4 号	津登黄瓜 2011008	D03-3×KD02-11C	天津科润农业科技股份有限公司黄瓜研究所	天津市保护地种植
2011	天津	津育 5 号	津登黄瓜 2011009	A-8×锦 3105	天津神农种业有限责任公司	天津市春、秋大棚种植
2011	天津	翠秋 2 号	津登黄瓜 2011010	唐山秋瓜×96-3-2	天津市天丰种苗中心	天津市春、秋露地及早春茬保护地种植
2011	天津	翠秋 20	津登黄瓜 2011011	华北叶三秋×唐山秋瓜	天津市天丰种苗中心	天津市春、秋露地及早春茬保护地种植
2011	天津	天丰 8 号	津登黄瓜 2011012	唐山秋瓜×华北叶三秋	天津市天丰种苗中心	天津市春、秋保护地及露地种植

（续）

年份	鉴定机构	品种名称	鉴定编号	品种来源	选育（报审）单位	适宜范围
2011	天津	翠秋秀美	津登黄瓜 2011013	从翠秋 2 号田间变异株中选育	天津市天丰种苗中心	天津市春、秋保护地及露地种植
2011	天津	翠香	津登黄瓜 2011014	唐山秋瓜×96-4-6	天津市天丰种苗中心	天津市春、秋露地种植
2011	天津	天丰 6 号	津登黄瓜 2011015	唐山秋瓜×华北叶三秋	天津市天丰种苗中心	天津市春、秋保护地及露地种植
2011	天津	翠秋	津登黄瓜 2011016	从唐山秋瓜变异株选育而成	天津市天丰种苗中心	天津市露地或春、秋保护地种植
2011	天津	夏绿	津登黄瓜 2011017	从英良翠绿中选育而成	天津市蓟县农丰蔬菜种子站	天津市露地及保护地种植
2011	山西	中农 27	晋审菜（认）2011004	04348×0632	中国农业科学院蔬菜花卉研究所	山西省日光温室早春茬种植
2011	山西	中农 31	晋审菜（认）2011005	04421×0407	中国农业科学院蔬菜花卉研究所	山西省日光温室早春茬种植
2011	辽宁	朝蔬 3 号	辽备菜［2011］421 号	07-79×07-12	辽宁省水土保持研究所	辽宁省日光温室种植
2011	辽宁	美妮特	辽备菜［2011］422 号	C320-5×W09-1	辽中王振华	辽宁省
2011	黑龙江	哈研 3 号	黑登记 2011028	M277-4×M45	哈尔滨市农业科学院	黑龙江省
2011	黑龙江	绿剑	黑登记 2011029	Y-26-2×Y-12-6	黑龙江省农业科学院园艺分院	黑龙江省
2011	黑龙江	东农 806	黑登记 2011030	602×D9320	东北农业大学	黑龙江省
2011	黑龙江	东农 809	黑登记 2011031	D0401×649	东北农业大学	黑龙江省
2011	上海	申青 1 号	沪农品认蔬果 2011 第 017 号	DS-2-1-2-1×B-2-2-1	上海富农种业有限公司	上海市
2011	安徽	中农 116	皖品鉴登字第 1103013	02484×081006	中国农业科学院蔬菜花卉研究所	安徽省
2011	福建	明研 4 号	闽认菜 2011005	H35-2-3-5-1×H38-3-1-2-3	福建省三明市农业科学研究所	福建省春季种植
2011	福建	明研 5 号	闽认菜 2011006	H35-2-3-5-1×H49-2-4-1-2	福建省三明市农业科学研究所	福建省春、秋季种植
2011	广东	农家宝 908	粤审菜 2011001	大青-9505×银北-9808	揭阳市保丰种子商行、揭阳市农业科学研究所	广东省粤东春夏秋季种植
2011	广东	早青 4 号	粤审菜 2011002	75 雌 B36×万吉-6	广东省农业科学院蔬菜研究所	广东省秋季种植

（续）

年份	鉴定机构	品种名称	鉴定编号	品种来源	选育（报审）单位	适宜范围
2011	广东	华绿1号	粤审菜2011010	16-9-2-3×10-5-2-1	华南农业大学园艺学院	广东省
2011	陕西	新天地1号	陕蔬登字2011006号	08Q164×09C49	西北农林科技大学新天地设施农业开发有限公司	陕西省保护地栽培，为温室专用品种
2011	陕西	新天地2号	陕蔬登字2011007号	08Q176×09C129	西北农林科技大学新天地设施农业开发有限公司	陕西省保护地种植
2011	甘肃	甘丰12	甘认菜2011010	J3011×CW0387	甘肃省农业科学院蔬菜研究所	甘肃省白银、皋兰、古浪等地保护地种植
2011	青海	津优12	青审菜2011002	Q12×F51A	西宁市蔬菜研究所等	青海省温棚种植
2012	北京	春棚5号	京品鉴瓜2012004	A-2×X-5	北京市农业技术推广站、北京北农种业有限公司	北京市
2012	北京	中农18	京品鉴瓜2012015	081048×081006	中国农业科学院蔬菜花卉研究所	北京市露地和春、秋棚种植
2012	北京	中农26	京品鉴瓜2012016	01316×04348	中国农业科学院蔬菜花卉研究所	北京市温室种植
2012	北京	中农28	京品鉴瓜2012017	081048×99246	中国农业科学院蔬菜花卉研究所	北京市露地和春、秋棚种植
2012	北京	中农31	京品鉴瓜2012018	09676×081006	中国农业科学院蔬菜花卉研究所	北京市温室种植
2012	北京	中农50	京品鉴瓜2012019	1101×1107	中国农业科学院蔬菜花卉研究所	北京市保护地春、秋栽培
2012	北京	中农116	京品鉴瓜2012020	01316×081006	中国农业科学院蔬菜花卉研究所	北京市露地和春、秋棚种植
2012	天津	津优307	津登黄瓜2012004	N103-10×G5-2	天津科润农业科技股份有限公司黄瓜研究所	天津市越冬日光温室和冬春温室种植
2012	天津	津优305	津登黄瓜2012011	X8-51×G35-5-2-7	天津科润农业科技股份有限公司黄瓜研究所	天津市保护地多茬口、长周期栽培
2012	山西	中农28	晋审菜（认）2012003	081048×99246	中国农业科学院蔬菜花卉研究所	山西省春露地种植
2012	山西	中农18	晋审菜（认）2012004	081048×081006	中国农业科学院蔬菜花卉研究所	山西省春露地种植

（续）

年份	鉴定机构	品种名称	鉴定编号	品种来源	选育（报审）单位	适宜范围
2012	辽宁	百泰	辽备菜［2012］462 号	CUCP10003×CUCX10106	海城市三星生态农业有限公司	辽宁省保护地种植
2012	辽宁	元鸿寒丰	辽备菜［2012］463 号	CUCP10031×CUCX10133	海城市三星生态农业有限公司	辽宁省保护地种植
2012	辽宁	元鸿寒旺	辽备菜［2012］464 号	CUCP10031×CUCQ10097	海城市三星生态农业有限公司	辽宁省保护地种植
2012	辽宁	绿园 6 号	辽备菜［2012］465 号	J21×J22	辽宁省农业科学院园艺分院	辽宁省保护地种植
2012	黑龙江	东农 810	黑登记 2012028	D0420×649	东北农业大学	黑龙江省
2012	黑龙江	东农 811	黑登记 2012029	D0420×HN53-61-1-3	东北农业大学	黑龙江省
2012	黑龙江	哈研 4 号	黑登记 2012030	S220-12-1-4×S108-462	哈尔滨市农业科学院	黑龙江省
2012	上海	春秋王 2 号	沪农品认蔬果 2012 第 010 号	02LQ-37×02LQ-39	上海市农业科学院园艺研究所、上海科园种子有限公司	上海市
2012	上海	春秋王 3 号	沪农品认蔬果 2012 第 011 号	02LQ-37×02LQ-18	上海市农业科学院园艺研究所、上海科园种子有限公司、上海市设施园艺技术重点实验室	上海市
2012	上海	申杂 4 号	沪农品认蔬果 2012 第 012 号	2006061-1-7-12-3-6-15-9-16×2006397-4-69-15-5-11-8-15-4	上海交通大学农业与生物学院	上海市
2012	上海	申绿 06	沪农品认蔬果 2012 第 013 号	2006051-6-95-9-15-8-12-3-10×2006397-4-69-15-5-11-8-15-4	上海交通大学农业与生物学院	上海市
2012	浙江	浙秀 302	浙（非）审蔬 2012014	H8-5-1-2-1-3-1×H75-2-1-1-2-2-1	浙江省农业科学院蔬菜研究所	浙江省
2012	山东	鲁蔬 131	鲁农审 2012040 号	YN-12113×X07-05251	山东省农业科学院蔬菜研究所	山东省日光温室和大、中拱棚早春栽培
2012	山东	鲁蔬 145	鲁农审 2012041 号	DM2-2311h×X07-125221	山东省农业科学院蔬菜研究所	山东省日光温室和大、中拱棚早春栽培
2012	山东	中农大 21	鲁农审 2012042 号	1460-V026×1407-V03	中国农业大学	山东省日光温室和大、中拱棚早春栽培
2012	山东	中农大 22	鲁农审 2012043 号	1413-V08×1517-V17	中国农业大学	山东省日光温室和大、中拱棚早春栽培

（续）

年份	鉴定机构	品种名称	鉴定编号	品种来源	选育（报审）单位	适宜范围
2012	山东	鲁蔬 54	鲁农审 2012044 号	YQFL908h2h1×YQ5251h1	山东省农业科学院蔬菜研究所	山东省日光温室越冬茬长季节栽培
2012	山东	鲁蔬 551	鲁农审 2012045 号	YQ2211×YQ21823	山东省农业科学院蔬菜研究所	山东省日光温室越冬茬长季节栽培
2012	山东	赛美 3 号	鲁农审 2012046 号	041235×盛-001	山东省华盛农业科学研究院	山东省日光温室越冬茬长季节栽培
2012	广东	青丰 3 号黄瓜	粤审菜 2012004	澄海二青-5-8×万吉-Ⅱ-6	汕头市白沙蔬菜原种研究所	广东省春、秋季种植
2012	甘肃	冬之光	甘认菜 2012006	从山东金种子农业发展有限公司引进	武威市百利种苗有限公司	甘肃省武威早春、早秋、秋冬日光温室种植
2013	天津	津绿 8 号	津登黄瓜 2013001	0538711×K8	天津市绿丰园艺新技术开发有限公司	天津市春、秋大棚种植
2013	天津	津绿 30	津登黄瓜 2013002	03103223×0239113	天津市绿丰园艺新技术开发有限公司	天津市越冬温室种植
2013	天津	津绿 38	津登黄瓜 2013003	0538711×05210278	天津市绿丰园艺新技术开发有限公司	天津市大棚和早春温室种植
2013	天津	津绿 45	津登黄瓜 2013004	03103223×05253211	天津市绿丰园艺新技术开发有限公司	天津市春、秋露地种植
2013	天津	冬冠 10 号	津登黄瓜 2013005	M472×K572	天津冬冠农业科技有限公司	天津市早春茬日光温室种植
2013	天津	冬冠 11	津登黄瓜 2013006	G1737×H2284	天津冬冠农业科技有限公司	天津市春大棚种植
2013	天津	冬冠 12	津登黄瓜 2013007	G1737×M504	天津冬冠农业科技有限公司	天津市日光温室越冬茬种植
2013	天津	津优 308	津登黄瓜 2013008	X8-24×35-1-12-6	天津科润农业科技股份有限公司黄瓜研究所	天津市越冬温室和早春大棚种植
2013	天津	津优 309	津登黄瓜 2013009	4X×35	天津科润农业科技股份有限公司黄瓜研究所	天津市早春温室种植

（续）

年份	鉴定机构	品种名称	鉴定编号	品种来源	选育（报审）单位	适宜范围
2013	辽宁	元鸿精典	辽备菜［2013］020 号	CUCP10049×CUCX10112	海城市三星生态农业有限公司	辽宁省保护地种植
2013	辽宁	元鸿精粹	辽备菜［2013］021 号	CUCP26-13×CU27-2	海城市三星生态农业有限公司	辽宁省保护地种植
2013	辽宁	丹丰 5 号	辽备菜［2013］022 号	Hc-7×Hc-8	丹东农业科学院园艺研究所	辽宁省保护地种植
2013	辽宁	元鸿佳丽	辽备菜［2013］023 号	WCU106×WCU34	海城市三星生态农业有限公司	辽宁省
2013	吉林	仲伯白刺 5 号	吉登菜 2013008	唐山农家薄皮与银光黄瓜×辽宁地方品种	吉林伯仲种业有限公司	吉林省保护地种植
2013	吉林	吉杂迷你 2 号	吉登菜 2013009	欧引 4-1-1-1-1×法引 2-2-1-1-1	吉林省蔬菜花卉科学院	吉林省保护地种植
2013	黑龙江	哈研 5 号	黑登记 2013027	自选品系 Y608-4 × 自选品系 Y244-114	哈尔滨市农业科学院	黑龙江省保护地种植
2013	黑龙江	东农 808	黑登记 2013028	D0420-10×D0432-3-4	东北农业大学	黑龙江省保护地种植
2013	上海	宝科 1 号	沪农品认蔬果 2013 第 009 号	刺 5 短×申母光 23-1	上海市宝山区蔬菜科学技术推广站	上海市
2013	浙江	碧翠 18	浙（非）审蔬 2013004	0714-2-4-6-3×0701-2-2-22-1	浙江勿忘农种业股份有限公司、浙江勿忘农种业科学研究院有限公司	浙江省
2013	浙江	越秀 3 号	浙（非）审蔬 2013005	M79×L48	嘉兴市农业科学研究院	浙江省
2013	福建	寒育 6 号	闽认菜 2013004	从河南豫艺种业科技发展有限公司引进	福州市蔬菜科学研究所	福建省福州以南，平原地区设施越冬种植
2013	福建	中厦 6 号（原名:丰田 6 号）	闽认菜 2013005	08484×08465	厦门中厦蔬菜种籽有限公司	福建省
2013	福建	中厦 16（原名：丰田 16）	闽认菜 2013006	08484×08466	厦门中厦蔬菜种籽有限公司	福建省
2013	山东	青研黄瓜 2 号	鲁农审 2013033 号	96481-1-自混-1-混 × 2005710-12-5-1	青岛市农业科学研究院	山东省胶东作为华南型春保护地黄瓜品种种植
2013	山东	青研黄瓜 3 号	鲁农审 2013034 号	96481-1-自混-1-混×2001549-10-2	青岛市农业科学研究院	山东省胶东作为华南型春保护地黄瓜品种种植

（续）

年份	鉴定机构	品种名称	鉴定编号	品种来源	选育（报审）单位	适宜范围
2013	山东	翡秀	鲁农审 2013035 号	DDX12-5×MS16-13	烟台市农业科学研究院	山东省胶东作为欧洲温室型黄瓜品种早春保护地种植
2013	湖北	华黄瓜 6 号	鄂审菜 2013004	2006-2×2006-3	华中农业大学	湖北省早春、延秋大棚种植
2013	广东	粤青 1 号黄瓜	粤审菜 2013007	豫选 5 号 YC-5×碧青 11 号 B11	广东省农业科学院蔬菜研究所	广东省春、秋季种植
2013	广东	莞绿 1 号黄瓜	粤审菜 2013008	河童盛夏×大久一品	东莞市农业科学研究中心	广东省冬、春季设施栽培
2013	四川	川绿 2 号	川审蔬 2013 004	C99-10×C208-16	四川省农业科学院园艺研究所、成都好特园艺有限公司	四川省
2013	四川	川翠 3 号	川审蔬 2013 005	H06-15A×H05-92B	四川省农业科学院园艺研究所、成都好特园艺有限公司	四川省
2013	甘肃	夏美伦	甘认菜 2013079	从荷兰安莎种子公司引进	武威市石羊河蔬菜种苗有限公司	甘肃省武威市、凉州区、民勤县日光温室种植
◆南　瓜						
2004	黑龙江	龙园栗香	黑登记 2004023	93-12-8×93-9-7	黑龙江省农业科学院园艺分院	黑龙江省南瓜产区
2004	上海	锦华	沪农品认蔬果（2004）第 032 号	GD-9×GD-11	上海市农业科学院园艺研究所	上海市南瓜产区
2004	上海	迷你红	沪农品认蔬果（2004）第 033 号	从美国引进的 HMX6684 中获得稳定的高扁圆形自交新品系	上海市农业科学院园艺研究所	上海市南瓜产区大、中棚种植
2004	上海	迷你青	沪农品认蔬果（2004）第 034 号	自日本引进自交分离系统	上海市农业科学院园艺研究所	上海市南瓜产区大、中棚种植
2004	新疆	97-2	新登西葫芦 2004 年 025 号	91-6×94-1	乌鲁木齐市蔬菜科学研究所	新疆维吾尔自治区西葫芦产区
2005	山西	长绿	晋审菜（认）2005005	95-2-20-15×95-5-3-8	山西省农业科学院蔬菜研究所	山西省早春露地西葫芦产区
2005	山西	晋园 1 号	晋审菜（认）2005006	B214-6-2×Q212-3-3-6	山西省农业科学院园艺研究所	山西省早春露地西葫芦产区

（续）

年份	鉴定机构	品种名称	鉴定编号	品种来源	选育（报审）单位	适宜范围
2005	山西	晋园2号	晋审菜（认）2005007	A132-8-5×J246-6-4	山西省农业科学院园艺研究所	山西省早春露地西葫芦产区
2005	黑龙江	桦白1号	黑登记2005030	无杈南瓜×地方南瓜品种	桦南县白瓜子有限责任公司	黑龙江省南瓜产区
2005	黑龙江	宝库1号	黑登记2005031	99-11×奥改96-14	讷河市宝库良种繁育研究所	黑龙江省南瓜产区
2005	黑龙江	南白瓜1号	黑登记2005032	中国南瓜×印度南瓜	哈尔滨南北农业科学研究所	黑龙江省南瓜产区
2005	上海	迷你桔瓜3号	沪农品认蔬果（2005）第008号	T-2×Sup-1-30-21-Ⅰ-Ⅱ	上海市农业科学院园艺研究所	上海市南瓜产区大、中棚种植
2005	浙江	四季绿	浙认蔬2005001	S1自交后代×锦栗	绍兴市农业科学院	浙江省
2006	山西	晋西葫芦4号	晋审菜（认）2006003	D-95-2×E-96-8	山西省农业科学院蔬菜研究所	山西省西葫芦产区露地种植
2006	山西	晋西葫芦5号	晋审菜（认）2006004	A-95×96-1-6	太原市农业科学研究所	山西省露地西葫芦产区
2006	山西	益丰白玉	晋审菜（认）2006005	Fa-6-7-6-1-35-4×Ga-4-5-9-30-4	山西益丰种业有限公司	山西省西葫芦产区露地种植
2006	山西	翠青306	晋审菜（认）2006006	60-2×60-1	山西省强盛种业有限公司	山西省西葫芦产区早春露地种植
2006	山西	蜜冠	晋审菜（认）2006007	96-5-8-1-8×93-3-1-8-16	山西省太谷县德丰种业有限公司	山西省南瓜产区
2006	山西	红缘	晋审菜（认）2006008	97-13-29-36-5-44×20-4-9-18-12	山西省太谷县德丰种业有限公司	山西省南瓜产区
2006	黑龙江	金辉2号	黑登记2006026	由吉林省农家品种经系谱选育而成	东北农业大学园艺学院	黑龙江省第一至第三积温带南瓜产区
2006	黑龙江	雪城2号	黑登记2006027	DD11×E156	黑龙江梅亚种业有限公司	黑龙江省第二、三积温带南瓜产区
2006	黑龙江	绿农南瓜1号	黑登记2006028	美洲瓜农家品种×裸仁美洲瓜	黑龙江农业经济职业学院	黑龙江省第二、三积温带南瓜产区
2006	上海	金香玉	沪农品认蔬果（2006）第022号	PP12-1-3×PP12-6-1	上海市农业科学院园艺研究所	上海市南瓜产区
2006	上海	崇金1号	沪农品认蔬果（2006）第023号	505×2211	崇明县蔬菜技术推广站	上海市南瓜产区

（续）

年份	鉴定机构	品种名称	鉴定编号	品种来源	选育（报审）单位	适宜范围
2006	四川	甜优南瓜	川审蔬 2006 001	P333×P331-2-9	四川省农业科学院园艺研究所	四川省南瓜适宜栽培区
2006	四川	红运南瓜	川审蔬 2006002	P428×P310-1	四川省农业科学院园艺研究所	四川省南瓜适宜栽培区
2006	新疆	新引 salman	新登西葫芦 2006 年 20 号	从美国好乐种子公司引进（8RS49×ST1311）	新疆维吾尔自治区艾格玛特农业有限公司	新疆维吾尔自治区西葫芦产区
2006	新疆	新引 HSR3011	新登西葫芦 2006 年 21 号	从美国好乐种子公司引进（F51×ST1311）	新疆维吾尔自治区艾格玛特农业有限公司	新疆维吾尔自治区西葫芦产区
2006	新疆	新引 shams	新登西葫芦 2006 年 22 号	从美国好乐种子公司引进（HSQ×ST1311）	新疆维吾尔自治区艾格玛特农业有限公司	新疆维吾尔自治区西葫芦产区
2006	新疆	新引 Irina	新登西葫芦 2006 年 23 号	从美国好乐种子公司引进（HS45×ST1311）	新疆维吾尔自治区艾格玛特农业有限公司	新疆维吾尔自治区西葫芦产区
2007	山西	早丰 1 代	晋审菜（认）2007006	2003 外引-7-11B×98-1	山西省农业科学院蔬菜研究所	山西省西葫芦产区春提早及秋延后种植
2007	山西	冬青	晋审菜（认）2007007	G671×小白皮	山西省农业科学院农作物品种资源研究所	山西省西葫芦产区早春露地种植
2007	山西	长青王 4 号	晋审菜（认）2007008	02-5A×01-B-4	山西省农业科学院棉花研究所	山西省西葫芦产区早春露地种植
2007	山西	碧波	晋审菜（认）2007009	K-15×W-13-1-1-5	山西晋黎来蔬菜种子有限公司	山西省西葫芦产区保护地及早春露地种植
2007	山西	丰抗早	晋审菜（认）2007010	PS 系选×小白皮系选	山西王牌新特种苗有限公司	山西省西葫芦产区早春露地种植
2007	山西	红栗	晋审菜（认）2007011	J96-3-2-1-1×B96-5-2-3-2	山西省农业科学院园艺研究所	山西省南瓜产区保护地及早春地膜覆盖栽培
2007	山西	青栗	晋审菜（认）2007012	P102-11-3-2-5×J96-1-3-1-1	山西省农业科学院园艺研究所	山西省南瓜产区
2007	山西	金栗	晋审菜（认）2007013	96-1-2-1×96-3-1	山西农业大学	山西省南瓜产区
2007	山西	甜面大南瓜	晋审菜（认）2007014	J-9302×J-9318	山西王牌新特种苗有限公司	山西省南瓜产区
2007	辽宁	辽葫 1 号	辽备菜［2007］331 号	T99-Ⅰ-1-1×T99-Ⅱ-2	辽宁职业学院	辽宁省西葫芦产区

（续）

年份	鉴定机构	品种名称	鉴定编号	品种来源	选育（报审）单位	适宜范围
2007	上海	一串红	沪农品认蔬果（2007）第003号	PM7-2-1×PM4-1-3	上海市农业科学院园艺研究所	上海市南瓜产区
2007	浙江	甘栗	浙认蔬2007011	7KF01×F5-1-5-8-5	金华市农业科学研究院、杭州三雄种苗有限公司	浙江省西葫芦产区春露地或设施栽培，夏季可作高山栽培
2007	安徽	江淮蜜本	皖品鉴登字第0703001	中国南瓜×高代自交系	合肥江淮园艺研究所	安徽省南瓜产区
2007	安徽	华海白1号	皖品鉴登字第0703002	日9520701×5190201	合肥华海农业有限公司	安徽省南瓜产区
2007	新疆	青翠2号	新登西葫芦2007年11号	S-A-1-61-55-11×C-D-11-3-5-15	乌鲁木齐市蔬菜科学研究所	新疆维吾尔自治区西葫芦产区
2007	新疆	青翠3号	新登西葫芦2007年12号	S-A-5-2-62-1×C-D-11-3-5-15	乌鲁木齐市蔬菜科学研究所	新疆维吾尔自治区西葫芦产区
2007	新疆	春玉2号	新登西葫芦2007年13号	007太-30-1-1×9505春-2-3-3-6	西北农林科技大学园艺学院蔬菜花卉研究所、乌鲁木齐市蔬菜科学研究所	新疆维吾尔自治区西葫芦产区
2007	新疆	永安3号	新农登字（2007）第14号	Ps18-12-97-55×Js98-6-3-9-13	西北农林科技大学园艺学院蔬菜花卉研究所、乌鲁木齐市蔬菜科学研究所	新疆维吾尔自治区南瓜产区
2008	山西	东葫2号	晋审菜（认）2008009	02-8A×9601-4B	山西省农业科学院棉花研究所	山西省西葫芦产区
2008	山西	东葫3号	晋审菜（认）2008010	A-28×93-1	山西省农业科学院棉花研究所	山西省西葫芦产区
2008	山西	欧美圣玉	晋审菜（认）2008011	白0105×黑0203	山西省农业生物技术研究中心、山西省农业科学院综考所	山西省西葫芦产区早春露地栽培
2008	山西	晋西葫芦6号	晋审菜（认）2008012	96012-3×H2013-5	太原市农业科学研究所	山西省西葫芦产区早春露地栽培
2008	山西	晋园6号	晋审菜（认）2008013	Q121-3×F213-1	山西省农业科学院园艺研究所	山西省西葫芦产区早春露地栽培
2008	黑龙江	银辉2号	黑登记2008028	玛丽×虎林面瓜	东北农业大学	黑龙江省第一积温带至第三积温带上限

（续）

年份	鉴定机构	品种名称	鉴定编号	品种来源	选育（报审）单位	适宜范围
2008	黑龙江	金香栗	黑登记 2008029	HN-02-22×HN-03-32	黑龙江省农业科学院园艺分院	黑龙江省南瓜产区
2008	黑龙江	牵手	黑登记 2008030	由台湾引进的材料，经过六代自交提纯系谱选育而成	哈尔滨市农业科学院	黑龙江省南瓜产区
2008	浙江	翠栗 1 号	浙认蔬 2008015	栗子自交系×日本锦栗自交系	绍兴市农业科学研究院、浙江勿忘农种业股份公司	浙江省南瓜产区
2008	安徽	福贵	皖品鉴登字第 0803009	L05-1-3-5×L06-4-3-6	福建三明市农业科学研究所	安徽省南瓜产区
2008	安徽	黑玉	皖品鉴登字第 0803010	03-n2×03-n1	合肥金德利种业有限公司	安徽省南瓜产区
2008	安徽	金蜜 1 号	皖品鉴登字第 0803011	03-m2×03-m1	合肥金德利种业有限公司	安徽省南瓜产区
2009	北京	京葫 1 号	京品鉴菜 2009001	20362-8×H19315-6	北京市农林科学院蔬菜研究中心	北京市西葫芦产区
2009	北京	京葫 2 号	京品鉴菜 2009002	20359-9×H10351-5	北京市农林科学院蔬菜研究中心	北京市西葫芦产区
2009	北京	京葫 3 号	京品鉴菜 2009003	H19315-6×20362-68	北京市农林科学院蔬菜研究中心	北京市西葫芦产区
2009	北京	京葫 5 号	京品鉴菜 2009004	02-1-5-3-8-6-6×03-3-10-9-8-4-10	北京市农林科学院蔬菜研究中心	北京市西葫芦产区
2009	北京	京葫 12	京品鉴菜 2009005	02-1-5-3-10-6--5×03-3-10-9-8-2-16	北京市农林科学院蔬菜研究中心	北京市西葫芦产区
2009	北京	京莹	京品鉴菜 2009006	03-2-8-6-5×03-3-10-9-8-2-16	北京市农林科学院蔬菜研究中心	北京市西葫芦产区
2009	北京	京珠	京品鉴菜 2009007	H2987-9×2045-7	北京市农林科学院蔬菜研究中心	北京市西葫芦产区
2009	北京	京香蕉	京品鉴菜 2009008	B-02-3-6×3065-6	北京市农林科学院蔬菜研究中心	北京市西葫芦产区
2009	山西	长青王 5 号	晋审菜（认）2009018	A-101×03-1	山西省农业科学院棉花研究所	山西省西葫芦产区保护地秋延后和春提早种植
2009	山西	寒丽	晋审菜（认）2009019	F-70×72-118	山西省农业科学院蔬菜研究所	山西省西葫芦产区早春保护地和露地种植
2009	山西	晋西葫芦 7 号	晋审菜（认）2009020	外 04-2-03A×03-7-9H	山西省农业科学院蔬菜研究所	山西省西葫芦产区早春保护地和露地种植
2009	山西	碧龙	晋审菜（认）2009021	Q-6-2×B-17-2-5-7	山西农业大学太原园艺学院、山西晋黎来种业有限公司	山西省春大棚、春露地种植

（续）

年份	鉴定机构	品种名称	鉴定编号	品种来源	选育（报审）单位	适宜范围
2009	山西	长青王 6 号	晋审菜（认）2009022	A-1-2×03-28	山西省农业科学院棉花研究所	山西省露地种植西葫芦产区
2009	山西	晋西葫芦 8 号	晋审菜（认）2009023	外 7-11-02×97-S	山西省农业科学院蔬菜研究所	山西省西葫芦产区早春露地种植
2009	山西	嫩玉 3 号	晋审菜（认）2009024	Y1112×Y3314	山西强盛种业有限公司	山西省西葫芦产区早春露地种植
2009	内蒙古	金平果二星	蒙认菜 2009006 号	RW-8×Nw-3	甘肃武威金苹果有限责任公司	内蒙古自治区巴彦淖尔市籽用南瓜产区
2009	内蒙古	金平果 W-1	蒙认菜 2009007 号	MF8012×MD9248	临河区丰田农资经销部	内蒙古自治区巴彦淖尔市籽用南瓜产区
2009	内蒙古	金平果 W-2	蒙认菜 2009008 号	RW-8×NJ-110	临河区丰田农资经销部	内蒙古自治区巴彦淖尔市籽用南瓜产区
2009	内蒙古	金平果 W-3	蒙认菜 2009009 号	MF8711×MD9248	临河区丰田农资经销部	内蒙古自治区巴彦淖尔市籽用南瓜产区
2009	内蒙古	星牌无壳	蒙认菜 2009010 号	Rjf-1032×Nf-141	临河区丰田农资经销部	内蒙古自治区巴彦淖尔市籽用南瓜产区
2009	内蒙古	农博士无壳	蒙认菜 2009011 号	Rjf-1008×Nf-115	临河区丰田农资经销部	内蒙古自治区巴彦淖尔市籽用南瓜产区
2009	内蒙古	农博士 2 号	蒙认菜 2009012 号	Rjf-1005×Nf-120	临河区丰田农资经销部	内蒙古自治区巴彦淖尔市籽用南瓜产区
2009	内蒙古	农博士 1 号	蒙认菜 2009013 号	Rjf-1026×Nf-133	临河区丰田农资经销部	内蒙古自治区巴彦淖尔市籽用南瓜产区
2009	内蒙古	X-11	蒙认菜 2009014 号	自 02-4X×自 N08-6	临河区天丰农资为农种苗经销部	内蒙古自治区巴彦淖尔市籽用南瓜产区
2009	内蒙古	金平果 606	蒙认菜 2009015 号	MF8713×MD9428	巴彦淖尔市临河区宝丰农药种子经销部	内蒙古自治区巴彦淖尔市籽用南瓜产区

（续）

年份	鉴定机构	品种名称	鉴定编号	品种来源	选育（报审）单位	适宜范围
2009	内蒙古	金平果 505	蒙认菜 2009016 号	MF8712×MD9428	巴彦淖尔市临河区宝丰农药种子经销部	内蒙古自治区巴彦淖尔市籽用南瓜产区
2009	内蒙古	金平果 999	蒙认菜 2009017 号	MF8715×MD9428	巴彦淖尔市临河区宝丰农药种子经销部	内蒙古自治区巴彦淖尔市籽用南瓜产区
2009	内蒙古	金星 2 号	蒙认菜 2009018 号	以海藏 108 为材料选育而成	武威古浪科华种业有限公司	内蒙古自治区巴彦淖尔市籽用南瓜产区
2009	内蒙古	三星无壳	蒙认菜 2009019 号	N201-8×N231-9	北京万京兄弟种子有限责任公司	内蒙古自治区巴彦淖尔市籽用南瓜产区
2009	内蒙古	籽丰 1 号	蒙认菜 2009020 号	M0206×A39706	巴彦淖尔市临河区金土地种子经销部	内蒙古自治区巴彦淖尔市籽用南瓜产区
2009	内蒙古	绿仁 1 号	蒙认菜 2009021 号	自 02-8×自 M08-5	巴彦淖尔市杭锦后旗科普农作物新品种开发研究所	内蒙古自治区巴彦淖尔市籽用南瓜产区
2009	内蒙古	金陇宝无壳	蒙认菜 2009022 号	M-002×02-13	巴彦淖尔市新田种苗有限公司	内蒙古自治区巴彦淖尔市籽用南瓜产区
2009	内蒙古	W300	蒙认菜 2009023 号	来源于 W100	内蒙古富达农业发展有限公司	内蒙古自治区巴彦淖尔市籽用南瓜产区
2009	内蒙古	金秋无壳瓜籽	蒙认菜 2009024 号	98-10×99-11	内蒙古西蒙种业有限公司	内蒙古自治区巴彦淖尔市籽用南瓜产区
2009	内蒙古	多籽无壳瓜籽	蒙认菜 2009025 号	98-13×澳改 96-14	内蒙古西蒙种业有限公司	内蒙古自治区巴彦淖尔市籽用南瓜产区
2009	内蒙古	丰农 2 号	蒙认菜 2009026 号	My-30-16×Wy-30-9	内蒙古丰农种业有限公司	内蒙古自治区巴彦淖尔市籽用南瓜产区
2009	内蒙古	金乔 2 号	蒙认菜 2009027 号	H-8-5-6×B-5-7-3	杭锦后旗益民种子有限责任公司	内蒙古自治区巴彦淖尔市籽用南瓜产区

（续）

年份	鉴定机构	品种名称	鉴定编号	品种来源	选育（报审）单位	适宜范围
2009	内蒙古	金乔1号	蒙认菜2009028号	G-5-1-3×Y-3-2-4	杭锦后旗益民种子有限责任公司	内蒙古自治区巴彦淖尔市籽用南瓜产区
2009	内蒙古	慧香打籽葫芦	蒙认菜2009029号	CTB010701×CZ980706	五原县向阳益农种子经销部	内蒙古自治区巴彦淖尔市有壳葫芦产区
2009	内蒙古	多籽1号	蒙认菜2009030号	TZ×XB	巴彦淖尔市临河区惠农科技服务部	内蒙古自治区巴彦淖尔市有壳葫芦产区
2009	内蒙古	华裕1号	蒙认菜2009031号	M21×S35	内蒙古华龙种苗有限责任公司	内蒙古自治区巴彦淖尔市有壳葫芦产区
2009	内蒙古	多籽光板1号	蒙认菜2009032号	Mx-12-1×Gx-12-6	内蒙古丰农种业有限公司	内蒙古自治区巴彦淖尔市有壳葫芦产区
2009	内蒙古	粒欣1号	蒙认菜2009033号	97-2-1-6×97-4-2-2	巴彦淖尔市临河区欣农种业农药商行	内蒙古自治区巴彦淖尔市有壳葫芦产区
2009	内蒙古	X-10	蒙认菜2009034号	404M-2-1×D-1-2	巴彦淖尔市临河区欣农种业农药商行	内蒙古自治区巴彦淖尔市有壳葫芦产区
2009	内蒙古	光板2号	蒙认菜2009035号	MB102-7-2×MF121-5-2	巴彦淖尔市临河区宝丰农药种子经销部	内蒙古自治区巴彦淖尔市有壳葫芦产区
2009	内蒙古	益民中片葫芦	蒙认菜2009036号	C63-8-8-8×B常-7-9-5	杭锦后旗益民种子有限责任公司	内蒙古自治区巴彦淖尔市有壳葫芦产区
2009	内蒙古	诚牌1005	蒙认菜2009037号	H-4×G-5	五原富田种业	内蒙古自治区巴彦淖尔市有壳葫芦产区
2009	内蒙古	诚牌1001	蒙认菜2009038号	H-2×X-1	五原富田种业	内蒙古自治区巴彦淖尔市有壳葫芦产区
2009	内蒙古	白雪1号	蒙认菜2009039号	HLA01×HLB001	临河西亚种子农资经销部	内蒙古自治区巴彦淖尔市有壳葫芦产区
2009	内蒙古	硕丰10号	蒙认菜2009040号	青玉西葫芦×凯斯西葫芦	临河西亚种子农资经销部	内蒙古自治区巴彦淖尔市有壳葫芦产区

（续）

年份	鉴定机构	品种名称	鉴定编号	品种来源	选育（报审）单位	适宜范围
2009	内蒙古	博大 F1	蒙认菜 2009041 号	博 6999×博 8743	巴彦淖尔市兴达种苗农资公司	内蒙古自治区巴彦淖尔市有壳葫芦产区
2009	内蒙古	多籽 338	蒙认菜 2009042 号	MD103-8-2×MY106-3	巴彦淖尔市临河区力宏农资服务部	内蒙古自治区巴彦淖尔市有壳葫芦产区
2009	内蒙古	晋科 8 号	蒙认菜 2009043 号	早青西葫芦×德青西葫芦	临河区丰田农资经销部	内蒙古自治区巴彦淖尔市有壳葫芦产区
2009	内蒙古	益民早青 2 号	蒙认菜 2009044 号	山西打籽葫芦变异株	杭锦后旗益民种子有限责任公司	内蒙古自治区巴彦淖尔市有壳葫芦产区
2009	黑龙江	荆平 1 号	黑登记 2009037	桦南无杈×宝清大白板	桦南县荆平南瓜种业有限责任公司	黑龙江省第一至第四积温带南瓜产区
2009	江苏	碧玉	苏鉴南瓜 200901	B6-5b-4-2-6×B5-4-2-2-4	江苏省农业科学院蔬菜研究所	江苏省南瓜产区春季保护地或露地种植
2009	江苏	旭日	苏鉴南瓜 200902	B5-3-6-2-6-1-8×C2-8-1-9-4-3-2-4	江苏省农业科学院蔬菜研究所	江苏省南瓜产区春季保护地或露地种植
2009	浙江	翠栗 2 号	浙（非）审蔬 2009020	S2-1×S4-1	绍兴市农业科学研究院、浙江勿忘农种业股份有限公司	浙江省笋瓜产区
2009	浙江	华栗	浙（非）审蔬 2009021	3N093S02	金华市农业科学研究院、杭州三雄种苗有限公司	浙江省笋瓜产区作为加工专用品种种植
2009	安徽	金星	皖品鉴登字第 0903009	93-4×9307	合肥丰乐种业股份有限公司	安徽省南瓜产区
2009	山东	淄葫 1 号	鲁农审 2009053 号	QS1-3-12-8×DL-17-4-5	淄博市农业科学研究院	山东省西葫芦产区露地种植
2009	山东	西星西葫芦 1 号	鲁农审 2009054 号	20-85-2-1-2-1×21-3-1-2-1-1	山东登海种业股份有限公司西由种子分公司	山东省西葫芦产区露地种植
2009	湖南	兴蔬红蜜	XPD007-2009	M2×M3	湖南省蔬菜研究所	湖南省南瓜产区
2009	湖南	兴蔬蜜宝	XPD008-2009	M2×15-3	湖南省蔬菜研究所	湖南省南瓜产区

（续）

年份	鉴定机构	品种名称	鉴定编号	品种来源	选育（报审）单位	适宜范围
2009	湖南	红栗 2 号	XPD009-2009	HP-35×JP-1	湖南省瓜类研究所	湖南省南瓜产区
2009	湖南	如意	XPD010-2009	M10×J13	衡阳市蔬菜研究所	湖南省南瓜产区
2009	四川	川甜 1 号	川审蔬 2009006	WM01-91×P325	四川省农业科学院园艺研究所	四川省南瓜适宜栽培区
2009	陕西	春玉 1 号	陕蔬登字 2009001 号	007×太阳	西北农林科技大学园艺学院	山东省喜食浅色地区
2009	陕西	银碟 1 号	陕蔬登字 2009002 号	碟-79-7-1×盘-79-3-3	西北农林科技大学	陕西省西葫芦产区保护地及露地种植
2009	陕西	永安 1 号	陕蔬登字 2009017 号	12-97-55×98-1-7-4	西北农林科技大学园艺学院	陕西省南瓜产区
2009	陕西	永安 2 号	陕蔬登字 2009018 号	12-97-55×T98-6-3-9	西北农林科技大学园艺学院	陕西省南瓜产区
2009	甘肃	金丰宝	甘认菜 2009008	061-4A×172-3-1	民勤县发泽种业有限公司	甘肃省金昌和民勤西葫芦产区
2009	甘肃	绿金宝	甘认菜 2009009	从民勤多年种植的天然无壳葫芦大田中系选而成	民勤县全盛种业有限公司	甘肃省民勤西葫芦产区
2009	甘肃	白雪公主	甘认菜 2009010	QS9916×QS9901	民勤县全盛种业有限公司	甘肃省民勤籽用西葫芦产区
2009	甘肃	甘香栗	甘认菜 2009011	03B811×03C417	甘肃省农业科学院蔬菜研究所	甘肃省民勤、皋兰、兰州、天水、庆阳等地南瓜产区
2009	甘肃	甘红栗	甘认菜 2009012	YN0112×Jar0521	甘肃省农业科学院蔬菜研究所	甘肃省民勤、皋兰、西固、秦州、镇原等地南瓜产区
2009	新疆	天葫 1 号	新登西葫芦 2009 年 01 号	04XHL-1×04XHLF-1	新疆维吾尔自治区石河子蔬菜研究所	新疆维吾尔自治区西葫芦产区
2010	山西	碧爽	晋审菜（认）2010019	98-3×A-13-2-7-6	山西晋黎来种业有限公司	山西省春露地覆膜栽培
2010	山西	晶莹 118	晋审菜（认）2010020	S-4-2×N-3-5-1	山西大学、山西晋黎来种业有限公司	山西省籽用西葫芦产区
2010	山西	蜜丰	晋审菜（认）2010021	M1-132×XT-2211	山西省农业科学院园艺研究所	山西省南瓜产区
2010	山西	红帅	晋审菜（认）2010022	定短红（代号 208646-5）×甘大红果（代号 19632-6）	山西卓越种苗有限公司	山西省南瓜产区露地及春、秋保护地种植

（续）

年份	鉴定机构	品种名称	鉴定编号	品种来源	选育（报审）单位	适宜范围
2010	内蒙古	丰农 1 号	蒙认菜 2010005 号	My-30-11×Wy-30-5	内蒙古丰农种业有限公司	内蒙古自治区巴彦淖尔市籽用南瓜产区
2010	内蒙古	打籽西葫芦	蒙认菜 2010006 号	Mx-12-9×Sx-12-5	内蒙古丰农种业有限公司	内蒙古自治区巴彦淖尔市有壳葫芦产区
2010	内蒙古	多籽光板 2 号	蒙认菜 2010007 号	Mx-12-3×Gx-12-11	内蒙古丰农种业有限公司	内蒙古自治区巴彦淖尔市有壳葫芦产区
2010	辽宁	朝南 1 号	辽备菜［2010］409 号	以齐齐哈尔南瓜为母本，地方南瓜为父本选育而成的籽用加工型南瓜	朝阳大地农产品加工有限公司	辽宁省西部南瓜产区
2010	辽宁	朝南 2 号	辽备菜［2010］410 号	以内蒙古扎兰屯印度南瓜为母本，地方印度南瓜为父本选育而成的籽用加工型南瓜	朝阳大地农产品加工有限公司	辽宁省西部南瓜产区
2010	黑龙江	友雪 1 号	黑登记 2010023	从农家种中系统选育而成	友谊学友南瓜科技开发研究所	黑龙江省第一至第三积温带南瓜产区
2010	黑龙江	金丹红南瓜	黑登记 2010024	今 0348×今 3F13	今农农业科技开发研究所	黑龙江省第一至第三积温带南瓜产区
2010	黑龙江	荆平 2 号	黑登记 2010025	从农家种中系统选育而成	桦南县荆平南瓜种业有限责任公司	黑龙江省第一至第三积温带南瓜产区
2010	浙江	胜栗	浙（非）审蔬 2010008	9925-1-8-11-29×9912-2-15-3-5-4-2	杭州市农业科学研究院、杭州三叶蔬菜种苗公司	浙江省笋瓜产区大棚种植
2010	浙江	圆葫 1 号	浙（非）审蔬 2010009	M16-2×Y22-9	衢州市农业科学研究所	浙江省西葫芦产区春季早熟和秋延后设施种植
2010	安徽	蜜橙	皖品鉴登字第 1003014	J-1×2008-1	安徽江淮园艺科技有限公司	安徽省南瓜产区
2010	安徽	宿蜜 1 号	皖品鉴登字第 1003015	N01-9×M01-25	宿州市农业科学研究所	安徽省南瓜产区
2010	山东	烟葫 4 号	鲁农审 2010053 号	2-13-5-26-7-3×N2-10-7-11-5-6	烟台市农业科学研究院	山东省西葫芦产区早春保护地和露地种植

（续）

年份	鉴定机构	品种名称	鉴定编号	品种来源	选育（报审）单位	适宜范围
2010	山东	淄葫 3 号	鲁农审 2010054 号	BY1-3-6-12×QS1-3-12-8	淄博市农业科学研究院	山东省西葫芦产区早春保护地和露地种植
2010	山东	绿蜜栗	鲁农审 2010067 号	TL-01-06×HZ-01-19	淄博市农业科学研究院	山东省南瓜产区早春露地或保护地种植
2010	陕西	永安 4 号	陕蔬登字 2010001 号	T12×S05	西北农林科技大学	陕西省南瓜产区保护地和露地种植
2010	陕西	永安 5 号	陕蔬登字 2010002 号	P06×J22	西北农林科技大学	陕西省南瓜产区保护地及露地栽培
2010	陕西	春玉 3 号	陕蔬登字 2010003 号	F02×U03	西北农林科技大学	陕西省西葫芦产区作早春保护地和露地种植
2010	甘肃	金秋绿宝	甘认菜 2010012	WM003＃×WF-3-2	民勤县贤丰农业有限公司	甘肃省民勤西葫芦产区
2011	山西	盛玉 307	晋审菜（认）2011014	DL-01×05-4	山西强盛种业有限公司	山西省西葫芦产区早春保护地种植
2011	山西	玉莹	晋审菜（认）2011015	06-74×06B061	中国农业科学院蔬菜花卉研究所	山西省西葫芦产区春季保护地种植
2011	山西	春葫 1 号	晋审菜（认）2011016	Y-12×8X-64	山西省农业科学院蔬菜研究所	山西省西葫芦产区春季保护地种植
2011	山西	京葫 12	晋审菜（认）2011017	02-1-5-3-10-6-5×03-3-10-9-8-2-16	北京市农林科学院蔬菜研究中心、北京京研益农科技发展中心	山西省西葫芦产区早春露地种植
2011	山西	京葫 5 号	晋审菜（认）2011018	02-1-5-3-8-6-6×03-3-10-9-8-4-10	北京市农林科学院蔬菜研究中心、北京京研益农科技发展中心	山西省西葫芦产区早春露地种植
2011	内蒙古	BN420	蒙认菜 2011002 号	NO6-M9×墨玉-06B	内蒙古真金种业科技有限公司、鄂尔多斯市农业科学研究院	内蒙古自治区鄂尔多斯市有壳葫芦产区
2011	内蒙古	科河 9 号	蒙认菜 2011003 号	KLA001×KLA002	巴彦淖尔市科河种业有限公司	内蒙古自治区鄂尔多斯市有壳葫芦产区
2011	内蒙古	科来 118	蒙认菜 2011004 号	KLA02×KLA002	山西晋黎来种业有限公司	内蒙古自治区鄂尔多斯市有壳葫芦产区

（续）

年份	鉴定机构	品种名称	鉴定编号	品种来源	选育（报审）单位	适宜范围
2011	内蒙古	佳级光板	蒙认菜 2011005 号	MK108×H-010	内蒙古丰农种业有限公司	内蒙古自治区鄂尔多斯市有壳葫芦产区
2011	内蒙古	掏籽 F-10	蒙认菜 2011006 号	纤手 1 号×94012	杨荐钧	内蒙古自治区鄂尔多斯市有壳葫芦产区
2011	内蒙古	山西打籽 A	蒙认菜 2011007 号	Ar 变-1×GWH-97-2	晋中市砧木种苗研究所	内蒙古自治区鄂尔多斯市有壳葫芦产区
2011	内蒙古	绿川 1 号	蒙认菜 2011008 号	H-7-2×大白皮	山西晋黎来种业有限公司	内蒙古自治区鄂尔多斯市有壳葫芦产区
2011	内蒙古	蒙佳利打籽葫芦	蒙认菜 2011009 号	J-8302×C-8318	山西王牌新特种苗有限公司	内蒙古自治区鄂尔多斯市有壳葫芦产区
2011	内蒙古	大正 1 号	蒙认菜 2011010 号	D15×Z117	山西大正农业发展有限公司	内蒙古自治区鄂尔多斯市有壳葫芦产区
2011	内蒙古	科阳 1 号	蒙认菜 2011011 号	D-05×Z-12	巴彦淖尔市大地兴科农业科技有限责任公司	内蒙古自治区鄂尔多斯市有壳葫芦产区
2011	内蒙古	金冠无壳	蒙认菜 2011012 号	Y07-6×R07-10	巴彦淖尔市大地兴科农业科技有限责任公司	内蒙古自治区巴彦淖尔市籽用南瓜产区
2011	内蒙古	丰产 388	蒙认菜 2011013 号	M221×9402	杨荐钧	内蒙古自治区巴彦淖尔市籽用南瓜产区
2011	内蒙古	科河 186-1	蒙认菜 2011014 号	W-008×WF-006	巴彦淖尔市科河种业有限公司	内蒙古自治区巴彦淖尔市籽用南瓜产区
2011	内蒙古	金丰无壳	蒙认菜 2011015 号	01158×99125	甘肃华园西甜瓜开发有限公司	内蒙古自治区巴彦淖尔市籽用南瓜产区
2011	内蒙古	萃颐 2 号	蒙认菜 2011016 号	YN-0705D×YN-0907-1	甘肃武威艺农种业有限公司	内蒙古自治区巴彦淖尔市籽用南瓜产区
2011	内蒙古	W510	蒙认菜 2011017 号	5-10×W-06-1N	内蒙古真金种业科技有限公司、鄂尔多斯市农业科学研究院	内蒙古自治区巴彦淖尔市籽用南瓜产区

（续）

年份	鉴定机构	品种名称	鉴定编号	品种来源	选育（报审）单位	适宜范围
2011	辽宁	威盛1号	辽备菜［2011］438号	S0703×S0704	辽宁省农业科学院蔬菜所	辽宁省保护地黄瓜嫁接用砧木品种
2011	辽宁	威盛2号	辽备菜［2011］439号	S0617×S0704	辽宁省农业科学院蔬菜所	辽宁省保护地黄瓜嫁接用砧木品种
2011	上海	贝贝绿1号	沪农品认蔬果2011第007号	GD14-7-1×GD7-4-3	上海市农业科学院园艺研究所、上海市设施园艺技术重点实验室、上海科园种子有限公司	上海市南瓜产区
2011	上海	申砧1号	沪农品认蔬果2011第008号	K-1-5-2-4-3×H-12-16-7-3-2	上海市农业科学院园艺研究所、上海市设施园艺技术重点实验室、上海科园种子有限公司	上海市作为南瓜砧木种植
2011	浙江	湖栗1号	浙（非）审蔬2011012	S0806×S0817	湖州市农作物技术推广站、浙江大学农业与生物技术学院、湖州市农业科学研究院	浙江省笋瓜产区
2011	浙江	圆葫2号	浙（非）审蔬2011013	M16-2×Y22-9	衢州市农业科学研究所、龙游县乐土良种推广中心	浙江省西葫芦产区设施种植
2011	安徽	早优蜜本	皖品鉴登字第1103011	HY-1×GZ-2	安徽国豪农业科技有限公司	安徽省南瓜产区
2011	安徽	雪白2号	皖品鉴登字第1103012	XCM-1×XCF-2	安徽国豪农业科技有限公司	安徽省南瓜产区
2011	甘肃	陇葫1号	甘认菜2011013	MF07×MF15	甘肃省农业科学院蔬菜研究所	甘肃省兰州、永靖、武山、清水西葫芦产区
2011	甘肃	冬秀	甘认菜2011014	从北京京域威尔农业科技开发公司引进	兰州佳禾种苗服务部	甘肃省兰州市西葫芦产区保护地种植
2011	甘肃	冬圣2号	甘认菜2011015	从山东省华盛农业股份有限公司引进	兰州安宁庆丰种业经营部	甘肃省兰州市西葫芦产区保护地种植
2011	甘肃	绿湖2号	甘认菜2011016	从爱绿士种业有限公司引进	兰州安宁庆丰种业经营部	甘肃省兰州市西葫芦产区保护地种植
2011	甘肃	翠玉2号	甘认菜2011017	从北京爱德万斯种子有限公司引进	兰州安宁庆丰种业经营部	甘肃省兰州市西葫芦产区保护地种植

（续）

年份	鉴定机构	品种名称	鉴定编号	品种来源	选育（报审）单位	适宜范围
2011	甘肃	寒玉	甘认菜 2011018	H-9-2×D-1	兰州丰田种苗有限公司	甘肃省兰州市西葫芦产区保护地种植
2011	甘肃	美葫 39	甘认菜 2011019	由北京捷利亚种业有限公司引进	兰州田园种苗有限责任公司	甘肃省兰州市西葫芦产区保护地种植
2011	甘肃	金平果二星	甘认菜 2011063	R10（63-9-7A-3C）×N47（53-8-6D-37）	甘肃武威金苹果有限责任公司	甘肃省民勤县籽用南瓜产区
2011	甘肃	金平果三星	甘认菜 2011064	LA147（96-7-6-1C）×F154（88-6C-45-2）	甘肃武威金苹果有限责任公司	甘肃省民勤县籽用南瓜产区
2011	甘肃	超级金无壳	甘认菜 2011065	F252（98F-97-46-3A）×X97（95X-8-67-4C）	甘肃武威金苹果有限责任公司	甘肃省民勤县籽用南瓜产区
2011	甘肃	绿宝石	甘认菜 2011066	C380（98C-9-4B-23C）×X107（97X-8-7A-43C）	甘肃武威金苹果有限责任公司	甘肃省民勤县籽用南瓜产区
2011	甘肃	京新 801	甘认菜 2011067	SX07143×SX07108	武威三新种业有限责任公司	甘肃省民勤县籽用南瓜产区
2011	甘肃	贤丰 6 号	甘认菜 2011068	SSB10-35×SSB10-25	民勤县贤丰农业有限公司	甘肃省民勤县、金昌市籽用南瓜产区
2011	甘肃	金平果光板 2 号	甘认菜 2011069	Q521（72-2-19-7C）×N5（213-7-36-2A）	甘肃武威金苹果有限责任公司	甘肃省民勤县籽用南瓜产区露地种植
2011	青海	冬玉	青审菜 2011004	2005 年从西宁佳农农业科技开发公司(冬玉西葫芦青海省总代理)引进	西宁市蔬菜研究所等	青海省西葫芦产区温棚种植
2012	山西	合玉丽	晋审菜（认）2012015	Y-2×X-38	山西省农业科学院蔬菜研究所	山西省西葫芦产区早春保护地种植
2012	山西	翠青 308	晋审菜（认）2012016	东 1126×水白 208	山西强盛种业有限公司	山西省春露地种植
2012	山西	东葫 4 号	晋审菜（认）2012017	04-28×国外资源	山西省农业科学院棉花研究所	山西省西葫芦产区春露地种植
2012	山西	绿蒂	晋审菜（认）2012018	05-28×04-xb-5	山西省农业科学院棉花研究所	山西省西葫芦产区春露地种植
2012	内蒙古	泽丰三星	蒙认菜 2012006 号	自 05-241×W-2-13	内蒙古西蒙种业有限公司	内蒙古自治区巴彦淖尔市籽用南瓜产区

（续）

年份	鉴定机构	品种名称	鉴定编号	品种来源	选育（报审）单位	适宜范围
2012	内蒙古	金福星	蒙认菜 2012007 号	SM-MQ-03×BD-06	武威市凉州区生茂种苗研究开发有限责任公司	内蒙古自治区巴彦淖尔市籽用南瓜产区
2012	内蒙古	五星无壳	蒙认菜 2012008 号	自 03-3W×自 N08-6	甘肃省酒泉市双丰种苗有限公司	内蒙古自治区巴彦淖尔市籽用南瓜产区
2012	内蒙古	金平果 909	蒙认菜 2012009 号	R10（63-9-7A-3C）×N47（53-8-6D-37）	甘肃武威金苹果有限责任公司	内蒙古自治区巴彦淖尔市籽用南瓜产区
2012	内蒙古	金平果三星	蒙认菜 2012010 号	LA147（96-7-6-1C）×F154（88-6C-45-2）	甘肃武威金苹果有限责任公司	内蒙古自治区巴彦淖尔市籽用南瓜产区
2012	内蒙古	金平果 707	蒙认菜 2012011 号	F174（106F-7-46-8）×C9（121C-8-7-13）	甘肃武威金苹果有限责任公司	内蒙古自治区巴彦淖尔市籽用南瓜产区
2012	内蒙古	金平果 A380	蒙认菜 2012012 号	R10（63-9-7A-3C）×N49（53-8-6D-37-9A-7）	甘肃武威金苹果有限责任公司	内蒙古自治区巴彦淖尔市籽用南瓜产区
2012	内蒙古	阿郎碧玉	蒙认菜 2012013 号	AGRM231×05S043	内蒙古华龙种苗有限责任公司	内蒙古自治区巴彦淖尔市籽用南瓜产区
2012	内蒙古	翠龙 128	蒙认菜 2012014 号	D12×Z08	山西大正农业发展有限公司	内蒙古自治区巴彦淖尔市有壳葫芦产区
2012	内蒙古	林优 9 号	蒙认菜 2012015 号	自 04-21×Y-2-1	内蒙古西蒙种业有限公司	内蒙古自治区巴彦淖尔市有壳葫芦产区
2012	内蒙古	京成 7127	蒙认菜 2012016 号	SJ-12-5×W-25-9	北京聚京成农业发展有限责任公司	内蒙古自治区巴彦淖尔市有壳葫芦产区
2012	内蒙古	诚牌 1007	蒙认菜 2012017 号	GF-1×H-6	五原富田种业	内蒙古自治区巴彦淖尔市有壳葫芦产区
2012	内蒙古	诚牌 1009	蒙认菜 2012018 号	H-8×G-5	五原富田种业	内蒙古自治区巴彦淖尔市有壳葫芦产区
2012	内蒙古	金瑞丰 9 号	蒙认菜 2012019 号	QL-03×LH-06	甘肃省酒泉市鸿丰种业有限责任公司	内蒙古自治区巴彦淖尔市有壳葫芦产区

（续）

年份	鉴定机构	品种名称	鉴定编号	品种来源	选育（报审）单位	适宜范围
2012	内蒙古	宝丰白玉	蒙认菜 2012020 号	W308（42-25-12-7）×N8（144-7A-22-19-7C-4）	甘肃武威金苹果有限责任公司	内蒙古自治区巴彦淖尔市有壳葫芦产区
2012	内蒙古	粒丰 1 号	蒙认菜 2012021 号	Q521（72-2-19-7C）×R9（213-7-36-2A）	甘肃武威金苹果有限责任公司	内蒙古自治区巴彦淖尔市有壳葫芦产区
2012	内蒙古	金平果新 1 号	蒙认菜 2012022 号	W308（42-25-12-7）×N6（144-7A-22-19）	甘肃武威金苹果有限责任公司	内蒙古自治区巴彦淖尔市有壳葫芦产区
2012	内蒙古	晋葫 420	蒙认菜 2012023 号	11-11-02×01-E	季常青	内蒙古自治区巴彦淖尔市有壳葫芦产区
2012	内蒙古	晶莹 118	蒙认菜 2012024 号	S-4-2×N-3-5-1	山西晋黎来种业有限公司	内蒙古自治区巴彦淖尔市有壳葫芦产区
2012	内蒙古	绿星 9 号	蒙认菜 2012025 号	D-21-9-3-11-8×L-4-3-2-7	山西晋黎来种业有限公司	内蒙古自治区巴彦淖尔市有壳葫芦产区
2012	内蒙古	京丰 9 号	蒙认菜 2012026 号	W-001×WA-003	甘肃省酒泉市双丰种苗有限公司	内蒙古自治区巴彦淖尔市有壳葫芦产区
2012	内蒙古	百子	蒙认菜 2012027 号	X51×XY-78	北京兄弟农产种子有限公司	内蒙古自治区巴彦淖尔市有壳葫芦产区
2012	内蒙古	多籽	蒙认菜 2012028 号	XW64×X84	北京兄弟农产种子有限公司	内蒙古自治区巴彦淖尔市有壳葫芦产区
2012	内蒙古	金丰 1 号	蒙认菜 2012029 号	FN-0801×FN-0602	包头市三主粮种业有限公司	内蒙古自治区巴彦淖尔市有壳葫芦产区
2012	黑龙江	龙华 1 号	黑登记 2012036	强 8-1×114-2	于振华	黑龙江省第一至第三积温带南瓜产区
2012	黑龙江	星雪 1 号	黑登记 2012037	H6×H1	哈尔滨明星种子研究所	黑龙江省第一至第三积温带南瓜产区
2012	黑龙江	鑫球	黑登记 2012038	38-3-1×45-2-1	哈尔滨市农业科学院	黑龙江省南瓜产区保护地种植
2012	黑龙江	哈栗香 1 号	黑登记 2012039	以俄罗斯引进的杂交品种 F_1 代为材料，系谱方法选育而成	哈尔滨市农业科学院	黑龙江省南瓜产区保护地种植

（续）

年份	鉴定机构	品种名称	鉴定编号	品种来源	选育（报审）单位	适宜范围
2012	山东	寒绿7042	鲁农审2012047号	AS12×08-11	山东省华盛农业科学研究院	山东省西葫芦产区日光温室越冬茬栽培
2012	海南	红佳南瓜	琼认蔬菜2012004	IV010-2-4-6×IV056-5-1-8	海南省农业科学院蔬菜研究所	海南省南瓜产区
2012	海南	绿栗南瓜	琼认蔬菜2012005	IV021-3-7-4×IV040-1-5-2	海南省农业科学院蔬菜研究所	海南省南瓜产区
2012	甘肃	瑞丰9号	甘认菜2012014	XW0486×XW06-9	酒泉希望种业有限公司	甘肃省酒泉、武威、民勤、金昌西葫芦产区
2012	甘肃	宜丰9号	甘认菜2012015	SYGM002×SY02-6	民勤县三宜种业有限公司	甘肃省民勤、金昌等地西葫芦产区
2012	甘肃	三宜无壳	甘认菜2012016	SYWM003×SY03-2	民勤县三宜种业有限公司	甘肃省民勤、金昌等地西葫芦产区
2012	甘肃	金尊宝	甘认菜2012017	QS01-6×QS02-3	民勤县全盛永泰农业有限公司	甘肃省民勤、金昌等地西葫芦产区
2012	甘肃	京丰9号	甘认菜2012018	SXM07109×SXF07111	武威三新种业有限责任公司	甘肃省民勤和凉州区西葫芦产区
2012	甘肃	皇冠金钻	甘认菜2012019	QS18×（QS0509×QS0510）	民勤县全盛永泰农业有限公司	甘肃省民勤、金昌西葫芦产区
2012	甘肃	皇冠翡翠	甘认菜2012020	QS9916×QS9903	民勤县全盛永泰农业有限公司	甘肃省民勤、金昌西葫芦
2012	甘肃	科信9号	甘认菜2012021	KX1-27×KX1-28	民勤县科信种业有限公司	甘肃省民勤、金昌西葫芦产区
2012	甘肃	科信无壳三星	甘认菜2012022	WM10-10×WF10-10	民勤县科信种业有限公司	甘肃省民勤、金昌西葫芦产区
2012	甘肃	三禾817	甘认菜2012023	S0Q34×S08Q12	酒泉市三禾种业有限责任公司	甘肃省金塔、酒泉、永昌、民勤西葫芦产区
2012	甘肃	三禾819	甘认菜2012024	RDS106×RDS054A	酒泉市三禾种业有限责任公司	甘肃省民勤、金昌、酒泉等地西葫芦产区
2012	甘肃	银贝贝	甘认菜2012025	Y06-7×LM04-2	酒泉凯地农业科技开发有限公司	甘肃省瓜州、玉门、肃州、金塔及民勤南瓜产区
2012	甘肃	成田墨玉	甘认菜2012026	01158×99125	甘肃成田种业有限公司	甘肃省民勤南瓜产区

（续）

年份	鉴定机构	品种名称	鉴定编号	品种来源	选育（报审）单位	适宜范围
2012	新疆	白雪公主	新登西葫芦 2012 年 28 号	QS9916×QS9901	甘肃省民勤县全盛永泰农业有限公司	新疆维吾尔自治区西葫芦产区
2013	山西	合玉青	晋审菜（认）2013003	83-1-1×Y-8	山西省农业科学院蔬菜研究所	山西省西葫芦产区春提早保护地种植
2013	山西	东葫 8 号	晋审菜（认）2013004	A-82×628-1	山西省农业科学院棉花研究所	山西省西葫芦产区早春露地种植
2013	山西	墨玉宝	晋审菜（认）2013015	短蔓、印度南瓜自交系I-05-02-8×长蔓、中国南瓜自交系 C-06-12-8	山西省农业科学院作物科学研究所、山西腾达种业有限公司	山西省南瓜产区
2013	吉林	白籽 1 号	吉登菜 2013015	07-GC-1-8-6-9×07-NW-3-3-5-7	白城市农业科学院	吉林省籽用角瓜产区
2013	黑龙江	南北瓜 2 号	黑登记 2013029	银叶 8-2×银叶 8-10	黑龙江省南北农业科技有限公司	黑龙江省第一至第三积温带南瓜产区
2013	黑龙江	龙华 2 号	黑登记 2013030	隆华 T1-1×LD	于振华	黑龙江省第一至第三积温带南瓜产区
2013	黑龙江	宝库 2 号	黑登记 2013031	06 繁 7×99-16	讷河市宝库良种繁育研究所	黑龙江省第一至第三积温带南瓜产区
2013	黑龙江	金辉 3 号	黑登记 2013032	Q521×N5	东北农业大学园艺学院	黑龙江省第一至第三积温带南瓜产区
2013	黑龙江	金龙瓜 1 号	黑登记 2013033	GM1×GF1	黑龙江省农业科学院生物技术研究所	黑龙江省第一至第三积温带南瓜产区
2013	黑龙江	金贝 1 号	黑登记 2013034	GM9×GF5	黑龙江省农业科学院经济作物研究所	黑龙江省第一至第三积温带南瓜产区
2013	浙江	科栗 1 号	浙（非）审蔬 2013010	S31-1×S4-1	绍兴市农业科学研究院、浙江农科种业有限公司	浙江省笋瓜产区
2013	福建	南砧 1 号	闽认菜 2013020	台湾 4 号-012×广东蜜本-023	福建省农业科学院农业生物资源研究所、福州市农业科学研究所	福建省甜瓜产区作为砧木专用品种栽培
2013	湖南	一串铃 4 号南瓜	XPD023-2013	Q1×G19	衡阳市蔬菜研究所	湖南省南瓜产区

（续）

年份	鉴定机构	品种名称	鉴定编号	品种来源	选育（报审）单位	适宜范围
2013	广东	丹红 3 号南瓜	粤审菜 2013009	粉红 1 号×红皮 6 号	广东省农业科学院蔬菜研究所	广东省南瓜产区
2013	广东	广蜜 1 号南瓜	粤审菜 2013010	早选 1 号×长青 2 号	广东省农业科学院蔬菜研究所	广东省南瓜产区春、秋季种植
2013	甘肃	四季玉	甘认菜 2013080	SQ1154-1×SQ1154	酒泉市三禾种业有限责任公司	甘肃省酒泉市西葫芦产区
2013	甘肃	三禾 815	甘认菜 2013081	RDS200-1×RDS200X	酒泉市三禾种业有限责任公司	甘肃省酒泉、民勤西葫芦产区
2013	甘肃	三禾园宝	甘认菜 2013082	S11ZP12×S11ZP17	酒泉市三禾种业有限责任公司	甘肃省酒泉、民勤西葫芦产区
2013	甘肃	金瑞丰	甘认菜 2013083	QS9116×QS9099	武威方大种业有限责任公司	甘肃省武威、金昌西葫芦产区
2013	甘肃	子满堂	甘认菜 2013084	Jsl-m-12×Jsl-f-12	武威市金丝路种业有限公司	甘肃省武威、金昌西葫芦产区
2013	甘肃	丰宝 2 号	甘认菜 2013085	SQ10-2A×SQ08-C-4F	武威源泰丰种业有限公司	甘肃省武威、金昌西葫芦产区
2013	甘肃	丰宝 3 号	甘认菜 2013086	SQ10-30×SQ08-C-4F	武威源泰丰种业有限公司	甘肃省武威、金昌西葫芦产区
2013	甘肃	祥瑞 9 号	甘认菜 2013087	XL-a-02×XL-a-01	武威市祥林种苗有限公司	甘肃省武威、金昌西葫芦产区
2013	甘肃	无壳 3 号	甘认菜 2013088	XL97-05×XL97-06	武威西凉蔬菜种苗研究所	甘肃省武威、金昌西葫芦产区
2013	甘肃	聚宝打籽 1 号	甘认菜 2013089	XL-002×XL-001	武威西凉蔬菜种苗研究所	甘肃省武威、金昌西葫芦产区
2013	甘肃	福斯特	甘认菜 2013090	XP-01×SM-a-02	武威市凉州区生茂种苗研究开发有限责任公司	甘肃省武威、金昌西葫芦产区
2013	甘肃	金福星	甘认菜 2013091	B0878×A0379	武威市凉州区生茂种苗研究开发有限责任公司	甘肃省武威、金昌西葫芦产区
2013	甘肃	海伦娜	甘认菜 2013092	XP-07×SM-a-03	武威市凉州区生茂种苗研究开发有限责任公司	甘肃省武威、金昌西葫芦产区
2013	甘肃	金苹果 1 号	甘认菜 2013093	W308（42-25-12-7）×N6（144-7A-22-19）	武威金苹果有限责任公司	甘肃省酒泉、金昌、凉州、民勤、景泰西葫芦产区
2013	甘肃	金百合	甘认菜 2013094	ZN2516×ZN2501	民勤县泽农种业有限责任公司	甘肃省民勤、永昌西葫芦产区
2013	甘肃	金果 1 号	甘认菜 2013095	以国外西葫芦自交系为母本，民勤天然无壳为父本系统选育而成	民勤县泽农种业有限责任公司	甘肃省民勤、金昌、酒泉西葫芦产区
2013	甘肃	多特	甘认菜 2013096	08-9-10-5-8-6-9×08-6-10-6-4-8-5	北京金种惠农农业科技发展有限公司	甘肃省凉州、白银、红古、榆中、临洮西葫芦产区

（续）

年份	鉴定机构	品种名称	鉴定编号	品种来源	选育（报审）单位	适宜范围
2013	甘肃	翡翠2号	甘认菜2013097	05-3-10-5-8-6-10×05-5-10-6-4-8-5	北京市农林科学院蔬菜研究中心	甘肃省凉州、永登、红古、榆中、永靖西葫芦产区
2013	甘肃	华玉	甘认菜2013098	04-2-5-10-8-16-20-12 × 04-8-5-20-18-14-6	北京市农林科学院蔬菜研究中心	甘肃省凉州、永登、红古、榆中、永靖西葫芦产区
2013	甘肃	奇芳玉丽	甘认菜2013099	F08-01×M08-02	兰州奇芳农业生产资料有限公司	甘肃省榆中、红古西葫芦产区
2013	甘肃	冬丽	甘认菜2013100	从酒泉夏禾种业有限公司引进	甘肃大地种苗有限公司	甘肃省榆中、红古西葫芦产区
2013	甘肃	金苹果100	甘认菜2013101	F252（98F-97-46-3A）× X97（95X-8-67-4C）	武威金苹果有限责任公司	甘肃省民勤、凉州、金昌、酒泉及景泰南瓜产区
2013	甘肃	金苹果四星	甘认菜2013102	R10（63-9-7A-3C）×N47（53-8-6D-37）	武威金苹果有限责任公司	甘肃省凉州、民勤、金昌、景泰、张掖、酒泉南瓜产区
2013	新疆	聚金宝	新登南瓜2013年23号	QS9918×QS9905	民勤县全盛永泰农业有限公司	新疆维吾尔自治区南瓜产区
2013	新疆	金尊宝	新登南瓜2013年24号	QS01-6×QS02-3	民勤县全盛永泰农业有限公司	新疆维吾尔自治区南瓜产区
2013	青海	青葫1号	青审菜2013003	0452-086×0921-033	青海省农林科学院园艺研究所	青海省西葫芦产区温室种植及海拔2 900m以下地区露地越夏种植
◆丝　瓜						
2004	广东	粤优	粤审菜2004004	（D2＋H2：H38＋H2：H27）×S12	广东省农业科学院蔬菜研究所	广东省春、秋季种植
2005	湖南	早优1号	XPD003-2005	S-14×S-62	长沙市蔬菜科学研究所	湖南省丝瓜产区种植
2005	广东	绿胜2号	粤审菜2005005	（乌耳/棠下夏丝瓜//9821）/双青	广州市农业科学研究所	广东省春、秋季种植
2005	广东	白沙夏优3号	粤审菜2005006	WS12-3-6×TH23-4-8	汕头市白沙蔬菜原种研究所	广东省东部地区春、秋季种植
2005	广西	皇冠1号	桂审菜2005001号	母本为广西农家品种桂林八棱瓜自交系，父本为广西农家品种钦州小丝瓜自交系	广西农业科学院蔬菜研究中心	广西壮族自治区
2006	浙江	春丝1号	浙认蔬2006003	99-1-10×2000-1-1	绍兴市农业科学院、勿忘农集团有限公司	浙江省

（续）

年份	鉴定机构	品种名称	鉴定编号	品种来源	选育（报审）单位	适宜范围
2006	安徽	皖绿1号	皖品鉴登字第0603010	WS-01×WS-04	安徽省农业科学院园艺作物研究所	安徽省
2006	广东	夏绿3号	粤审菜2006008	（天河夏丝瓜×棠东丝瓜）×9807	广州市农业科学研究所	广东省秋季种植
2006	广东	双丰1号	粤审菜2006009	枕头瓜×长沙丝瓜	汕头市白沙蔬菜原种研究所	广东省粤东地区春、秋季种植
2007	浙江	衢丝1号	浙认蔬2007010	日引1号×常山短丝瓜系统选育	衢州市农业科学研究所、常山县农作物技术推广站	浙江省早春设施栽培和露地种植
2007	安徽	碧绿	皖品鉴登字第0703009	SGM02×SQ5	安徽省农业科学院园艺作物研究所	安徽省
2007	湖北	鄂丝瓜1号	鄂审菜2007010	HLS-来-1×HLS-湘-2	武汉市蔬菜科学研究所、武汉汉龙种苗有限责任公司	湖北省早春设施栽培和春季露地种植
2007	湖南	早优2号	XPD012-2007	S-02-48×S-02-6	长沙市蔬菜科学研究所	湖南省
2007	湖南	早优3号	XPD013-2007	S-03-8×S-03-98	长沙市蔬菜科学研究所	湖南省
2008	福建	农福丝瓜601	闽认菜2008006	从福州南屿地方品种福州肉丝瓜中经多年单株选择法与混合采种法相结合选出	福州市蔬菜科学研究所	福建省
2008	湖南	湘丝甜丝瓜	XPD007-2008	SZ03-24×SZ06-8	湘潭市农业科学研究所	湖南省
2008	广东	绿胜3号	粤审菜2008001	双青///乌耳/棠下//棠东	广州市农业科学研究所	广东省春、秋季种植
2008	广东	万宝	粤审菜2008002	A67-1×A98	华南农业大学园艺开发公司	广东省春、秋季种植
2008	广东	翠丰	粤审菜2008003	G-360-5-6-7-9×L81-5-3-2-9	广东省良种引进服务公司	广东省春、秋季种植
2008	四川	攀杂丝瓜1号	川审蔬2008 001	S8-6×S4-3	四川省攀枝花市农林科学研究院	四川省
2008	四川	攀杂丝瓜2号	川审蔬2008 002	S8-6×S2-1	四川省攀枝花市农林科学研究院	四川省
2008	重庆	春帅	渝品审鉴2008002	自交系合川伏皱丝瓜×5-F-2-1-5-4	重庆市农业科学院	重庆市
2009	江苏	江蔬1号	苏鉴丝瓜200901	ZZS×SX	江苏省农业科学院蔬菜研究所	江苏省露地或保护地种植
2009	江苏	江蔬肉丝瓜	苏鉴丝瓜200902	L78-3×L20-2	江苏省农业科学院蔬菜研究所	江苏省春季露地或保护地种植
2009	湖南	兴蔬皱佳	XPD004-2009	S-5-11-2×SF0102-5	湖南省蔬菜研究所	湖南省

（续）

年份	鉴定机构	品种名称	鉴定编号	品种来源	选育（报审）单位	适宜范围
2009	湖南	兴蔬美佳	XPD005-2009	SF0148-7×S47	湖南省蔬菜研究所	湖南省
2009	湖南	兴蔬顺佳	XPD006-2009	S20×SF0507-51	湖南省蔬菜研究所	湖南省
2009	广东	高朋	粤审菜 2009002	泰引 HMG×自交系 HWP	广东省良种引进服务公司	广东省春、秋季种植
2010	浙江	雪玉 1 号	浙（非）审蔬 2010007	地方品种白皮丝瓜系统选育	义乌市张小刚蔬菜种植场、义乌市种子管理站	浙江省长江流域露地或保护地种植
2010	广西	皇冠 3 号	桂审蔬 2010007 号	（SIGUA0033-8-5 × SIGUA0006-12-3）→F6	广西农业科学院蔬菜研究所	广西壮族自治区
2011	浙江	浙丝 35	浙（非）审蔬 2011010	2006qs3×2006qs1	浙江省农业科学院蔬菜研究所	浙江省
2011	浙江	台丝 1 号	浙（非）审蔬 2011011	金华白丝瓜×温岭白丝瓜	台州市农业科学研究院	浙江省
2011	湖南	早优 6 号	XPD008-2011	S-04-18×S-05-6	长沙市蔬菜科学研究所、长沙市蔬菜科技开发公司	湖南省
2011	湖南	早优 8 号	XPD009-2011	S-03-98×S-05-6	长沙市蔬菜科学研究所、长沙市蔬菜科技开发公司	湖南省
2011	广东	夏优 4 号	粤审菜 2011006	澄海盛洲丝瓜 SZ99-3-8×广州夏丝瓜 GZ00-2-8	汕头市白沙蔬菜原种研究所	广东省粤东秋季种植
2011	四川	蓉杂丝瓜 1 号	川审蔬 2011 004	3-6×14-5	成都市农林科学院园艺研究所	四川省
2011	四川	春娇	川审蔬 2011 005	江苏线丝瓜×绵阳肉丝瓜	四川省绵阳科兴种业有限公司	四川省
2012	浙江	台丝 2 号	浙（非）审蔬 2012013	Ps2-10-3-6-12-8×Ps1-3-5-2-9-6	台州市农业科学研究院	浙江省
2012	福建	农福丝瓜 801	闽认菜 2012004	S2×S5	福州市蔬菜科学研究所	福建省
2012	福建	漳棱丝瓜 1 号	闽认菜 2012005	从漳州地方品种十棱瓜经系谱法选育而成	漳州市农业科学研究所	福建省
2012	海南	碧绿 1 号	琼认蔬菜 2012003	从海南地方丝瓜资源中系统选育而成	海南省农业科学院蔬菜研究所	海南省冬春种植
2012	广东	粤优 2 号	粤审菜 2012002	DR05-2-6×S11-3-8	广东省农业科学院蔬菜研究所	广东省春、秋季种植
2013	湖南	早皱 2 号	XPD022-2013	D-02×P-02	衡阳市蔬菜研究所	湖南省

（续）

年份	鉴定机构	品种名称	鉴定编号	品种来源	选育（报审）单位	适宜范围
2013	广东	绿源	粤审菜 2013004	翠丰 CF6-1×迳口 ML211-2	佛山市农业科学研究所	广东省春、秋季种植
2013	广东	夏绿 4 号	粤审菜 2013005	（天河夏丝瓜×棠东丝瓜）×美绿 2 号	广州市农业科学研究院	广东省春、秋季种植
2013	广东	夏胜 1 号	粤审菜 2013012	皇冠 1 号丝瓜-A-24×美菱丝瓜-C-6	广州市农业科学研究院	广东省春、秋季种植
2013	广东	雅绿 6 号	粤审菜 2013013	（雅绿 2 号×夏棠丝瓜）×博罗双青丝瓜-异 11-10-10	广东省农业科学院蔬菜研究所、广东科农蔬菜种业有限公司	广东省春、秋季种植
◆瓠　瓜						
2005	湖北	华瓠杂 2 号	鄂审菜 2005001	9909×9915	华中农业大学	湖北省
2005	湖北	华瓠杂 3 号	鄂审菜 2005002	9902×9919	华中农业大学	湖北省
2006	浙江	嘉蒲 2 号	浙认蔬 2006007	D00-26［安吉地蒲×（安吉地蒲×牛腿地蒲）］×D00-52（安吉地蒲×牛腿地蒲）	嘉兴市农业科学院	浙江省北部夏秋季设施栽培
2007	浙江	甬瓠 2 号	浙认蔬 2007009	NC94-4-09-15×94-04-3-1	宁波市农业科学研究院	浙江省保护地春早熟和秋延后种植
2007	湖北	鄂瓠杂 1 号	鄂审菜 2007007	HLB-167×HLB-120	武汉市蔬菜科学研究所、武汉汉龙种苗有限责任公司	湖北省早春设施栽培和春季露地种植
2007	湖北	鄂瓠杂 2 号	鄂审菜 2007008	P8×P9	黄石市蔬菜科学研究所	湖北省早春设施栽培和春季露地种植
2007	湖北	鄂瓠杂 3 号	鄂审菜 2007009	P8×P4	湖北省农业科学院经济作物研究所	湖北省早春设施栽培和春季露地种植
2008	浙江	浙蒲 2 号	浙认蔬 2008013	G7-4-3-1-2-1×G17-11-2-3-2-2	浙江省农业科学院蔬菜研究所	浙江省
2008	浙江	甬瓠 3 号	浙认蔬 2008014	杭州长瓜自交系×宁波夜开花自交系	宁波市农业科学研究院	浙江省春、秋季保护地种植
2008	浙江	越蒲 1 号	浙认蔬 2008032	2002-1-1×2000-1-10-1	绍兴市农业科学研究院	浙江省
2009	浙江	浙蒲 6 号	浙（非）审蔬 2009009	G7-4-3-2-1×G11-3-5-7-1-1	浙江省农业科学院蔬菜研究所	浙江省设施早熟种植

（续）

年份	鉴定机构	品种名称	鉴定编号	品种来源	选育（报审）单位	适宜范围
2010	江西	玉秀瓠子	赣认瓠瓜 2010001	C-15×H-53	江西华农种业有限公司	江西省
2010	江西	新秀瓠子	赣认瓠瓜 2010002	D03-9×Y04-12	江西华农种业有限公司	江西省
2012	浙江	金蒲 1 号	浙（非）审蔬 2012012	（杭州长瓜×新疆长瓜）×杭州长瓜	金华三才种业公司	浙江省
2013	福建	榕瓠 1 号	闽认菜 2013002	泰国热优 1 号瓠瓜-90×福州芋瓠-22	福州市蔬菜科学研究所	福建省
◆冬　瓜						
2004	四川	川粉冬瓜 1 号	川审蔬 2004012	D95045、D970002 优选株系自交 6 代形成父、母本杂交育成	四川省农业科学院园艺研究所	四川省
2006	广东	黑优 1 号	粤审菜 2006007	B48-2-1-4×B45-1-3-1	广东省农业科学院蔬菜研究所	广东省
2009	湖南	白星 101	XPD001-2009	Wx107×Wx152	湖南省蔬菜研究所	湖南省
2009	湖南	白星 102	XPD002-2009	W0784×X82	湖南省蔬菜研究所	湖南省
2009	湖南	黑冠 101	XPD003-2009	W32×B75	湖南省蔬菜研究所	湖南省
2009	广西	桂蔬 1 号	桂审蔬 2009002 号	GD94-6-5×BH93-13-3	广西农业科学院蔬菜研究所、广西现代农业科技示范园	广西壮族自治区
2009	四川	蓉抗 4 号	川审蔬 2009 007	Q01-05-1×RK-1-3-2	成都市农林科学院园艺研究所	四川省
2011	浙江	宏大 1 号	浙（非）审蔬 2011014	粉白变异株系选	象山县农业技术推广中心、象山县丹东街道农技站、宁波市农业科学研究院蔬菜研究所	浙江省春季露地种植
2011	湖南	黑杂 1 号	XPD006-2011	BH3031×BH2356	长沙市蔬菜科学研究所	湖南省
2011	湖南	黑杂 2 号	XPD007-2011	BH3031×BH2783	长沙市蔬菜科学研究所	湖南省
2011	四川	望春冬瓜	川审蔬 2011006	父本为北京一串铃冬瓜的高代自交系，母本为绵阳五叶米冬瓜的高代自交系	四川省绵阳科兴种业有限公司	四川省
2012	海南	四季粉皮	琼认蔬菜 2012002	P1-1×PP0104-123	海南省农业科学院蔬菜研究所	海南省

（续）

年份	鉴定机构	品种名称	鉴定编号	品种来源	选育（报审）单位	适宜范围
2012	广西	碧玉 1 号	桂审蔬 2012001 号	G-DG-B020-X×G-JG-A003-8	南宁市桂福园农业有限公司，广西大学	广西壮族自治区
2012	广西	黑仙子 1 号	桂审蔬 2012003 号	KF-4-3-1×7-2-1-2-1-2-2	广西大学、南宁科农种苗有限责任公司	广西壮族自治区桂南
2013	广东	铁柱冬瓜	粤审菜 2013011	台山 B98×英德 B96	广东省农业科学院蔬菜研究所	广东省
2013	四川	蓉抗 5 号	川审蔬 2013 014	2-1-2-1×LC02-1-1	成都市农林科学院园艺研究所	四川省盆地春夏种植

◆节　瓜

年份	鉴定机构	品种名称	鉴定编号	品种来源	选育（报审）单位	适宜范围
2005	广东	冠华 4 号	粤审菜 2005007	01-2-4-2-3×E_3-8-2-6-1-2-1	广州市农业科学研究所	广东省春、秋季种植
2005	广东	夏冠 1 号	粤审菜 2005008	7213×1632	广东省农业科学院蔬菜研究所	广东省
2005	广西	桂优 2 号毛节瓜	桂审菜 2005002 号	W3×N2	广西农业科学院蔬菜研究中心	广西壮族自治区
2006	广东	冠华 3 号	粤审菜 2006002	01-2-4-2-5-2×132-10-7-3-5-2-1	广州市农业科学研究所	广东省夏秋季种植
2009	广东	丰冠	粤审菜 2009005	南海 3902×石井 0902	广东省农业科学院蔬菜研究所	广东省
2010	广东	丰冠 2 号	粤审菜 2010012	长身黄毛节瓜-10-11×江门长身毛节瓜 A09-3	广东省农业科学院蔬菜研究所	广东省春季种植
2010	广西	秀丰	桂审蔬 2010008 号	1-1-1-4×D-1-2	广西大学、南宁科农种苗有限责任公司	广西壮族自治区
2011	广西	绿仙子	桂审蔬 2011003 号	7-2-2-2-2×GK-3-3-1-1	广西大学、南宁科农种苗有限责任公司	广西壮族自治区
2012	广东	玲珑	粤审菜 2012005	强雌自交系 4 号×江心节 6 号	广东省农业科学院蔬菜研究所	广东省春、秋季种植
2012	广东	冠华 5 号	粤审菜 2012011	粤农节瓜 01-2-4-2-3-1-2×茂选 025-2	广州市农业科学研究院	广东省春、秋季种植
2012	广西	绿宝石 11	桂审蔬 2012002 号	G-JG-B006×G-JG-A003-1	南宁市桂福园农业有限公司、广西大学	广西壮族自治区
2013	广东	丰冠 3 号	粤审菜 2013017	P-1×七星仔节瓜	广东省农业科学院蔬菜研究所、广东科农蔬菜种业有限公司	广东省春、秋季种植

（续）

年份	鉴定机构	品种名称	鉴定编号	品种来源	选育（报审）单位	适宜范围
2013	广西	甜仙子 1 号	桂审蔬 2013002 号	7-2-1-4-2-1-2-2×7-2-1-3-2-2-1	广西大学、南宁科农种苗有限责任公司	广西壮族自治区
◆苦　瓜						
2004	四川	攀杂苦瓜 2 号	川审蔬 2004002	A9-8-2-2×B9	攀枝花市农业科学研究所	四川省
2004	四川	攀杂苦瓜 5 号	川审蔬 2004003	株洲长白苦瓜×泸州大白苦瓜	攀枝花市农业科学研究所	四川省
2004	四川	川苦瓜 6 号	川审蔬 2004018	Q01×03038	四川省农业科学院水稻高粱研究所、四川蓬安正源种业公司	四川省
2005	广东	碧绿 3 号	粤审菜 2005009	78×913-1-5-2-3-0	广东省农业科学院蔬菜研究所	广东省春、秋季种植
2005	广东	翠绿 3 号大顶	粤审菜 2005010	江门大顶 A11×南海大顶 D12-3-1	广东省农业科学院蔬菜研究所	广东省春、秋季种植
2005	四川	秋月	川审蔬 2005001	0120-10-3-2-5-9-12-1 × 0211-4-12-5-7-8	四川省农业科学院园艺研究所	四川省
2005	四川	翠玉	川审蔬 2005002	0123-1-7-4-3-8-1-8×0219-3-9-4-3-1	四川省农业科学院园艺研究所	四川省
2006	福建	闽研 1 号	闽认菜 2006001	K-20×K-1	福建省农业科学院作物研究所	福建省
2006	广东	早优	粤审菜 2006012	新-2×M-3-5	广州市农业科学研究所	广东省春、秋季种植
2006	广东	丰绿	粤审菜 2006013	3006 号×2001 号	广东省农业科学院蔬菜研究所	广东省夏、秋季种植
2006	广东	长丰 3 号	粤审菜 2006014	C99-01A×C01-03B	汕头市白沙蔬菜原种研究所	广东省春、秋季种植
2007	福建	翠玉	闽认菜 2007003	10B96×9208A	福建省农业科学院良种研究中心	福建省
2007	福建	如玉 5 号	闽认菜 2007004	马 D×南屿 10A	福建省农业科学院良种研究中心	福建省
2007	江西	赣苦瓜 1 号	赣认苦瓜 2007001	Q11-2（长白苦瓜变异株）×A3-4	江西省农业科学院蔬菜花卉研究所	江西省
2007	江西	赣苦瓜 2 号	赣认苦瓜 2007002	Q9-4（槟城苦瓜自交后代选育）×A13-5	江西省农业科学院蔬菜花卉研究所	江西省
2007	江西	赣苦瓜 3 号	赣认苦瓜 2007003	黑 3-2(黑子苦瓜自交后代选育）×A13-5	江西省农业科学院蔬菜花卉研究所	江西省
2007	湖南	兴蔬春华	XPD001-2007	G02-1×G01-1	湖南省蔬菜研究所	湖南省

（续）

年份	鉴定机构	品种名称	鉴定编号	品种来源	选育（报审）单位	适宜范围
2007	湖南	兴蔬春帅	XPD002-2007	ZG008×G04-4	湖南省蔬菜研究所	湖南省
2007	湖南	兴蔬春绿	XPD003-2007	ZG021064×G065	湖南省蔬菜研究所	湖南省
2007	湖南	博丰 1 号	XPD011-2007	K302×K201	湖南博达隆科技发展有限公司	湖南省
2007	广西	翠中翠	桂审菜 2007002 号	H-3-2×Q-2-1	广西农业科学院蔬菜研究中心	广西壮族自治区
2008	福建	农优 1 号	闽认菜 2008009	利用台湾苦瓜品种月华经系谱法选育而成	福建省漳州市农业科学研究所	福建省
2008	江西	绿领	赣认苦瓜 2008001	97-2×96-3	新余市农业科学研究所	江西省
2008	湖南	春泰	XPD004-2008	C0238×Z0278	长沙市蔬菜科学研究所	湖南省
2008	湖南	春玺	XPD005-2008	S-03-8×S-03-98	长沙市蔬菜科学研究所	湖南省
2008	湖南	湘早优 1 号	XPD006-2008	B02-1×B18	衡阳市蔬菜研究所	湖南省
2008	四川	绿箭	川审蔬 2008 007	01281×01223	四川省农业科学院园艺研究所	四川省
2008	四川	绿冠	川审蔬 2008 008	01252×01241	四川省农业科学院园艺研究所	四川省
2008	重庆	翠绿	渝品审鉴 2008003	（蓝山大白苦瓜×华绿王）×刺皇苦瓜	重庆市九龙坡区草莓蔬菜研究所、九龙坡区农业技术推广站	重庆市
2009	湖北	翠秀	鄂审菜 2009001	KD_3-9×KB_4-6	黄石市蔬菜科学研究所、湖北省农业科学院经济作物研究所	湖北省海拔1 400m 以下的山区和平原地区种植
2009	湖北	银玉	鄂审菜 2009002	KD_1-1×KD_3-9	湖北鄂蔬农业科技有限公司、黄石市蔬菜科学研究所、湖北省农业科学院经济作物研究所	湖北省海拔1 400m 以下的山区和平原地区种植
2009	广东	长绿	粤审菜 2009003	自交系 03-2-31×汕选 03-2-84	广东省农业科学院蔬菜研究所	广东省春、秋种植
2009	四川	冠春 1 号	川审蔬 2009 002	339×47	四川省农业科学院园艺研究所	四川省
2009	四川	川苦 77	川审蔬 2009 003	Q03×C170	四川省农业科学院水稻高粱研究所	四川省
2009	四川	川苦 88	川审蔬 2009 004	Q01×C028	四川省农业科学院水稻高粱研究所	四川省

（续）

年份	鉴定机构	品种名称	鉴定编号	品种来源	选育（报审）单位	适宜范围
2010	黑龙江	农经苦瓜 1 号	黑登记 2010026	从长白系苦瓜群体中发现变异株，通过系选和采用 RAPD 分子标记技术进行筛选提纯选育而成	黑龙江农业经济职业学院	黑龙江省
2010	浙江	浙绿 1 号	浙（非）审蔬 2010010	K7-30-2-1-4-2×G23-1-4-2-11-1	浙江省农业科学院蔬菜研究所	浙江省
2010	福建	新翠	闽认菜 2010001	10A-1. 2×9208A	福建省农业科学院农业生物资源研究所	福建省
2010	福建	如玉 11	闽认菜 2010002	BAL-22-31×9209B	福建省农业科学院农业生物资源研究所	福建省
2010	福建	宁瓜 1 号	闽认菜 2010003	K03×K09	福建省宁德市农业科学研究所	福建省
2010	福建	佳玉	闽认菜 2010004	24-K×2-W	福建省福州市蔬菜科学研究所	福建省
2010	福建	闽研 2 号	闽认菜 2010013	k-1 自交系×k-48 自交系	福建省农业科学院作物研究所	福建省
2010	广东	碧丰	粤审菜 2010001	M-2-9-1-1-1×F-1-4-2-3-1	广州市农业科学研究院	广东省春、秋季种植
2010	广东	金绿	粤审菜 2010011	Y100/913	广东省农业科学院蔬菜研究所	广东省春季种植
2010	广西	桂农科 1 号	桂审蔬 2010003 号	MC52-4-12×MC105-2-6	广西农业科学院蔬菜研究所	广西壮族自治区
2010	广西	桂农科 2 号	桂审蔬 2010004 号	MC1-6-12×MC42-3-18	广西农业科学院蔬菜研究所	广西壮族自治区
2010	四川	攀杂苦瓜 3 号	川审蔬 2010 005	A9-8-2-2-1-4-4×B15-1-1-6	四川省攀枝花市农林科学研究院	四川省
2011	辽宁	熊岳长绿	辽备菜［2011］437 号	以广东农家品种长身苦瓜变异株选育的自交系为母本，以日本的大圆锥苦瓜选育的自交系为父本杂交选育而成	辽宁农业职业技术学院	辽宁省
2011	福建	莆航苦瓜 1 号	闽认菜 2011019	莆 0609 苦瓜经太空辐射诱变育成	莆田市农业科学研究所	福建省
2011	湖北	华翠玉	鄂审菜 2011003	70-1×69-3-7	华中农业大学	湖北省
2011	湖北	华碧玉	鄂审菜 2011004	Z-1-4×88-3-7	华中农业大学	湖北省
2011	湖南	兴蔬春丽	XPD003-2011	G189-1×G181	湖南省蔬菜研究所	湖南省
2011	湖南	兴蔬春秀	XPD004-2011	G160-2×G209	湖南省蔬菜研究所	湖南省

（续）

年份	鉴定机构	品种名称	鉴定编号	品种来源	选育（报审）单位	适宜范围
2011	湖南	潭白1号	XPD010-2011	2004-8×2004-108	湘潭市农业科学研究所	湖南省
2011	广东	华富	粤审菜2011011	97A-1-2-2-8×9908A-3-1-6-4	华南农业大学园艺学院	适于广东省春、秋季种植
2011	四川	早白1号	川审蔬2011001	9925-5-7-11-2-25×9903-1-3-4-3-4	成都市农林科学院园艺研究所	四川省
2011	四川	川苦9号	川审蔬2011002	Q01×259	四川省农业科学院水稻高粱研究所	四川省
2011	四川	川苦10号	川审蔬2011003	Q01×041	四川省农业科学院水稻高粱研究所	四川省
2011	贵州	贵苦瓜2号	黔审菜2011002号	qc×xls	贵州省果树科学研究所	适于贵州省海拔1 100m以下区域种植
2012	福建	佳美	闽认菜2012006	43-C×59-W	福州市蔬菜科学研究所	福建省
2012	江西	赣苦瓜4号	赣认苦瓜2012001	Q0702-10×BK0703-1	江西省农业科学院蔬菜花卉研究所	江西省
2012	江西	赣苦瓜5号	赣认苦瓜2012002	A94×B8	江西省宜春市农业科学研究所	江西省
2012	江西	赣苦瓜6号	赣认苦瓜2012003	A1-1×B2-1	江西省宜春市农业科学研究所	江西省
2012	广东	莞研油绿长身	粤审菜2012006	油绿1号-511×鸦岗油瓜-123	东莞市香蕉蔬菜研究所	适于广东省春、秋季种植
2012	四川	冠春3号	川审蔬2012 016	327×63	四川省农业科学院园艺研究所	四川省
2013	天津	圆梦08	津登苦瓜2013001	R0918×K0933	天津科润农业科技股份有限公司蔬菜研究所	适于天津市保护地种植
2013	天津	圆梦11	津登苦瓜2013002	B1002×K0922	天津科润农业科技股份有限公司蔬菜研究所	适于天津市保护地种植
2013	上海	泰绿	沪农品认蔬果2013第010号	KG0018×KG0027	上海种都种业科技有限公司	上海市
2013	福建	如玉33	闽认菜2013012	10A-1-2×2A-3-8	福建省农业科学院农业生物资源研究所	福建省
2013	福建	闽研3号	闽认菜2013013	K-48×K-43	福建省农业科学院作物研究所	福建省

（续）

年份	鉴定机构	品种名称	鉴定编号	品种来源	选育（报审）单位	适宜范围
2013	福建	奇胜 16（原名奇胜 316）	闽认菜 2013014	TS-143×TS-215	福州田美种苗科技有限公司	福建省
2013	福建	漳绿 1 号	闽认菜 2013015	ZA×KJ-2	漳州市农优科技开发公司、漳州市农业科学研究所	福建省
2013	福建	如玉 45（原名迷你 1 号）	闽认菜 2013016	BAL-22-31×山苦瓜-45	福建省农业科学院甘蔗研究所	福建省春季种植
2013	湖南	多肽 1 号	XPD016-2013	G189-4×G102	湖南省蔬菜研究所、海南思坦德生物科技有限公司	湖南省
2013	湖南	多肽 2 号	XPD017-2013	G189-4×G172	海南思坦德生物科技有限公司、湖南省蔬菜研究所	湖南省
2013	湖南	多肽 3 号	XPD018-2013	G84×G182	海南思坦德生物科技有限公司、湖南省蔬菜研究所	湖南省
2013	湖南	鑫翠	XPD024-2013	DH23×B08025	衡阳市蔬菜研究所	湖南省
2013	海南	热研 1 号	琼认苦瓜 2013001	02-20-4-9×OHB4-3	中国热带农业科学院热带作物品种资源研究所	海南省
2013	海南	热研 2 号	琼认苦瓜 2013002	02-20-4-9×MC009	中国热带农业科学院热带作物品种资源研究所	海南省
2013	广东	江科 1 号	粤审菜 2013006	杜阮 D05-6×鹤山 G04-1	江门市农业科学研究所	广东省苦瓜产区春、秋季种植
2013	广东	碧丰 2 号	粤审菜 2013016	丰绿苦瓜-F-1-4×崖城苦瓜-Z-7-4	广州市农业科学研究院	广东省苦瓜产区春、秋季种植
2013	广西	桂农科 3 号	桂审蔬 2013001 号	MC1-M5×MC39	广西农业科学院蔬菜研究所	广西壮族自治区
2013	四川	冠春 4 号	川审蔬 2013 012	333-02-19-08-23-05-06-12-08-41-03 × 11-01-02-05-12-08-06-45-07-08-44-16-32-10	四川省农业科学院园艺研究所	四川省春秋季栽培
2013	四川	早白 2 号	川审蔬 2013 013	9903-1-3-4-3-4×9907-2-5-3-10-7	成都市农林科学院园艺研究所	四川省
◆栝　楼（吊瓜）						
2010	浙江	花山 1 号	浙（非）审蔬 2010011	从长兴地方品种白砚吊瓜系统选育	诸暨市华夫吊瓜研究所、绍兴市农业科学研究院	浙江省

（续）

年份	鉴定机构	品种名称	鉴定编号	品种来源	选育（报审）单位	适宜范围
◆ **佛手瓜**						
2012	福建	福佑	闽认菜 2012011	从尤溪县八字桥乡地方佛手瓜品种群体中系统选育而成	尤溪县农业科学研究所、尤溪县良种繁育场	福建省中高海拔山区种植
◆ **葫　芦**						
2013	浙江	甬砧 5 号	浙（非）审蔬 2013013	Z0612-1-1-1-3-2-1×T2002-1-1-1-1-5-4-5	宁波市农业科学研究院	浙江省
◆ **菜　豆**						
2004	山西	黑籽地豆	晋审菜（认）2004007	从当地的芸豆筛选出变异株，并采用离子束注入真空装置进行氨离子处理后选育而成	山西省农业科学院品种资源研究所	山西省
2004	辽宁	铁芸豆 1 号	辽备菜［2004］234 号	从巴西引进	铁岭市农业科学院	辽宁省
2004	黑龙江	哈菜豆 6 号	黑登记 2004016	哈菜豆 5 号×紫花油豆	哈尔滨市农业科学院	黑龙江省
2004	黑龙江	将军油豆	黑登记 2004017	大马掌×家雀蛋	哈尔滨市农业科学院	黑龙江省
2004	四川	川园 1 号菜豆	川审蔬 2004008	国外菜豆系选	四川省农业科学院园艺研究所	四川省
2004	四川	川园 2 号菜豆	川审蔬 2004009	国外菜豆系选	四川省农业科学院园艺研究所	四川省
2005	辽宁	营口大白条	辽备菜［2005］271 号	从 97-5 变异株中经系统选育而成	辽宁省营口市站前区种子商店	辽宁省
2005	吉林	园丰 906	吉审菜 2005005	062×57	吉林市农业科学院	辽宁省
2005	吉林	园丰 908	吉审菜 2005006	031×57	吉林市农业科学院	吉林省
2005	上海	翠绿	沪农品认蔬果（2005）第 023 号	澳大利亚、日本品种引种筛选	上海农业科技种子有限公司	上海市
2006	辽宁	农芸 1 号	辽备菜［2006］299 号	2004 年日本引进	沈阳农业大学农学院	辽宁省
2006	辽宁	翠龙	辽备菜［2006］300 号	架芸豆品系 9057 中选择优良变异株，采用系统选育方法，经多代定向选育而成	辽宁省水土保持研究所	辽宁省

（续）

年份	鉴定机构	品种名称	鉴定编号	品种来源	选育（报审）单位	适宜范围
2006	辽宁	早丰	辽备菜［2006］301号	架芸豆品种851-923中选择优良变异株，采用系统选育方法，经多代定向选育而成	辽宁省水土保持研究所	辽宁省
2006	辽宁	铁芸豆2号	辽备菜［2006］302号	2001年从巴西引进	铁岭市农业科学院	辽宁省
2006	辽宁	粒用型白芸豆	辽备菜［2006］303号	2000年从阜新小白豆变异株中经系统选育而成	辽宁省经济作物研究所	辽宁省
2007	山西	矮生无丝豆	晋审菜（认）2007015	2002年从无筋架豆王变异株中系选而成	山西省农业科学院农业资源综合考察研究所、山西省农业生物技术研究中心	山西省菜豆产区春季种植
2007	黑龙江	哈菜豆8号	黑登记2007033	96-9×紫花	哈尔滨市农业科学院	黑龙江省
2007	四川	科兴1号菜豆	川审蔬2007002	红花青荚白荚变异株	四川省绵阳科兴种业有限公司	四川省
2007	青海	青引架豆1号	青审蔬2007001	1999年从武汉市种子公司引进泰国架豆王菜豆品种，经提纯选育而成	西宁市种子站	青海省东部黄河、湟水流域
2008	辽宁	连农特长9号	辽备菜［2008］352号	［芸丰（623）×美味］×连农923	大连市农业科学院	辽宁省
2008	辽宁	连农特嫩5号	辽备菜［2008］353号	特嫩1号×83A	大连市农业科学院	辽宁省
2008	辽宁	连农无筋2号	辽备菜［2008］354号	［Cornell49-242×（82-3长菜豆×85-1）］×7B	大连市农业科学院	辽宁省
2008	辽宁	连农无筋6号	辽备菜［2008］355号	连农97-5变异株系选	大连市农业科学院	辽宁省
2008	黑龙江	龙油豆4号	黑登记2008022	从菜豆种质资源中选出10个优良品种，系谱选育而成	黑龙江省农业科学院园艺分院	黑龙江省
2009	内蒙古	玉龙8号	蒙认菜2009092号	大连851×株四斤	赤峰市大和种子有限公司	内蒙古自治区赤峰市
2009	内蒙古	赤裕2号	蒙认菜2009093号	泰国架豆变异株	赤峰裕隆种子有限公司	内蒙古自治区赤峰市
2009	内蒙古	赤裕3号	蒙认菜2009094号	从山东老来少与九粒白架豆试验田中发现自然杂交株，自交选育而成	赤峰裕隆种子有限公司	内蒙古自治区赤峰市
2009	内蒙古	赤裕5号	蒙认菜2009095号	宝丰架豆变异株	赤峰裕隆种子有限公司	内蒙古自治区赤峰市

（续）

年份	鉴定机构	品种名称	鉴定编号	品种来源	选育（报审）单位	适宜范围
2009	内蒙古	赤裕 6 号	蒙认菜 2009096 号	九粒白架豆变异株	赤峰裕隆种子有限公司	内蒙古自治区赤峰市
2009	内蒙古	赤裕 8 号	蒙认菜 2009097 号	赤裕 3 号变异株	赤峰裕隆种子有限公司	内蒙古自治区赤峰市
2009	内蒙古	赤裕 10 号	蒙认菜 2009098 号	从大连特嫩 5 号与泰国架豆繁殖田中发现自然杂交株，系谱法自交选育而成	赤峰裕隆种子有限公司	内蒙古自治区赤峰市
2009	内蒙古	赤裕 12	蒙认菜 2009099 号	赤裕 5 号变异株	赤峰裕隆种子有限公司	内蒙古自治区赤峰市
2009	内蒙古	赤裕 13	蒙认菜 2009100 号	大连 923 变异株	赤峰裕隆种子有限公司	内蒙古自治区赤峰市
2009	内蒙古	北研 50	蒙认菜 2009101 号	来源于矮生豆品种	内蒙古大民种业有限公司	内蒙古自治区兴安盟
2009	内蒙古	白莲 8 号	蒙认菜 2009102 号	从河北的地豆王品系中系统选育而成	内蒙古大民种业有限公司	内蒙古自治区兴安盟
2009	内蒙古	泰绿 30	蒙认菜 2009103 号	以黑龙江双城市的农家品种一挂鞭为材料经 5 年系统选育而成	内蒙古大民种业有限公司	内蒙古自治区兴安盟
2009	吉林	九架豆 10 号	吉登菜 2009001	9904×9905	吉林市农业科学院	吉林省
2009	吉林	九架豆 11	吉登菜 2009002	9904×9905	吉林市农业科学院	吉林省
2009	吉林	一挂鞭油豆	吉登菜 2009003	地方品种资源	吉林省蔬菜花卉科学研究院	吉林省
2009	黑龙江	哈菜豆 11	黑登记 2009027	以将军为材料，经航天诱变系选而成	哈尔滨市农业科学院	黑龙江省
2009	黑龙江	哈菜豆 9 号	黑登记 2009028	将军油豆×紫花油豆	哈尔滨市农业科学院	黑龙江省
2009	江苏	苏菜豆 1 号	苏鉴菜豆 200901	以浙芸 3 号、红花青荚为杂交亲本，采用系谱法选育而成	江苏省农业科学院蔬菜研究所	江苏省春季大棚或秋季露地种植
2009	浙江	丽芸 1 号	浙(非)审蔬 20090010	红花黑籽×黑珍珠	丽水市农业科学研究院	浙江省山地种植
2009	四川	达芸 2 号	川审蔬 2009014	红花青壳辐射诱变群体中株选	达州市农业科学研究所	四川省
2009	四川	加工菜豆 1 号	川审蔬 2009015	从法国引进的加工型青刀豆 ARONEL	四川农业大学	四川省加工菜豆产区种植
2010	山西	晋菜豆 2 号	晋审菜（认）2010023	非洲引进，采用常规育种方法，经 4 代系选而成	山西省农业科学院蔬菜研究所	山西省菜豆产区早春露地种植

（续）

年份	鉴定机构	品种名称	鉴定编号	品种来源	选育（报审）单位	适宜范围
2010	黑龙江	哈菜豆 12	黑登记 2010021	96-9×紫花油豆	哈尔滨市农业科学院	黑龙江省
2010	黑龙江	哈菜豆 13	黑登记 2010022	96-9×紫花油豆	哈尔滨市农业科学院	黑龙江省
2010	浙江	浙芸 3 号	浙（非）审蔬 2010006	从武义农家品种红花褐籽四季豆系统选育	浙江省农业科学院蔬菜研究所	浙江省
2010	四川	加工菜豆 2 号	川审蔬 2010 007	从法国引进加工型青刀豆	四川农业大学	四川省加工菜豆产区种植
2011	吉林	九架豆 12	吉登菜 2011001	904×905	吉林市农业科学院	吉林省
2011	吉林	吉农油豆 1 号	吉登菜 2011002	2003 年从田间变异株中选出	吉林农业大学	吉林省
2011	黑龙江	哈菜豆 10	黑登记 2011026	将军油豆×紫花油豆	哈尔滨市农业科学院	黑龙江省
2011	黑龙江	龙油豆 5 号	黑登记 2011027	双城农家品种经系统选育育成	黑龙江省农业科学院园艺分院	黑龙江省
2012	辽宁	连农架豆 10 号	辽备菜［2012］482 号	泰国豆×连农 923	大连市农业科学研究院	辽宁省
2012	辽宁	连农美味 2 号	辽备菜［2012］483 号	1996-86×连农 923	大连市农业科学研究院	辽宁省
2012	吉林	吉架豆 6 号	吉登菜 2012001	地方品种系统选育	吉林省蔬菜花卉科学研究院	吉林省
2012	吉林	九架豆 13	吉登菜 2012002	907×宽五月鲜	吉林市农业科学院	吉林省
2012	吉林	九架豆 14	吉登菜 2012003	架油豆×E7-16	吉林市农业科学院	吉林省
2012	吉林	吉菜豆 1 号	吉登菜 2012004	黄金沟×紫花油豆	吉林省农业科学院	吉林省
2012	黑龙江	哈菜豆 15	黑登记 2012031	9Z-3-1-1×将军油豆	哈尔滨市农业科学院	黑龙江省
2012	黑龙江	哈菜豆 16	黑登记 2012032	将军油豆×哈菜豆 8 号	哈尔滨市农业科学院	黑龙江省保护地种植
2012	江苏	苏菜豆 2 号	苏鉴菜豆 201201	以法国四季豆为母本，红花青荚为父本，经杂交选育而成	江苏省农业科学院蔬菜研究所	适宜江苏各地春季栽培
2012	江苏	太湖菜豆 2 号	苏鉴菜豆 201202	以超长四季豆 1 号为母本，以滨海红花青荚 1 号为父本，经杂交选育而成	江苏太湖地区农业科学研究所、江苏省农业科学院	适宜江苏各地春季栽培
2012	青海	青菜豆 2 号	青审菜 2012002	2002-1×LJ505	青海大学农牧学院、青海省农林科学院园艺研究所	青海省海拔 1 650～2 300m 的地区露地种植

（续）

年份	鉴定机构	品种名称	鉴定编号	品种来源	选育（报审）单位	适宜范围
2013	天津	津芸1号	津登菜豆2013001	C08-3-3×连农923	天津科润农业科技股份有限公司蔬菜研究所	天津市菜豆产区
2013	天津	津芸2号	津登菜豆2013002	C08-3-7×连农923	天津科润农业科技股份有限公司蔬菜研究所	天津市菜豆产区种植
2013	吉林	九架豆15	吉登菜2013001	9907×P131	吉林市农业科学院	吉林省
2013	吉林	九架豆16	吉登菜2013002	9907×9904	吉林市农业科学院	吉林省
2013	吉林	吉架豆7号	吉登菜2013003	地方品种资源小油豆经系统选育而成	吉林省蔬菜花卉科学院	吉林省
2013	吉林	吉菜豆2号	吉登菜2013004	地方品种资源系统选育	吉林省农业科学院	吉林省
2013	吉林	长农菜豆1号	吉登菜2013005	98-2-8×紫花油豆	长春市农业科学院	吉林省
2013	吉林	长农菜豆2号	吉登菜2013006	99-3-12×紫花油豆	长春市农业科学院	吉林省
2013	黑龙江	哈菜豆17	黑登记2013026	宏富菜豆×将军油豆	哈尔滨市农业科学院	黑龙江省保护地种植
2013	甘肃	翡翠地豆	甘认菜2013078	从地方品种变异株提纯选育而成	武威市搏盛种业有限责任公司	甘肃省武威、张掖、酒泉等地种植
2011	福建	龙菜1号	闽认菜2011020	从龙岩市地方菜豆品种中筛选育成	龙岩龙津作物品种研究所、龙岩市农技站	福建省海拔500～800m山区种植
2013	福建	莆菜1号	闽认菜2013018	从仙游县钟山镇郎桥村菜豆地方品种铁灶本群体中系选而成	莆田市农业科学研究所	福建省
◆豇　豆						
2004	广东	高优4号	粤审菜2004002	高产4号×东里青条	广东省汕头市农业科学研究所	广东省
2004	广东	珠豇1号	粤审菜2004003	从揭上2号变异株中系统选育而成	广东省农科集团良种苗木中心	广东省春、秋季种植
2004	四川	攀豇2号	川审蔬2004001	特早之豇30×成豇3号	攀枝花市农科所	四川省春季早熟种植
2004	四川	攀豇1号	川审蔬2004004	之豇19系选	攀枝花市农科所	四川省
2004	四川	成豇4号	川审蔬2004006	成豇三号×引进品系87-5	成都市第一农业科学研究所	四川省
2004	四川	成豇5号	川审蔬2004007	成豇1号作×2208	成都市第一农业科学研究所	四川省

（续）

年份	鉴定机构	品种名称	鉴定编号	品种来源	选育（报审）单位	适宜范围
2004	新疆	B98-6	新登豇豆 2004 年 023 号	豇 28-2 品种的制种田中变异株，群体选育而成	乌鲁木齐市蔬菜研究所	新疆维吾尔自治区地膜覆盖种植和露地种植
2004	新疆	L97-5	新登豇豆 2004 年 022 号	三尺绿、绿豇 90、青豇 80 株选，经群体选育而成	乌鲁木齐市蔬菜研究所	新疆维吾尔自治区地膜覆盖种植和露地种植
2005	辽宁	富友豇豆王	辽备菜［2005］272 号	从 901 豇豆制种田变异株单株选择而成	辽宁东亚种业有限公司	辽宁省
2005	湖北	鄂豇豆 3 号	鄂审菜 2005003	从杜豇变异株系统选育	湖北省农业科学院经济作物研究所	湖北省
2005	湖北	鄂豇豆 4 号	鄂审菜 2005004	鄂豇 1 号×紫红豇豆	湖北省农业科学院经济作物研究所	湖北省
2006	浙江	瓯豇一点红	浙认蔬 2006006	从阜新小白豆变异株系统选育而成	温州市农业科学院蔬菜研究所	浙江省春、夏季种植
2006	安徽	航育青豇 608	皖品鉴登字第 0603005	宁豇 3 号×东北青豇	六安金土地农业科普示范园	安徽省
2006	湖北	鄂豇豆 5 号	鄂审菜 2006001	之豇 28-2×1784	襄樊市农业科学院	湖北省
2006	湖北	鄂豇豆 6 号	鄂审菜 2006002	高产四号×竹叶青	江汉大学	湖北省
2006	广东	白沙 17	粤审菜 2006017	夏宝×白沙 4 号-1172E	汕头市白沙蔬菜原种研究所	广东省春、秋季种植
2006	广东	泰丰 3 号	粤登菜 2006002	夏宝 2 号×丰产 2 号	深圳市农科蔬菜科技有限公司	广东省
2007	浙江	瓯豇二尺玉	浙认蔬 2007002	国外引进的豇豆品种系统选育	温州市农业科学研究院蔬菜研究所、温州市神鹿种业有限公司	浙江省春、夏季种植
2007	江西	海亚特	赣认豇豆 2007001	A71×B73	江西华农种业有限公司	江西省
2007	江西	彩蝶 1 号	赣认豇豆 2007002	赣豇 35 变异株×特早 30 变异株	江西华农种业有限公司	江西省
2007	江西	彩蝶 2 号	赣认豇豆 2007003	赣豇 35 变异株×A71	江西华农种业有限公司	江西省
2007	湖北	鄂豇豆 7 号	鄂审菜 2007004	之豇 14×美国地豆	江汉大学	湖北省春季露地种植
2007	广东	宝丰	粤审菜 2007003	锦苔豇豆变异单株选育而成	广东省农业科学院蔬菜研究所	广东省秋季种植
2007	新疆	新豇 3 号	新登豇豆 2007 年 10 号	由绿豇豆制种田中优异单株株选而成	乌鲁木齐市蔬菜研究所	新疆维吾尔自治区地膜覆盖和露地种植

（续）

年份	鉴定机构	品种名称	鉴定编号	品种来源	选育（报审）单位	适宜范围
2007	新疆	花籽豇豆	新登豇豆 2007 年 19 号	由绿豇豆制种田中优异单株株选而成	乌鲁木齐县种子站	新疆维吾尔自治区地膜覆盖和露地种植
2008	浙江	之豇 108	浙认蔬 2008006	长 C×△CAB	浙江省农业科学院蔬菜研究所、丽水市绿溢农业发展有限公司、丽水市莲都区农业局	浙江省春、秋季种植
2008	浙江	绿豇 1 号	浙认蔬 2008007	宁波绿带系统选育	宁波市农业科学研究院、余姚市种子站	浙江省春、秋季种植
2008	江西	赣秋红	赣认豇豆 2008001	紫秋豇 6 号变异单株×紫红长豇豆	江西华农种业有限公司	江西省
2008	江西	银豇 2 号	赣认豇豆 2008002	银豇 1 号变异株×赣豇 35 变异株	江西华农种业有限公司	江西省
2008	湖北	鄂豇豆 8 号	鄂审菜 2008005	2002-2-7 的变异株经系统选择育成	襄樊市农业科学院	湖北省露地种植
2008	湖南	贺育早丰	XPD012-2008	全能豆角×丰产 2 号	湖南省贺家山原种场	湖南省
2008	湖南	贺育特早熟	XPD013-2008	从常德一点红群体分离中的变异株系统选育	湖南省贺家山原种场	湖南省
2008	四川	成豇 7 号	川审蔬 2008005	早熟株系 31×成豇 3 号	成都市农林科学院园艺研究所	四川省早春种植
2009	内蒙古	大民黑眉	蒙认菜 2009104 号	选自之豇 28-2 变异株	内蒙古大民种业有限公司	内蒙古自治区兴安盟
2009	内蒙古	大民 100	蒙认菜 2009105 号	来源于白豇 2 号	内蒙古大民种业有限公司	内蒙古自治区兴安盟
2009	江苏	苏豇 1 号	苏鉴豇豆 200901	宁豇 3 号×镇豇 1 号	江苏省农业科学院蔬菜研究所	江苏省春季大棚或秋季露地种植
2009	江苏	早豇 4 号	苏鉴豇豆 200902	早豇 1 号×扬豇 40 系谱选育	江苏省农业科学院蔬菜研究所	江苏省春季大棚或秋季露地种植
2009	浙江	浙翠 3 号	浙(非)审蔬 20090011	之豇 28-2×之青 3 号	浙江之豇种业有限责任公司	浙江省露地种植
2009	浙江	浙翠 5 号	浙(非)审蔬 20090012	之豇 28-2×之青 3 号	浙江之豇种业有限责任公司	浙江省露地及早春保护地种植
2009	安徽	青豇 99-72	皖品鉴登字第 0903011	S901×J007-1	宿州市昆仑种业有限公司	安徽省
2009	江西	赣蝶 1 号	赣认豇豆 2009001	26A×39B	江西省赣新种子有限公司	江西省
2009	江西	赣蝶 3 号	赣认豇豆 2009002	28-2G8×39B	江西省赣新种子有限公司	江西省

（续）

年份	鉴定机构	品种名称	鉴定编号	品种来源	选育（报审）单位	适宜范围
2009	湖南	天畅 1 号	XPD011-2009	从农家品种（87-3）自然变异株中系统选择育成	湖南省常德市蔬菜科学研究所	湖南省
2009	湖南	天畅 4 号	XPD012-2009	国外引进资源澳洲 1 号经人工杂交后系统选育而成	湖南省常德市蔬菜科学研究所	湖南省
2009	湖南	天畅 5 号	XPD013-2009	从杨家豇豆与其他豇豆品种的杂交后代中系统选育而成	湖南省常德市蔬菜科学研究所	湖南省
2009	湖南	天畅 6 号	XPD014-2009	国外引进资源澳洲 1 号经人工杂交后系统选育而成	湖南省常德市蔬菜科学研究所	湖南省
2009	陕西	秦豇 2 号	陕蔬登字 2009003 号	豇 28-2×秦丰肉豇豆	杨凌秦丰农业科技股份公司	陕西省关中地区春中棚、春地膜、春露地种植
2009	陕西	高科早豇	陕蔬登字 2009004 号	从夏宝 2 号的变异株系统选育而成	杨凌农业高科技发展股份有限公司	陕西省
2010	安徽	长豇 1 号	皖品鉴登字第 1003012	从宿州地方品种变异单株系选	宿州市农业科学研究所	安徽省
2010	安徽	凌丰豇豆	皖品鉴登字第 1003013	双丰豇豆×宁豇 3 号	合肥丰乐种业股份有限公司	安徽省
2010	江西	泰利 8 号	赣认豇豆 2010001	042 豇豆×广东油青	江西华农种业有限公司	江西省
2010	江西	华赣绿秀	赣认豇豆 2010002	特早 30×海南白豇豆	江西华农种业有限公司	江西省
2010	湖北	鄂豇豆 9 号	鄂审菜 2010004	从新塘六月豆的变异株经系谱法选择育成	武汉市蔬菜科学研究所	湖北省
2010	新疆	九豇 1 号	新登豇豆 2010 年 25 号	2000 年发现的优异单株和引自内地优良绿豇群体选育而成	新疆九禾种业有限责任公司	新疆维吾尔自治区
2011	湖北	鄂豇豆 10 号	鄂审菜 2011001	西铭 2 号×黑眉黄籽王	襄阳市农业科学院	湖北省
2011	湖北	鄂豇豆 11	鄂审菜 2011002	贵阳青	武汉市蔬菜科学研究所	湖北省
2011	湖南	湘豇 2001-4	XPD002-2011	2001-4	湖南农业大学	湖南省
2011	广东	丰产 6 号	粤审菜 2011005	增城花仁白豇豆变异株	广东省农业科学院蔬菜研究所	广东省春季种植
2011	新疆	Y2003×B4	新登豇豆 2011 年 12 号	Y2003×B4	新疆农业科学院综合试验场	新疆维吾尔自治区

（续）

年份	鉴定机构	品种名称	鉴定编号	品种来源	选育（报审）单位	适宜范围
2011	新疆	绿景豇1号	新登豇豆2011年13号	2005年发现优良变异株，编号2005-8，系谱选育而成	新疆国银种业有限公司	新疆维吾尔自治区
2012	江苏	早豇5号	苏鉴豇201201	以江西春秋红1号为母本，秋豇6号为父本，经杂交选育而成	江苏省农业科学院蔬菜研究所	江苏春季栽培
2012	江苏	金扬豇3号	苏鉴豇201202	扬豇12和长荚材料S4186杂交	江苏里下河地区农业科学研究所	江苏春季栽培
2012	江苏	苏豇2号	苏鉴豇201203	早豇1号×苏豇78-29	江苏省农业科学院蔬菜研究所	江苏春季栽培
2012	江苏	太湖豇5号	苏鉴豇201204	以宁豇3号为母本，以镇豇1号为父本，经杂交选育而成	江苏太湖地区农业科学研究所、江苏省农业科学院	江苏春季栽培
2012	江苏	盐紫豇2号	苏鉴豇201205	以扬豇40为母本，龙豇24为父本，经杂交选育而成	江苏沿海地区农业科学研究所	江苏春季栽培
2012	浙江	之豇60	浙（非）审蔬2012005	压草豆×红豇豆	浙江浙农种业有限公司、浙江省农业科学院蔬菜研究所、杭州市良种引进公司	浙江省
2012	新疆	L97-5×B4	新登豇豆2012年24号	L97-5×B4	乌鲁木齐市蔬菜研究所	新疆维吾尔自治区
2013	湖北	鄂豇豆12	鄂审菜2013002	港头占阳白豆角×长青豇豆	江汉大学	湖北省
2013	湖南	湘豇2002-5	XPD004-2013	2002-5	湖南农业大学	湖南省
2013	湖南	湘豇2002-6	XPD005-2013	2002-6	湖南农业大学	湖南省
2013	四川	成豇9号	川审蔬2013002	引进之豇特长80优选株系×P-3	成都市农林科学院园艺研究所	四川盆地春夏种植
2013	四川	成豇10号	川审蔬2013003	引进之豇19优选株系×P-3	成都市农林科学院园艺研究所	四川盆地春夏种植
◆豌　豆						
2004	四川	食荚大菜豌8号	川审蔬2004019	食荚大菜豌1号×乐至高杆甜脆豌杂交	乐至县蔬菜种子技术有限公司	四川盆地种植
2005	上海	交大豌豆1号	沪农品认蔬果（2005）第010号	A795×草原2号，D3026回交	上海交通大学农业与生物技术学院	上海市
2005	上海	交大豌豆2号	沪农品认蔬果（2005）第011号	大菜豌1号×D3011，D3011回交	上海交通大学农业与生物技术学院	上海市

（续）

年份	鉴定机构	品种名称	鉴定编号	品种来源	选育（报审）单位	适宜范围
2005	上海	交大豌豆3号	沪农品认蔬果（2005）第012号	蜜翠×D3002后	上海交通大学农业与生物技术学院	上海市
2005	上海	胡卢巴香豆苗	沪农品认蔬果（2005）第009号	野特蔬菜品种系统选育	上海市农业科学院园艺研究所	上海市豌豆苗产区按季节调整种植
2006	浙江	浙豌1号	浙认蔬2006005	国外引进的GW10系统选育	浙江省农业科学院蔬菜研究所	浙江省
2007	辽宁	科豌2号	辽备菜［2007］332号	从农业部项目“食用豆类栽培资源鉴定评价、核对与繁种国家库”所提供的657份资源中选出的一个优良品系，经提纯复壮后选育而成	辽宁省经济作物研究所	辽宁省
2008	浙江	象豌1号	浙认蔬2008008	国外材料系统选育	象山县农业技术推广中心	浙江省
2008	四川	确良大菜豌9号	川审蔬2008003	食荚大菜豌×自选高秆小荚株系	四川确良种业有限责任公司	四川省食荚菜豌豆区种植
2009	辽宁	科豌嫩荚3号	辽备菜［2009］375号	国家种质资源库中的G4441系统选育	辽宁省经济作物研究所	辽宁省
2009	辽宁	科豌4号	辽备菜［2009］376号	美国大粒豌×G2181	辽宁省经济作物研究所	辽宁省
2009	四川	食荚甜脆豌3号	川审蔬2009016	食荚大菜豌1号×中山青	四川省农业科学院作物研究所	四川省食荚菜豌豆区种植
2010	四川	食荚大菜豌6号	川审蔬2010006	新西兰麦斯爱×亚蔬JI1194	四川省农业科学院作物研究所	四川省食荚菜豌豆区种植
2011	福建	闽甜豌1号	闽认菜2011021	法国半无叶豌豆Athos×台中13甜豌豆	福建省农业科学院作物研究所、福建省南武夷农业科技有限公司	福建省冬季种植
2012	江苏	苏豌2号	苏鉴豌201201	以法国半无叶豌豆为母本，白豌豆为父本，经杂交选育而成	江苏沿江地区农业科学研究所	江苏淮南地区秋季栽培
2012	江苏	苏豌4号	苏鉴豌201202	以法国半无叶豌豆选单OWD2为母本，如皋扁豆豌为父本，经杂交选育而成	江苏沿江地区农业科学研究所	江苏淮南地区秋季栽培

（续）

年份	鉴定机构	品种名称	鉴定编号	品种来源	选育（报审）单位	适宜范围
2012	江苏	苏豌5号	苏鉴豌201203	以法国半无叶豌豆选单OWD1为母本，改良奇珍76为父本，经杂交选育而成	江苏沿江地区农业科学研究所	江苏淮南地区秋季栽培
2012	江苏	苏豌6号	苏鉴豌201204	以食粒大粒豌为母本，奇珍76为父本，经杂交选育而成	江苏省农业科学院	江苏淮南地区秋季栽培
2012	福建	漳豌1号	闽认菜2012014	从双丰1号豌豆变异株经系谱法选育而成	漳州市农业科学研究所	福建省秋冬季种植
2013	辽宁	科豌5号	辽备菜［2013］041号	G866系选	辽宁省经济作物研究所	辽宁省
2013	辽宁	科豌6号	辽备菜［2013］042号	韩国超级甜豌豆×辽豌4号	辽宁省经济作物研究所	辽宁省
◆蚕　豆						
2008	福建	沁后本1号	闽认菜2008001	沁后本自然变异群体系统选育而成	莆田市农业科学研究所	福建省
2009	上海	东方大粒	沪农品认蔬果（2009）第009号	自嘉定三白蚕豆系统选育而成	上海市农业科学院园艺研究所	上海市
2009	福建	大朋一寸	闽认菜2009001	日本蚕豆品种陵西一寸的自然分离株	福建省农业科学院作物研究所	福建省冬季种植
2010	上海	交大绿角	沪农品认蔬果2010第018号	上海本地豆×美国P99-1	上海交通大学农业与生物学院、上海华耘种业有限公司	上海市
2010	福建	陵西一寸	闽认菜2010005	从日本引进	福建省农业科学院作物研究所	福建省
2012	上海	宁研4号	沪农品认蔬果2012第014号	从葡萄牙蚕豆B01系统选育而成	南京农业大学	上海市
2012	江苏	苏蚕豆1号	苏鉴蚕豆201201	以陵西一寸为母本，大白皮为父本，经杂交选育而成	江苏省农业科学院	江苏淮南地区秋季栽培
2012	江苏	苏蚕豆2号	苏鉴蚕豆201202	以大青皮为基础材料，经系统选育而成	江苏省农业科学院	江苏淮南地区秋季栽培
2012	江苏	苏鲜蚕1号	苏鉴蚕豆201203	以葡萄牙蚕豆B01为基础材料，经系统选育而成	南京农业大学、南通恒昌隆食品有限公司	江苏淮南地区秋季栽培

（续）

年份	鉴定机构	品种名称	鉴定编号	品种来源	选育（报审）单位	适宜范围
2012	江苏	苏鲜蚕 2 号	苏鉴蚕豆 201204	以葡萄牙蚕豆 B01 为基础材料，经系统选育而成	南京农业大学、南通恒昌隆食品有限公司	江苏淮南地区秋季栽培
2012	江苏	通蚕鲜 7 号	苏鉴蚕豆 201205	采用优质、高产、多抗种质亲本（93009/97021）F2/97021 经回交选育而成	江苏沿江地区农业科学研究所	江苏淮南地区秋季栽培
2012	江苏	通蚕鲜 8 号	苏鉴蚕豆 201206	97035×Ja-7	江苏沿江地区农业科学研究所	江苏淮南地区秋季栽培
2012	江苏	通鲜 2 号	苏鉴蚕豆 201207	利用海门大青皮、日本一寸等多品种混合杂交选育而成	江苏沿江地区农业科学研究所	江苏淮南地区秋季栽培
◆扁　豆						
2009	上海	交大青扁豆 1 号	沪农品认蔬果（2009）第 010 号	眉豆 2012×南汇红扁豆	上海交通大学农业与生物学院	上海市
2009	上海	交大红扁豆 2 号	沪农品认蔬果（2009）第 011 号	南汇红扁豆×美国 2020	上海交通大学农业与生物学院	上海市
2009	上海	艳红扁	沪农品认蔬果（2009）第 012 号	南汇红扁豆×镇江早春	上海交通大学农业与生物学院、上海星辉蔬菜有限公司	上海市
2009	上海	翠绿扁	沪农品认蔬果（2009）第 013 号	农家品种早生 1 号×翠绿	上海交通大学农业与生物学院、上海星辉蔬菜有限公司	上海市
2013	上海	紫雪糯	沪农品认蔬果 2013 第 012 号	翠绿扁×P2019	上海交通大学	上海市
◆四棱豆						
2004	广西	桂丰 4 号	桂审菜 2004002 号	从日本九州大学保存的 GL-50 品系变异株系统选育而成	广西大学农学院	广西壮族自治区
2004	广西	桂矮	桂审菜 2004003 号	蔓生四棱豆品系 KUS-8 的自然突变体	广西大学农学院	广西壮族自治区
2011	湖南	湘棱豆 1 号	XPD011-2011	桂丰 1 号	怀化学院、湖南农业大学	湖南省
2011	湖南	湘棱豆 2 号	XPD012-2011	中翼 1 号×K0021	怀化学院、湖南农业大学	湖南省
2011	湖南	湘棱豆 3 号	XPD013-2011	中翼 1 号	怀化学院、湖南农业大学	湖南省

（续）

年份	鉴定机构	品种名称	鉴定编号	品种来源	选育（报审）单位	适宜范围
◆刀　豆						
2004	上海	矮青 12	沪农品认蔬果（2004）第 041 号	自美国引进筛选自交新品种	上海市农业科学院园艺研究所	上海市
2011	青海	青刀豆 1 号	青审菜 2011006	引人高代品系 5991，经系统选育而成	青海省农林科学院作物研究所等	青海省川水地、低位山旱地种植
◆架　豆						
2009	山西	四季丰	晋审菜（认）2009025	从 83-A 变异株中选出	山西省农业科学院农业资源综合考察研究所、山西省农业科学院农业生物技术研究中心	山西省春、秋季覆膜种植
2013	山西	品架 1 号	晋审菜（认）2013016	从泰国架豆王中系选	山西省农业科学院农作物品种资源研究所	山西省春播种植
◆芹　菜						
2006	宁夏	圣地亚哥	宁审菜 2006001	美国引入	北京阿拉特斯种业公司、宁夏西吉县种子繁育管理站	宁夏南部山区种植
2006	宁夏	阿特拉斯	宁审菜 2006002	美国引入	北京阿拉特斯种业公司、宁夏西吉县种子繁育管理站	宁夏南部山区种植
2007	山西	晋芹 2 号	晋审菜（认）2007020	以 96-4 为母本、V-3 为父本杂交后系统选育而成	山西省农业科学院蔬菜研究所	山西省
2007	浙江	金于夏芹	浙认蔬 2007005	本地芹×正大脆芹	金华市金东区经济特产站、金东区东孝街道下于村金培斌	浙江省金华市
2007	湖北	鄂水芹 1 号	鄂审菜 2007011	玉祁	武汉市蔬菜科学研究所	湖北省
2009	陕西	西育 1 号	陕蔬登字 2009040 号	从日本引进的两个西芹品种经杂交后多代筛选育成	西安市农业科学研究所	陕西省西安市
2010	上海	申芹 1 号黄心芹	沪农品认蔬果 2010 第 017 号	从黄心芹地方品种中系统选育	上海市农业科学院园艺研究所、上海奉贤区蔬菜研究开发中心、上海科园种子有限公司	上海市喜食黄心芹地区种植

（续）

年份	鉴定机构	品种名称	鉴定编号	品种来源	选育（报审）单位	适宜范围
2010	江苏	伏芹1号	苏鉴水芹201001	从宜兴异叶水芹中筛选得到阔卵形小叶片变异单株，经株选和系谱选育而成	扬州大学园艺与植物保护学院、宜兴市农林局	江苏省夏季遮阳网覆盖种植
2010	江苏	秋芹1号	苏鉴水芹201002	从宜兴异叶水芹中筛选得到早熟、叶片卵圆、锯齿较浅的变异单株，经株选和系谱选育而成	扬州大学园艺与植物保护学院、宜兴市农林局	江苏省秋季早熟种植
2011	天津	赛莹	津登芹2011001	San Diego系选	天津科润农业科技股份有限公司蔬菜研究所	天津市
2011	天津	赛星	津登芹2011002	Rainbow系选	天津科润农业科技股份有限公司蔬菜研究所	天津市
2011	天津	津奇1号	津登芹2011003	01-3A×01-9	天津市春秋种业有限公司	天津市秋露地种植
2011	天津	津奇2号	津登芹2011004	01-3A×03-1	天津市春秋种业有限公司	天津市早春保护地种植
2011	天津	津南实芹3号	津登芹2011005	1991年用意大利夏芹为亲本材料，经混合杂交后用系统选育的方法育成	天津市宏程芹菜研究所	天津市
2011	天津	C2002-16西芹	津登芹2011006	图拉瑞百利西芹×津南夏芹	天津市宏程芹菜研究所	天津市
2011	天津	津南实芹2号	津登芹2011007	津南实芹×美国西芹（嫩脆）	天津市宏程芹菜研究所	天津市
2011	天津	双港速生西芹	津登芹2011008	荷兰西芹×新泰国白芹	天津市宏程芹菜研究所	天津市
2011	天津	D98-58黄嫩西芹	津登芹2011009	从广东黄芹、泰国白芹、荷兰西芹、嫩脆西芹、法国西芹、百利西芹品种中选择优良植株，经多年系统选育而成	天津市宏程芹菜研究所	天津市
2011	天津	白杆实芹	津登芹2011010	泰国白芹×津南冬芹	天津市宏程芹菜研究所	天津市
2011	天津	D95-8双港西芹	津登芹2011011	文图拉西芹×津南实芹	天津市宏程芹菜研究所	天津市
2011	天津	天津实心芹	津登芹2011012	天津地方品种经多年提纯选育而成	天津市春秋种业有限公司	天津市

（续）

年份	鉴定机构	品种名称	鉴定编号	品种来源	选育（报审）单位	适宜范围
2011	天津	津南实芹	津登芹 2011013	天津地方品种经多年提纯选育而成	天津神农种业有限责任公司	天津市
2011	安徽	诚芹 2 号	皖品鉴登字第 1103015	WL0002×CX0008	合肥诚信农业技术发展有限公司	安徽省
2011	甘肃	华盛顿	甘认菜 2011050	从北京天地园种苗有限公司引进	兰州中科西高种业有限公司	甘肃省榆中、定西等地
2011	甘肃	金条	甘认菜 2011051	从河北承德圣木田种苗有限公司引进	兰州中科西高种业有限公司	甘肃省榆中、定西等地
2011	甘肃	帝王	甘认菜 2011052	从北京阿特拉斯有限公司引进	榆中县益民农资良种服务部	甘肃省榆中等地
2011	甘肃	英皇	甘认菜 2011053	从天津惠尔稼种业科技有限公司引进	兰州田园种苗有限责任公司	甘肃省榆中、红古等地
2011	甘肃	皇冠	甘认菜 2011054	从山东省华盛农业股份有限公司引进	兰州安宁庆丰种业经营部	甘肃省红古、榆中、永登等地
2012	上海	申香芹 1 号	沪农品认蔬果 2012 第 019 号	从日本青柄实心型芹菜青秀变异单株系统选育获得	上海市农业科学院园艺研究所、上海科园种子有限公司、上海市设施园艺技术重点实验室	上海市
2012	四川	白翠香实芹	川审蔬 2012017	津南实芹×米汤白芹	绵阳市全兴种业有限公司	四川省
2013	天津	赛雪	津登芹菜 2013001	S66×S67	天津科润农业科技股份有限公司蔬菜研究所	天津市
2013	天津	津耘芹 2 号	津登芹菜 2013002	从引进西芹品种百利变异单株系统筛选出的稳定品系	天津市耕耘种业有限公司	天津市
2013	天津	津耘芹 1 号	津登芹菜 2013003	从引进西芹品种皇后变异单株自交系选出的稳定品系	天津市耕耘种业有限公司	天津市
2013	天津	津耘小香芹	津登芹菜 2013004	从章丘地方品种中发现的变异单株系统筛选出的稳定品系	天津市耕耘种业有限公司	天津市
2013	天津	申香芹 1 号	津登芹菜 2013005	从日本引进实心型本芹品种青秀变异系，经连续 6 代定向自交选出的稳定品系	上海市农业科学院园艺研究所	天津市
2013	上海	太空芹 106	沪农品认蔬果 2013 第 019 号	地方芹菜品种黄心芹经太空诱变后系统选育	上海市闵行区农业技术服务中心	上海市

（续）

年份	鉴定机构	品种名称	鉴定编号	品种来源	选育（报审）单位	适宜范围
2013	辽宁	沈农香芹1号	辽备菜［2013］045号	从吉林白城山区采集，经多年混合选择而成	沈阳农业大学	辽宁省
◆洋　葱						
2004	山西	晋宏1号	晋审菜（认）2004012	从北营鲜紫大扁洋葱中系选	山西省农业科学院蔬菜研究所	山西省
2004	山西	晋宏6号	晋审菜（认）2004013	5053-5A×78-1-①-③，保持系为2526-28B	山西省农业科学院蔬菜研究所	山西省
2004	辽宁	卡木伊	辽备菜［2004］238号	从黑龙江鹤岗农场引进	开原市多种经营管理局	辽宁省北部地区
2004	黑龙江	卡木依	黑登记2004014	NOZAN. MS(A)×DETONA(C)	日本泷井种苗株式会社选育，哈尔滨长日圆葱研究所引进	黑龙江省
2004	黑龙江	北星	黑登记2004015	W202A×扎晃黄C	日本泷井种苗株式会社选育，哈尔滨长日圆葱研究所引进	黑龙江省
2004	四川	西葱1号	川审蔬2004020	从云南元谋红皮洋葱诱变后代变异中，经多年选育而成	西昌学院	四川省攀西安宁河流域种植
2004	四川	西葱2号	川审蔬2004021	从西昌红皮洋葱诱变后代变异中，经多年选育而成	西昌学院	四川省攀西安宁河流域种植
2005	黑龙江	空知黄	黑登记2005033	从日本引进	牡丹江市蔬菜科学研究所	黑龙江省
2005	安徽	丰田3号	皖品鉴登字第0503007	YB97-3×YD97-1	宿州无籽西瓜研究所	安徽省
2005	安徽	丰田4号	皖品鉴登字第0503008	YC97-4×YA97-2	宿州无籽西瓜研究所	安徽省
2005	新疆	新洋葱1号	新登洋葱2005年018号	石河子蔬菜研究所从国外引进改良的洋葱新品种	石河子蔬菜研究所	新疆维吾尔自治区
2006	内蒙古	白珍珠1号	蒙认菜2006002号	OS0016A/B×OP0102	内蒙古农牧业科学院蔬菜研究所	内蒙古自治区呼和浩特市、包头市、巴彦淖尔市临河区
2007	内蒙古	北星	蒙认菜2007001号	W202A×扎晃黄C	日本泷井种苗株式会社选育，哈尔滨长日圆葱研究所引进	内蒙古自治区乌兰察布市集宁区、商都县、察右前旗和通辽市开鲁县≥10℃活动积温2 200℃以上的种植区种植

（续）

年份	鉴定机构	品种名称	鉴定编号	品种来源	选育（报审）单位	适宜范围
2007	内蒙古	卡木依	蒙认菜 2007002 号	NOZAN. MS(A)×DETONA（C）	日本泷井种苗株式会社选育，哈尔滨长日圆葱研究所引进	内蒙古自治区乌兰察布市集宁区、商都县、察右前旗和通辽市开鲁县≥10℃活动积温2 200℃以上的种植区种植
2007	黑龙江	金球	黑登记 2007035	B2354A×3014	哈尔滨长日圆葱研究所	黑龙江省哈尔滨、齐齐哈尔、牡丹江地区种植
2008	黑龙江	金天星	黑登记 2008031	H 克 02A×K400C	哈尔滨长日圆葱研究所	黑龙江省第二至第四积温带种植
2010	内蒙古	红绣球	蒙认菜 2010003 号	黄冠王单株	内蒙古农牧业科学院蔬菜研究所	内蒙古自治区呼和浩特市、包头市、通辽市
2010	山东	银球 1 号	鲁农审 2010066 号	白地球	泰安市泰丰农经作物研究所、山东农业大学	山东省作脱水加工圆葱品种种植
2010	山东	天正福星	鲁农审 2010065 号	TN-1×QF-1	山东省农业科学院蔬菜研究所	山东省作脱水加工圆葱品种种植
2010	甘肃	状元红	甘认菜 2010042	从红玉变异株中系选而成，原代号 QS208	民勤县全盛永泰农业有限公司	甘肃省民勤县
2011	吉林	金龙珠葱	吉登菜 2011003	2001 年从紫皮分蘖洋葱中选出	吉林省蔬菜花卉科学研究院	吉林省露地种植
2011	新疆	B99-6	新登洋葱 2011 年 02 号	乌鲁木齐蔬菜研究所从国外引进改良的洋葱新品种	乌鲁木齐市蔬菜研究所	新疆维吾尔自治区
2012	黑龙江	红福尔	黑登记 2012043	MS404A×R0076-15	哈尔滨长日圆葱研究所、哈尔滨艾利姆农业科技有限公司	黑龙江省
2012	黑龙江	艾利姆 1 号	黑登记 2012044	H 克 409A×T608C	哈尔滨长日圆葱研究所、哈尔滨艾利姆农业科技有限公司	黑龙江省
2012	上海	帝黄	沪农品认蔬果 2012 第 026 号	102×103	上海惠和种业有限公司	上海市
2012	上海	金福	沪农品认蔬果 2012 第 027 号	101×104	上海惠和种业有限公司	上海市

（续）

年份	鉴定机构	品种名称	鉴定编号	品种来源	选育（报审）单位	适宜范围
2013	黑龙江	东园1号	黑登记2013043	从阿城地方品种阿城毛葱中自交选育	东北农业大学园艺学院	黑龙江省
2013	黑龙江	珠葱1号	黑登记2013044	雄性不育系MB01-79A×WMF01-06C	哈尔滨长日圆葱研究所、哈尔滨艾利姆农业科技有限公司	黑龙江省
2013	四川	西葱3号	川审蔬2013001	日本黄皮洋葱资源96203辐射系选	西昌学院、西昌科威洋葱种业有限责任公司、西昌科威洋葱研究所	四川省安宁河流域种植
2013	陕西	秦红宝	陕蔬登字2013005号	从普通洋葱品种中经过系统选育而成	杨凌秦红宝洋葱种业科技有限公司	陕西省
2013	甘肃	红洋1号	甘认菜2013076	黄皮18×红皮9号	酒泉市农业科学研究所	甘肃省河西灌区种植
2013	甘肃	红洋3号	甘认菜2013077	黄皮22×红皮19	酒泉市农业科学研究所	甘肃省河西灌区种植
◆莴　苣						
2007	四川	科兴5号	川审蔬2007 003	成都二白皮密节巴×早白甲	四川省绵阳科兴种业有限公司	四川省
2007	四川	科兴6号	川审蔬2007 004	成都二白皮密节巴×南京白皮香	四川省绵阳科兴种业有限公司	四川省
2009	安徽	燎原1号	皖品鉴登字第0903017	H4-2×S04-5-23	宿州市梓泉农业科技有限公司	安徽省
2010	上海	申选4号	沪农品认蔬果2010第014号	Ostinata变异株经系统选育而成	上海市农业科学院园艺研究所、上海市设施园艺技术重点实验室	上海市
2010	上海	申选1号	沪农品认蔬果2010第015号	Veniroca变异株经系统选育而成	上海市农业科学院园艺研究所、上海市设施园艺技术重点实验室	上海市
2010	四川	科兴7号	川审蔬2010008	福建红尖叶×地方品种福建红尖叶	四川省绵阳科兴种业有限公司	四川省
2010	四川	科兴11	川审蔬2010009	地方品种渡口尖叶×上海大圆叶	四川省绵阳科兴种业有限公司	四川省
2011	陕西	榆笋2号	陕蔬登字2011001号	由绥德牛腿莴笋群体系统选育而成	榆林市农业科学院蔬菜研究所	陕西省榆林市
2012	北京	北散生1号	京品鉴菜2012037	散叶生菜Z36	北京农学院	北京市
2012	北京	北散生2号	京品鉴菜2012038	散叶生菜Z35	北京农学院	北京市
2012	北京	北生1号	京品鉴菜2012039	结球生菜Z19	北京农学院	北京市
2012	北京	北生2号	京品鉴菜2012040	结球生菜Z34	北京农学院	北京市

（续）

年份	鉴定机构	品种名称	鉴定编号	品种来源	选育（报审）单位	适宜范围
2013	北京	北散生 3 号	京品鉴菜 2013024	2009 年从美国引入散叶生菜材料 GS-6，在低温栽培条件下，选择目标种株，经多代自交、纯化后选育出耐寒性稳定的品种	北京农学院	北京市
2013	北京	北散生 4 号	京品鉴菜 2013025	2009 年从美国引入散叶生菜材料 GS-94，在低温栽培条件下，选择目标种株，经多代自交、纯化后选育出耐寒性稳定的品种	北京农学院	北京市
2013	北京	北生 3 号	京品鉴菜 2013026	2005 年从美国引入的结球生菜材料 GJ-134，在低温栽培条件下，选择目标种株，经多代自交、纯化后选育出耐寒性稳定的品种	北京农学院	北京市
2013	北京	北生 4 号	京品鉴菜 2013027	2005 年从美国引入奶油生菜材料 GJ-139，在低温栽培条件下，选择目标种株，经多代自交、纯化后选育出耐寒性稳定的品种	北京农学院	北京市
◆大　葱						
2004	辽宁	辽葱 2 号	辽备菜［2004］239 号	244A×95-4-4-8-6	辽宁省农业科学院园艺研究所	辽宁省
2004	青海	大通鸡腿葱	青种合字第 0183 号	从地方农家品种中提纯复壮，系统选育而成	青海省农林科学院、大通县蔬菜站	青海省黄河、湟水流域川水地种植
2005	内蒙古	内葱 2 号	蒙认葱 2005001 号	冬灵白×三叶齐	内蒙古农牧业科学院蔬菜研究所	内蒙古呼和浩特市、乌兰察布市、巴彦淖尔市
2005	辽宁	阜葱 1 号	辽备菜［2005］276 号	人工有性杂交混合单株选择而成	辽宁省风沙地改良利用研究所	辽宁省
2006	辽宁	辽葱 3 号	辽备菜［2006］305 号	从引进的山东大梧桐大葱中选育而成	辽宁省农业科学院	辽宁省
2006	辽宁	辽葱 4 号	辽备菜［2006］306 号	利用自选的大葱雄性不育系 244A 与辽 98-176-1 自交系杂交选育而成	辽宁省农业科学院	辽宁省

（续）

年份	鉴定机构	品种名称	鉴定编号	品种来源	选育（报审）单位	适宜范围
2006	辽宁	辽葱 6 号	辽备菜［2006］307 号	利用自选不育单交种 244-152A 为母本，2000Y24-3S98 为父本配制的三交种	辽宁省农业科学院	辽宁省
2009	青海	五叶齐	青审大葱 2009001	2001 年从甘肃武威生茂种苗开发有限公司引进	青海省互助县蔬菜技术服务中心	青海省川水地区及高位水地种植
2009	青海	五洲巨葱	青审大葱 2009002	2004 年从河北省故城振中蔬菜研究所引进	青海省民和县菜篮子工程办公室	青海省东部农业区水地种植
2010	山西	春葱 1 号	晋审菜（认）2010024	从洪洞县地方品种中系选而成	山西省农业科学院小麦研究所	山西省晋南平川区
2010	辽宁	辽葱 5 号	辽备菜［2010］411 号	五叶齐×鳞棒葱	辽宁省农业科学院蔬菜研究所	辽宁省
2010	辽宁	辽葱 8 号	辽备菜［2010］412 号	2003S35A×2003L047	辽宁省农业科学院蔬菜研究所	辽宁省
2010	福建	天光一本	闽认菜 2010006	日本株式会社武藏野种苗圃选育的杂交一代，种子从广东省引进	漳州德立信农业有限公司、漳浦县经济作物站	福建省
2011	辽宁	盛京 1 号	辽备菜［2011］440 号	以玉田葱为母本，辽葱 1 号为父本，常规杂交育种，经 7 代混合选择，选育出的干、鲜兼用的大葱新品种	沈阳市农业科学院	辽宁省
◆菠　菜						
2004	黑龙江	东新 1 号	黑登记 2004018	法国大叶菠菜群体选育的 96A01-1-21-102-121×日本全能菠菜 F_2 群体选育的 96B01-8-13-15-10-2	中国科学院东北地理与农业生态研究所	黑龙江省
2005	黑龙江	东新 2 号	黑登记 2005034	法国大叶菠菜群体选育的 96A01-1-21-102-121 株系×日本全能菠菜 F_2 群体选育的 96B01-8-13-15-103-2 株系	中国科学院东北地理与农业生态研究所农业技术中心	黑龙江省早春种植
2007	黑龙江	华兰草	黑登记 2007037	从圣尼斯种子公司引入	哈尔滨华威种业有限公司	黑龙江省

（续）

年份	鉴定机构	品种名称	鉴定编号	品种来源	选育（报审）单位	适宜范围
2007	福建	绿秋	闽认菜 2007011	48-1×54	福州市蔬菜科学研究所	福建省
2007	青海	青海菠菜 1 号	青审蔬 2007002	1996 年从韩国引进的无穷花菠菜品种后代分离群体中，经单株选育而成	青海省西宁市种子站	青海省东部黄河、湟水流域温暖灌区及保护地种植
2009	内蒙古	巴菠 1 号	蒙认菜 2009062 号	大叶菠菜的变异株	巴彦淖尔市农业科学院	内蒙古自治区巴彦淖尔市
2010	福建	绿华	闽认菜 2010012	53-5-5×CY-3	福建省福州市蔬菜科学研究所	福建省
2012	北京	京菠 1 号	京品鉴菜 2012023	强雌系 0686×自交系 0632	北京市农林科学院蔬菜研究中心、北京京研益农科技发展中心、北京京域威尔农业科技有限公司	北京市
2012	北京	京菠 3 号	京品鉴菜 2012024	强雌系 0601×地方品种选育自交系 0687	北京市农林科学院蔬菜研究中心、北京京研益农科技发展中心、北京京域威尔农业科技有限公司	北京市
2012	北京	京菠 5 号	京品鉴菜 2012025	强雌系 0739×高代自交系 0745	北京市农林科学院蔬菜研究中心、北京京研益农科技发展中心、北京京域威尔农业科技有限公司	北京市
2012	北京	菠杂 58	京品鉴菜 2012026	强雌系 0522×0550	北京市农林科学院蔬菜研究中心、北京京研益农科技发展中心、北京京域威尔农业科技有限公司	北京市
2013	福建	榕菠 1 号（原名：绿秀）	闽认菜 2013003	CY-3-5（圆）×JF-2-6	福州市蔬菜科学研究所	福建省
◆芦　笋						
2005	辽宁	沈农长白山芦笋 1 号	辽备菜［2005］275 号	2001 年从长白山余脉野生芦笋驯化选育而成	沈阳农业大学	辽宁省
2007	江西	井冈 701	赣认芦笋 2007001	3 号×Backlim	江西省农业科学院生物工程中心	江西省
2008	黑龙江	龙引芦笋 1 号	黑登记 2008033	从山东潍坊引进的英雄 1 号芦笋品种	哈尔滨市龙江生态农业研究所	黑龙江省
2008	江西	井冈红	赣认芦笋 2008001	Passion×Pacific	江西省农业科学院生物工程中心	江西省

（续）

年份	鉴定机构	品种名称	鉴定编号	品种来源	选育（报审）单位	适宜范围
2008	山东	新世纪	鲁农审 2008061 号	格兰德×西德全雄卢克卢斯	山东省潍坊市农业科学院	山东省芦笋产区种植
2008	山东	冠军	鲁农审 2008060 号	阿波罗×荷兰全雄	山东省潍坊市农业科学院	山东省
2009	北京	京绿芦 1 号	京品鉴菜 2009009	BJ38-102×BJ45-68c	北京农科院种业科技有限公司	北京市
2010	北京	京紫芦 2 号	京品鉴菜 2010017	BJ105-12A×BJ142-71e	北京农科院种业科技有限公司	北京市
2010	北京	京绿芦 3 号	京品鉴菜 2010018	BJ237-17C×BJ145-81c	北京农科院种业科技有限公司	北京市
2010	北京	京绿芦 4 号	京品鉴菜 2010019	BJ501-35E×BJ542-19c	北京农科院种业科技有限公司	北京市
2012	江西	井冈 111	赣认芦笋 2012001	AT3×Backlim	江西省农业科学院蔬菜、花卉研究所	江西省
2013	甘肃	临芦 1 号	甘认菜 2013075	用潍坊芦笋的优良变异株杂交选育而成	甘肃临夏农业科学院	甘肃省临夏回族自治州
◆茭　白						
2007	浙江	金茭 1 号	浙认蔬 2007007	磐安地方茭白品种变异株系统选育	磐安县农业局金华市农业科学研究院	浙江省浙中地区海拔 500～700m 山区
2008	浙江	丽茭 1 号	浙认蔬 2008004	缙云地方品种美人茭系统选育	浙江省丽水市农业科学研究所、缙云县农业局	浙江省丽水海拔 400～1 000m 山区
2008	浙江	金茭 2 号	浙认蔬 2008005	水珍 1 号变异株系统选育	金华市农业科学研究院、浙江大学蔬菜研究所、金华陆丰农业开发有限公司	浙江省金华、丽水地区
2008	浙江	龙茭 2 号	浙认蔬 2008024	地方品种梭子茭变异株系统选育	桐乡市农业技术推广服务中心、浙江省农业科学院植物保护与微生物研究所、桐乡市龙翔街道农业经济服务中心、桐乡市董家茭白合作社	浙江省浙北、浙东
2011	湖北	鄂茭 3 号	鄂审菜 2011005	古夫茭	武汉市蔬菜科学研究所	湖北省
2012	浙江	浙茭 6 号	浙（非）审蔬 2012009	浙茭 2 号变异株系选	嵊州市农业科学研究所、金华水生蔬菜产业科技创新服务中心	浙江省

（续）

年份	鉴定机构	品种名称	鉴定编号	品种来源	选育（报审）单位	适宜范围
2012	浙江	余茭 4 号	浙（非）审蔬 2012010	浙茭 2 号变异株系选	余姚市农业科学研究所、浙江省农业科院植物保护与微生物研究所、余姚市河姆渡茭白研究中心	浙江省
2012	浙江	崇茭 1 号	浙（非）审蔬 2012011	梭子茭变异株系选	杭州市余杭区崇贤街道农业公共服务中心、浙江大学农业与生物技术学院、杭州市余杭区种子管理站	浙江省
2012	福建	台福 1 号	闽认菜 2012013	从台湾茭白变异株中选育而成	福建农林大学园艺学院、福建农林大学蔬菜研究所	福建省
2013	浙江	浙茭 3 号	浙（非）审蔬 2013011	浙茭 2 号变异株系选	金华市农业科学研究院、金华水生蔬菜产业科技创新服务中心	浙江省
2013	福建	桂瑶早茭白（原名：安溪早茭白）	闽认菜 2013019	从安溪龙门镇桂瑶村地方品种变异株中系选而成	安溪县龙门桂瑶蔬菜专业合作社	福建省安溪县
◆ 韭　菜						
2008	山西	晋韭 1 号	晋审菜（认）2008015	从河南 791 韭菜中系选而成，原名临韭 2 号	山西省农业科学院小麦研究所	山西省
2010	北京	海韭 1 号	京品鉴菜 2010020	小黄苗雄性不育无性系×J-01-2	北京市海淀区植物组织培养技术实验室	北京市
2010	河南	久星 16	豫品鉴菜 2010011	95-3-2×5-4-7	河南省平顶山市园艺科学研究所	河南省秋延后、冬季露地和保护地种植
2010	河南	久星 18	豫品鉴菜 2010012	95-12-7×95-23-5	河南省平顶山市园艺科学研究所	河南省
2012	北京	海韭 2 号	京品鉴菜 2012014	雄性不育系小黄苗×J-95-42	北京市海淀区植物组织培养技术实验室	北京市
2012	北京	海韭 3 号	京品鉴菜 2012029	从优良韭菜杂交一代平杂 1 号 F_2 代材料中优株并经过连续多代的优系混合授粉而育成的深休眠韭菜新品种	北京市海淀区植物组织培养技术实验室	北京市

（续）

年份	鉴定机构	品种名称	鉴定编号	品种来源	选育（报审）单位	适宜范围
2012	北京	海韭 5 号	京品鉴菜 2012030	以 791 雄性不育无性系为母本，以优良株系 J-02-Y-9 为父本进行组合配制	北京市海淀区植物组织培养技术实验室	北京市
2012	广西	桂特 1 号大叶韭	桂审蔬 2012009 号	从广西金秀大瑶山野生群体种中筛选育成	广西农业科学院蔬菜研究所、南宁市蔬菜研究所	广西壮族自治区桂中、桂南
◆大　蒜						
2004	四川	成蒜早 2 号	川审蔬 2004022	彭县早蒜变异株	成都市第一农业科学研究所	四川省
2004	四川	成蒜早 3 号	川审蔬 2004023	温江蒜变异株	成都市第一农业科学研究所	四川省大蒜产区种植
2005	青海	乐都紫皮大蒜	青种合字第 0190 号	从乐都县农家品种中提纯复壮而成，别名乐都大蒜、红皮蒜	青海省乐都县蔬菜技术推广中心	青海省东部农业区种植
2006	贵州	麻江红蒜 1 号	黔审菜 2006005 号	麻江县本地农家品种	贵州麻江县农业局	贵州省海拔1200m 以上的地区（适当早播），和海拔 800m 以下地区（适当晚播）
2009	四川	成蒜早 4 号	川审蔬 2009018	二水早经辐射诱变后定向系统选育而成	成都市农林科学院园艺研究所	四川省
2010	山东	金蒜 4 号	鲁农审 2010064 号	金乡紫皮	山东润丰种业有限公司	山东省
2010	山东	金蒜 3 号	鲁农审 2010063 号	金乡紫皮	山东润丰种业有限公司	山东省
2012	江苏	徐蒜 815	苏鉴蒜 201201	利用引进的白皮蒜 G-12-15 通过混合选择，于 2006 年育成	徐淮地区徐州农业科学研究所	江苏省北部秋季露地栽培
2013	黑龙江	伊宁红皮	黑登记 2013045	引自新疆维吾尔自治区伊犁哈萨克自治州伊宁县地方品种	哈尔滨长日圆葱研究所、哈尔滨艾利姆农业科技有限公司	黑龙江省
◆莲　藕						
2004	福建	莲香 1 号	闽认菜 2004003	从广西博白县引进	龙岩市新罗区种子站	福建省龙岩、漳州等地
2008	湖北	鄂莲 6 号	鄂审菜 2008006	鄂莲 4 号×8143，对实生苗后代系统选育	武汉市蔬菜科学研究所	湖北省
2009	湖北	鄂莲 7 号	鄂审菜 2009005	鄂莲 5 号	武汉市蔬菜科学研究所	湖北省

（续）

年份	鉴定机构	品种名称	鉴定编号	品种来源	选育（报审）单位	适宜范围
2010	浙江	东河早藕	浙（非）审蔬 2010013	金华白莲系统选育而成	义乌市东河田藕专业合作社、金华市农业科学研究院、义乌市种植业管理总站、义乌市种子管理站	浙江省
2012	江苏	脆秀	苏鉴藕 201201	以 XONHUA 为母本、XSHZ 为父本进行杂交，经株选和系谱选育而成	扬州大学水生蔬菜研究室	江苏省露地和设施栽培
2012	江苏	脆佳	苏鉴藕 201202	以 XSBZ 为母本、XSHZ-H2 为父本进行杂交，经株选和系谱选育而成	扬州大学水生蔬菜研究室	江苏省露地和设施早熟栽培
2012	湖北	鄂莲 8 号	鄂审菜 2012001	从应城白莲实生苗后代中选择优良单株经无性繁殖而成	武汉市蔬菜科学研究所	湖北省
◆子　莲						
2008	浙江	十里荷 1 号	浙认蔬 2008001	从太空 36 号系统选育	建德市里叶十里荷莲子开发中心、建德市农技推广中心粮油站、建德市里叶白莲开发公司、浙江省农业科学院植物保护与微生物研究所、武义县科技局	浙江省建德、浙中
2008	江西	京广莲 1 号	赣认莲 2008001	太空莲 3 号经离子注入诱变育成	广昌县白莲科学研究所	江西省
2009	浙江	金芙蓉 1 号	浙(非)审蔬 20090018	湘芙蓉×太空莲 3 号	金华市农业科学研究院、武义县柳城畲族镇农业综合服务站、金华水生蔬菜产业科技创新服务中心、金华陆丰农业开发有限公司	浙江省
2011	福建	建选 35	闽认菜 2011023	红花建莲×太空莲 20 号	建宁县莲子科学研究所	福建省
2011	江西	太空莲 36	赣认莲 2011001	86-5-3 卫星搭载诱变育成	广昌县白莲科学研究所	江西省
2011	江西	京广莲 2 号	赣认莲 2011002	太空莲 1 号经离子注入诱变育成	广昌县白莲科学研究所	江西省
◆芋						
2004	福建	六月红	闽认菜 2004002	从农家品种白芽芋变异株选育而成	永定县农业局	福建省年均气温 19～21℃的地区春季种植

（续）

年份	鉴定机构	品种名称	鉴定编号	品种来源	选育（报审）单位	适宜范围
2010	福建	龙芋1号	闽认菜2010011	从新罗区地方早熟芋品种中筛选育成	龙岩龙津作物品种研究所、福建省龙岩市农业科学研究所	福建省海拔600m以下地区种植
2010	湖北	鄂芋1号	鄂审菜2010006	以走马羊红禾为亲本单株选育而成	武汉市蔬菜科学研究所	湖北省
2011	浙江	金华红芽芋	浙（非）审蔬2011015	从金华红芋的变异株系选而成	金华市农业科学研究院、浙江大学生物技术研究所	浙江省
2012	四川	川魁芋1号	川审蔬2012014	彭山红杆芋芽变	四川省农业科学院园艺研究所	四川省
◆山　药						
2008	福建	安砂大叶薯	闽认菜2008007	从福建永安地方品种安砂小薯系选而来	福建省农业科学院作物研究所、永安市农业技术推广站、三明市种子站、永安市种子管理站	福建省作淮山种植
2008	福建	安砂小叶薯	闽认菜2008008	从福建永安地方品种安砂小薯系选而来	永安市农业技术推广站、福建省农业科学院作物研究所、三明市农业技术推广站、永安市种子管理站	福建省作淮山种植区
2008	福建	明溪淮山1号	闽认菜2008010	明溪县淮山地方品种选育而成	明溪县种子管理站、三明市种子站	福建省作淮山种植区
2009	湖南	衡山早白薯	XPD018-2009	从衡山脚板薯农家品种中定向选育而成	衡山种福白薯种植专业合作社	湖南省
2011	甘肃	平凉山药	甘认菜2011059	从平凉地方品种的变异单株中选育而成，原代号Py04-3	平凉市农业科学研究所	甘肃省陇东山药产区
2011	甘肃	陇药1号	甘认菜2011060	从平凉市崆峒区收集到的山药材料中提纯选育而成	甘肃省农业科学院旱地农业研究所	甘肃省陇东河谷地及同类地区
◆菊　芋						
2004	青海	青芋1号	青种合字第0184号	经系统选育而成	青海省农林科学院、威德生物科技有限公司	青海省
2005	青海	青芋2号	青种合字第0191号	经系统选育而成	青海省农林科学院、威德生物科技有限公司	青海省西宁市及东部农业区

（续）

年份	鉴定机构	品种名称	鉴定编号	品种来源	选育（报审）单位	适宜范围
2009	江苏	南菊芋1号	苏鉴菊芋200901	从30个野生菊芋品系，经多年筛选而成	南京农业大学资源与环境科学学院	江苏省沿海地区盐分含量0.3%左右的滩涂地上种植
2009	青海	青芋3号	青审菊2009001	从128份菊芋资源中经系统选育而成	青海省农林科学院园艺研究所	青海省东部农业区
2011	甘肃	定芋1号	甘认菜2011001	从地方野生资源紫红皮的变异单株中选育而成	定西市鑫地农业新技术示范开发中心、定西市旱作农业科研推广中心	甘肃省年降水量300mm以上、海拔3 000m以下的地区
◆ 姜						
2012	福建	白口姜	闽认菜2012010	四川犍为县地方品种	宁德市种子管理站、福安市种子管理站	福建省
2007	福建	台湾肥姜	闽认菜2007008	原产台湾，1996年从广西靖县引进	将乐县种子站、三明市种子管理站、将乐县农技站、将乐县黄潭蔬菜加工厂	福建省
2010	福建	金姜	闽认菜2010007	从本地黄姜经系统选择育成	大田县种子站、三明市种子站、大田县福井农业开发有限公司、大田县金绿生姜专业合作社	福建省
◆ 魔 芋						
2008	重庆	渝魔1号	渝品审鉴2008006	从云南富源县花魔芋栽培群体中的自然变异，经过连续4年系统选育而成	西南大学园艺园林学院	重庆市海拔900～1 400m的山区
2010	湖北	清江花魔芋	鄂审菜2010007	武陵山区地方魔芋种质资源系统选择育成	恩施土家族苗族自治州农业科学院魔芋研究所	湖北省鄂西山区
2010	湖南	湘芋1号	XPD003-2010	珠芽魔芋	湖南农业大学	湖南省
◆ 葛						
2009	湖北	恩葛-08	鄂审菜2009006	从湖北西南部山区的地方葛根种质资源中系选	恩施荣宝科贸有限公司、恩施佳佳生物工程有限责任公司、恩施土家族苗族自治州蔬菜技术推广站、恩施土家族苗族自治州农业科学院魔芋研究所	湖北省恩施土家族苗族自治州海拔600～1 200m地区

（续）

年份	鉴定机构	品种名称	鉴定编号	品种来源	选育（报审）单位	适宜范围
◆ **海水蔬菜**						
2009	江苏	绿苑海蓬子1号	苏鉴海蓬子 200901	引自北美海蓬子，以系谱选择法选育而成	盐城海蓬子开发有限公司、江苏省农业科学院生物技术研究	江苏省沿海未围垦滩涂地区
2009	江苏	绿海碱蓬 1 号	苏鉴碱蓬 200901	从野生碱蓬中以系谱选择法选育而成	盐城绿苑海蓬子开发有限公司、江苏省农业科学院生物技术研究所	江苏省沿海未围垦滩涂地区
2012	江苏	沿海碱蓬 1 号	苏鉴碱蓬 201201	从江苏沿海滩涂野生碱蓬中经系谱选育而成	江苏沿海地区农业科学研究所	江苏沿海滩涂地区露地及保护地栽培
◆ **绿茸菜**						
2004	上海	绿茸菜	沪农品认蔬果（2004）第 042 号	自台湾引进，单株分离筛选育成	上海市农业科学院园艺研究所	上海市
◆ **夏凉菜**						
2004	上海	夏凉菜	沪农品认蔬果（2004）第 044 号	野生蔬菜系统选育	上海市浦东新区农技中心	上海市夏季种植
◆ **黄秋葵**						
2005	辽宁	秋葵 1 号	辽备菜［2005］277 号	从美国引进	铁岭市农业科学院	辽宁省
2005	辽宁	秋葵 2 号	辽备菜［2005］278 号	从秋葵 1 号变异株中选育而成	铁岭市农业科学院	辽宁省
2006	浙江	纤指	浙认蔬 2006008	国外引进的新东京 5 号系统选育而成	浙江省农业科学院蔬菜研究所	浙江省
◆ **薄　荷**						
2005	黑龙江	东引薄荷	黑登记 2005035	从美国 Hord Seeds 公司引进	中国科学院东北地理与农业生态研究所农业技术中心	黑龙江省
◆ **沙　葱**						
2007	内蒙古	沙珍 C-1 号	蒙认菜 2007003 号	从毛乌素沙地自然群体中混合采种，采用混合选择法选育而成	内蒙古农业大学	内蒙古自治区呼和浩特市、鄂尔多斯市、阿拉善盟

（续）

年份	鉴定机构	品种名称	鉴定编号	品种来源	选育（报审）单位	适宜范围
◆沙　芥						
2007	内蒙古	沙珍 J-1 号	蒙认菜 2007004 号	以毛乌素沙地自然群体二年生种株沙芥为材料，采用母系单株-混合选择法选育而成	内蒙古农业大学	内蒙古自治区呼和浩特市、鄂尔多斯市、阿拉善盟
◆香　菜						
2007	黑龙江	澳洲四季	黑登记 2007036	从泰国高达种子公司引入	哈尔滨华威种业有限公司	黑龙江省
2010	黑龙江	哈研油叶香菜	黑登记 2010027	从美国油叶香菜品种中分离而来，利用系统选育方法育成	哈尔滨市农业科学院	黑龙江省
◆茴　香						
2008	内蒙古	油茴 1 号	蒙认菜 2008003 号	源于 Munich FDM301	内蒙古农业大学职业技术学院	内蒙古自治区鄂尔多斯市、包头市、巴彦淖尔市≥10℃活动积温2 900℃以上地区
2011	甘肃	民勤茴香	甘认菜 2011002	从当地小茴香的变异株中选育而成	民勤县全盛永泰农业有限公司	甘肃省民勤、金昌
◆蕹　菜						
2008	江西	赣蕹 2 号	赣认蕹菜 2008001	吉安大叶×泰国尖叶	吉安市农业科学研究所	江西省
2011	江西	赣蕹 3 号	赣认蕹菜 2011001	抚州水蕹×云南水蕹	南昌市农业科学院经济作物研究所	江西省
◆黄　麻						
2010	福建	福农 1 号	闽认菜 2010010	泰字 4 号辐射诱变育成	福建农林大学作物科学学院	福建省
2013	吉林	吉引麻菜 1 号	吉登菜 2013016	从福建农业大学引入	吉林省农业科学院	吉林省
◆荸　荠						
2010	广西	桂粉蹄 1 号	桂审蔬 2010001 号	广州番禺地方马蹄的优良植株，经茎尖组培脱毒快速繁殖培育而成	广西农业科学院生物技术研究所	广西桂林、贺州、柳州
2010	广西	桂蹄 2 号	桂审蔬 2010002 号	广州番禺地方荸荠种茎尖组织培养快速繁殖产生变异，从变异群体中选出优良变异株	广西农业科学院生物技术研究所	广西桂林、贺州、柳州

（续）

年份	鉴定机构	品种名称	鉴定编号	品种来源	选育（报审）单位	适宜范围
2012	江苏	红宝石	苏鉴荸荠 201201	以桂林马蹄为材料，2006 年用秋水仙素处理，经多代系谱选育而成	扬州大学水生蔬菜研究室	江苏省露地和设施栽培
2012	江苏	红宝玉	苏鉴荸荠 201202	以桂林马蹄为材料，2006 年用秋水仙素处理，经多代系谱选育而成	扬州大学水生蔬菜研究室	江苏省露地和设施栽培
◆芡　实						
2012	江苏	姑苏芡 1 号	苏鉴芡实 201201	利用紫花苏芡与野生芡（刺芡）杂交选育的优良新品系。2008 年育成	苏州市蔬菜研究所	江苏省春季露地栽培
2012	江苏	姑苏芡 2 号	苏鉴芡实 201202	利用紫花苏芡与野生芡（刺芡）杂交选育的优良新品系	苏州市蔬菜研究所	江苏省春季露地栽培
◆水　芹						
2012	江苏	春晖	苏鉴水芹 201201	对宜兴水芹进行辐射诱变处理，经株选和系谱选育而成	扬州大学水生蔬菜研究室	江苏省秋冬季及早春栽培
2012	江苏	苏芹杂 5 号	苏鉴水芹 201202	以常熟白芹为母本，玉祁红芹为父本杂交，经株选和系谱选育而成	苏州市蔬菜研究所	江苏省秋冬季和早春栽培
◆慈　姑						
2012	江苏	紫金星	苏鉴慈姑 201201	以紫园为材料，采用辐射诱变（γ-射线）处理，经多年单株和系谱选育而成	扬州大学水生蔬菜研究室	江苏省露地和设施栽培
2012	江苏	慈玉	苏鉴慈姑 201202	以苏州黄为材料，采用辐射诱变（γ射线）处理，经多年单株和系谱选育而成	扬州大学水生蔬菜研究室	江苏省露地和设施栽培
◆刺嫩芽						
2011	黑龙江	中科楤木 1 号	黑登记 2011036	以小兴安岭野生辽东楤木种群体人工实生苗选育及组培繁殖无性系的方法培育而成	中国科学院东北地理与农业生态研究所	黑龙江省刺嫩芽产区
◆百　合						
2011	甘肃	冰清	甘认菜 2011061	从兰州百合栽培群体的变异单株系选而成	兰州市农业科技研究推广中心	甘肃省兰州市海拔 1 800～3 000m、年降水量 350～550mm 的山区种植

（续）

年份	鉴定机构	品种名称	鉴定编号	品种来源	选育（报审）单位	适宜范围
2011	甘肃	玉洁	甘认菜 2011062	从兰州百合栽培群体的变异单株系选而成	兰州市农业科技研究推广中心	甘肃省兰州市海拔 1 800～3 000m、年降水量 350～551mm 的山区种植
◆ **孜然芹**						
2011	甘肃	敦玉孜然 1 号	甘认菜 2011003	从新疆孜然农家品种的自然变异株选育而成	甘肃省敦煌种业股份有限公司、玉门市种子公司	甘肃省河西走廊灌区
◆ **罗汉菜**						
2012	上海	嘉秀	沪农品认蔬果 2012 第 028 号	从野生品种系统选育获得	嘉定区农业技术推广服务中心	上海市
◆ **蜂斗菜**						
2012	福建	亚达 1 号蜂斗菜	闽认菜 2012012	利用闽北山区野生种经多年驯化、筛选育成	福建省农业区划研究所	福建省闽北山区及中高海拔山区
◆ **绞股蓝**						
2012	广西	金选 1 号绞股蓝	桂审蔬 2012011 号	由广西金秀大瑶山野生绞股蓝筛选育成	南宁市蔬菜研究所、广西农业科学院蔬菜研究所	广西壮族自治区桂中、桂南
◆ **其他蔬菜**						
2004	辽宁	沈农草本龙芽 1 号	辽备菜［2004］235 号	从野生长白楤木植株经驯化栽培及人工培育而成	沈阳农业大学园艺学院	辽宁省
2004	辽宁	沈农苣荬菜 1 号	辽备菜［2004］236 号	从野生苣荬菜生态型中筛选而成	沈阳农业大学园艺学院	辽宁省
2004	辽宁	沈农蒲公英 1 号	辽备菜［2004］237 号	从野生品种驯化栽培单株选择而成	沈阳农业大学园艺学院	辽宁省
2004	上海	羊栖菜	沪农品认蔬果（2004）第 043 号	自日本引进，单株筛选驯化	上海市农业科学院园艺研究所	上海市
2005	辽宁	沈农马蹄叶 1 号	辽备菜［2005］273 号	从长白山余脉的野生马蹄橐吾经栽培驯化选育而成	沈阳农业大学	辽宁省

（续）

年份	鉴定机构	品种名称	鉴定编号	品种来源	选育（报审）单位	适宜范围
2005	辽宁	沈农绵刺龙芽	辽备菜［2005］274号	从长白山余脉的野生刺龙牙植株驯化而成	沈阳农业大学	辽宁省
2006	辽宁	大叶芝麻菜	辽备菜［2006］304号	从巴西引进	铁岭市农业科学院	辽宁省
2007	辽宁	关玉竹1号	辽备菜［2007］333号	长白山野生条件下玉竹植株，经过人工繁育制种、连续选择与驯化而筛选出的新品种	沈阳农业大学	辽宁省
2007	辽宁	闾山羊角芹1号	辽备菜［2007］334号	从多年生野生东北羊角芹植株，经人工繁育制种、连续选择与驯化，选育出的新品种	沈阳农业大学	辽宁省
2007	辽宁	闾山菜用当归	辽备菜［2007］335号	多年生当归植株，经人工繁育制种、连续选择与驯化，选育出的新品种	沈阳农业大学园艺学院	辽宁省
2013	广西	桂特1号叶用当归	桂审蔬2013008号	从南宁市大明山当归野生种筛选育成	广西农业科学院蔬菜研究所、南宁市蔬菜研究所	广西壮族自治区南宁市
2012	广西	桂特1号大叶菊花菜	桂审蔬2012010号	从广西大明山收集的野生菊花群体种中筛选育成	南宁市蔬菜研究所、广西农业科学院蔬菜研究所	广西壮族自治区桂中、桂南
2008	黑龙江	龙引黄花菜1号	黑登记2008032	从甘肃庆阳引入的线黄花菜品种	哈尔滨市龙江生态农业研究所	黑龙江省
2011	四川	金针早	川审蔬2011008	由渠县黄花的自然变异株经多年定向选育而成	渠县生产力促进中心、达州市农业科学研究所	四川省
2013	辽宁	沈农蒲公英2号	辽备菜［2013］043号	从辽宁朝阳地区采集，经混合选择而成	沈阳农业大学	辽宁省
2013	辽宁	沈农蒲公英3号	辽备菜［2013］044号	从辽宁沈阳东陵地区采集，经混合选择而成	沈阳农业大学	辽宁省
2013	辽宁	连山关五加1号	辽备菜［2013］046号	野生短梗五加，经多年混合选择而成	本溪满族自治县林业产业发展局	辽宁省
2013	广西	桂特1号大叶一点红	桂审蔬2013007号	从南宁市大明山一点红野生种筛选育成	南宁市蔬菜研究所、广西农业科学院蔬菜研究所	广西壮族自治区南宁市

POSTSCRIPT 后记

2016年1月1日起，新修订的《中华人民共和国种子法》开始施行。无论如何，我们完全可以预测，依据《中华人民共和国农业技术推广法》而探索实践15年的非审定作物品种鉴定的思路、做法、模式和格局即将发生很多难以预料的改变，甚至是根本性的。因此，只能将本书收录品种的截止年限从2013年延至2015年，内容上只是增加了2014年、2015年国家鉴定的107个蔬菜品种（不含此后鉴定的品种），以确保鉴定品种的连续性和完整性。本书实际收录了2004—2015年国家鉴定的297个蔬菜品种。鉴于时间关系，省级仍保持此前的收录格局，特此说明。

编　者

2015年12月31日

图书在版编目（CIP）数据

中国蔬菜优良品种：2004—2015/国家蔬菜品种鉴定委员会编．—北京：中国农业出版社，2017.9
ISBN 978-7-109-23117-7

Ⅰ.①中… Ⅱ.①国… Ⅲ.①蔬菜—优良品种—中国—2004-2015 Ⅳ.①S630.292

中国版本图书馆 CIP 数据核字（2017）第 161247 号

中国农业出版社出版
（北京市朝阳区麦子店街 18 号楼）
（邮政编码 100125）
责任编辑 孟令洋

北京通州皇家印刷厂印刷 新华书店北京发行所发行
2017 年 9 月第 1 版 2017 年 9 月北京第 1 次印刷

开本：787mm×1092mm 1/16 印张：24
字数：600 千字
定价：120.00 元